普通高等教育"十一五"国家级规划教材

国家级一流本科课程建设成果教材

中国地质大学（北京）"十四五"规划教材

# 系统安全工程

## 第二版

樊运晓　罗　云　编著

化学工业出版社

·北京·

**内容简介**

《系统安全工程》（第二版）以生命周期为时间维度，以危险辨识-风险评价-危险控制为逻辑维度介绍系统安全分析方法，各种方法强调其产生与发展、危险分析步骤与特点、适用条件以及其应用优势和局限性。全书共十一章，其中第一章为绪论，介绍系统安全工程的发展、基本概念、研究内容及学习方法。第二章介绍系统的生命周期，包括生命周期的概念、划分及其在行业中的应用体现。第三章介绍危险分析流程，包括危险理论、危险类型、危险辨识方法、事故风险评价与控制的基本概念、原则与做法。第二章和第三章是后面各章节危险分析的理论基础。第四章至第八章介绍各种基本的危险分析方法。第九章和第十章分别介绍其他常用的危险分析方法和其他事故风险评价方法。第十一章介绍基于生命周期和危险分析流程对前面各种分析方法应用的模拟实践。

本教材适用于安全工程专业及其他相关专业的本科教学，也可作为广大安全工程教学与研究工作者以及从事生产安全实践工作者的参考读本。

**图书在版编目（CIP）数据**

系统安全工程 / 樊运晓，罗云编著. -- 2 版.
北京：化学工业出版社，2025. 7. --（普通高等教育
“十一五”国家级规划教材）（国家级一流本科课程建设成
果教材）. -- ISBN 978-7-122-48290-7

Ⅰ. X913.4

中国国家版本馆 CIP 数据核字第 2025SH9276 号

责任编辑：满悦芝　　　　文件编辑：王　琪
责任校对：李雨函　　　　装帧设计：张　辉

出版发行：化学工业出版社
（北京市东城区青年湖南街 13 号　邮政编码 100011）
印　　装：北京天宇星印刷厂
787mm × 1092mm　1/16　印张 21¾　字数 531 千字
2026 年 1 月北京第 2 版第 1 次印刷

购书咨询：010-64518888　　　　售后服务：010-64518899
网　　址：http://www.cip.com.cn
凡购买本书，如有缺损质量问题，本社销售中心负责调换。

定　　价：79.80 元

# 第二版前言

安全工程专业旨在为国民经济建设不同行业或领域培养兼备安全技术与安全管理能力的专业人才，系统安全工程课程是安全工程专业的核心课程，亦是联结安全技术和安全管理类知识的先导课程，对安全科学理论和生产实践中的事故预防起着积极重要的作用。为了能使学生在专业课学习之初更好地建立系统安全思维，并尽可能减小该课程大学课堂学习与未来生产实践需求之间的差距，本版教材修订的主要内容如下：

1. 系统安全工程是以各类工程项目或生产作业为研究对象，针对其生命周期各阶段，研究如何系统性、前瞻性地进行危险辨识、风险评价与危险控制以实现安全的课程。该课程是一门跨行业、重实践的交叉应用性课程，生命周期是系统安全的一个重要属性，但传统的教材中，生命周期仅仅作为一个孤立的概念脱离于课程的知识体系之外；另外，传统的教材中系统安全的思维融入在各种危险分析方法之中，缺少深度的凝练，因为呈现不突出而影响学生的认知效果，基于此，本版修订教材采用霍尔模型，从时间维度、逻辑维度和知识维度3个维度对知识体系进行重构（见本版修订教材图1-7）。在时间维度方面，将系统生命周期的内容单独成章，在原有概念介绍的基础上，分别基于MIL-STD-882E标准和过程安全领域的做法对其全新进展进行了补充，并与第十一章系统安全工程模拟实践的内容相结合，有助于解决生命周期属性脱离知识体系的问题，将理论知识与实践需求有机地融合，可提升课程内容的高阶性。在逻辑维度方面，基于危险辨识-风险评价-危险控制的系统安全思维构建了第三章危险分析的流程一章，该章在第一版教材危险辨识的基础上，补充了危险理论，详细阐述了危险的组成要素以及危险与事故之间的驱动过程，并进一步细致刻画了危险辨识-风险评价-危险控制等各环节的基本原则与方法，这一补充有助于解决目前学界和实践领域关于危险源、风险、隐患等概念之间的争议，也可从机理上解决当前实践中隐患排查效果差、难落实的问题。知识维度是基于生命周期和系统安全流程的基本逻辑而展开的各种危险分析方法与评价方法，本版修订力求采用相似的章节结构，有助于读者强化系统安全思维，便于学生通过对比分析掌握各种分析方法的特点及适用性。本版修订教材在时间维度和知识维度方面，强化知识点的本质所在；在知识维度方面，则注重各方法的特色及其在生产实践中的广泛应用性。

2. 系统安全的概念自20世纪50年代末初步形成，80年代中期引入我国，由于时代的原因和条件的局限性，有些知识点的介绍存在着“知其然，但不知其所以然”的现象；与此同时，随着我国安全科学的不断发展，一些新的做法尚未很好地融入到相应的知识体系中，基于此背景，本版教材修订中本着务本与维新的原则，一方面致力于追求知识点的本源，采用溯源的方法，尽可能以简洁明了的方式展示、呈现知识点的起源与发展，如重大危险源、危险三要素理论、LEC方法以及各种危险分析方法的产生背景等，这些知识点在本次修订中采用文献综述的方法呈现，旨在使读者不仅能知其然，而且能知其所以然。另一方面，本版教材修订尽可能将系统安全的新进展，特别是我国近年来生产实践中的一些做法有机地融入知识体系中，如国际系统安全年会的主题变迁、系统安全在各领域中的新发展、我国不同行业重大隐患的界定、系列标准的更新以及FMEA、HAZOP、FTA和ETA等方法所涉及的国内外新要求等。为便于有兴趣的读者能进一步跟踪阅读，在本次修订中，参考文献以章为单位、单独附于各章后面。文献溯源是本次修订中的一项重要工作，作者极尽可能列出相应内容的源头文献和新进展，旨在为未来从事系统安全的相关研究的学生和读者提供一个清晰、全面的文献列表，便于读者快速、便捷检索文献。

3. 系统安全工程是一门实践性很强的课程，课堂学习的目的在于今后更好地为安全生产实践服务。为提升读者学以致用的能力，基于20余年的一线教学经验，本版教材修订中补充了系统安全工程的学情分析及学习方法。基于作者开发的“三级四阶九能力”教学模式（具体说明见第一章第四节），针对PHA、FMEA、HAZOP、FTA和ETA各种危险分析方法，本版教材在原有的理论知识介绍之后，进一步提供了模拟实践、应用共享及案例研究各阶段的资料，意在夯实学生对各种分析方法的运用能力，不仅能掌握它们是什么、如何分析，而且了解它们在各行各业的生产实践中是如何应用的，通过举一反三和触类旁通的方式，能够使学生针对各类工程中或未来生产实践中遇到的具体情况，合理选择分析方法并能进行充分、可靠的分析。

4. 教材中的例题是学生学习知识的范本，好的例题对学生探究知识的内涵、建立系统安全的思维方式以及提升解决问题的技能起着重要的作用，但现有的教材中的许多例题基于行业安全分析、安全评价报告，尽管能够呈现安全问题，但作为例题却缺少精细化的研究，弱化了习题的功能。另一方面，本课程是面向大学三年级第一学期的课程，学生们刚刚完成基础课教学，缺少工程实践的背景，因而例题的选择应尽可能与学生的认知相匹配。基于此，本次教材修订中在例题选择方面，以追求行业通用性和例题经典性为原则，从国内外众多教材中，特别是国际系统安全学会的系列经典教材中进行选择，确保例题科学性、典型性、示范性的功能。教材对所有引用例题也注明了参考文献。

本教材第一版为普通高等教育“十一五”国家级规划教材，再版教材获批中国地质大学（北京）“十四五”规划教材，原以为修订工作会比第一次编著更快一些，但当在修订中逐渐确定务本溯源和维新实用的修订原则时，却未料到修订工作比想象中的工作艰难许多：在修订中常常会因某一文献“求之不得，寤寐思服”，又常常会因众多的文献摆在面前却不知如何表达才能深入浅出而“辗转反侧”，特别是一些生产实践中的新进展如何与原有的知识体系融会贯通等等，再版修订花费的时间远远超过第一版的编著时间。行笔至此，不胜感慨！首先非常感谢中国地质大学（北京）对我教材修订工作滞后的包容，使得我能够虽慢犹行，行则终至；我更感谢我的学校和我所在工程技术学院安全工程系在教学上给予我的众多支持与鼓励，使得我能够在教材建设、教学方法上得以尝试与创新，该课程在2022年和2023年分别获得北京市“优秀本科课程”和第二批国家级一流本科课程，并最终能使我将教学研究成果融入教材之中。其次，我要特别感谢这次教材修订的经历，使我能够系统梳理系统安全工程的重要文献，让我对该领域以及相关联的知识体系有更深刻的思考和理解，至少，我找到了第一版教材中“那些提供精彩教案、教学培训大纲等而又无法查到姓名的编写者”（第一版引言）的完整文献，我相信没有谁比我在这次的修订工作中收获更多！正因如此，在此我再次深深地感谢本版教材中的所有参考文献的作者，也再次感谢廖学品教授所提供的VCM实例及对本书引用的授权，也衷心感谢当我对有些文献因把握不准而请教的众多同仁，他们是国家安全科学研究院的张卫东先生、歆迪安全咨询公司的张华先生、慕贝尔公司的耿文全先生等。第三，我要感谢我的博士研究生牛毅、李元龙、郝晨昱、杨晓、许灏祎以及硕士研究生石璇、夏好岩、况文清、征蕾、杨春茹、曾万茹等，感谢他们经常快速地帮我找到需要的文献；另外还要特别感谢牛毅、石璇和夏好岩对本版教材部分图片的绘制。

作为本版教材的编著者，我再次深深地感谢化学工业出版社，感谢出版社为我提供这个平台，使我能够将廿余年系统安全工程的教学研究与思考呈现出来。

最后，我要感谢未来的读者，由于本版修订关注务本与维新，许多“老”文献的阅读以及“新”进展的融入缺少与同行的交流，我自知理解上一定有许多不到之处，真诚的希望读者能给予批评指正，也盼望在系统安全方面能有更多深入的交流，愿此书使我们成为知音。

**樊运晓**

**2025 年 6 月**

# 第一版前言

安全工程专业在我国是一门新兴专业，短短 20 年的时间已有上百所高校设有此专业，特别是近几年发展势头更是如雨后春笋一般。安全系统工程是该专业重要的专业基础课；《安全工程专业本科教学方案设计研究》对我国 50 余所开设安全工程本科专业院校的专业课程设置情况进行统计分析，安全系统工程课程是开设学校数目最多的一门课程，所占比例高达 72.22%，该课程同时是安全工程专业攻读硕士学位和博士学位入学考试的专业课考试课程，是目前我国注册安全评价师考试的主要课程，同时还是我国注册安全工程师考试的基础课程。安全系统工程是安全工程专业学生从事安全管理和安全技术工作所必备的基本功，安全系统工程的应用在生产实践中也为改善我国安全工作的面貌建立了不可磨灭的功勋。但追本溯源，当我们寻找“安全系统工程”的起源时，我们不得不遗憾地发现“安全系统工程”是源于 System Safety Engineering 一词，这一词语的翻译应当是“系统安全工程”，它之所以被译成“安全系统工程”除翻译之外还有一些特定的历史原因，然而其知识体系的确应称为“系统安全工程”。本教材的编写是作者在阅读大量的国外《系统安全工程》教材和国内《安全系统工程》教材及麻省理工学院等著名学府的《系统安全工程》开放课程和有关系统安全培训课件的基础上完成的，教材编写时既注意尊重“系统安全”这门学科本身的发展历程及其知识结构以及对生产安全的指导作用，同时兼顾它在我国的生产实践及应用。

系统安全工程课程本身对实践性要求非常强，其所面对的研究对象是工业工程，在石油、化工、冶金、煤矿、交通、建筑等各行各业都有着普遍的应用。这门学科是理论与实践相结合十分密切的课程；对于各行各业的安全生产都有着技术上的指导意义，现已成为企业用于阻止事故发生、减小事故损失的重要手段。因此，学习这门课程应具备相当的行业基础知识，而该课程面对的学生主要是刚刚修完基础课的大三学生，除了认识实习时能稍稍接触实践以外，学生对行业生产实际状况了解很少，这就为教材编写工作带来很大难度。目前安全工程专业培养的是“通才型”人才，学生在校期间学校培养没有明确的行业倾向，这就要求教师在教学过程中要注重学生对各种危险分析方法的理解，更要注重对学生应用方法能力的培养，教会他们学以致用。因而本教材在编写过程中，例题的选择强调学生熟悉的系统、从学生身边的问题或运用基础课知识就能解决的问题出发，培养学生掌握、运用系统安全工程方法的能力。避免因过多说明某项工程背景而冲淡本课程的主题。

“求木之长，必源其根本；欲流之远，必浚其泉源”。系统安全工程知识体系以生命周期为时间序列，以危险辨识—危险分析—风险评价—危险控制为空间序列介绍系统安全分析方法，方法强调其产生发展过程、适用条件及应用优势及局限性，为了使学生能够较好地理解某个项目或系统基于生命周期各阶段的危险分析，本教材第十一章虚拟某工厂 VCM 项目从研发至项目终止各阶段的危险分析，通过背景资料的描述、分析方法的选择以及分析准备和分析过程的记录等系列环节，一方面使学生理解危险分析如何在生产中贯穿整个项目的生命周期，另一方面也使学生身临其境，通过模拟实践弥补现实教学中学生工程背景欠缺的现象。这部分内容参考自廖学品教授编著的《化学过程危险性分析》，由化学工业出版社出版。

另外，在事故树、因果分析法等内容上，逻辑门符号采用国际上较为统一的表达符号，本教材符号与国外教材及众多分析软件的符号相一致。

本教材在申报普通高等教育“十一五”国家级规划教材时书稿已基本完成，但某些知识体系和知识点包括一些术语的准确定义一直不能令人满意，几年来，在不断学习和教学实践中在这些方面加以调整和完善，最终得到较为满意的结果。作为编著者，我们非常感谢中国地质大学（北京），这门课程从中文讲授到双语教学再到优质课程建设以及精品课程建设，使我们有机会在各方面得以深入研究；感谢中国地质大学（北京）工程技术学院和安全教研室在这门课程的教学中给予我们足够的空间和许多的激励，使我们有机会进行新的尝试。另外我要特别感谢四川大学轻纺与食品学院廖学品教授，我查遍所有可能获得的资源，没有哪个实例能比 VCM 模拟实践更好地说明系统安全工程的内涵，感谢廖教授的辛苦工作以及对本书引用的同意。

我们还要深深感谢教材参考文献的作者，更要感谢那些提供精彩教案、教学培训大纲等而又无法查到姓名的编写者以及 the system safety society 论坛上给予我们众多帮助和热烈讨论的同仁。

作为本书的编著者，我们衷心感谢化学工业出版社为我们提供这样一个能够展示我们多年的教学研究并与大家交流的机会。

我们知道书中一定还有不足之处，真诚地恳请读者朋友给予批评指正。

**编著者**

**2008 年 12 月**

# 目 录

# ·第一章·
# 绪　论

人类社会随着科技的进步而发展，但科学技术的发展是一把双刃剑，在它给我们带来舒适、便利的同时，也给人类带来了许许多多的事故和灾难。面对事故和灾难，过去人们通常是基于单个事件进行“亡羊补牢”。这种事后型阻止事故发生的安全哲学、安全方法具有滞后性，而系统安全工程就是研究如何针对系统的生命周期，前瞻性地采取有计划、有规律且系统的方法进行危险识别、危险分析和危险控制，从而达到阻止或减少事故目的的一门学科。生产安全的实践推动着系统安全工程的形成与发展。

## 第一节　系统安全发展简史

1947 年 9 月，美国航空业一篇题为《为了安全的工程》的科技论文最先提出了系统安全的概念。作者认为，如同性能、稳定性和结构整体性一样，安全必须融入飞机的设计、建造之中。在制造企业的组织结构中，安全小组也应该像应力小组、动力学小组和重量小组等一样，是组织的重要组成部分。

系统安全工程得以真正的发展是在 20 世纪 50 年代末至 60 年代初。1957 年苏联发射了第一颗人造地球卫星之后，美国为了赶上空间优势，匆忙地进行导弹技术开发，采用了所谓研究、设计、施工齐头并进的方法；由于对系统的可靠性和安全性研究不足，在一年半的时间内连续发生了四次重大事故，每一次都造成了数百万美元的损失，最后不得不全部报废，从头做起。弹道系统的发展揭示了传统的“飞行-修正-飞行（Fly-Fix-Fly，简称 3F）”事故预防策略存在局限性和滞后性，需要采用一种新的思维和方法，即在事故发生前，通过系统安全方案主动识别可能导致事故的危险，并从设计上阻止事故的发生，这种方法采用合同约束的方式实现。

1960 年，美国空军弹道导弹部门（Ballistic Missile Division，BMD）率先建立了系统安全办公室，之后，南加利福尼亚大学事故调查学院增设了系统安全管理的课程；1963 年底，航空航天系统安全学会成立，现更名为国际系统安全学会（The International System Safety Society，ISSS）。当前，系统安全已普遍引起了各国的重视，国际系统安全学会也由过去的每两年举办一次年会变为每年一次。1983 年在美国休斯敦召开第 6 次会议，参加国有四十多个，讨论议题涉及广泛；2013 年第 31 次会议在世界著名长跑比赛——波士顿马拉松之地的波士顿召开，这一年，恰逢学会成立 50 周年，会议主题为“Safety for the Long Run”，意指如同马拉松长跑一样——长治久安。大会设置了危险分析、风险管理、航天安全、陆地交通、软件工程、工作安全、公共安全、武器安全、人因工程等 19 个分论坛，可以看出这门学科在越来越多的领域受到人们更加广泛的关注。近年来，特别是自 2020 年以来，敏捷性成为管理领域一个新的挑战和热点问题，2023 年国际系统安全年会在波特兰市举行，会议主题为“Safety in An Agile Environment”。ISSS 的不断努力推动着系统安全学科的发展。

美国空军最早采用系统安全工程的方法研究导弹系统的可靠性和安全性，于 1962 年首次提出了 BSD-Exhibit-62-41《弹道火箭系统安全工程学》，1963 年，这份文件被修改形成空军规范 MIL-S-38130，即《军事规范——针对系统、相关子系统和设备安全工程的通用要求》，这为以后多弹头火箭的成功发展创造了条件；1966 年 6 月美国国防部将其做了微小改动后，按照空军的规范要求将其形成规范 MIL-S-38130A。1969 年，这个规范被进一步修改，形成美国军标 MIL-STD-882《系统及相关子系统和设备的系统安全方案》。这项标准第一次建立了系统安全工程的概念以及设计、分析等基本原则，882 标准也因此被称为系统安全的“经典”。该标准首次确定了危险（Hazard）等 14 个基本概念的定义，可视为最早的安全评价要求，也可视为最早的安全管理体系。882 标准于 1977 年、1984 年、1993 年、2000 年和 2012 年分别进行了五次修订，标准号分别为 MIL-STD-882A、MIL-STD-882B、MIL-STD-882C、MIL-STD-882D 和 MIL-STD-882E。前三者标准名称均为《系统安全规划要求》（System Safety Programe Request），D 版名称为《系统安全实践标准》（Standard Practice for System Safety），E 版名称直接简化为《系统安全》。目前，MIL-STD-882F 版正在修订中。该标准起初是针对美国国防部的要求制定的，后来适用于所有系统和产品。

如同美国空军逐步确立了系统安全的要求一样，美国国家航空和宇宙航行局（National Aeronautics and Space Administration，NASA）也认识到有必要将系统安全作为其管理方案的一部分。美国空军的成功在于提供了部件或系统的危险以及危险的控制方法等有价值的信息，NASA 的成功则在于推进了通过危险辨识、评价和控制的做法来实现系统安全目的的思维方式与方法。1965 年，美国波音公司和华盛顿大学在西雅图召开了系统安全工程专门的学术讨论会议，以波音公司为中心对航空工业开展了安全性和可靠性的分析与设计研究，并将其应用在导弹和超音速飞机的安全性评价方面，取得了很好的效果。尽管如此，这个新生事物在初创时期并不能为人们普遍接受，由于系统安全思维的缺乏导致了 1967 年发生的 3 名阿波罗宇航员被烧死的事故，这次教训促使系统安全理论得以深化研究，其方法也陆续推广到航空、航天、核工业、石油、化工等领域。

1964 年，美国道化学（DOW）公司根据化工生产的特点，开发出“火灾、爆炸危险指数评价法”，用于对化工生产装置进行安全评价，该方法历经 6 次修订，到 1993 年已发展到第七版。大约在相同时间，英国帝国化学公司（Imperial Chemical Industries，ICI）开发了危险与可操作性研究（HAZOP）方法；1974 年，ICI 蒙德部（MOND）在道化学公司评价方法的基础上，引进了毒性的概念，并发展了某些补偿系数，提出了“蒙德火灾、爆炸、毒性指标”评价方法。

另外，英国以原子能公司为中心，从 20 世纪 60 年代中期开始收集有关核电站故障的数据，对系统的安全性和可靠性问题采用了概率评价方法，后来进一步推动了定量评价的工作，并设立了系统可靠性服务所和可靠性数据库。1975 年，美国原子能委员会发表了有关核电站事故评价报告。这项报告是该委员会委托麻省理工学院的 N. C. 拉斯姆逊（N. C. Rasmussen）教授，组织了十几个人，用了两年时间，耗资 300 万美元完成的，被称作“拉氏报告”，即 WASH-1400。报告收集了核电站各个部位历年发生的故障及其概率，采用了事件树及事故树的分析方法，做出了核电站的安全性评价。这个报告发表后，引起了世界各国同行的关注。后来，美国原子能委员会又撤销了这份报告，但在 1979 年美国发生三里岛核电站放射性物质泄漏事故后，由总统组织的调查委员会重新认定了 WASH-1400 分析方法的正确性。

1971 年，美国职业安全健康管理局（Occupational Safety and Health Administration，OSHA）成立后相继发布了系列工业安全要求。工业安全（又称为职业安全或生产安全）与系统安全相比较，前者关注的是生产中如何避免员工在工作中受到伤害，而后者则主要关注如何设计确保安全的新系统以避免损失的发生。但在早期，工业安全的要求中都以 MIL-STD-882 标准为基础，该标准也是各行业的采购合同中被引用最多的文件。1992 年，OSHA 推出了危险物质的过程安全标准（Process Safety Management of Highly Hazardous Chemicals），该标准是来自不同行业的系统安全技术成果在化工行业的综合性应用。

1981 年，我国原国家劳动总局科技人员了解到国外关于“系统安全”思想的介绍时，出于专业的敏感性，对其产生了极其浓厚的兴趣，于是着手翻译一册较为权威的著作——《系统安全工程导论》，同时与设在美国的国际系统安全学会建立了联系，陆续得到了该学会提供的部分资料和信息。当时由于一些客观的原因，“系统安全”在我国的进展受到一定制约，但国内诸多科研单位与大专院校却对“系统安全”的发展十分关注，并在各个行业领域进行了大胆的尝试，这些研究也引起了许多大中型生产经营单位和行业管理部门的高度重视。随着时间的推移，系统安全工程在我国逐渐被“安全系统工程”代替，尽管名称有所改变，但系统安全的理论在实践中被广泛应用，对事故预防起到了积极的作用。

自 1984 年起，安全工程专业纳入我国本科生招生目录，系统安全工程（许多高校仍沿用“安全系统工程”的名称）课程成为该专业的核心课程。与此同时，系统安全理论也在各行各业的实践中有所发展，1987 年原机械电子部率先推出了第一个安全评价标准——《机械工厂安全性评价标准》，1991 年国家“八五”科技攻关项目就“易燃、易爆、有毒重大危险源辨识、评价技术”方面进行了研究，使安全评价逐渐步入正轨。与此同时，我国安全预评价工作伴随着建设项目“三同时”工作的开展而纵深发展；2004 年，我国开始开展注册安全工程师职业资格考试，安全系统工程的知识体系在考试大纲中占据着主要的地位；2007 年，《安全评价通则》《安全预评价导则》《安全验收评价导则》以及各行业安全评价导则相继出台。我国的安全评价工作以及注册安全工程师制度促进了系统安全工程的理论与实践进一步发展。

## 第二节　系统安全工程基本概念

### 一、系统

系统（System）的定义很多，最基本的概念是指相互作用、相互关联、相互依赖的一组要素形成的集合体。日本学者斋藤嘉博定义系统为“由若干部件或子系统相互间有机地结合起来可完成某一功能的综合体”，我国学者钱学森定义系统为“由相互作用和相互依赖的若干组成部分结合成的具有特定功能的有机整体，该系统又从属于更大的系统”。在系统安全学科领域，针对新产品设计时所呈现的安全状态，系统是指人员、程序和设备等组合而成以完成特定操作任务或在特定环境下实现某项功能。MIL-STD-882 中定义系统为：“不同复杂程度的人员、规程、材料、工具、设备、设施及软件的组合；这些组分在拟支持的操作环境中整合在一起完成某项给定的任务以实现某项特别的目的或使命。”随着 882 标准的不断发展，系统的定义也在不断完善。在 MIL-STD-882E 中，系统的定义被进一步修改为：“硬件、软件、材料、设施、人员、数据和服务等被组织起来以期在规定的环境中执行指定的功能，并取得规定的结果。”

1986 年，德国学者 A. 库尔曼（A. Kuhlmann）在《安全科学导论》中首次从控制论视角界定了安全科学的人-机-环系统。在生产安全领域，系统是指在特定的工作环境中，为完成某项操作任务或特定功能而整合在一起的人员、规程、设备等。不同的行业、不同的岗位、不同的工作，甚至同一工作中不同的人员所面临的系统都各不相同，但无论生产安全系统如何不同，其共性的要素都主要包括人、机、环，如图 1-1 所示。

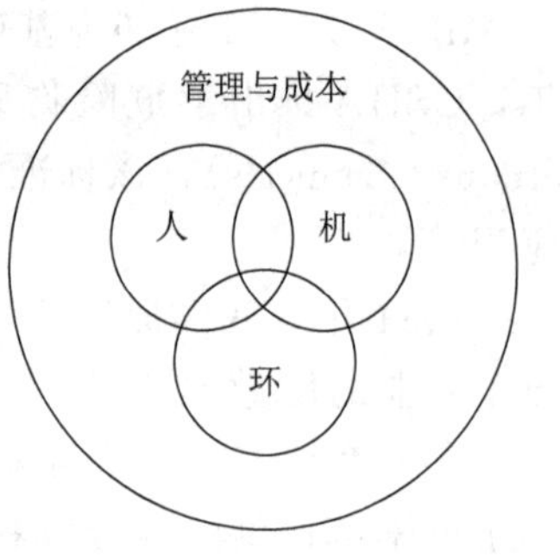


图 1-1　生产安全系统要素（Roland and Moriarty，1990）

在生产安全系统中，“人”不仅指生产操作人员，还包括安全管理人员、安全技术人员，同样也包括厂长、经理等企业的决策层；“机”是指生产过程中使用的机器、设备，还包括生产设施等；而“环”主要是针对工作环境，如厂房的温度、噪声、粉尘等因素。生产安全系统三要素间不是孤立的，它们彼此交互，相互依存，通过管理、程序、成本等加以协调。随着科技的进步和发展，要素间的交互日益复杂，许多事故的发生往往在于现代科技不能很好地辨识它们之间的相互作用。在系统安全工程中，谈到系统，就必须考虑系统的生命周期。

### 二、系统生命周期

任何一个系统都有其生命周期（Life Cycle），系统的生命周期是指一个系统从其概念的产生到废除所经历的各个过程阶段。尽管我们所面临的系统各不相同，但系统的生命周期的划分具有通用性，可概括为概念定义、初步设计、最终设计、试验、制造、运行和处理等主要阶段。系统生命周期的具体划分及各阶段的含义将在第二章详细介绍。

## 三、危险与事故

危险（Hazard）是系统安全学科中一个非常重要的概念，人们对于危险的认识经历了从共识词语到术语的过程。1969 年 MIL-STD-882 标准第一次对危险做出定义，它是指“导致人员伤亡，或设备、社会财富损失、损坏的任何真实或潜在的条件”。随着 882 标准的不断修订，危险的定义也不断修正。MIL-STD-882E 标准定义危险为“可能导致一起或系列意外事件（即事故）的真实或潜在条件，该意外事件会造成人员伤亡或职业病，设备、社会财富损失、损坏或环境破坏”。系统安全中，危险与事故（Mishap）定义密切相关，MIL-STD-882E 标准定义事故为“意外造成人员伤亡或职业病，设备、社会财富损失、损坏或环境破坏的一起或系列事件”。危险并不等于事故，它是导致事故的潜在条件；而事故则是已经真实发生了的损失、损坏或伤亡等。危险是事故的前兆，只有在一些触发事件刺激下，危险才可能演变为事故，二者之间的关系见图 1-2。

试设想某一作业现场，存在一个连接高压线的接线板，该接线板的电线绝缘老化。针对该场景，如果能考虑到“工人可能因触摸带有高压电的、裸露的接线板而触电”，则辨识到该场景为“危险”；但如果出现“工人触摸了带有高压电的、裸露的接线板而触电”的场景，则发生了事故。因此，危险在一定的条件下转变成为事故，危险与事故就像同一事物的两个对立面，图 1-3 则是对此的一个说明。两面看上去非常相似，但结果并不相同。

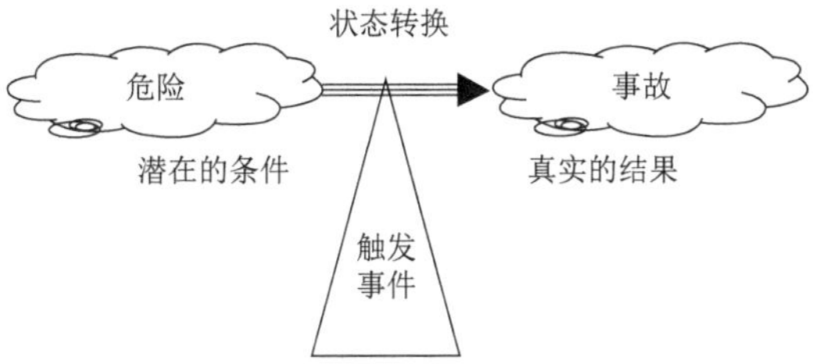


图 1-2　危险与事故的关系（Ericson，2016）

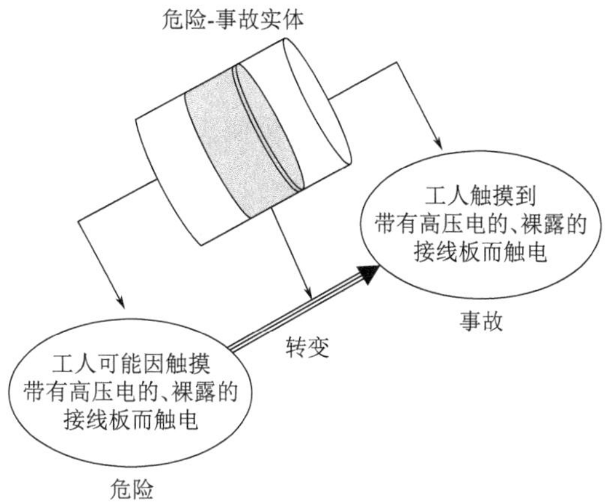


图 1-3　危险与事故，同一实体，不同状态（Ericson，2016）

## 四、事故风险

谈及风险（Risk），人们可能更多地将这个概念与金融、财务联系在一起，生产安全领域风险的概念与它们的内涵是一致的，它所体现的是：由于生产过程中的不安全而可能导致事故、对企业造成损失的可能性，又称为事故风险（Mishap Risk），它是通过危险演变成事故的发生概率（或可能性）和危险演变成事故的事故严重度（或后果）两个维度来表示。鉴于事故与危险的关系，事故风险有时也被称为危险风险（Hazard Risk）。MIL-STD-882E 对事故风险的定义如下：风险是用潜在事故的严重度（Severity）和发生概率（Probability）

来表达事故的影响和可能性。

通常人们用 $R=S\times P$ 或 $R=S\cdot P$ 的结果来表达风险，“×”和“·”是指逻辑相乘，并非真正数学意义上的“相乘”。有时为方便起见，风险也用“风险指数”直接表达。风险指数是通过判定危险演变为事故的严重度（$S$）和发生概率（$P$）两个维度表征其风险所在，是事故风险评价的结果。MIL-STD-882E 标准对已识别危险第一次评价的结果称为初始风险（Initial Risk），该风险是风险评价的固定基线；“初始事故风险指数（Initial Mishap Risk Index，IMRI）”是原始风险，指未采取控制措施时的风险。而“最终事故风险指数（Final Mishap Risk Index，FMRI）”是残余风险，指采取控制措施后剩余的风险。事故风险的确定会在第三章第四节事故风险评价中进一步论述。

事故风险的概念表明：风险是由两个因素确定，既要考虑后果，又要考虑其发生概率。例如乘坐交通工具有出现交通事故的可能，因而说乘坐交通工具有危险，但是乘飞机和乘汽车哪一个风险更小呢？需要从风险两个维度综合比较。由此也说明，风险虽有大小、高低之分，但任何时候风险都不可能为零。因而事故风险的存在具有绝对性。

## 五、安全

在安全工程领域，安全（Safety）的概念有着众多的描述。在系统安全学科中，安全与风险相对，它表明人们对一定事故风险的接受程度。如 MIL-STD-882E 标准对安全的定义如下：安全是指免于导致人员伤亡或职业病，或设备、社会财富损坏或环境破坏的条件的影响。

例如，骑自行车有致使头部受伤的危险，戴上头盔可以减少事故风险，但在我国很少能见到骑自行车戴头盔的人，这表明人们认为骑自行车不戴头盔的风险是可以接受的，即是安全的。但澳大利亚法律明确规定，行人骑自行车必须戴上头盔。这表明：事故风险的存在是绝对的，而安全只是相对的，它随着国情的不同、企业的不同以及同一企业发展程度的不同而不同。

## 六、系统安全

系统安全（System Safety）是针对产品、系统、项目或活动的生命周期，应用特殊的技术手段和管理手段，进行系统的、前瞻性的危险辨识与危险控制。MIL-STD-882E 中对系统安全定义如下：系统安全是针对系统生命周期各个阶段，应用工程和管理的原理、准则以及技术，结合操作效果、适宜性、时间及资金投入等约束条件，通过危险辨识与危险控制，达到可接受的事故风险水平。

系统安全的概念强调从一个产品、一项工程最初的概念设计阶段开始，历经后续的设计阶段、生产阶段、测试使用阶段，直至其报废、放弃等各阶段，始终进行安全分析与危险控制的活动。

过去人们对于安全的认识没有系统的概念，对于安全的认知往往是基于单个事件或某个部件，对于事故的预防也是基于“亡羊补牢”事后型的预防，图 1-4 就是航空业飞行-维修-飞行安全方式的一个例子：建造飞机，让它飞行；如果飞机发生了事故，不能工作，则寻找问题所在，确定控制措施，保证今后不再发生类似的问题，然后尝试让它再飞行。这种方式只有当事故出现时，才进行事故调查，寻找事故的致因，从而确定采取什么样的措施以防止类似事故的再发生。尽管对已经存在的系统进行了修改，增加了安全保护措施，甚至制定了相应的安全制度，但这些矫正会使整个系统不得不进行很大的再投入，对先前的投资也许会造成巨大的浪费。这种安全方式对整个系统而言是滞后的，与之相反，系统安全则具有超前性的特点。

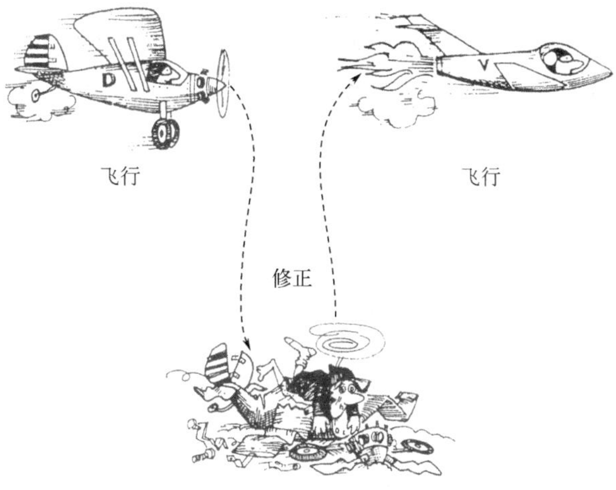


图 1-4 飞行-修正-飞行安全方式
(Roland & Moriarty，1990)

系统安全强调在产品或系统真正生产之前已经将可接受的安全要求通过严谨的计划和周密的组织融入设计之中。在事故或损失还没有发生之前，通过系统的危险辨识和评价而加以控制。只有这些危险被消除或控制在可接受的水平内才可能进一步进行研发、测试、使用或维修，因而所有的改正措施也都是在事故或损失发生前就采取的。当然这些措施不仅包括工程的手段，也还包括管理手段。系统安全涉及系统安全工程和系统安全管理两个方面，MIL-STD-882E 中对其定义如下。

系统安全工程是一门工程学科，其核心知识和技能在于运用理学和工学的原理、标准及技术，对危险进行辨识与风险评价，并通过采取相应措施消除危险，或在危险无法完全消除的情况下，有效降低这些危险所引发的风险。

系统安全管理是指在系统、子系统、设备和基础设施的设计、开发、测试、采购、使用和报废过程中，为识别危险、评估和缓解相关风险，以及跟踪、控制、接受和记录所涉及的风险而采取的所有计划和行动。

系统安全的目的就是通过危险辨识、减小危险的技术方法，以保护人员、系统、设备和环境免受危险的影响。其基本目标在于消除可能导致人员伤亡或职业病、系统损坏或环境破坏的危险。如果这些危险最终不能被消除，则采取控制措施尽可能减小其风险。当然另一基本目标则是尽可能在产品或系统的生命周期早期阶段完成危险辨识和控制，以保证最小的投入和最大的效益。

## 第三节 系统安全工程研究内容

系统安全的最终目的是通过辨识危险以消除和控制危险，并尽可能减小残余风险，确保系统的安全，它是通过管理监督和工程分析来提供一个综合、系统的风险管理方法。系统安全的流程图如图 1-5 所示。正如各学科解决实际问题所采用的方法一样，首先是确定研究对象，需要界定我们要研究的系统，包括人、机、环各要素及各要素间的交互关系，要考虑系统所能接受的风险水平和投入的计划，然后建立系统安全方案；在此基础上辨识系统中可能存在的危险，对它们产生的风险进行评估，提出减缓风险的控制措施及方法，并确保这些措施和方法真正地使风险降低到可接受的水平，最后通过权威人士或机构进行检验，并对文件进行管理。当然这个过程不是静态的，要时时跟踪危险，确保该流程各环节是顺利进行的。图 1-5 的各模块中，白色模块所反映的是管理手段，灰色模块所反映的是工程手段，值得说明的是二者之间并没有绝对的界限。整个流程最为核心的内容就是危险辨识，最关键的环节就是事故风险控制。系统安全工程的研究内容则是基于工学的原理与方法，主要研究如何进行危险辨识、事故风险评价、风险控制，研究如何进行控制措施的确认，以及对该过程中危险的跟踪，系统安全工程流程图见图 1-6，这个过程通常又称为危险分析，系统安全工程主要介绍常用的危险分析技术或危险分析方法，目前常用的危险分析方法有上百种，本教材选择常用的、典型的几种方法。

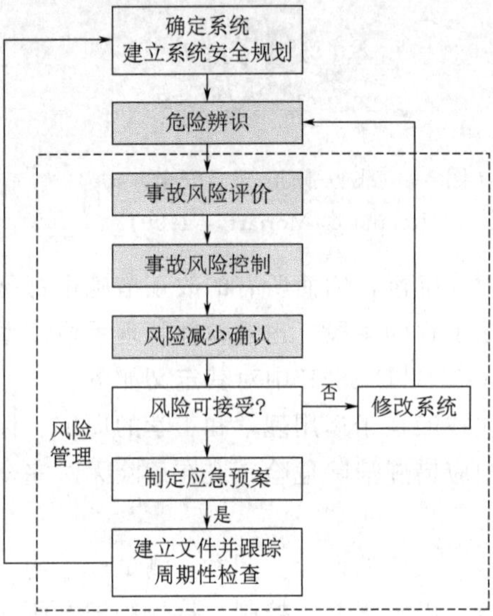


图 1-5 系统安全流程图（Bahr，2015，有修改）

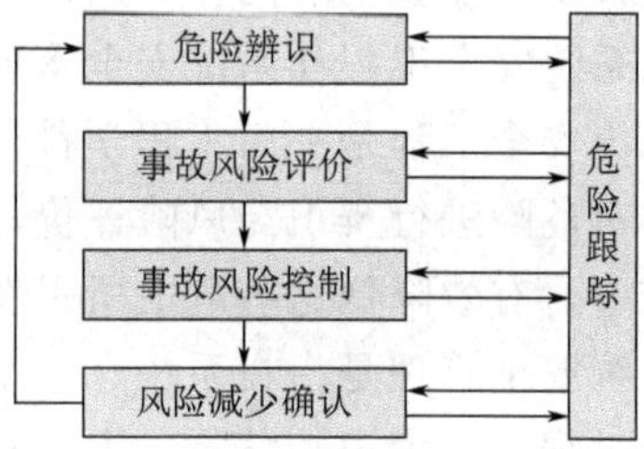


图 1-6 系统安全工程流程图

## 一、危险辨识

危险辨识是系统安全工程的基础，也是其至关重要的一个环节。生产安全中许多事故的发生往往是对这一步骤的疏忽或者做得不够充分造成的。这个过程是通过对系统的硬件、软件、有关的工作环境以及工程的目的进行详细分析，采用对照经验法和系统危险分析的方法辨识危险。当然这个过程中还要考虑本系统或相似系统以前曾经辨识过的危险和有关的事故数据、经验教训。危险辨识的过程要充分考虑系统在生命周期内所处的阶段。

危险辨识的过程如同头脑风暴一样，尽可能多、尽可能准确地辨识所有的危险，其方法有很多种，随着生产行业的不同，系统所处生命周期阶段的不同，所采用的方法都不相同，每种危险辨识方法都有其适用性。

危险辨识后要进行分析，研究危险的产生原因以及它对相关系统可能造成的后果，再进一步则需要进行事故风险评价。

## 二、事故风险评价

要确定采取什么行动消除或控制已经辨识的危险，就要进行事故风险评价。事故风险评价就是针对所辨识的每一种危险，通过严重程度和发生概率的判断确定其演变为事故的风险，从而确定它对人员、设备、设施、公众乃至环境的影响。事故风险通常用事故风险等级或事故风险指数来表征。事故风险评价得越准确，越有利于决策者正确理解生产所面临的风险程度，也越有利于指导决策者做出正确的判断，确定进行怎样的安全投入才可以保证需要的安全水平。

通过事故风险分析可以了解系统中的潜在危险和薄弱环节，发生事故的概率和可能的严重程度等。决策者可以根据评价的结果选择控制措施或方案，保险公司可以根据企业不同的风险等级规定不同的保险金额，领导和监察机关也可以根据评价结果督促企业改进安全状况。

## 三、事故风险控制

系统安全工程的最终目的是控制危险，因而一旦完成危险辨识和风险评价之后就要选择危险控制的方法，事故风险控制通常包括工程手段和管理手段。工程控制是指工程中通过硬件的改变以达到消除危险或减缓它们的风险的手段，例如，在储油罐周围筑起防护堤、在爆炸环境中只使用防爆开关等。管理控制是对组织本身的改变。制定操作规程、对员工开展培训以及实施工厂的安全计划都是对危险实施管理控制的好方法。

## 四、风险减少确认

在对危险进行风险控制之后，理论上其风险程度应该降低，是否真正达到了应有的效果，还需要通过适当的分析、测试和检查来进行风险减少的确认，并记录下残余风险。对测试过程形成的新的危险也要辨识出来，建立文件。

在确认过程中要保证采用的手段和方法针对系统是有效的。当无法确定所采取的安全措施是否真正降低了事故风险，要进行测试并评估测试的有效性，当测试的费用过高而条件不允许时，也可通过工程分析、实验模拟等方法进行验证。

许多危险分析技术或方法通过工作表的方式呈现系统安全分析的流程，工作表的基本内容见表 1-1。其中“危险辨识”因采用的方法不同而具有不同的辨识特点，如故障模式及影响分析通过辨识故障模式来辨识危险，而危险与可操作性研究则通过寻找偏差来辨识危险等；“产生原因”和“后果”是对识别出的危险进行分析，初始事故风险指数 IMRI 和最终事故风险指数 FMRI 的差别则体现了控制措施的效果。当然并不是每一种系统安全工程的方法都涵盖表中的各项内容，有的方法因强调某方面细节，只能完成表中的一部分内容。

**表 1-1 系统安全工程研究内容**

| 危险辨识 | 产生原因 | 后果 | 初始事故风险指数 | | | 控制措施 | 最终事故风险指数 | | |
|---|---|---|---|---|---|---|---|---|---|
| | | | $P_1$ | $S_1$ | IMRI | | $P_2$ | $S_2$ | FMRI |
| | | | | | | | | | |

如果残余风险是可接受的，应充分记录风险并进行周期性的审查；相反，如果风险不可接受，则需要修改系统并重新进行危险分析的流程，确保最终风险是可接受的。

## 五、危险跟踪

我们面临的系统，尽管在生产安全过程中依据产品或系统的生命循环周期进行了危险辨识、危险分析、风险评价和危险控制，但系统是动态的，危险辨识因而也应是一个动态的过程，危险辨识和危险控制也应该被时时跟踪。随着系统生命周期的推进，人们对系统的认知也不断深入，危险辨识与控制则变得日益具体与有针对性。例如某隧道工程建设初始，在进行危险辨识时就认识到涌水是工程的一个重要危险，隧道涌水会导致人员死亡，也会导致工程塌方，其风险指数属于“高”涌水的危险难以消除，因而应采取控制措施。表 1-2 列出了隧道涌水危险跟踪及对应控制措施，表中涌水严重程度、涌水发生概率的分级判定方法将在第三章第四节详细介绍。

**表 1-2 隧道涌水危险跟踪及对应控制措施**

| 阶段 | 涌水控制措施 | 涌水严重程度 | 涌水发生概率 | 风险指数 | 风险接受程度 |
|---|---|---|---|---|---|
| 概念设计初始 | 设计排水泵，当检测到隧道中的水超过一定量时，启动泵抽水 | I | C | 高 | 不可接受 |
| 定义阶段 | 增加第二个泵，确保一定的排水能力（冗余设计） | I | D | 较高 | 不希望发生（需管理层决策） |
| 研发阶段 | 设计报警和警告装置，当涌水出现时，系统对控制中心提供报警和警告 | I | E | 中等 | 可接受，但要时常检查 |
| 工程施工阶段 | 对操作人员提供关于报警系统的培训 | I | E | 中等 | 可接受，但要时常检查 |

危险跟踪就是系统地记录所有已识别的危险以及当这些危险降低到可接受的风险水平时与之相关的数据的过程。基于以上的案例，可以看出，系统安全工程的研究内容是研究系统生命循环周期不同阶段的危险分析方法。本书第二章和第三章分别介绍系统安全工程的生命周期和系统安全的流程（又称危险分析流程）两个基本属性，第四章至第十章介绍各种危险分析（包括安全评价）方法，第十一章则以模拟实践的方式展示某项目在其生命周期各阶段危险分析的实践做法。

## 第四节 系统安全工程的学习方法

安全工程专业旨在为国民经济建设不同行业或领域培养兼备安全技术与安全管理能力的通才式专业人才，系统安全工程课程是安全工程专业的核心课程，亦是联结安全技术和安全管理类知识的先导课程。

### 一、学情分析

系统安全工程是以各类工程项目或生产作业为研究对象，针对其生命周期各阶段，研究如何系统性、前瞻性地进行危险辨识与控制以确保安全的课程。该课程是一门跨行业、重实践的交叉应用性课程，生命周期是系统安全的一个重要属性，但传统的教学内容中，生命周期仅仅作为一个孤立的概念脱离于课程的知识体系之外，教学中知识传授与实践应用割裂的现象难以满足跨行业人才培养的能力要求；另外，由于授课对象是刚刚完成通识课程学习的三年级学生，他们缺少行业背景和实践基础，认知水平与教学要求之间存在较大的差距。针对课程现状，教学过程中的难点问题在于以下几点。

（1）如何基于生命周期的属性，系统地将理论知识与实践要求融合于教学体系之中？

（2）如何基于学生薄弱的行业背景基础实现教学内容的有效传授？

（3）如何通过有限的课堂教学提升学生解决跨行业应用问题的能力？

## 二、教学内容构建

系统安全工程课程旨在培养学生能够针对项目、系统生命循环周期各阶段存在的问题，合理、科学地选择危险分析进行危险辨识、风险评价和危险控制的能力。为提升学生学习中知识与技能的融合以及学以致用的能力，本教材在教学内容构建中，基于“君子务本”和“其命维新”的理念，以“务本促创新”为原则，一方面关注系统安全生命周期和系统安全流程的根本属性，另一方面注重各种危险分析方法的基本原理。教材采用霍尔模型从时间、逻辑和知识 3 个维度构建了课程知识体系，如图 1-7 所示，其中时间轴呈现的是项目或系统生命周期属性，逻辑轴展示系统安全的基本流程，这两个轴的知识强调基础的深度；知识轴所列出的是各种危险分析方法，每一种危险分析方法均按系统安全的流程展示。为了加强学生们对各种分析方法适用性的理解，教材第十一章为虚拟某工厂 VCM 项目贯穿全生命周期各阶段的系列危险分析模拟实践，将理论知识与实践需求有机地融合（见图中知识维度与时间维度象限中虚线联结的星标）。图中黑体字为知识体系，楷体字为实践技能体系。五角星则代表相应知识体系在学习过程中应遵循的基本理念。

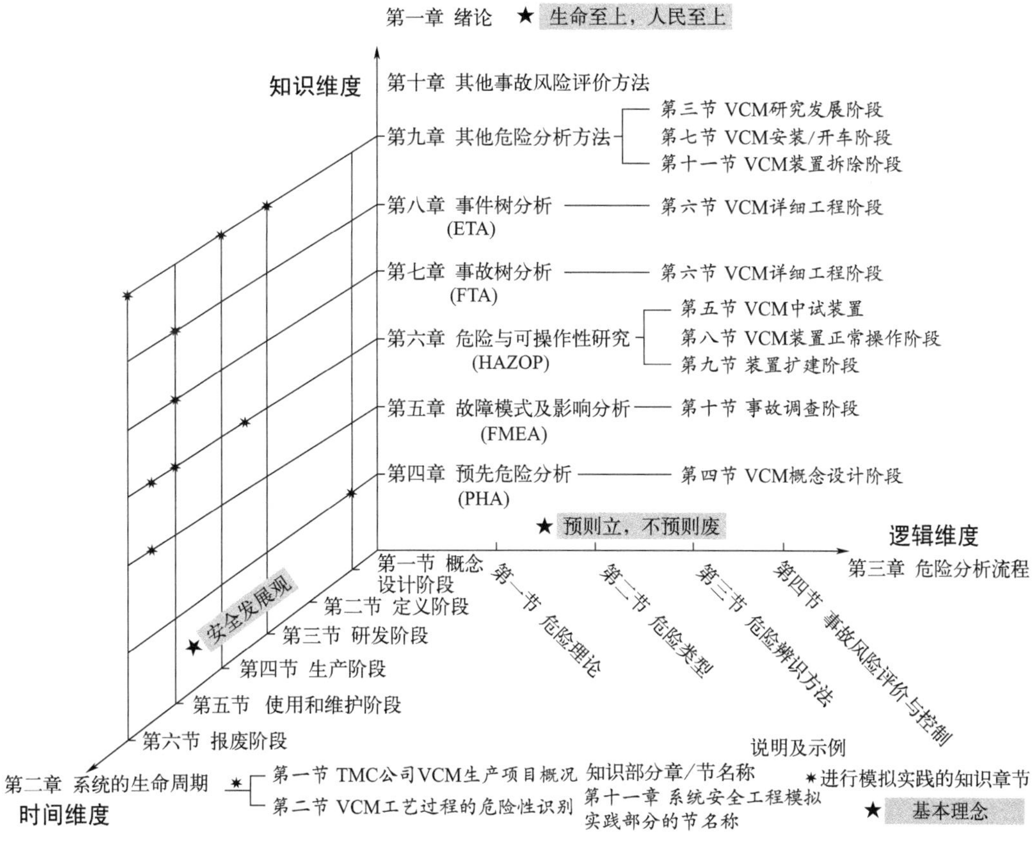


图 1-7　本教材课程内容结构图

## 三、教学模式

系统安全工程是一门实践性很强的课程，鼓励在课程教学中遵从“逻辑维度务本和知识维度维新相结合”的教学方法，采用“做中学”和“问题导向”的教学手段，按照“理论解、应用解、根本解”三级教学目标进行教与学。建议在教学中，特别是第四章至第八章各种危险分析方法的学习中采用“理论讲授-模拟实践-应用共享-项目探索”四阶段为一体的“三级四阶九能力”教学模式，以务本促创新，促进对学生批判性思考能力、团队合作能力和学以致用能力等 9 项能力的培养（图 1-8），章节进度安排可参考图 1-9。

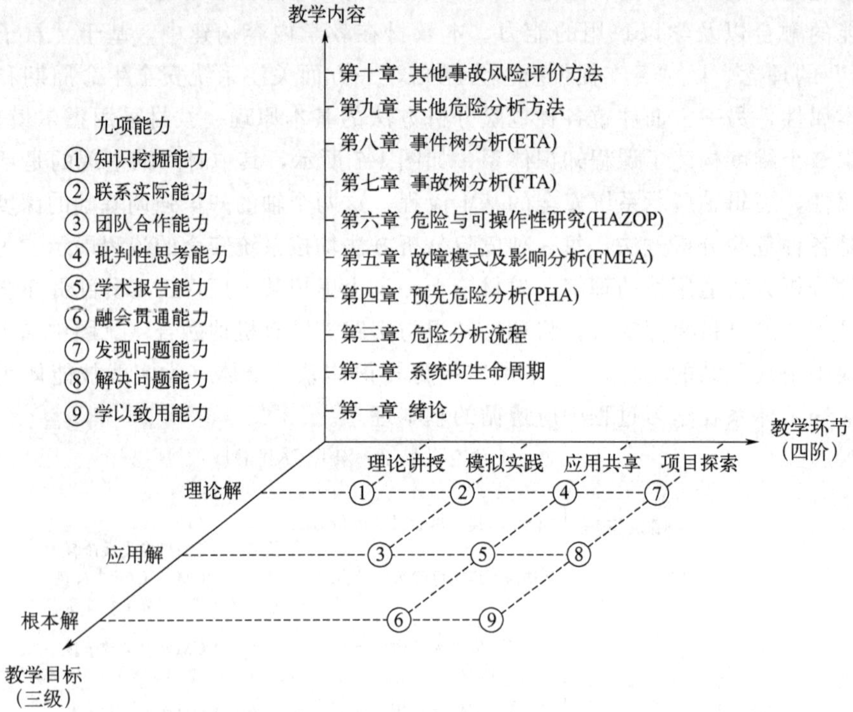


图 1-8 教学组织过程图

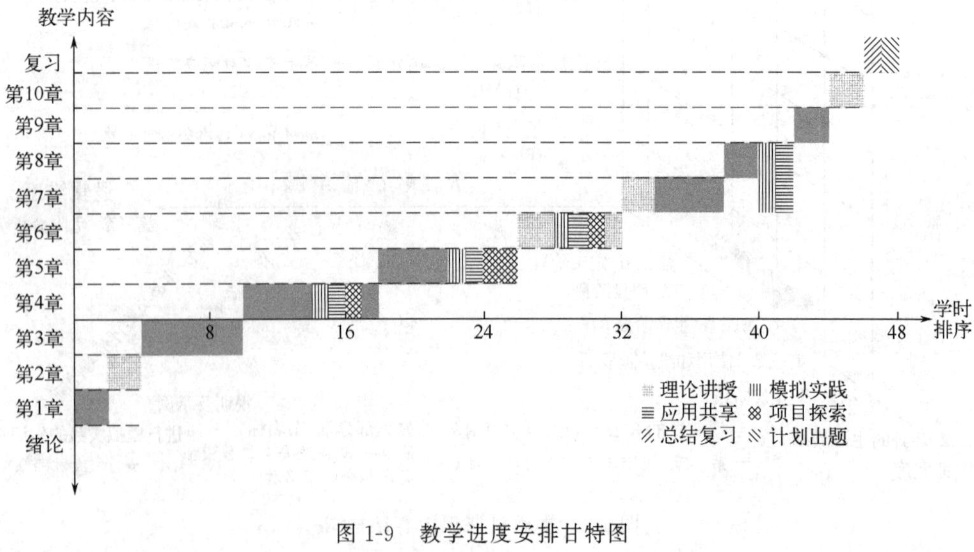


图 1-9 教学进度安排甘特图

（1）理论讲授：该环节选用学生熟悉的研究对象，采用剖析法、对比法、查标准等多种方法进行教学讲授，鼓励学生通过讨论明晰知识的基本内涵和外延，培养学生的知识挖掘能力，让学生获得问题的理论解。

（2）模拟实践：基于理论讲授，让学生以组为单位，针对课程所提供的模拟实践材料，通过小组讨论和角色扮演的方式模拟危险分析与控制的过程，培养学生理论联系实际和团队合作的能力，并从中获得解决问题的体验和经验。本教材第十一章提供了一个跨度33年的化工企业在不同阶段、采用不同危险分析方法的实例，在第四章至第九章具体方法的理论讲授之后，可基于第十一章提供的素材进行模拟分析训练。

（3）应用共享：该环节由学生于课前准备。针对所学的分析方法，要求学生在数字图书里查找该方法在不同行业或领域的应用，按照“项目背景-方法选择-如何分析-适用性评价”的固定结构进行“备课”，提交“方法应用”的PPT报告。“备课”过程要求学生具有批判性思考力，敢于对分析方法的不适宜性提出质疑；课堂上通过毛遂自荐或教师指定等方式选择学生以科研报告方式分享“应用方法”。多案例分享与辩论有利于增强学生对不同类型工程问题的理解，不仅提升了研究展示与学术报告的能力，而且通过举一反三、融会贯通，使学生获得了问题的实践应用解。本教材第四章至第八章的各章后面增列了“进一步阅读”模块，该模块列出了近十年中国地质大学（北京）安全工程专业学生在《系统安全工程》学习中“应用共享”环节中分享案例的相关文献，需要说明的是，所列清单中各项应用并非都是合理、正确的，需要通过“共享”过程的讨论提升学生对危险分析方法应用的深度思考。

（4）项目探索：该环节由教师根据科研成果或教学资源向学生提供开放性的研究课题，学生以组为单位进行探索性研究。基于给定条件，通过问题导向训练学生发现问题、解决问题的能力，从而获得跨行业或领域应用问题的根本解，最终提升学以致用的能力。本教材在第四章至第八章的各章中增加了“案例研究”一节，旨在训练学生针对背景条件去提出问题、分析问题和解决问题的能力。

## 复习思考题

1. 依据系统安全工程的发展简史来说明系统安全工程在事故预防上具有超前性。
2. 基于系统安全工程的发展简史梳理其在各行业的发展情况。
3. 对照“飞行-修正-飞行”3F安全管理模式，阐明系统安全的思想及先进性。
4. 试分析危险、事故、事故风险以及安全等概念之间的相互关系。
5. 试分析系统安全、系统安全工程以及系统安全管理之间的关系。
6. 系统安全工程研究内容依据哪两条线索？它们相应的内容是什么？

## 参考文献

[1] 隋鹏程，陈宝智．安全原理与事故预测［M］．北京：冶金工业出版社，1988.
[2] 隋鹏程．安全原理［M］．北京：化学工业出版社，2005.
[3] 陈宝智．安全原理［M］．北京：冶金工业出版社，1995.
[4] Roland H E，Moriarty B. System Safety Engineering and Management [M]. 2nd ed. New York：John Wiley & Sons，1990.

[5] 冯肇瑞，崔国璋. 安全系统工程［M］. 北京：冶金工业出版社，1987.
[6] 张景林，崔国璋. 安全系统工程［M］. 北京：煤炭工业出版社，2002.
[7] 汪元辉. 安全系统工程［M］. 天津：天津大学出版社，1999.
[8] 沈斐敏. 安全系统工程理论与应用［M］. 北京：煤炭工业出版社，2001.
[9] Bahr N J. System Safety Engineering and Risk Assessment：A Practical Approach［M］. 2nd ed. Boca Raton：CRC Press Taylor & Francis Group，2015.
[10] FAA. FAA System Safety Handbook［EB/OL］.（2000-12-30）［2023-12-19］. https：//acqnotes. com/Attachments/FAA% 20System% 20Safety% 20Handbook% 20Chapter% 2017% 20Human% 20Factors. pdf.
[11] Bailey P H G，Christie E R. MIL-STD-882，System safety program for systems and associated subsystems and equipment［J］. Journal of Quality Technology，1970，2（4）：232-242.
[12] U. S. DOD. System Safety Program Requirements：MIL-STD-882B［S］. Washington，DC：DOD，1984.
[13] U. S. DOD. System Safety Program Requirements：MIL-STD-882C［S］. Washington，DC：DOD，1993.
[14] U. S. DOD. Standard Practice for System Safety Program Requirement：MIL-STD-882D［S］. Washington，DC：DOD，2000.
[15] U. S. DOD. Department of Defense Standard Practice System Safety：MIL-STD-882E［S］. Washington，DC：DOD，2012.
[16] ISSS. MIL-STD 882F DRAFT［EB/OL］.［2024-01-05］. https：//system-safety. org/page/resources.
[17] NASA. NASA Systems Engineering Handbook. Tech. Rep. NASA/SP-2007-6105［R］. Washington，DC：U. S. National Aeronautics and Space Administration，2007.
[18] American Institute of Chemical Engineers（AIChE）. Dow Fire & Explosion Index Hazard Classification Guide［M］. 7th ed. New York：AIChE，1994.
[19] 吴宗之，等. 危险评价方法及其应用［M］. 北京：冶金工业出版社，2001.
[20] 国家安全生产监督管理总局. 安全评价［M］. 3版. 北京：煤炭工业出版社，2005.
[21] 刘铁民，张兴凯，刘功智. 安全评价方法应用指南［M］. 北京：化学工业出版社，2005.
[22] 魏新利，李惠萍，王自健. 工业生产过程安全评价［M］. 北京：化学工业出版社，2005.
[23] U. S. NRC. Reactor Safety Study：An Assessment of Accident Risks in U. S. Commercial Nuclear Power Plants：WASH-1400（NUREG-75/014）［R］. Washington，DC：U. S. Nuclear Regulatory Commission，1975.
[24] OSHA. 1910. 119：Process Safety Management of Highly Hazardous Chemicals［EB/OL］.（2019-02-19）［2025-07-23］. https：//www. osha. gov/laws-regs/regulations/standardnumber/1910/1910. 119.
[25] 王志民. 还“系统安全”本来面目［J］. 劳动保护科学技术，1999，19（5）：34-36.
[26] 国家安全生产监督管理总局. 安全评价通则：AQ 8001—2007［S］. 北京：煤炭工业出版社，2007.
[27] 国家安全生产监督管理总局. 安全预评价导则：AQ 8002—2007［S］. 北京：煤炭工业出版社，2007.
[28] 国家安全生产监督管理总局. 安全验收评价导则：AQ 8003—2007［S］. 北京：煤炭工业出版社，2007.
[29] Ericson C A. Concise Encyclopedia of System Safety：Definition of Terms and Concepts［M］. John Wiley & Sons，2011.
[30] Ericson C A. Hazard Analysis Techniques for System Safety［M］. 2nd ed. Hoboken，NJ：John

Wiley & Sons，2016.

[31] Kuhlmann A. Introduction to Safety Science [M]. New York：Springer-Verlag，1986.

[32] Clemens P L. A perspective on system safety [J]. Hazard Prevention，1995，31 (1)：204.

[33] Clemens P L. System Safety Scrapbook [Z]. 9th ed. Tullahoma：Sverdrup Technology，Inc.，2002.

[34] Clemens P L，Simmons R J. System Safety and Risk Management：NIOSH Instructional Module [M]. Cincinnati：U. S. Department of Health and Human Services，1998.

[35] Leveson N G. Engineering a Safer World：Systems Thinking Applied to Safety [M]. Cambridge：The MIT Press，2011.

[36] Leveson N G. A new accident model for engineering safer systems [J]. Safety Science，2004，42 (4)：237-270.

[37] Rausand M. Reliability of Safety-critical Systems：Theory and Applications [M]. Hoboken，NJ：John Wiley & Sons，2014.

[38] Stephans R A. System Safety for the 21st Century：The Updated and Revised Edition of System Safety 2000 [M]. Hoboken：John Wiley & Sons，2004.

[39] Vincoli J W. Basic Guide to System Safety [M]. 3rd ed. Hoboken，NJ：John Wiley & Sons，2014.

[40] Zito R R. Mathematical Foundations of System Safety Engineering [M]. Gewerbestrasse：Springer International Publishing，2020.

[41] 樊运晓，罗云. 系统安全工程 [M]. 北京：化学工业出版社，2009.

[42] 程五一，樊运晓，罗云. 通才式安全工程专业课程设置的探讨 [J]. 中国安全科学学报，2004，14 (3)：36-39.

[43] 樊运晓，牛毅，杜晓涛. 基于国际专业资格认证的安全管理类课程设置 [J]. 中国安全科学学报，2021，31 (5)：25-30.

[44] 樊运晓，梁利军，云霞皓月. 国际安全专业人员角色与职能对我国安全工程专业大学教育借鉴研究 [J]. 安全，2020，41 (11)：35-40.

[45] 樊运晓，梁利军，云霞皓月. 国际 OSH 专业资格认证视角下的我国大学教育通才式安全工程专业课程结构分析 [J]. 安全与环境工程，2020，27 (5)：141-146.

[46] 樊运晓，高远，裴晶晶. 由欧洲高校安全学科发展看安全工程专业属性 [J]. 中国安全科学学报，2017，27 (12)：128-133.

[47] CCPS. Guidelines for Hazard Evaluation Procedures [M]. 3th ed. Hoboken，NJ：John Wiley & Sons，2008.

[48] 廖学品. 化工过程危险性分析 [M]. 北京：化学工业出版社，2000.

# · 第二章 ·

# 系统的生命周期

系统安全工程旨在研究如何对系统、项目进行危险分析以确保安全的问题。该研究涉及两个关键内容，一个是何时进行危险分析，另一个则是采用哪种危险分析方法或危险分析技术进行分析。任何一个系统或项目都有其生命周期，包括系统的设计、研发、测试和评估以及生产、操作和维护直至报废的各个阶段。人们对系统的认知受系统发展阶段的影响，由于危险分析的核心在于前瞻性、系统性地进行危险辨识与控制，因而针对系统的危险分析不是一蹴而就，需要随着系统沿生命周期的发展展开多次分析，生命周期各阶段的分析目的和分析作用有所不同，每个阶段所采用的危险分析方法亦不尽相同。

## 第一节　系统生命周期的划分

系统或产品生命周期划分的粗细程度不尽相同，通常情况下包括以下六个阶段，即：概念设计阶段、定义阶段、研发阶段、生产阶段、使用和维护阶段及报废阶段。在系统生命周期各阶段进行特定的分析对保证系统最终的安全至关重要，各阶段分析要点和安全控制点有所不同，前一阶段的分析结果决定着系统后续开发或中止，表 2-1 给出了系统生命周期各阶段的分析任务和分析目的。

表 2-1　系统生命周期各阶段分析任务与分析目的（Roland & Moriarty，1990）

| 阶　段 | 分 析 任 务 | 分 析 目 的 |
| --- | --- | --- |
| 概念设计 | 概念设计检查 | 为一般评估建立基本的设计 |
| 定义 | 预先设计检查 | 为专项研发建立一般的设计 |
| 研发 | 关键设计检查 | 为生产提供专项设计 |

续表

| 阶　　段 | 分析任务 | 分析目的 |
| --- | --- | --- |
| 生产 | 验收检查 | 为生产提供产品 |
| 使用和维护 | 操作和维护的审核 | 确保操作与维护的安全 |
| 报废 | 报废审核 | 确保报废过程的安全 |

## 一、概念设计阶段

概念设计阶段是系统的初期阶段，这一阶段的主要任务是从可行性、成本和风险的角度对系统或项目进行界定和评价，通常采用背景数据或历史经验以及对未来的技术预测来分析系统的危险，该阶段主要考虑产品关键性的问题、识别系统有哪些危险类型、评估这些危险可能产生的影响。在这一阶段常用方法有预先危险分析法（Preliminary Harzard Analysis，PHA）和风险分析法（Risk Analysis，RA），前者的考虑在于针对某一项特定的概念可能会产生哪些危险，后者则可粗略地确定危险控制时的相应需求和安全设计标准的形成。

## 二、定义阶段

定义阶段为系统的预先设计和施工的进一步确认进行准备，在系统安全规划中应明确有关的安全任务，尤其应该进行对危险辨识结果的综合调查与分析；同时针对相应的技术风险、投入、人因工程、适宜的操作与维修等事宜，应在该阶段的设计检查报告中进行详细说明。为了保证符合概念设计阶段的标准要求，定义阶段还应明确有关的子系统、组件等，需要对多个设计方案的危险进行比较分析。这个阶段经常采用子系统危险分析法（Subsystem Safety Analysis，SSHA）和事故树分析法（Fault Tree Analysis，FTA）等方法来检测已知的特定危险及其影响。在这一阶段还需考虑设计中应安置的安全设备、有关安全设计的规范、原始安全测试计划与要求，确保在概念设计阶段提出的危险控制措施可行和有效。该阶段由于没有完成最后的设计并不能识别出所有的危险，但应形成一个可行的通用设计。一些专项设计在后续阶段需进一步细化。

## 三、研发阶段

研发阶段需要在系统定义的基础上考虑其对环境的影响、所需的后勤保证、制造工艺等。通常把样品分析和测试结果作为生产安全中分析人与机器相互作用相关危险的基础数据。由于专项设计已较为完善，在这一阶段通常进一步采用子系统危险分析法（Subsystem Hazard Analysis，SHA）进行危险分析，并应完成安全设计标准、提供详细的危险控制信息。在这一阶段还应进行更加充分的测试，确保这个设计是满足需求的。在这一阶段所发现的任何故障都应该加以检测并分析它们对安全的影响，同时应进行设计修改、设定安全警告、制定安全制度以及设计安全培训等。因而该阶段还常采用事故树分析法对不希望发生的较大事件进行分析。在这一阶段，产品或系统的设计与其他工程学科有着较多的交叉，特别是可靠性工程，因而也常采用故障模式及影响分析（Failure Mode and Effect Analysis，FMEA）方法。故障模式是FMEA危险分析中需要辨识的危险，它为SSHA和FTA提供基础数据。研发阶段的工作决定着在生产之前某专项设计是否继续进行，基于全面的危险分析、严谨的安全测试结果和严格对照安全设计标准方可决定系统的进一步建设是否具有可行性。如果在这一阶段忽略了任何方面的安全审核，常常会使系统或工程的投入增加，造成不必要的高额投入。

## 四、生产阶段

当系统设计最终得以批准并投入生产后，则进入生产阶段。在此阶段，危险分析的关注点涉及安全操作程序、人因失误、工具和材料的危险性等，因此安全监测非常重要。随着生产的逐渐展开，质量控制部门将主要力量集中在系统的检查和测试上。因而，生产安全部门有必要与质量部门进行良好的协调与沟通。如果系统复杂，还有必要安排具有资质的专业人士参与制造过程，以保证能监测到各项涉及安全的事宜，确保最终系统的安全性是可接受的。在生产现场，当进行质量测试时，也有必要让系统安全负责人对其安全设施的各项功能进行检查。

这一阶段还应开始进行培训工作。有必要安排专人负责整个培训方案以保证安全培训的顺利进行，保证操作人员和维修人员面对实际设备进行操作时是已接受过培训的，同时也要保证客户在产品使用之前也得到相关培训，这样才能彻底保证操作和维修过程中按照生产安全要求真正地消除了危险。

在这一阶段还要对以前各阶段进行的危险分析进行跟踪与更新，保证以前进行的危险分析在现阶段已采取正确的方式加以控制并形成文件。在最后的验收检查中，生产过程中的任何变更都要进行验证和进一步的确认以保证其是安全的。同时，在这一阶段还应完成系统安全工程报告，报告中要交代清楚使用和维护各种情形下如何安全使用产品，这个报告也代表危险分析、测试及安全标准评估的结果，应明确安全是如何融入产品之中、已辨识的危险是如何被控制的以及用户该怎样使用和维护该产品。

## 五、使用和维护阶段

生产阶段之后进入使用和维护阶段。这时系统变为可操作，培训工作已经展开，相应的数据也开始通过产品使用过程中出现的问题得以积累，这时系统安全主要通过管理手段来保证其中出现的任何问题能及时得以解决；负责系统安全的工作人员可能要参与到事故调查过程中，确保能够辨识危险的现场条件，并确保能尽快与设计者或相关人员采取改正措施。

由于设计小组对系统在使用和维护中出现的问题加以改进，因而系统安全人员必须对变更的设计进行检查，保证变更已经控制了过去的危险而未滋生新的危险。这时往往需要重新使用 PHA 或其他分析方法进行分析。

## 六、报废阶段

报废阶段涉及整个系统或单个元素的处理，包括淘汰、解除配置或退役，即产品被拆除或拆卸等。鉴于系统可能存在的危险因素，报废阶段系统安全人员应该慎重检查先前形成的系统终止程序，并保证安全拆卸程序和危险物质的安全处置等做法在严格监测之中。

通常，系统生命周期的每个阶段都是按顺序发生的，但偶尔会出现几项研发任务需同时执行、螺旋式地执行的现象，或可能在某些环节任务增加而另一些环节任务减少的现象，但无论如何，在生产安全中，要保证有足够的时间进行表 2-1 中所列出的各项分析。

## 第二节　MIL-STD-882E 标准中生命周期的划分

当执行国防任务时，为了保护人员免受意外死亡、伤害或职业病，也为了保障国防系统、基础设施和财产免受意外破坏或损害，确保环境质量得到最大程度的保护，美国国防部依据《国防采办系统的运行》指令（DoDI 5000.02）推出了军标 MIL-STD-882E《系统安全》。该标准旨在要求承包商在提供产品或服务时，针对项目活动，需采用系统安全方法辨识危险并能管理相关的风险；国防部的关键目标在于对系统安全方法推广使用，通过承包商和项目经理共同努力把风险管理整合到全部系统工程的流程中，而不仅仅停留在运行使用阶段。MIL-STD-882E 标准给出了系统安全的要求、系统安全流程以及执行过程中的任务。这些任务根据性质被分为管理、分析、评价和验证四类，任务代码分别以 1、2、3 和 4 开头，见表 2-2，系统安全任务贯穿于国防系统的生命循环周期各阶段。表 2-2 中规划阶段下设的 5 个细类表示生命循环周期的 5 个阶段，各阶段具体说明见表中最后的说明部分。

表 2-2　系统安全任务应用矩阵（DOD，2012）

| 任务 | 名称 | 任务类型 | 规划阶段 | | | | |
|---|---|---|---|---|---|---|---|
| | | | MSA | TD | EMD | P&D | O&S |
| 101 | 基于系统安全方法的危险识别与缓解工作 | MGT | G | G | G | G | G |
| 102 | 系统安全规划方案 | MGT | G | G | G | G | G |
| 103 | 危险管理计划 | MGT | G | G | G | G | G |
| 104 | 政府审查/审核的支持 | MGT | G | G | G | G | G |
| 105 | 集成产品团队/工作组支撑 | MGT | G | G | G | G | G |
| 106 | 危险追踪系统 | MGT | S | G | G | G | G |
| 107 | 危险管理进展报告 | MGT | G | G | G | G | G |
| 108 | 危险性材料管理计划 | MGT | S | G | G | G | G |
| 201 | 预先危险列表 | ENG | G | S | S | GC | GC |
| 202 | 预先危险分析 | ENG | S | G | S | GC | GC |
| 203 | 系统需求的危险分析 | ENG | G | G | G | GC | GC |
| 204 | 子系统危险分析 | ENG | N/A | G | G | GC | GC |
| 205 | 系统危险分析 | ENG | N/A | G | G | GC | GC |
| 206 | 运行与保障阶段的危险分析 | ENG | S | G | G | G | S |

续表

| 任务 | 名称 | 任务类型 | 规划阶段 | | | | |
|---|---|---|---|---|---|---|---|
| | | | MSA | TD | EMD | P&D | O&S |
| 207 | 健康危险分析 | ENG | S | G | G | GC | GC |
| 208 | 功能危险分析 | ENG | S | G | G | GC | GC |
| 209 | 系统之系统的危险分析 | ENG | N/A | G | G | GC | GC |
| 210 | 环境危险分析 | ENG | S | G | G | G | GC |
| 301 | 安全评估报告 | ENG | S | G | G | G | S |
| 302 | 危险管理评估报告 | ENG | S | G | G | G | S |
| 303 | 检测和评价参与 | ENG | G | G | G | G | S |
| 304 | 对工程变更提案、变更通知、缺陷报告、事故报告以及偏差/豁免请求进行审查 | ENG | N/A | S | G | G | G |
| 401 | 安全验证 | ENG | N/A | S | G | G | S |
| 402 | 爆炸物危险分类数据 | ENG | N/A | S | G | G | GC |
| 403 | 爆炸物处理数据 | ENG | N/A | S | G | G | S |

| 任务类型 | 规划阶段 | 适用性代码 |
|---|---|---|
| 任务类型<br>ENG —工程<br>MGT—管理 | 规划阶段<br>MSA—材料解决方案分析<br>TD —技术开发<br>EMD —工程和制造开发<br>P&D —生产和部署<br>O&S—操作和支持 | 适用性代码<br>G—普遍适用<br>S—选择性适用<br>GC—普遍适用于设计变更<br>N/A—不适用 |

## 第三节　过程安全中系统生命周期的划分

化工生产具有高危险性，因而化工企业对过程安全关注已久。过程（Process）泛指石油、化工等生产中所需的设备和技术，包括反应器、储罐、管道、锅炉、冷却塔和制冷系统等。过程安全（Process Safety）是通过应用良好的设计原则、工程和操作实践，对处理危险物质的操作系统和流程的完好性进行管理的规范性框架。与职业安全与健康不同，过程安全关注的重点在于如何减少在危险物质或危险能量处理过程中的相关风险。过程安全工作有助于减少潜在事故的发生频率和后果。这些事故包括有毒或易燃材料的释放（损失事件），最终导致中毒、火灾或爆炸。然而，企业最初对过程安全的审查，主要是依靠审查人员的经验和专业知识；20 世纪中期，随着系统安全学科的产生、发展和应用，相继形成了不同的危险分析方法（有的行业或领域又称为危险评价方法），英国帝国化学公司还开发了针对化工行业的危险与可操作性研究方法，这些危险分析方法逐渐在化工领域进行应用。但真正推进过程安全发展的是化工行业的几起灾难性事故的发生。1974 年英国弗里克堡（Flixborough）事故和 1976 年意大利塞韦索（Seveso）事故在欧洲大陆产生了深远的影响，并促使欧洲共同体于 1982 年制定了《关于控制工业重大事故危害的指令》，该指令旨在对过程安全开展严格的监管。1984 年印度博帕尔（Bhopal）事故造成 3000 多人死亡，事故调查结果使人们认识到，在化工生产中仅有技术专长是不够的，危险分析或风险管理与专业技术具有等同的重要性。博帕尔事件促使美国化学工程师协会（The American Institute of Chemical Engineers，AIChE）于 1985 年建立了美国化工过程安全中心（The Center for Chemical Process Safety，CCPS）。CCPS 是一个非营利性组织，该机构将工业界、学术界、政府机构、咨询公司及保险公司等联合在一起，旨在引领各方定义、开发实用的、适用的技术指南和相关工具等，并将它们在生产实践中应用推广，从而达到保护人、财产和环境的目的。这些指南涉及风险分析、人因失误、脆弱性、本质安全等，对预防重大化学过程事故具有重要的作用。

CCPS 于 1985 年成立伊始出版的第一个指南是《危险评价程序指南》（*Guidelines for Hazard Evaluation Procedures*），针对化工领域不断提升的安全专业人才需求和专业技术需求，该指南旨在从系统安全工程的视角，系统地梳理了过程安全所涉及的各种危险分析方法，为专业人才培养提供了一份实用而全面的手册，该指南分别于 1992 年和 2008 年进行两次修订。1989 年，CCPS 推出了《化学过程安全技术管理指南》，该指南首次提出了过程安全管理（Process Safety Management，PSM）方案，从系统安全管理的角度建立了化工领域的安全管理体系。PSM 方案将化学过程安全中技术管理涉及的所有基本要素整合成为一份框架性结构，旨在对化工过程中危险化学品或能量等的释放进行合理的预防、预备、缓解、应对和恢复。该指南分别于 1992 年和 2007 年进行两次修订，指南题目分别修改为《面向工厂的化学过程安全技术管理指南》（*Plant Guidelines for Technical Management of Chemical Process Safety*）和《基于风险的过程安全指南》（*Guidelines for Risk Based Process Safety*）。如同 MIL-STD-882 系列标准，这两份指南分别从系统安全工程和系统安全管理两个方面体现了化工行业过程安全的系统安全思维。后续的所有 CCPS 指南都围绕此框架下的一个或多个要素深化形成。

亦如同 MIL-STD-882 系列标准一样，这两个指南均注重过程安全的生命循环周期属性。化工过程的生命周期（Process Life Cycle）指从实际过程（Physical Process）或管理系统（Management System）视角来看化工生产过程中从开始到终结所经历的各个阶段。这些阶段包括概念、设计、部署、采购、操作、维护、退役和处置等。作为企业 PSM 方案重要组成要素，危险分析与评价应该贯穿化工生产过程的整个生命周期。过程危险分析（Process Hazard Analysis，PHA）是针对过程的全生命周期，有组织地识别和评价与过程和操作相关的危险，以便对其进行控制。这种将生命周期方法与其他 PSM 要素活动结合起来使用，可以在设备选址、建造或运行之前有效地揭示设计和运行中的缺陷，从而最有效地利用资源，确保安全生产；与此同时，企业也可以利用危险分析的结果进一步指导后续各阶段活动的安全生产。

尽管危险分析的方法目前已经开发了数十种，然而，在过程安全生命周期的不同阶段，由于企业所获得的基础信息不同，企业生产的状况不同，危险分析的重点在于如何选择适宜的方法进行分析。2008 版的《危险评价程序指南》深入探讨了危险分析方法选择的技术背后的逻辑，但一个重要因素在于分析人员进行分析时所需的可用信息的多少。由于过程安全信息（Process Safety Information，PSI ）不充分，某些危险分析方法可能不适合或不可能在特定的生命周期阶段执行。表 2-3 是 CCPS 列出的典型的危险评价目标和对应的生命周期阶段，以及建议的危险分析方法。

表 2-3 过程安全生命周期不同阶段的典型危险评价目标（CCPS，2022）

| 过程阶段 | 举　例 | 危险分析方法 |
| --- | --- | --- |
| 研发阶段 | 识别可能导致失控反应、火灾、爆炸或有毒气体释放的化学反应或相互作用 | 预先危险分析(PHA)<br>故障假设分析(What-If) |
| 概念设计阶段 | 实现本质安全；<br>比较潜在危险点；<br>确定工厂布局和缓冲区 | 安全检查表(SCL)<br>预先危险分析(PHA)<br>故障假设分析(What-If)<br>故障假设分析(What-If)/安全检查表(SCL) |
| 试用阶段 | 识别有害物质释放到环境中的途径；<br>识别潜在危险操作人员；<br>分析使危险废料减至最少的方法 | 安全检查表(SCL)<br>预先危险分析(PHA)<br>故障假设分析(What-If)<br>故障假设分析(What-If)/安全检查表(SCL)<br>危险和可操作性研究(HAZOP)<br>失效模式及影响分析(FMEA)<br>事故树分析(FTA)<br>事件树分析(ETA) |
| 详细设计阶段 | 分析在设备设施内部是如何形成易燃混合物的；<br>分析失控是如何发生的；<br>分析会导致失控反应的过程控制故障；<br>分析减少危险物料库存的方法；<br>评估所设计的安全措施是否能将过程风险控制在可接受、符合要求的或合理、可操作(ALARP)的水平；<br>确定必须定期测试、检查或维护的安全核心装置 | 故障假设分析(What-If)<br>故障假设分析(What-If)/安全检查表(SCL)<br>危险和可操作性研究(HAZOP)<br>失效模式及影响分析(FMEA)<br>事故树分析(FTA)<br>事件树分析(ETA) |
| 施工和使用阶段 | 分析启动和操作过程中可能出现的故障情况；<br>核实以往危险评估中出现的所有问题都得到了解决，并且没有出现新的问题；<br>辨识邻近单元中可能对建筑和维修工人造成的危险；<br>识别与容器清洁程序相关的危险；<br>识别已建成设备与设计图纸之间的任何差异 | 安全检查表(SCL)<br>故障假设分析(What-If)<br>故障假设分析(What-If)/安全检查表(SCL)<br>核心任务分析(Critical Task Analysis) |
| 生产阶段 | 识别与员工有关的危险操作程序<br>识别可能发生超压瞬变的途径<br>根据操作经验更新以往的危险评估<br>识别与停机设备相关的危险 | 安全检查表(SCL)<br>故障假设分析(What-If)<br>故障假设分析(What-If)/安全检查表(SCL)<br>危险和可操作性研究(HAZOP) |
| 工艺改造或工厂扩建阶段 | 分析改变原料组成是否会产生新的危险或使现有的任意危险恶化；<br>识别与新设备相关的危险 | 安全检查表(SCL)<br>预先危险分析(PHA)<br>故障假设分析(What-If)<br>故障假设分析(What-If)/安全检查表(SCL)<br>危险和可操作性研究(HAZOP)<br>失效模式及影响分析(FMEA)<br>事故树分析(FTA)<br>事件树分析(ETA) |
| 报废阶段 | 分析拆除工作对邻近单元的影响<br>识别该单元报废后可能导致火灾、爆炸或有毒物质的残留 | 安全评审(Safety Review)<br>安全检查表(SCL)<br>故障假设分析(What-If)<br>故障假设分析(What-If)/安全检查表(SCL) |

《危险评价程序指南》不仅注重各种危险分析方法在过程安全的知识传递，更加关注分析人员应用各种分析方法能力的提升，为了能使分析人员针对过程安全生命周期不同阶段、不同问题合理选择适当的分析方法，第二版《危险评价程序指南》虚构了一个生命周期跨度33年的过程安全工作实例：该实例基于某化学公司现有生产状况，拟建造一个氯乙烯单体（Vinyl Chloride Monomer，VCM）生产线，随着项目在各个典型生命寿命阶段的进展和呈现的问题，该实例将结合现实问题选择合理的分析方法对相应的问题进行危险分析和评价。读者可在各种危险分析方法理论学习的基础上，通过该实例来体验这些方法在生产实践中是如何使用的。因此，在生命周期每个阶段，该实例将聚焦如下问题以引导读者进行思索：

（1）在此阶段为什么需要进行危险分析？本次分析的目的是什么？

（2）在项目的这个阶段，分析小组已获得哪些信息和资源？

（3）针对此阶段的问题，分析小组应该使用什么危险分析技术？且是否有替代方案？

（4）分析小组应如何记录分析结果？谁将负责分析结果后续的跟进？

为了回答以上问题，第二版《危险评价程序指南》在工作实例生命周期的各阶段将以背景、已有资料、危险分析方法选择、分析准备、分析过程、结果讨论及结论和启示几个环节展示现实问题及危险分析的过程和结果。该工作实例由四川大学廖学品教授翻译后引入我国，本书将采用该实例作为教学过程中模拟实践环节的主要资料，将其列为第十一章，其中第一节为VCM项目的概况；第二节为VCM工艺过程的危险特性；第三节至第十一节则是VCM项目33年生命周期不同阶段呈现的安全问题及相应完成的危险分析工作。学生可以组为单位，在了解生产背景状况及所获资料情况的基础上，讨论现状问题及分析方法的选择，通过角色扮演模拟危险分析的过程，“身临其境”地体验该分析方法是如何进行危险分析的及方法使用的适用条件。表2-4是第十一章第三节至第十一节生命周期各阶段危险分析所采用的分析方法。需要说明的是，有时针对某一问题，往往采用两种或多种方法结合使用。

**表2-4　模拟实践生命周期各阶段危险分析方法**

| 节 | 生命周期所处阶段 | 所选择的危险分析方法 |
|---|---|---|
| 第三节 | 研发阶段 | 故障假设分析 |
| 第四节 | 概念设计阶段 | 预先危险分析 |
| 第五节 | 中试装置运行阶段 | 危险与可操作性研究 |
| 第六节 | 详细工程设计阶段 | 事故树和事件树分析 |
| 第七节 | 装置安装与开车阶段 | 安全检查表和安全审核 |
| 第八节 | 装置正常运行阶段 | 危险与可操作性研究 |
| 第九节 | 装置扩建阶段 | 危险与可操作性研究 |
| 第十节 | 事故调查阶段 | 故障模式及影响分析和人因可靠性分析 |
| 第十一节 | 装置拆除阶段 | 故障假设和安全检查表分析 |

## 复习思考题

1. 什么是生命周期？系统安全工程为什么要分析生命周期？

2. 有人称在系统生命周期的初期阶段所进行的危险分析最具效力和价值，请仔细讨论这一说法，并提出你的观点及论据。

3. 阅读MIL-STD-882E标准，谈谈该标准关于生命周期的相关要求。

4. 阅读 CCPS《危险评价程序指南》（第三版），谈谈该指南关于生命周期的相关要求和你的理解。

5. 你所在的城市计划新建一座净水厂，你将负责确定在项目的生命周期的不同阶段应采取哪些必要的危险分析。请准备一份清单，列出在不同阶段需要进行的相关研究，以及这些研究的目标。

## 参考文献


[1] Bahr N J. System Safety Engineering and Risk Assessment：A Practical Approach [M]. 2nd ed. CRC Press Taylor & Francis Group，2015.

[2] Roland H E，Moriarty B. System Safety Engineering and Management [M]. 2nd ed. New York：John Wiley & Sons，1990.

[3] Stephans R A. System Safety for the 21st Century：The Updated and Revised Edition of System Safety 2000 [M]. Hoboken：John Wiley & Sons，2004.

[4] Vincoli J W. Basic Guide to System Safety [M]. 3rd ed. Hoboken：John Wiley & Sons，2014.

[5] Ericson C A. Hazard Analysis Techniques for System Safety [M]. 2nd ed. John Wiley & Sons，2016.

[6] NASA. NASA Systems Engineering Handbook. Tech. Rep. NASA/SP-2007-6105 [R]. Washington，DC：U. S. National Aeronautics and Space Administration，2007.

[7] Cantrell S，Clemens P. Finding all the hazards how do we know we are done? [J]. Professional Safety，2009，54 (11)：1-6.

[8] Rausand M. Reliability of Safety-critical Systems：Theory and Applications [M]. Hoboken，NJ：John Wiley & Sons，2014.

[9] Popov G，Lyon B K，Hollcroft B D. Risk Assessment：A Practical Guide to Assessing Operational Risks [M]. Hoboken，NJ：John Wiley & Sons，2016.

[10] U. S. DOD. System Safety Program Requirements：MIL-STD-882B [S]. Washington，DC：DOD，1984.

[11] U. S. DOD. System Safety Program Requirements：MIL-STD-882C [S]. Washington，DC：DOD，1993.

[12] U. S. DOD. Standard Practice for System Safety Program Requirement：MIL-STD-882D [S]. Washington，DC：DOD，2000.

[13] U. S. DOD. Department of Defense Standard Practice System Safety：MIL-STD-882E [S]. Washington，DC：DOD，2012.

[14] CCPS. Inherently Safer Chemical Processes：A Life Cycle Approach [M]. New York：American Institute of Chemical Engineers，1996.

[15] CCPS. Inherently Safer Chemical Processes：A Life Cycle Approach [M]. 3rd ed. New York：American Institute of Chemical Engineers，2020.

[16] CCPS. Process Safety for Engineers：An Introduction [M]. New York：The American Institute of Chemical Engineers，2022.

[17] CCPS. Guidelines for Risk Based Process Safety [M]. Hoboken，NJ：John Wiley & Sons，2007.

[18] CCPS. Guidelines for Hazard Evaluation Procedures [M]. 3th ed. Hoboken，NJ：American Institute of Chemical Engineers，2008.

[19] 廖学品. 化工过程危险性分析 [M]. 北京：化学工业出版社，2000.

# · 第三章 ·

# 危险分析流程

危险是系统安全学科重要的术语。事实上，在系统安全学科产生之前，危险作为一个共识语曾在生产安全领域出现，如 1931 年 H. W. 海因里希（H. W. Heinrich）在第一版《工业事故预防》中多次提及物理性危险（Physical Hazard）和材料性危险（Material Hazard），但并未给出确切的定义。随着系统安全学科的产生以及美国系统安全学会形成与发展，危险一词逐渐由共识语变为术语。1969 年美国国防部发布军标 MIL-STD-882《系统及相关子系统和设备的系统安全》，该标准一个突出的特点在于首次定义了系统安全的 14 个术语，其中最为重要的术语则是危险，即：任何导致人员伤亡或设备、社会财富损失、损坏的真实或潜在条件。尽管 882 标准自发布后经历了 A、B、C、D、E 版 5 次升级，但危险的定义除了在导致后果的内涵方面增加了职业病以及环境影响外，并无根本变化。

系统安全学科在事故预防方面的主要突破在于将研究对象由事故转为危险，通过危险的辨识与控制，从而确保系统的安全。危险辨识是指针对产品或系统，在其生命周期各阶段采用适当的方法，识别其可能导致人员伤亡或职业病，或设备损坏、社会财富损失或工作环境破坏的潜在条件。危险辨识是对产品、系统以及生产项目进行危险辨识；而每一个新产品、新项目、新系统都有其生命周期，因而危险辨识的过程贯穿了它们从概念设计到使用直至报废的各个阶段。不同的阶段、不同的产品或系统，其生产特点、工艺流程各不相同，产生的危险的类型也各不相同，因而危险辨识过程中应采用适当的方法。我国早年的一些教材中将“危险辨识”又称为“危险和有害因素辨识”或“危险和危害因素辨识”，它们是基于强调危险是导致人员伤亡的条件，而危害或有害因素则是强调导致人员职业病的条件。要进行有效的危险辨识，应基于危险理论，通过危险与事故的关系，了解危险的组成、危险的类型以及辨识的方法等。

# 第一节　危险理论

## 一、危险与事故的关系

第一章第二节系统安全工程基本概念中给出了危险与事故的定义，根据所给的定义可以看出，危险与事故之间存在着直接的联系，即危险是事故的潜在条件，而事故是危险演变的结果。为了更好地理解危险理论，有必要研究危险是如何演变为事故的。

自 1919 年 M. 格林伍德（M. Greenwood）和 H. M. 伍兹（H. M. Woods）首次提出了事故频发倾向（Accident Proneness）理论的统计证据以来，一百余年里，随着人们对事故的理解不断加强，事故致因理论也在不断发展。事故致因理论揭示了导致事故的影响因素，不同的事故致因理论由于分析事故的视角不同，因而所得到的事故影响因素亦不相同。如同事故风险有时也被称为危险风险一样，事故影响因素在系统安全科学中也被称为危险影响因素（Hazard Causal Factor，HCF）。HCF 可能是一个事件，但它们更多的情形可能是条件、故障、时间等。当一个危险被启动时，或者更具体地说，当所有的危险影响因素一起发生以满足所需的危险情境条件时，就会发生事故（不幸），如图 3-1 所示，该图采用 3 个 HCF 示意。生产实践中，一个事故常常是一个或多个 HCF 共同作用的结果。通常情况下，当某一特定的危险存在时，其起初处于休眠状态，渐渐地，危险所有的 HCF 相继发生，危险的情境条件得以满足；继而各 HCF 整合在一起，将危险的情境转变为真实的事故。危险和事故是同一现象的两个独立状态，两个状态看起来几乎是一样的，唯一区别在于前者是休眠状态，指未来潜在的事件，而后者是活跃状态，指当下的实际事件。由图 3-1 可知，危险演变为事故与时间进展相关联，另外也取决于各 HCF 或某一特定危险各组成成分的集结情况。危险演变为事故，可能是一个非常快速的转变，也可能经历漫长的过程。

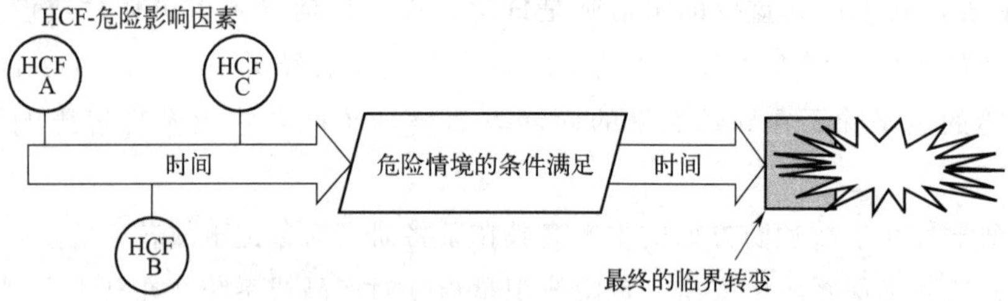


图 3-1　危险向事故的演化（Ericson，2016）

## 二、危险的要素

危险是事故的前兆，基于事故理论探究危险的要素应是合理的方法。但现有的事故理论主要是基于不同的视角研究事故的影响因素，鲜有从更普适的角度抽象事故的机理。1949 年哈佛大学公共卫生学院预防医学和流行病学教授 J. 葛登（J. Gorden）提出工伤事故的发生与结核病、脊髓灰质炎等疾病的发生和感染一样，符合相同的生物规律，可以用流行病学的方法去理解。基于流行病学宿主（Host）、媒介（Agent，医学领域又称为病原体）和环境（Environment）三要素，事故流行病学理论认为，事故致因应该存在于三个要素之中，但事故的产生机理则在于宿主、媒介和环境三个要素相互作用而形成结果的过程。葛登认为事故中宿主的特征与疾病中宿主的特征相似，都与年龄、性别，生理、心理状况等因素相关；环境特征则包括物理环境、生态环境以及社会环境等；至于媒介，葛登认为伤害和事故的媒介与疾病中的媒介一样，都具有不同的物理、化学和生物属性，但至于其特定的属性信息，在当时未能给出满意的界定。

1961 年，康奈尔大学实验心理学家 J. J. 吉布森（J. J. Gibson）第一次明确地界定了事故（包括伤害）的媒介（我国安全科学领域将其译为“起因物”）为能量流，有限的能量会为个体感官提供刺激，甚至会引起生理上的调整，还有一些能量则会产生伤害；个体的伤害是由于能量交换产生的，如同不同的病原体会导致不同的疾病一样，不同形式的能量，如机械能、热能、辐射能、化学能或电能，也会导致不同类型的伤害。依据能量类型而对伤害源进行分类是对伤害的有效分类方法。几近同时，1963 年，时任美国纽约州卫生局流行病学住院医师项目主任（后任美国高速公路保险局主席）的 W. 哈登（W. Haddon）对事故起因物的界定进行了完善。哈登认为事故起因物包括两类：一类是导致人体整体或局部正常能量交换的干扰，如水（溺水）、一氧化碳（窒息）、冻伤等；另一类则是向身体传输了超过整个或局部身体所能承受阈值的能量。

伴随着事故流行病学理论的发展，生产实践中人们对危险的理解也不断深入。美国斯沃德鲁普科技公司的 P. 克莱门斯（P. Clemens）认为基于危险与事故之间关系而进行的危险辨识存在着局限性，这种识别主要基于可能发生的事故后果表征危险，如可能发生“碰撞”“触电”等的危险，这种危险表征的方式很难对危险控制提供有意义的指导。克莱门斯提出表征危险应基于三个要素，即危险的来源、机理和结果。基于此，国际系统安全学会前主席 C. A. 埃里克森（C. A. Ericson）对危险的属性进一步界定，提出危险是由导致事故的充分、必要要素组成的实体（Entity），即危险含有危险源（Hazard Source，HS）、触发机理（Initiaing Mechanicsm，IM）和威胁目标及结果（Target/Threat Outcome，TTO）。

危险源是触发危险的根源，通常指系统中的能量流（或能量源），如电能、炸药等，或影响个体正常能量交换的干扰源，如危险化学品、过冷的天气等。危险源是产生危险的根本要素。触发机理是触发危险由休眠状态转向事故状态的一个或多个事件。威胁目标及结果是指当危险演变为事故时可能危及的人员或物品（Target，T）、对目标造成的威胁（Threat，T）以及其预期后果（Outcome，O），后果通常指损失或损坏。因考虑到本节讲述的是危险要素，为方便起见，本教材中将 TTO 定义为威胁目标，该定义与流行病三要素一致。表 3-1 提供了一些危险三要素的实例。

**表 3-1　危险的属性实例（Ericson，2016）**

| 危险源 | 触发机理 | 威胁目标 |
| --- | --- | --- |
| 弹药 | 没有标识，射频能 | 爆炸，死伤 |
| 高压储罐 | 储罐破裂 | 爆炸，死伤 |
| 燃料 | 油料泄漏且遇火源 | 火灾、系统损坏或死伤 |
| 高电压 | 电线绝缘老化，触碰 | 触电，死伤 |

针对图 1-3 中“工人可能因触摸带有高压电的、裸露的接线板而触电”的危险，图 3-2

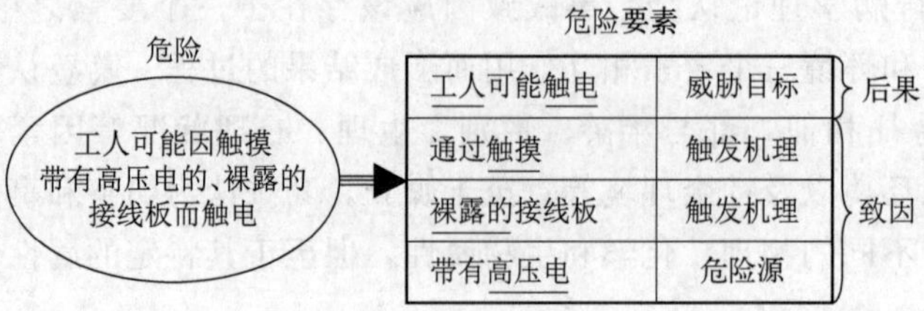


图 3-2 危险要素实例

展示了该危险的三个要素，在这个危险中存在着 2 个触发机理。可以看出，威胁目标确定了可能发生事故的后果，它和危险源共同作用，决定着事故的严重程度；而危险源和触发机理都是事故的影响因素，它们共同作用影响着事故的发生概率。如果将高压电从系统中移除，则危险就不会存在；如果能将电压降到足够低而不会伤人的水平，则可能发生事故的严重程度也会降低。

基于以上危险三要素的实例可以看出，危险可能因不经意的疏忽或设计缺陷而存在于系统之中，它可能会导致事故的发生。危险并非一个随机事件，它是由三个要素共同决定的一个整体，可通过危险三要素的表征从而对其进行辨识。如同流行病学三角形，系统安全中用危险三角形来表征危险的三个组成要素，如图 3-3 所示。危险三角形说明危险是由三个充分而必要的要素耦合而成的，每一个要素构成了危险三角形的一条边；危险三角形的三条边同时存在才形成危险，去掉三角形中的任意一条边，危险都将会被消除。减小触发机理的发生概率，事故发生的概率就会降低；减少危险源或保护好威胁目标，事故后果的严重程度就会降低。危险三角形的概念为如何针对性消除或控制危险提供了有用的思路。

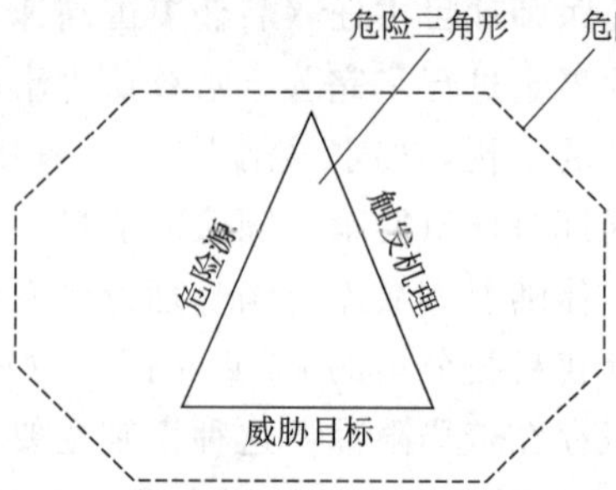


图 3-3 危险三角形图
(Ericson，2016)

## 三、危险向事故的转变

危险是事故的潜在条件，从危险到事故的转换基于两个条件：一个是特定的危险要素组成；另一个则是危险要素所呈现出的事故风险。图 3-4 用分子结构的方式示意危险的组成及其向事故的转换。分子是由一个或多个原子组成的，如果用分子代表危险，而原子则代表构成分子的三类组成要素，即危险源、触发机理和威胁目标。危险分子中的三类要素同时存在，其触发机理可能涉及多个。危险的分子模型表明，危险各要素之间并没有特定的顺序，它们仅仅只是存在于危险之中（如图 3-4 的上部所示）。

如图 3-4 的中部所示，在某一时刻或某一条件下，当构成危险的各要素排成一条线时，危险就会从条件状态过渡到事故状态。危险的分子模型表明，当且仅当所有随机分布的危险要素以某种特定的顺序排列（或发生）时，事故就会实际发生。通常情况下，危险源总是存在的，只有当所有的触发机理都被触发，由潜在状态转换为发生状态时，事故才会发生。

图 3-5 采用另外一种方式表征危险与事故的关系。旋转的轮子代表了形成一个特定危险的所有组成要素。只有当某一特定情形下，轮子上的所有孔都有序地排列在一起时，危险才会从潜在的条件转变为真实的事故。

关于危险向事故的转变过程，有两个关键点需要明确：第一，在过渡阶段通常有某种能量的积累，或对能量交换功能实现了干扰，最终导致事故的发生。第二，事故通常

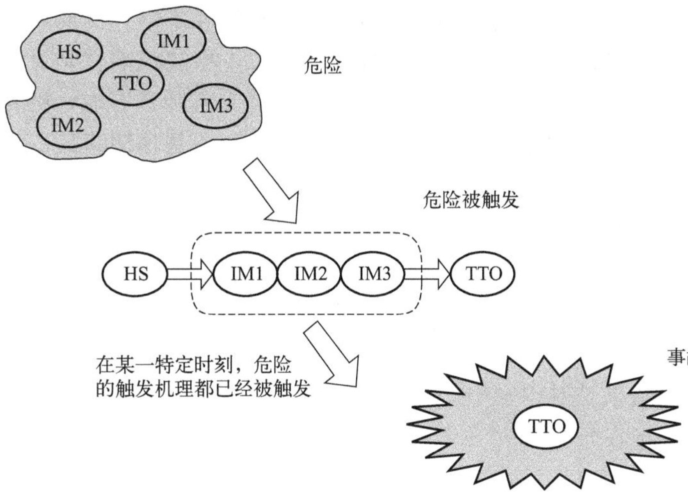


图 3-4 危险向事故转变分子模型示意图（Ericson，2016）

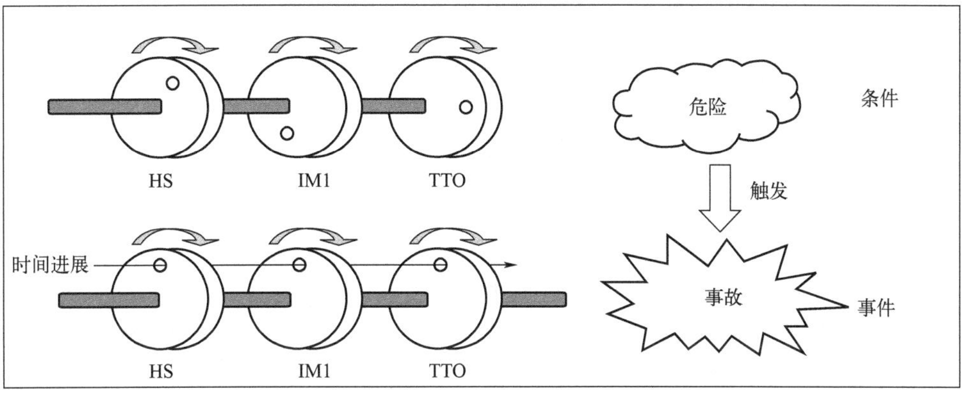


图 3-5 危险向事故转变的轮子模型示意图（Ericson，2016）

是没有逆转的可能。每一个危险都有其特定的情境，因此该危险向事故转变的时间也是特定的。图 3-6 展示了危险向事故的过渡。在过渡的过程中，随着时间推移，所有的触发机理由潜在状态转变为发生状态，能量积累也会完成，或扰乱了正常的能量交换功能。正是在这个时间段，安全水平在下降，过渡过程达到了一个不可逆转的临界点，危险也变得不可逆转。

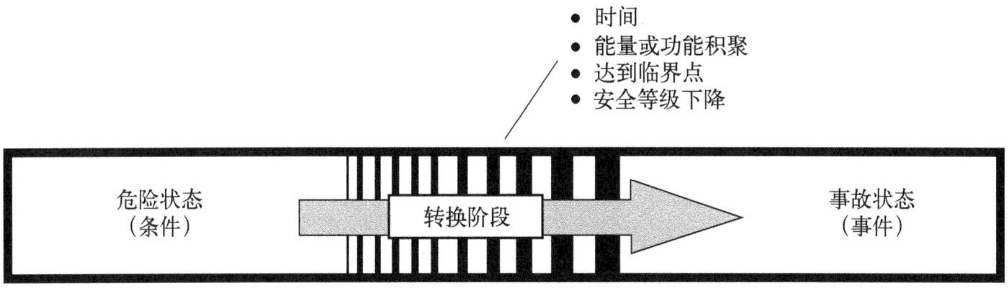


图 3-6 危险向事故的触发转变（Ericson，2016）

一个系统通常是按照一定的要求、规格进行设计和建造的，其目的是执行一个或多个预定功能。但是，一个系统也可能包含一个内在的设计缺陷，能够执行一个非预期的和不想要的功能。往往是这种设计缺陷提供了构成危险的必要事件和条件。因此，有时事故是设计缺陷不经意间内置于系统设计中的结果。从某种意义上说，事故或事件是可预测的，如果在系统设计过程中，特别是早期阶段，能够识别、控制危险或减轻其影响，则相应的事故也就会消除或得以控制。因此，通过危险分析来识别和控制危险，是预防事故的关键。

## 第二节　危险类型

危险辨识的最终结果是要识别出产品、系统、项目各阶段存在的危险，要使危险辨识能够系统、全面，其关键在于如何对危险的类型加以界定。然而我们目前面临的系统日益复杂，它们所属的行业也相差甚远，很难有一种危险分类法能绝对完整、全面地涵盖所有的危险。国际上早期在生产过程中通过实践积累，逐渐形成了《常用危险检查表》，该表是危险分类的基础依据。另外，危险的最终结果是导致事故的发生，如果能识别出可能发生的事故，则可以通过事故类型来对危险类型加以划分。除此之外，一些标准也从不同的视角提供了危险相关因素的分类。

### 一、按《常用危险检查表》对危险分类

《常用危险检查表》有助于各行业分析人员进行危险辨识。表 3-2 是一个常用的危险检查表，表中一部分危险是针对某种危险场景所特有的，还有些危险是交错于多个子系统之间的普通因素所导致的。这类危险在其他分类中也有所体现。当然，没有哪个检查表能包括所有的危险，这个表可以作为人们开展危险辨识的出发点。当获得更多经验时，可以增加这个列表的内容，并且保留下来作为将来的参考。

**表 3-2　常用危险检查表（Bahr，2015）**

| 危险类型 | |
|---|---|
| 加速度/减速(Acceleration/Deceleration)<br>加速度/减速<br>物体坠落<br>碎片/抛射物<br>碰撞<br>疏忽的机械装置<br>晃动的液体 | 控制系统(Control Systems)<br>不恰当的控制系统操作<br>不恰当的软件操作<br>干预控制系统<br>潜回路 |
| 污染/腐蚀(Contamination/Corrosion)<br>化学分解<br>化学置换/组合<br>电解腐蚀<br>氢脆性<br>潮湿<br>氧化<br>有机物(真菌/细菌等)<br>微粒<br>应力腐蚀 | 电的(Electrical)<br>电弧<br>弯曲插头<br>绝缘体破坏<br>灼伤<br>电晕<br>反送电<br>电气噪声<br>电气滑脱<br>电磁干扰<br>过度焊接<br>接地 |

续表

| 危险类型 |
| --- |
| 点燃易燃物质 |
| 不恰当的电气连接(不相配)与布线 |
| 不充分的散热 |
| 不小心激活 |
| 不正确的电压、电流、循环 |
| 感应或电容连接器 |
| 雷击 |
| 磁波 |
| 电气连接器不相配 |
| 极性 |
| 绝缘不好 |
| 电力中断 |
| 触电 |
| 电击、断路 |
| 静电释放 |
| 杂散电流/电火花 |
| 环境/天气(Environment/Weather) |
| 雾 |
| 杂质污染 |
| 真菌/细菌 |
| 湿度 |
| 闪电 |
| 外部对内部环境 |
| 降落(雾、雨、雪、结冰、冻雨、冰雹) |
| 辐射 |
| 盐渍的 |
| 沙子/灰尘 |
| 温度极限(与变动) |
| 真空 |
| 人机工程学(Ergonomic) |
| 疲劳 |
| 有缺陷的/不适当的控制/读数标签 |
| 有缺陷的操作台设计 |
| 强光 |
| 加热/通风与空气调节装置 |
| 难接近 |
| 不恰当的控制/读数分区 |
| 不恰当/不合适的照明 |
| 不恰当控制/读数位置 |
| 爆炸物(Explosives) |
| 化学污染 |
| 灰尘爆炸 |
| 静电释放 |
| 爆炸液体、气体或蒸汽 |
| 摩擦 |
| 高温/寒冷 |
| 湿度水平 |
| 碰撞/振动 |
| 闪电 |
| 正常情况下以粉末状形式存在的非可燃性物料(灰尘、铝、镁等) |
| 自燃 |
| 焊接 |
| 振动 |
| 火灾(Fire) |
| 化学变化(放热/吸热) |
| 可燃物质、易燃气体 |
| 压力与点火源下存在的燃料与氧化剂 |
| 压力释放 |
| 高热源 |
| 人因因素(Human Factor) |
| 操作失败 |
| 粗心大意操作 |
| 操作时间太短暂/太长 |
| 过早/过晚操作 |
| 不按次序操作 |
| 操作失误 |
| 正确操作/错误控制 |
| 泄漏/溢出(Leaks/Spills) |
| 灰尘 |
| 溢流 |
| 气体/蒸汽 |
| 液体 |
| 多孔性 |
| 放射性泄漏 |
| 径流 |
| 固体 |
| 生命周期(Life Cycle) |
| 维修 |
| 启动 |
| 稳定状态操作 |
| 压力操作 |
| 关闭(不期望的标准、紧急情况) |
| 原料(Materials) |
| 防护漆层不好 |
| 化合 |
| 可压缩/不可压缩流体 |
| 可燃物料 |
| 不相似的原料 |
| 放热/吸热反应 |
| 卤族与其他氧化剂 |
| 缺乏弹性 |
| 润滑油 |
| 不相容的原料或介质 |
| 聚合反应 |
| 溶剂余渣 |

续表

| 危险类型 | |
|---|---|
| 机械的(Mechanical)<br>破碎的表面<br>弹出零件/碎片<br>疲劳/周期应力<br>挠曲<br>摩擦面<br>滞后现象<br>提升<br>对不准<br>夹伤位置<br>旋转设备<br>锋利的边缘<br>稳定性/有倒下的可能性<br>扭矩(过大/过小)<br>振动<br><br>生理的(Physiological)<br>过敏原<br>窒息<br>气压极限<br>致癌原<br>疲劳<br>刺激物<br>提升重量<br>诱变物质<br>噪声<br>对人有害的灰尘/气味<br>病原体<br>辐射<br>温度极限<br>振动<br><br>气动的/水压/真空(Pneumatic/Hydraulic Pressure/Vacuum)<br>回流/虹吸现象<br>吹制物体<br>爆炸<br>气穴现象<br>动压卸载<br>液压捶打<br>内破裂 | 不适当的压力/流量卸载<br>物料意外泄漏<br>过压/没达到压力<br>管道/容器破裂<br>管子/软管突然移动<br>系统中的压力/流体卷入<br>快速压力改变<br><br>辐射(Radiation)<br>电离(α射线、β射线、γ射线、X射线)<br>非电离(红外线、激光、微波、紫外线)<br>热辐射<br><br>结构(Structural)<br>加速度(高/低)<br>空气动力、声负荷<br>不好的焊接<br>物料的脆性/延展性<br>裂缝<br>疲劳/周期应力<br>负荷与非负荷承重途径<br>应力集中<br>振动/噪声<br><br>温度(Temperature)<br>改变结构属性<br>烧伤(热/冷)<br>压缩加热<br>低温属性<br>提高可燃性<br>提高气体/液体压力<br>提高反应力<br>提高挥发性<br>冰冻<br>热源/散热片<br>热/冷表面<br>湿度/湿气<br>焦耳热冷却<br>日光效果 |

注：表中内容按英文字母顺序检索。

## 二、按事故类型对危险分类

危险与事故如同一个实体的两个侧面，实践中人们常根据可能发生的事故去辨识生产中存在的危险。1986 年 5 月 31 日我国发布的《企业职工伤亡事故分类》（GB 6441—1986）是一部劳动安全管理的基础标准，它适用于企业职工伤亡事故统计工作。标准中对事故的类别、伤害程度、事故的严重程度进行了分类，并确定了伤亡事故统计的计算方法。标准中在综合考虑导致事故的起因物、引起事故的诱导性原因、致害物和伤害方式等因素的情况下，将企业职工伤亡事故的类型共分为20种，具体如下。危险类型的划分可借鉴该事故类别进行划分。

（1）物体打击。

（2）车辆伤害。

（3）机械伤害。

（4）起重伤害。

（5）触电。

（6）淹溺。

（7）灼烫。

（8）火灾。

（9）高处坠落。

（10）坍塌。

（11）冒顶片帮。

（12）透水。

（13）爆破。

（14）火药爆炸。

（15）瓦斯爆炸。

（16）锅炉爆炸。

（17）容器爆炸。

（18）其他爆炸。

（19）中毒和窒息。

（20）其他伤害。

基于事故类型的危险划分还可参照国际劳工组织（Internationl Labor Organization，ILO）1996年《职业事故和疾病的记录和报告》中的附录H《基于事故类型的工业事故分类》，具体的分类见表3-3。

**表3-3 ILO基于事故类型的工业事故分类表（ILO，1996）**

| 类别 | 亚类 |
|---|---|
| 1. 人员坠落 | 1.1 人员从高处(树木、建筑物、脚手架、梯子、机器、车辆)和向深处(水井、沟渠、挖掘坑、地洞)坠落<br>1.2 在同一水平线上的人员坠落 |
| 2. 被高空坠物击中 | 2.1 滑落和塌陷(土、石、雪)<br>2.2 坍塌(建筑物、墙壁、脚手架、梯子、货物堆)<br>2.3 在搬运过程中被高空坠物击中<br>2.4 其他分类被高空坠物击中 |
| 3. 踩踏、撞击或物体打击，但不包括坠落物体 | 3.1 踩踏物体<br>3.2 撞击静止的物体(先前坠落造成的撞击除外)<br>3.3 撞击移动的物体 |

续表

| 类　别 | 亚　类 |
| --- | --- |
| 4. 卡在物体中或物体之间 | 4.1 卡在物体中<br>4.2 卡在静止物体和移动物体之间<br>4.3 卡在移动物体之间(飞行或坠落物体除外) |
| 5. 过度劳累或剧烈运动 | 5.1 提起物体时过度劳累<br>5.2 推拉物体时过度劳累<br>5.3 搬运或抛掷物体时过度劳累<br>5.4 剧烈运动 |
| 6. 暴露于或接触极端温度 | 6.1 暴露于热(大气或环境)<br>6.2 暴露于冷(大气或环境)<br>6.3 接触高温物质或物体<br>6.4 接触极冷物质或物体 |
| 7. 暴露于电流或与电流接触 | |
| 8. 暴露于或接触有害物质或辐射 | 8.1 通过吸入、摄入或吸收有害物质进行接触<br>8.2 暴露于电离辐射<br>8.3 暴露于电离辐射以外的辐射 |
| 9. 其他，包括因缺乏足够数据而未分类的事故 | 9.1 其他类型的事故，未在其他地方分类<br>9.2 因缺乏足够数据而未分类的事故 |

## 三、按《生产过程危险和有害因素分类与代码》对危险分类

我国自 1993 年 7 月 1 日开始施行国家标准《生产过程危险和有害因素分类与代码》(GB/T 13861—1992)，该标准规定了生产过程中各种主要危险和有害因素的分类和代码，是危险类型划分的另一基础依据。GB/T 13861—1992 适用于各行业在规划、设计和组织生产时，对危险和有害因素的预测和预防、伤亡事故的统计分析和应用，也适用于职业安全卫生信息的处理和交换。标准按导致伤亡事故和职业危害的直接原因将危险和有害因素共分为 6 大类，分别为物理性危险和有害因素，化学性危险和有害因素，生物性危险和有害因素，心理、生理性危险和有害因素，行为性危险和有害因素，及其他危险和有害因素。之后 GB/T 13861—1992 标准分别于 2009 年和 2022 年进行了两次修订，生产过程危险和有害因素分类调整为 4 大类，分别为人的因素、物的因素、环境因素和管理因素。GB/T 13861—2022 具体划分细类见表 3-4。

**表 3-4　生产过程危险和有害因素分类（依据 GB/T 13861—2022）**

| 大类 | 中类 | 小类 | 细类 |
| --- | --- | --- | --- |
| 人的因素 | 心理、生理性危险和有害因素 | 负荷超限 | 体力负荷超限、听力负荷超限、视力负荷超限、其他负荷超限 |
| | | 健康状况异常 | |
| | | 从事禁忌作业 | |

续表

| 大类 | 中类 | 小类 | 细类 |
| --- | --- | --- | --- |
| 人的因素 | 心理、生理性危险和有害因素 | 心理异常 | 情绪异常、冒险心理、过度紧张、其他心理异常 |
| | | 辨识功能缺陷 | 感知延迟、辨识错误、其他辨识功能缺陷 |
| | | 其他心理、生理性危险和有害因素 | |
| | 行为性危险和有害因素 | 指挥错误 | 指挥失误、违章指挥、其他指挥错误 |
| | | 操作错误 | 误操作、违章作业、其他操作错误 |
| | | 监护失误 | |
| | | 其他行为性危险和有害因素 | |
| 物的因素 | 物理性危险和有害因素 | 设备、设施、工具、附件缺陷 | 强度不够、刚度不够、稳定性差、密封不良、耐腐蚀性差、应力集中、外形缺陷、外露运动件、操纵器缺陷、制动器缺陷、控制器缺陷、设计缺陷、传感器缺陷、设备/设施/工具/附件其他缺陷 |
| | | 防护缺陷 | 无防护、防护装置/设施缺陷、防护不当、支撑(支护)不当、防护距离不够、其他防护缺陷 |
| | | 电危害 | 带电部位裸露、漏电、静电和杂散电流、电火花、电弧、短路、其他电危害 |
| | | 噪声 | 机械性噪声、电磁性噪声、流体动力性噪声、其他噪声 |
| | | 振动危害 | 机械性振动、电磁性振动、流体动力性振动、其他振动危害 |
| | | 电离辐射 | |
| | | 非电离辐射 | 紫外辐射、激光辐射、微波辐射、超高频辐射、高频电磁场、工频电场、其他非电离辐射 |
| | | 运动物危害 | 抛射物、飞溅物、坠落物、反弹物、土/岩滑动、料堆(垛)滑动、气流卷动、撞击、其他运动物危害 |
| | | 明火 | |
| | | 高温物质 | 高温气体、高温液体、高温固体、其他高温物质 |
| | | 低温物质 | 低温气体、低温液体、低温固体、其他低温物质 |
| | | 信号缺陷 | 无信号设施、信号选用不当、信号位置不当、信号不清、信号显示不准、其他信号缺陷 |

续表

| 大类 | 中类 | 小类 | 细类 |
|---|---|---|---|
| 物的因素 | 物理性危险和有害因素 | 标志标识缺陷 | 无标志标识、标志标识不清晰、标志标识不规范、标志标识选用不当、标志标识位置缺陷、标志标识设置顺序不规范、其他标志标识缺陷 |
| | | 有害光照 | |
| | | 信息系统缺陷 | 数据传输缺陷、自供电装置电池寿命过短、防爆等级缺陷、等级保护缺陷、通信中断或延迟、数据采集缺陷、网络环境 |
| | | 其他物理性危险和有害因素 | |
| | 化学性危险和有害因素 | 理化危险 | 爆炸物、易燃气体、易燃气溶胶、氧化性气体、压力下气体、易燃液体、易燃固体、自反应物质或混合物、自燃液体、自燃固体、自燃物质和混合物、遇水放出易燃气体的物质或混合物、氧化性液体、氧化性固体、有机过氧化物、金属腐蚀物 |
| | | 健康危险 | 急性毒性、皮肤腐蚀/刺激、严重眼损伤/眼刺激、呼吸或皮肤过敏、生殖细胞突变性、致癌性、生殖毒性、特异性靶器官系统毒性——一次接触、特异性靶器官系统毒性——反复接触、吸入危险 |
| | | 其他化学性危险和有害因素 | |
| | 生物性危险和有害因素 | 致病微生物 | 细菌、病毒、真菌、其他致病微生物 |
| | | 传染病媒介物 | |
| | | 致害动物 | |
| | | 致害植物 | |
| | | 其他生物性危险和有害因素 | |
| 环境因素 | 室内作业场所环境不良 | 室内地面滑 | |
| | | 室内作业场所狭窄 | |
| | | 室内作业场所杂乱 | |
| | | 室内地面不平 | |
| | | 室内梯架缺陷 | |
| | | 地面、墙和天花板的开口缺陷 | |
| | | 房屋基础下沉 | |
| | | 室内安全通道缺陷 | |
| | | 室内安全出口缺陷 | |
| | | 采光照明不良 | |
| | | 作业场所空气不良 | |
| | | 室内温度、湿度、气压不适 | |

续表

| 大类 | 中类 | 小类 | 细类 |
|---|---|---|---|
| 环境因素 | 室外作业场地环境不良 | 室内给、排水不良 | |
| | | 室内涌水 | |
| | | 其他室内作业场所环境不良 | |
| | 室外作业场地环境不良 | 恶劣气候与环境 | |
| | | 作业场地和交通设施湿滑 | |
| | | 作业场地狭窄 | |
| | | 作业场地杂乱 | |
| | | 作业场地不平 | |
| | | 交通环境不良 | 航道狭窄/有暗礁或险滩、其他道路/水路环境不良、道路急转陡坡/临水临崖 |
| | | 脚手架、阶梯和活动梯架缺陷 | |
| | | 地面及地面开口缺陷 | |
| | | 建(构)筑物和其他结构缺陷 | |
| | | 门和周界设施缺陷 | |
| | | 作业场地地基下沉 | |
| | | 作业场地安全通道缺陷 | |
| | | 作业场地安全出口缺陷 | |
| | | 作业场地光照不良 | |
| | | 作业场地空气不良 | |
| | | 作业场地温度、湿度、气压不适 | |
| | | 作业场地涌水 | |
| | | 排水系统故障 | |
| | | 其他室外作业场地环境不良 | |
| | 地下(含水下)作业环境不良 | 隧道/矿井顶板或巷帮缺陷 | |
| | | 隧道/矿井作业面缺陷 | |
| | | 隧道/矿井底板缺陷 | |
| | | 地下作业面空气不良 | |
| | | 地下火 | |
| | | 冲击地压(岩爆) | |
| | | 地下水 | |
| | | 水下作业供养不当 | |
| | | 其他地下作业环境不良 | |
| | 其他作业环境不良 | 强迫体位 | |
| | | 综合性作业环境不良 | |
| | | 以上未包括的其他作业环境不良 | |

续表

| 大类 | 中类 | 小类 | 细类 |
|---|---|---|---|
| 管理因素 | 职业安全卫生管理机构设置和人员配备不健全 | | |
| | 职业安全卫生责任制不完善或未落实 | | |
| | 职业安全卫生管理制度不完善或未落实 | 建设项目“三同时”制度 | |
| | | 安全风险分级管控 | |
| | | 事故隐患排查治理 | |
| | | 培训教育制度 | |
| | | 操作规程 | |
| | | 职业卫生管理制度 | |
| | | 其他职业安全卫生管理规章制度不健全 | |
| | 职业安全卫生投入不足 | | |
| | 应急管理缺陷 | 应急资源调查不充分 | |
| | | 应急能力、风险评估不全面 | |
| | | 事故应急预案缺陷 | |
| | | 应急预案培训不到位 | |
| | | 应急预案演练不规范 | |
| | | 应急演练评估不到位 | |
| | | 其他应急管理缺陷 | |
| | 其他管理因素缺陷 | | |

与我国《生产过程危险和有害因素分类与代码》关于危险和有害因素的分类方法相似，澳大利亚健康与安全研究院（Australian Institute of Health and Safety，AIHS）认为作业场所的危险通常分为5类，即物理性危险、化学性危险、生物性危险、人机工效性危险和社会心理性危险；澳大利亚作业健康与安全及工人赔偿国家机构Comcare则在原有5类的基础上，新增了一类，即“季节性危险”。表3-5为Comcare网站上关于各类危险的具体细类及说明。值得说明的是：尽管Comcare网站未以标准的形式给出危险细类的准确分类，但针对危险的各分类，网站采用链接的方式给出了相关危险判定与控制的最新规程、指南或其他信息。如2022年澳大利亚推出了《管理工作中社会心理性危险的规程》，该规程将社会心理性危险分为14类。读者或相关人员可进一步通过链接文件了解管理和控制工作中该类危险的具体做法以及相关要求。

**表3-5 澳大利亚Comcare工作场所常见危险分类**

| 危险类型 | 危险定义 | 危险细类 |
|---|---|---|
| 物理性危险 | 是指环境中可能损害人体健康的因素或条件 | 电、辐射、压力、噪声、高度、振动、密闭空间等 |

续表

| 危险类型 | 危险定义 | 危险细类 |
| --- | --- | --- |
| 化学性危险 | 指以固体、液体或气体状态呈现，由单种成分组成或多种物质混合的危险化学品 | 化学性危险包括皮肤刺激物、致癌物质、呼吸道致敏物质；<br>物理化学性危险包括化学爆炸和火灾、腐蚀、化学反应 |
| 生物性危险 | 是指对人和其他生物的健康构成威胁的有机物 | 病毒如新型冠状病毒和流行性乙型脑炎病毒、生物源毒素、孢子、真菌、病原微生物、昆虫、植物、动物活性物质等 |
| 人机工效性危险 | 指环境中可能导致肌肉骨骼损伤的物理因素 | 重复性动作、手工操作、工作场所设计、工作和任务设计等 |
| 季节性危险 | 指需要加以考虑和控制的大范围内的健康和安全问题 | 丛林火灾、高温作业和洪水、风暴等 |
| 社会心理性危险 | 指工作中可能造成心理或身体伤害的方面 | 工作要求过高、工作控制力低、工作支持不力、职责不明确、企业变更管理不善、企业对员工的奖励与认可不足、企业公平性差、创伤性事件的影响、偏远地区或孤独的工作、恶劣的物质环境、暴力和侵犯、霸凌、骚扰、工作场所存在冲突或不良的关系和互动 |

## 四、按《职业病危害因素分类目录》对危险分类

2002 年我国卫生部颁发了《职业病危害因素分类目录》，该目录从可能导致的职业病方面将危险进行了分类。2015 年，根据职业病防治工作需要，国家卫生计生委、安全监管总局、人力资源社会保障部和全国总工会联合组织对职业病危害因素分类目录进行了修订。新修订的《职业病危害因素分类目录》将危害因素分为粉尘类、化学因素、物理因素、放射性因素、生物因素和其他因素共计 6 类。表 3-6 依据 2015 年《职业病危害因素分类目录》列出职业危害因素分类及可能导致的职业病。其中 CAS 号是指美国化学会下设的组织化学文摘社（Chemical Abstracts Service，CAS）为每一种物质分配的编号，设立 CAS 号是为了避免化学物质有多种名称的麻烦，便于对数据库进行检索。

**表 3-6 依据 2015 年《职业病危害因素分类目录》的危害因素分类**

| 一、粉尘类 | | | |
| --- | --- | --- | --- |
| 序号 | 名　称 | CAS 号 | 备注 |
| 1 | 硅尘(游离 $SiO_2$ 含量≥10%) | 14808-60-7 | |
| 2 | 煤尘 | | |
| 3 | 石墨粉尘 | 7782-42-5 | |
| 4 | 炭黑粉尘 | 1333-86-4 | |
| 5 | 石棉粉尘 | 1332-21-4 | |
| 6 | 滑石粉尘 | 14807-96-6 | |
| 7 | 水泥粉尘 | | |
| 8 | 云母粉尘 | 12001-26-2 | |

续表

| 一、粉尘类 | | | |
|---|---|---|---|
| 序号 | 名　称 | CAS 号 | 备注 |
| 9 | 陶土粉尘 | | |
| 10 | 铝尘 | 7429-90-5 | |
| 11 | 电焊烟尘 | | |
| 12 | 铸造粉尘 | | |
| 13 | 白炭黑粉尘 | 112926-00-8 | |
| 14 | 白云石粉尘 | | |
| 15 | 玻璃钢粉尘 | | |
| 16 | 玻璃棉粉尘 | 65997-17-3 | |
| 17 | 茶尘 | | |
| 18 | 大理石粉尘 | 1317-65-3 | |
| 19 | 二氧化钛粉尘 | 13463-67-7 | |
| 20 | 沸石粉尘 | | |
| 21 | 谷物粉尘(游离 $SiO_2$ 含量＜10％) | | |
| 22 | 硅灰石粉尘 | 13983-17-0 | |
| 23 | 硅藻土粉尘(游离 $SiO_2$ 含量＜10％) | 61790-53-2 | |
| 24 | 活性炭粉尘 | 64365-11-3 | |
| 25 | 聚丙烯粉尘 | 9003-07-0 | |
| 26 | 聚丙烯腈纤维粉尘 | | |
| 27 | 聚氯乙烯粉尘 | 9002-86-2 | |
| 28 | 聚乙烯粉尘 | 9002-88-4 | |
| 29 | 矿渣棉粉尘 | | |
| 30 | 麻尘(亚麻、黄麻和苎麻)(游离 $SiO_2$ 含量＜10％) | | |
| 31 | 棉尘 | | |
| 32 | 木粉尘 | | |
| 33 | 膨润土粉尘 | 1302-78-9 | |
| 34 | 皮毛粉尘 | | |
| 35 | 桑蚕丝尘 | | |
| 36 | 砂轮磨尘 | | |
| 37 | 石膏粉尘(硫酸钙) | 10101-41-4 | |
| 38 | 石灰石粉尘 | 1317-65-3 | |
| 39 | 碳化硅粉尘 | 409-21-2 | |
| 40 | 碳纤维粉尘 | | |
| 41 | 稀土粉尘(游离 $SiO_2$ 含量＜10％) | | |
| 42 | 烟草尘 | | |
| 43 | 岩棉粉尘 | | |
| 44 | 萤石混合性粉尘 | | |

续表

| 一、粉尘类 | | | |
|---|---|---|---|
| 序号 | 名 称 | CAS 号 | 备注 |
| 45 | 珍珠岩粉尘 | 93763-70-3 | |
| 46 | 蛭石粉尘 | | |
| 47 | 重晶石粉尘(硫酸钡) | 7727-43-7 | |
| 48 | 锡及其化合物粉尘 | 7440-31-5(锡) | |
| 49 | 铁及其化合物粉尘 | 7439-89-6(铁) | |
| 50 | 锑及其化合物粉尘 | 7440-36-0(锑) | |
| 51 | 硬质合金粉尘 | | |
| 52 | 以上未提及的可导致职业病的其他粉尘 | | |

| 二、化学因素 | | | |
|---|---|---|---|
| 序号 | 名 称 | CAS 号 | 备注 |
| 1 | 铅及其化合物(不包括四乙基铅) | 7439-92-1(铅) | |
| 2 | 汞及其化合物 | 7439-97-6(汞) | |
| 3 | 锰及其化合物 | 7439-96-5(锰) | |
| 4 | 镉及其化合物 | 7440-43-9(镉) | |
| 5 | 铍及其化合物 | 7440-41-7(铍) | |
| 6 | 铊及其化合物 | 7440-28-0(铊) | |
| 7 | 钡及其化合物 | 7440-39-3(钡) | |
| 8 | 钒及其化合物 | 7440-62-6(钒) | |
| 9 | 磷及其化合物(磷化氢、磷化锌、磷化铝、有机磷单列) | 7723-14-0(磷) | |
| 10 | 砷及其化合物(砷化氢单列) | 7440-38-2(砷) | |
| 11 | 铀及其化合物 | 7440-61-1(铀) | |
| 12 | 砷化氢 | 7784-42-1 | |
| 13 | 氯气 | 7782-50-5 | |
| 14 | 二氧化硫 | 7446/9/5 | |
| 15 | 光气(碳酰氯) | 75-44-5 | |
| 16 | 氨 | 7664-41-7 | |
| 17 | 偏二甲基肼(1,1-二甲基肼) | 57-14-7 | |
| 18 | 氮氧化合物 | | |
| 19 | 一氧化碳 | 630-08-0 | |
| 20 | 二硫化碳 | 75-15-0 | |
| 21 | 硫化氢 | 7783/6/4 | |
| 22 | 磷化氢、磷化锌、磷化铝 | 7803-51-2、1314-84-7、20859-73-8 | |
| 23 | 氟及其无机化合物 | 7782-41-4(氟) | |
| 24 | 氰及其腈类化合物 | 460-19-5(氰) | |

续表

| 二、化学因素 | | | |
|---|---|---|---|
| 序号 | 名　称 | CAS号 | 备注 |
| 25 | 四乙基铅 | 78-00-2 | |
| 26 | 有机锡 | | |
| 27 | 羰基镍 | 13463-39-3 | |
| 28 | 苯 | 71-43-2 | |
| 29 | 甲苯 | 108-88-3 | |
| 30 | 二甲苯 | 1330-20-7 | |
| 31 | 正己烷 | 110-54-3 | |
| 32 | 汽油 | | |
| 33 | 一甲胺 | 74-89-5 | |
| 34 | 有机氟聚合物单体及其热裂解物 | | |
| 35 | 二氯乙烷 | 1300-21-6 | |
| 36 | 四氯化碳 | 56-23-5 | |
| 37 | 氯乙烯 | 1975/1/4 | |
| 38 | 三氯乙烯 | 1979/1/6 | |
| 39 | 氯丙烯 | 107-05-1 | |
| 40 | 氯丁二烯 | 126-99-8 | |
| 41 | 苯的氨基及硝基化合物(不含三硝基甲苯) | | |
| 42 | 三硝基甲苯 | 118-96-7 | |
| 43 | 甲醇 | 67-56-1 | |
| 44 | 酚 | 108-95-2 | |
| 45 | 五氯酚及其钠盐 | 87-86-5(五氯酚) | |
| 46 | 甲醛 | 50-00-0 | |
| 47 | 硫酸二甲酯 | 77-78-1 | |
| 48 | 丙烯酰胺 | 1979/6/1 | |
| 49 | 二甲基甲酰胺 | 1968/12/2 | |
| 50 | 有机磷 | | |
| 51 | 氨基甲酸酯类 | | |
| 52 | 杀虫脒 | 19750-95-9 | |
| 53 | 溴甲烷 | 74-83-9 | |
| 54 | 拟除虫菊酯 | | |
| 55 | 铟及其化合物 | 7440-74-6(铟) | |
| 56 | 溴丙烷(1-溴丙烷、2-溴丙烷) | 106-94-5、75-26-3 | |
| 57 | 碘甲烷 | 74-88-4 | |
| 58 | 氯乙酸 | 1979/11/8 | |
| 59 | 环氧乙烷 | 75-21-8 | |
| 60 | 氨基磺酸铵 | 7773-06-0 | |

续表

| 二、化学因素 | | | |
|---|---|---|---|
| 序号 | 名　　称 | CAS 号 | 备注 |
| 61 | 氯化铵烟 | 12125-02-9(氯化铵) | |
| 62 | 氯磺酸 | 7790-94-5 | |
| 63 | 氢氧化铵 | 1336-21-6 | |
| 64 | 碳酸铵 | 506-87-6 | |
| 65 | α-氯乙酰苯 | 532-27-4 | |
| 66 | 对叔丁基甲苯 | 98-51-1 | |
| 67 | 二乙烯基苯 | 1321-74-0 | |
| 68 | 过氧化苯甲酰 | 94-36-0 | |
| 69 | 乙苯 | 100-41-4 | |
| 70 | 碲化铋 | 1304-82-1 | |
| 71 | 铂化物 | | |
| 72 | 1,3-丁二烯 | 106-99-0 | |
| 73 | 苯乙烯 | 100-42-5 | |
| 74 | 丁烯 | 25167-67-3 | |
| 75 | 二聚环戊二烯 | 77-73-6 | |
| 76 | 邻氯苯乙烯(氯乙烯苯) | 2039-87-4 | |
| 77 | 乙炔 | 74-86-2 | |
| 78 | 1,1-二甲基-4,4′-联吡啶鎓盐二氯化物(百草枯) | 1910-42-5 | |
| 79 | 2-*N*-二丁氨基乙醇 | 102-81-8 | |
| 80 | 2-二乙氨基乙醇 | 100-37-8 | |
| 81 | 乙醇胺(氨基乙醇) | 141-43-5 | |
| 82 | 异丙醇胺(1-氨基-2-二丙醇) | 78-96-6 | |
| 83 | 1,3-二氯-2-丙醇 | 96-23-1 | |
| 84 | 苯乙醇 | 1960/12/18 | |
| 85 | 丙醇 | 71-23-8 | |
| 86 | 丙烯醇 | 107-18-6 | |
| 87 | 丁醇 | 71-36-3 | |
| 88 | 环己醇 | 108-93-0 | |
| 89 | 己二醇 | 107-41-5 | |
| 90 | 糠醇 | 98-00-0 | |
| 91 | 氯乙醇 | 107-07-3 | |
| 92 | 乙二醇 | 107-21-1 | |
| 93 | 异丙醇 | 67-63-0 | |
| 94 | 正戊醇 | 71-41-0 | |
| 95 | 重氮甲烷 | 334-88-3 | |
| 96 | 多氯萘 | 70776-03-3 | |

续表

| 二、化学因素 | | | |
|---|---|---|---|
| 序号 | 名　　称 | CAS号 | 备注 |
| 97 | 蒽 | 120-12-7 | |
| 98 | 六氯萘 | 1335-87-1 | |
| 99 | 氯萘 | 90-13-1 | |
| 100 | 萘 | 91-20-3 | |
| 101 | 萘烷 | 91-17-8 | |
| 102 | 硝基萘 | 86-57-7 | |
| 103 | 蒽醌及其染料 | 84-65-1(蒽醌) | |
| 104 | 二苯胍 | 102-06-7 | |
| 105 | 对苯二胺 | 106-50-3 | |
| 106 | 对溴苯胺 | 106-40-1 | |
| 107 | 卤化水杨酰苯胺(*N*-水杨酰苯胺) | | |
| 108 | 硝基萘胺 | 776-34-1 | |
| 109 | 对苯二甲酸二甲酯 | 120-61-6 | |
| 110 | 邻苯二甲酸二丁酯 | 84-74-2 | |
| 111 | 邻苯二甲酸二甲酯 | 131-11-3 | |
| 112 | 磷酸二丁基苯酯 | 2528-36-1 | |
| 113 | 磷酸三邻甲苯酯 | 78-30-8 | |
| 114 | 三甲苯磷酸酯 | 1330-78-5 | |
| 115 | 1,2,3-苯三酚(焦棓酚) | 87-66-1 | |
| 116 | 4,6-二硝基邻苯甲酚 | 534-52-1 | |
| 117 | *N*,*N*-二甲基-3-氨基苯酚 | 99-07-0 | |
| 118 | 对氨基酚 | 123-30-8 | |
| 119 | 多氯酚 | | |
| 120 | 二甲苯酚 | 108-68-9 | |
| 121 | 二氯酚 | 120-83-2 | |
| 122 | 二硝基苯酚 | 51-28-5 | |
| 123 | 甲酚 | 1319-77-3 | |
| 124 | 甲基氨基酚 | 55-55-0 | |
| 125 | 间苯二酚 | 108-46-3 | |
| 126 | 邻仲丁基苯酚 | 89-72-5 | |
| 127 | 萘酚 | 1321-67-1 | |
| 128 | 氢醌(对苯二酚) | 123-31-9 | |
| 129 | 三硝基酚(苦味酸) | 88-89-1 | |
| 130 | 氰氨化钙 | 156-62-7 | |
| 131 | 碳酸钙 | 471-34-1 | |
| 132 | 氧化钙 | 1305-78-8 | |

续表

| 二、化学因素 | | | |
|---|---|---|---|
| 序号 | 名　称 | CAS号 | 备注 |
| 133 | 锆及其化合物 | 7440-67-7(锆) | |
| 134 | 铬及其化合物 | 7440-47-3(铬) | |
| 135 | 钴及其氧化物 | 7440-48-4 | |
| 136 | 二甲基二氯硅烷 | 75-78-5 | |
| 137 | 三氯氢硅 | 10025-78-2 | |
| 138 | 四氯化硅 | 10026-04-7 | |
| 139 | 环氧丙烷 | 75-56-9 | |
| 140 | 环氧氯丙烷 | 106-89-8 | |
| 141 | 柴油 | | |
| 142 | 焦炉逸散物 | | |
| 143 | 煤焦油 | 8007-45-2 | |
| 144 | 煤焦油沥青 | 65996-93-2 | |
| 145 | 木馏油(焦油) | 8001-58-9 | |
| 146 | 石蜡烟 | | |
| 147 | 石油沥青 | 8052-42-4 | |
| 148 | 苯肼 | 100-63-0 | |
| 149 | 甲基肼 | 60-34-4 | |
| 150 | 肼 | 302-01-2 | |
| 151 | 聚氯乙烯热解物 | 7647-01-0 | |
| 152 | 锂及其化合物 | 7439-93-2(锂) | |
| 153 | 联苯胺(4,4′-二氨基联苯) | 92-87-5 | |
| 154 | 3,3-二甲基联苯胺 | 119-93-7 | |
| 155 | 多氯联苯 | 1336-36-3 | |
| 156 | 多溴联苯 | 59536-65-1 | |
| 157 | 联苯 | 92-52-4 | |
| 158 | 氯联苯(54%氯) | 11097-69-1 | |
| 159 | 甲硫醇 | 74-93-1 | |
| 160 | 乙硫醇 | 1975/8/1 | |
| 161 | 正丁基硫醇 | 109-79-5 | |
| 162 | 二甲基亚砜 | 67-68-5 | |
| 163 | 二氯化砜(磺酰氯) | 7791-25-5 | |
| 164 | 过硫酸盐(过硫酸钾、过硫酸钠、过硫酸铵等) | | |
| 165 | 硫酸及三氧化硫 | 7664-93-9 | |
| 166 | 六氟化硫 | 2551-62-4 | |
| 167 | 亚硫酸钠 | 7757-83-7 | |
| 168 | 2-溴乙氧基苯 | 589-10-6 | |

续表

| 二、化学因素 | | | |
|---|---|---|---|
| 序号 | 名　　称 | CAS号 | 备注 |
| 169 | 苄基氯 | 100-44-7 | |
| 170 | 苄基溴(溴甲苯) | 100-39-0 | |
| 171 | 多氯苯 | | |
| 172 | 二氯苯 | 106-46-7 | |
| 173 | 氯苯 | 108-90-7 | |
| 174 | 溴苯 | 108-86-1 | |
| 175 | 1,1-二氯乙烯 | 75-35-4 | |
| 176 | 1,2-二氯乙烯(顺式) | 540-59-0 | |
| 177 | 1,3-二氯丙烯 | 542-75-6 | |
| 178 | 二氯乙炔 | 7572-29-4 | |
| 179 | 六氯丁二烯 | 87-68-3 | |
| 180 | 六氯环戊二烯 | 77-47-4 | |
| 181 | 四氯乙烯 | 127-18-4 | |
| 182 | 1,1,1-三氯乙烷 | 71-55-6 | |
| 183 | 1,2,3-三氯丙烷 | 96-18-4 | |
| 184 | 1,2-二氯丙烷 | 78-87-5 | |
| 185 | 1,3-二氯丙烷 | 142-28-9 | |
| 186 | 二氯二氟甲烷 | 75-71-8 | |
| 187 | 二氯甲烷 | 1975/9/2 | |
| 188 | 二溴氯丙烷 | 35407 | |
| 189 | 六氯乙烷 | 67-72-1 | |
| 190 | 氯仿(三氯甲烷) | 67-66-3 | |
| 191 | 氯甲烷 | 74-87-3 | |
| 192 | 氯乙烷 | 75-00-3 | |
| 193 | 氯乙酰氯 | 79-40-9 | |
| 194 | 三氯一氟甲烷 | 75-69-4 | |
| 195 | 四氯乙烷 | 79-34-5 | |
| 196 | 四溴化碳 | 558-13-4 | |
| 197 | 五氟氯乙烷 | 76-15-3 | |
| 198 | 溴乙烷 | 74-96-4 | |
| 199 | 铝酸钠 | 1302-42-7 | |
| 200 | 二氧化氯 | 10049-04-4 | |
| 201 | 氯化氢及盐酸 | 7647-01-0 | |
| 202 | 氯酸钾 | 3811/4/9 | |
| 203 | 氯酸钠 | 7775/9/9 | |
| 204 | 三氟化氯 | 7790-91-2 | |

续表

| 二、化学因素 | | | |
|---|---|---|---|
| 序号 | 名　　称 | CAS 号 | 备注 |
| 205 | 氯甲醚 | 107-30-2 | |
| 206 | 苯基醚(二苯醚) | 101-84-8 | |
| 207 | 二丙二醇甲醚 | 34590-94-8 | |
| 208 | 二氯乙醚 | 111-44-4 | |
| 209 | 二缩水甘油醚 | | |
| 210 | 邻茴香胺 | 90-04-0 | |
| 211 | 双氯甲醚 | 542-88-1 | |
| 212 | 乙醚 | 60-29-7 | |
| 213 | 正丁基缩水甘油醚 | 2426/8/6 | |
| 214 | 钼酸 | 13462-95-8 | |
| 215 | 钼酸铵 | 13106-76-8 | |
| 216 | 钼酸钠 | 7631-95-0 | |
| 217 | 三氧化钼 | 1313-27-5 | |
| 218 | 氢氧化钠 | 1310-73-2 | |
| 219 | 碳酸钠(纯碱) | 3313-92-6 | |
| 220 | 镍及其化合物(羰基镍单列) | | |
| 221 | 癸硼烷 | 17702-41-9 | |
| 222 | 硼烷 | | |
| 223 | 三氟化硼 | 7637/7/2 | |
| 224 | 三氯化硼 | 10294-34-5 | |
| 225 | 乙硼烷 | 19287-45-7 | |
| 226 | 2-氯苯基羟胺 | 10468-16-3 | |
| 227 | 3-氯苯基羟胺 | 10468-17-4 | |
| 228 | 4-氯苯基羟胺 | 823-86-9 | |
| 229 | 苯基羟胺(苯胲) | 100-65-2 | |
| 230 | 巴豆醛(丁烯醛) | 4170-30-3 | |
| 231 | 丙酮醛(甲基乙二醛) | 78-98-8 | |
| 232 | 丙烯醛 | 107-02-8 | |
| 233 | 丁醛 | 123-72-8 | |
| 234 | 糠醛 | 1998/1/1 | |
| 235 | 氯乙醛 | 107-20-0 | |
| 236 | 羟基香茅醛 | 107-75-5 | |
| 237 | 三氯乙醛 | 75-87-6 | |
| 238 | 乙醛 | 75-07-0 | |
| 239 | 氢氧化铯 | 21351-79-1 | |
| 240 | 氯化苄烷铵(洁尔灭) | 8001-54-5 | |

续表

| 二、化学因素 | | | |
|---|---|---|---|
| 序号 | 名　称 | CAS 号 | 备注 |
| 241 | 双-(二甲基硫代氨基甲酰基)二硫化物(秋兰姆、福美双) | 137-26-8 | |
| 242 | α-萘硫脲(安妥) | 86-88-4 | |
| 243 | 3-(1-丙酮基苄基)-4-羟基香豆素(杀鼠灵) | 81-81-2 | |
| 244 | 酚醛树脂 | 9003-35-4 | |
| 245 | 环氧树脂 | 38891-59-7 | |
| 246 | 脲醛树脂 | 25104-55-6 | |
| 247 | 三聚氰胺甲醛树脂 | 9003/8/1 | |
| 248 | 1,2,4-苯三酸酐 | 552-30-7 | |
| 249 | 邻苯二甲酸酐 | 85-44-9 | |
| 250 | 马来酸酐 | 108-31-6 | |
| 251 | 乙酸酐 | 108-24-7 | |
| 252 | 丙酸 | 1979/9/4 | |
| 253 | 对苯二甲酸 | 100-21-0 | |
| 254 | 氟乙酸钠 | 62-74-8 | |
| 255 | 甲基丙烯酸 | 79-41-4 | |
| 256 | 甲酸 | 64-18-6 | |
| 257 | 羟基乙酸 | 79-14-1 | |
| 258 | 巯基乙酸 | 1968/11/1 | |
| 259 | 三甲基己二酸 | 3937-59-5 | |
| 260 | 三氯乙酸 | 1976/3/9 | |
| 261 | 乙酸 | 64-19-7 | |
| 262 | 正香草酸(高香草酸) | 306-08-1 | |
| 263 | 四氯化钛 | 7550-45-0 | |
| 264 | 钽及其化合物 | 7440-25-7(钽) | |
| 265 | 锑及其化合物 | 7440-36-0(锑) | |
| 266 | 五羰基铁 | 13463-40-6 | |
| 267 | 2-己酮 | 591-78-6 | |
| 268 | 3,5,5-三甲基-2-环己烯-1-酮(异佛尔酮) | 78-59-1 | |
| 269 | 丙酮 | 67-64-1 | |
| 270 | 丁酮 | 78-93-3 | |
| 271 | 二乙基甲酮 | 96-22-0 | |
| 272 | 二异丁基甲酮 | 108-83-8 | |
| 273 | 环己酮 | 108-94-1 | |
| 274 | 环戊酮 | 120-92-3 | |
| 275 | 六氟丙酮 | 684-16-2 | |

续表

| 二、化学因素 | | | |
|---|---|---|---|
| 序号 | 名　　称 | CAS号 | 备注 |
| 276 | 氯丙酮 | 78-95-5 | |
| 277 | 双丙酮醇 | 123-42-2 | |
| 278 | 乙基异戊基甲酮(5-甲基-3-庚酮) | 541-85-5 | |
| 279 | 乙基戊基甲酮 | 106-68-3 | |
| 280 | 乙烯酮 | 463-51-4 | |
| 281 | 异亚丙基丙酮 | 141-79-7 | |
| 282 | 铜及其化合物 | | |
| 283 | 丙烷 | 74-98-6 | |
| 284 | 环己烷 | 110-82-7 | |
| 285 | 甲烷 | 74-82-8 | |
| 286 | 壬烷 | 111-84-2 | |
| 287 | 辛烷 | 111-65-9 | |
| 288 | 正庚烷 | 142-82-5 | |
| 289 | 正戊烷 | 109-66-0 | |
| 290 | 2-乙氧基乙醇 | 110-80-5 | |
| 291 | 甲氧基乙醇 | 109-86-4 | |
| 292 | 围涎树碱 | | |
| 293 | 二硫化硒 | 56093-45-9 | |
| 294 | 硒化氢 | 7783/7/5 | |
| 295 | 钨及其不溶性化合物 | 7740-33-7(钨) | |
| 296 | 硒及其化合物(六氟化硒、硒化氢单列) | 7782-49-2(硒) | |
| 297 | 二氧化锡 | 1332-29-2 | |
| 298 | *N*,*N*-二甲基乙酰胺 | 127-19-5 | |
| 299 | *N*-3,4 二氯苯基丙酰胺(敌稗) | 709-98-8 | |
| 300 | 氟乙酰胺 | 640-19-7 | |
| 301 | 己内酰胺 | 105-60-2 | |
| 302 | 环四亚甲基四硝胺(奥克托今) | 2691-41-0 | |
| 303 | 环三亚甲基三硝胺(黑索今) | 121-82-4 | |
| 304 | 硝化甘油 | 55-63-0 | |
| 305 | 氯化锌烟 | 7646-85-7(氯化锌) | |
| 306 | 氧化锌 | 1314-13-2 | |
| 307 | 氢溴酸(溴化氢) | 10035-10-6 | |
| 308 | 臭氧 | 10028-15-6 | |
| 309 | 过氧化氢 | 7722-84-1 | |
| 310 | 钾盐镁矾 | | |
| 311 | 丙烯基芥子油 | | |

续表

| 二、化学因素 | | | |
|---|---|---|---|
| 序号 | 名　称 | CAS号 | 备注 |
| 312 | 多亚甲基多苯基异氰酸酯 | 57029-46-6 | |
| 313 | 二苯基甲烷二异氰酸酯 | 101-68-8 | |
| 314 | 甲苯-2,4-二异氰酸酯(TDI) | 584-84-9 | |
| 315 | 六亚甲基二异氰酸酯(HDI)(1,6-己二异氰酸酯) | 822-06-0 | |
| 316 | 萘二异氰酸酯 | 3173-72-6 | |
| 317 | 异佛尔酮二异氰酸酯 | 4098-71-9 | |
| 318 | 异氰酸甲酯 | 624-83-9 | |
| 319 | 氧化银 | 20667-12-3 | |
| 320 | 甲氧氯 | 72-43-5 | |
| 321 | 2-氨基吡啶 | 504-29-0 | |
| 322 | *N*-乙基吗啉 | 100-74-3 | |
| 323 | 吖啶 | 260-94-6 | |
| 324 | 苯并蒽酮 | 1982/5/3 | |
| 325 | 吡啶 | 110-86-1 | |
| 326 | 二噁烷 | 123-91-1 | |
| 327 | 呋喃 | 110-00-9 | |
| 328 | 吗啉 | 110-91-8 | |
| 329 | 四氢呋喃 | 109-99-9 | |
| 330 | 茚 | 95-13-6 | |
| 331 | 四氢化锗 | 7782-65-2 | |
| 332 | 二亚乙基二胺(哌嗪) | 110-85-0 | |
| 333 | 1,6-己二胺 | 124-09-4 | |
| 334 | 二甲胺 | 124-40-3 | |
| 335 | 二亚乙基三胺 | 111-40-0 | |
| 336 | 二异丙胺基氯乙烷 | 96-79-7 | |
| 337 | 环己胺 | 108-91-8 | |
| 338 | 氯乙基胺 | 689-98-5 | |
| 339 | 三亚乙基四胺 | 112-24-3 | |
| 340 | 烯丙胺 | 107-11-9 | |
| 341 | 乙胺 | 1975/4/7 | |
| 342 | 乙二胺 | 107-15-3 | |
| 343 | 异丙胺 | 75-31-0 | |
| 344 | 正丁胺 | 109-73-9 | |
| 345 | 1,1-二氯-1-硝基乙烷 | 594-72-9 | |
| 346 | 硝基丙烷 | 25322-01-4 | |
| 347 | 三氯硝基甲烷(氯化苦) | 1976/6/2 | |

续表

| 二、化学因素 | | | |
|---|---|---|---|
| 序号 | 名　　称 | CAS号 | 备注 |
| 348 | 硝基甲烷 | 75-52-5 | |
| 349 | 硝基乙烷 | 79-24-3 | |
| 350 | 1,3-二甲基丁基乙酸酯(乙酸仲己酯) | 108-84-9 | |
| 351 | 2-甲氧基乙基乙酸酯 | 110-49-6 | |
| 352 | 2-乙氧基乙基乙酸酯 | 111-15-9 | |
| 353 | 乳酸正丁酯 | 138-22-7 | |
| 354 | 丙烯酸甲酯 | 96-33-3 | |
| 355 | 丙烯酸正丁酯 | 141-32-2 | |
| 356 | 甲基丙烯酸甲酯(异丁烯酸甲酯) | 80-62-6 | |
| 357 | 甲基丙烯酸缩水甘油酯 | 106-91-2 | |
| 358 | 甲酸丁酯 | 592-84-7 | |
| 359 | 甲酸甲酯 | 107-31-3 | |
| 360 | 甲酸乙酯 | 109-94-4 | |
| 361 | 氯甲酸甲酯 | 79-22-1 | |
| 362 | 氯甲酸三氯甲酯(双光气) | 503-38-8 | |
| 363 | 三氟甲基次氟酸酯 | | |
| 364 | 亚硝酸乙酯 | 109-95-5 | |
| 365 | 乙二醇二硝酸酯 | 628-96-6 | |
| 366 | 乙基硫代磺酸乙酯 | 682-91-7 | |
| 367 | 乙酸苄酯 | 140-11-4 | |
| 368 | 乙酸丙酯 | 109-60-4 | |
| 369 | 乙酸丁酯 | 123-86-4 | |
| 370 | 乙酸甲酯 | 79-20-9 | |
| 371 | 乙酸戊酯 | 628-63-7 | |
| 372 | 乙酸乙烯酯 | 108-05-4 | |
| 373 | 乙酸乙酯 | 141-78-6 | |
| 374 | 乙酸异丙酯 | 108-21-4 | |
| 375 | 以上未提及的可导致职业病的其他化学因素 | | |

| 三、物理因素 | | | |
|---|---|---|---|
| 序号 | 名　　称 | | |
| 1 | 噪声 | | |
| 2 | 高温 | | |
| 3 | 低气压 | | |
| 4 | 高气压 | | |
| 5 | 高原低氧 | | |
| 6 | 振动 | | |

续表

| 三、物理因素 | | | |
|---|---|---|---|
| 序号 | 名　称 | | |
| 7 | 激光 | | |
| 8 | 低温 | | |
| 9 | 微波 | | |
| 10 | 紫外线 | | |
| 11 | 红外线 | | |
| 12 | 工频电磁场 | | |
| 13 | 高频电磁场 | | |
| 14 | 超高频电磁场 | | |
| 15 | 以上未提及的可导致职业病的其他物理因素 | | |
| 四、放射性因素 | | | |
| 序号 | 名　称 | | 备注 |
| 1 | 密封放射源产生的电离辐射 | | 主要产生γ、中子等射线 |
| 2 | 非密封放射性物质 | | 可产生α、β、γ射线或中子 |
| 3 | X射线装置(含CT机)产生的电离辐射 | | X射线 |
| 4 | 加速器产生的电离辐射 | | 可产生电子射线、X射线、质子、重离子、中子以及感生放射性等 |
| 5 | 中子发生器产生的电离辐射 | | 主要是中子、γ射线等 |
| 6 | 氡及其短寿命子体 | | 限于矿工高氡暴露 |
| 7 | 铀及其化合物 | | |
| 8 | 以上未提及的可导致职业病的其他放射性因素 | | |
| 五、生物因素 | | | |
| 序号 | 名　称 | | 备注 |
| 1 | 艾滋病病毒 | | 限于医疗卫生人员及人民警察 |
| 2 | 布鲁氏菌 | | |
| 3 | 伯氏疏螺旋体 | | |
| 4 | 森林脑炎病毒 | | |
| 5 | 炭疽芽孢杆菌 | | |
| 6 | 以上未提及的可导致职业病的其他生物因素 | | |
| 六、其他因素 | | | |
| 序号 | 名　称 | | 备注 |
| 1 | 金属烟 | | |
| 2 | 井下不良作业条件 | | 限于井下工人 |
| 3 | 刮研作业 | | 限于手工刮研作业人员 |

至今，没有任何一种危险分类能涵盖所有的危险类型。以上四种关于危险类型的划分仅作为危险辨识时有序识别危险而不致漏掉的一个依据，四种分类方法侧重有所不同，彼此间也有重复的现象；在危险识别时为保证识别的全面，通常以某一种分类方法作为辨识的依据，其他分类方法作为参考依据，结合使用才有可能确保各种危险都能被辨识出来。

## 五、重大危险源

20 世纪 70 年代以来，频频发生的重大工业事故已严重影响了各国的社会、经济和技术的发展，生产安全问题已引起了国际社会的广泛关注。相继出现了“重大危险（Major Hazard）”“重大危险设施（Major Hazard Installations，国内称重大危险源）”的概念。1974 年 6 月英国弗立克堡爆炸事故发生后，英国健康与安全委员会设立了重大危险咨询委员会（Advisory Committee on Major Hazards，ACMH），专门负责重大危险的辨识、评价和控制，成为世界上最早系统地研究重大危险控制技术的国家。随后，英国健康与安全监察局（Health and Safety Excutive，HSE）专门设立了重大危险管理处。1976 年意大利北部城市塞韦索发生了化工厂环己烷泄漏的事故，造成 30 多人受伤，22 万人紧急疏散，工厂周围方圆 $17km^2$ 的土地受到污染，这些事故给欧洲乃至整个世界以很大的震动。ACMH 在 1976 年、1979 年和 1984 年分别向 HSE 提交了 3 份重大危险控制技术研究报告，由于其极富成效的开创性工作，英国政府于 1982 年颁布了《关于报告处理危害物质设施的报告规程》，1984 年颁布了《工业重大事故危害控制条例》，ACMH 还促使欧洲议会和欧盟理事会（The European Parliament and the Council of the European Union）在 1982 年 6 月颁布了《工业活动中重大事故危险法令》，简称《塞韦索指令》（Seveso Directive），法令中列出了 180 种危险化学品物质，要求企业必须在确保安全的条件下才能生产。

为实施《塞韦索指令》，英国、法国、德国、意大利、比利时等原欧共体成员国都颁布了有关重大危险源控制规程，要求对工业的重大危险设施进行辨识、评价，提出相应的事故预防和应急计划措施，并向主管当局提交详细描述重大危险源状况的报告。

1984 年印度博帕尔事故发生后，1985 年 6 月国际劳工大会通过了关于危险物质应用和工业过程中事故预防措施的决定。同年 10 月国际劳工组织组织召开了重大工业危险源控制方法三方讨论会。1988 年 10 月出版了《重大危险源控制手册》，1991 年又出版了《预防重大工业事故的实施细则》，1992 年国际劳工大会第 79 届会议对预防重大工业事故的问题进行了讨论，1993 年通过了 ILO174 号公约《预防重大工业事故公约》和建议书，公约定义“重大事故”为：在重大危险设施内的活动过程中突然发生的，涉及一种或者多种危险物质，即刻或后续对工人、公众或者环境造成严重危害的事故，如重大的排放、火灾或爆炸等；而“重大危险设施”被定义为：指长期或临时生产、加工、处理、使用、处置或储存超过临界量的一种或多种危险物质，或多类危险物质类别的设施（不包括核设施、军事设施以及设施现场外的非管道的运输）。公约为建立各国重大危险源控制系统奠定了基础。

为促进亚太地区的国家建立重大危险源控制系统，1991 年国际劳工组织在曼谷召开了重大危险源控制区域性讨论会，一些亚太国家相继建立了国家重大危险源控制系统。我国也于 2000 年推出了国家标准《重大危险源辨识》（GB 18218—2000），2009 年，标准《危险化学品重大危险源辨识》（GB 18218—2009）替代了 GB 18218—2000，2018 年，该标准被再次修订为 GB 18218—2018。该标准定义危险化学品重大危险源为：“长期地或临时地生产、储存、使用和经营危险化学品，且危险化学品的数量等于或超过临界量的单元。”除了有关危险化学品重大危险源的辨识标准外，我国近年应急管理部、工业和信息化部以及国家能源局等部门也分别推出了烟花爆竹、民用爆炸物品以及风电场等重大危险源的辨识标准，相关信息见表 3-7。

**表 3-7 我国重大危险源辨识相关标准**

| 标准代码 | 标准名称 | 发布时间 | 发布部门 |
|---|---|---|---|
| GB 18218—2018 | 危险化学品重大危险源辨识 | 2018 年 11 月 19 日 | 国家市场监督管理总局、中国国家标准化管理委员会 |
| WJ/T 9093—2018 | 民用爆炸物品重大危险源辨识 | 2018 年 5 月 8 日 | 中华人民共和国工业和信息化部 |
| NB/T 10575—2021 | 风电场重大危险源辨识规程 | 2021 年 1 月 7 日 | 国家能源局 |
| AQ 4131—2023 | 烟花爆竹重大危险源辨识 | 2023 年 2 月 21 日 | 中华人民共和国应急管理部 |

伴随着重大危险源辨识工作的推进，安全生产事故隐患排查治理工作一直以来是我国安全生产实践的主要手段。2007 年原国家安全生产监督管理总局令第 16 号公布了《安全生产事故隐患排查治理暂行规定》，该规定称安全生产事故隐患为生产经营单位违反安全生产法律、法规、规章、标准、规程和安全生产管理制度的规定，或者因其他因素在生产经营活动中存在可能导致事故发生的物的危险状态、人的不安全行为和管理上的缺陷。事故隐患分为一般事故隐患和重大事故隐患。其中，重大事故隐患是指危害和整改难度较大，应当全部或者局部停产停 业，并经过一定时间整改治理方能排除的隐患，或者因外部因素影响致使生产经营单位自身难以排除的隐患。2016 年为坚决遏制重特大事故频发势头，国务院安全生产委员会办公室在研究总结重特大事故发生规律特点、深入调查研究、广泛征求意见的基础上，制定了《标本兼治遏制重特大事故工作指南》（〔2016〕3 号）；同年 12 月，《中共中央国务院关于推进安全生产领域改革发展的意见》中提出了构建风险分级管控和隐患排查治理双重预防的工作机制；2021 年 9 月 1 日，“构建安全风险分级管控和隐患排查治理双重预防机制，健全风险防范化解机制”被写入 2021 年《安全生产法》。在此背景下，国务院应急管理部门和其他负有安全生产监督管理职责的部门根据各自的职责分工，制定相关行业、领域重大危险源的辨识标准和重大事故隐患的判定标准，为行业和企业的隐患排查提供了针对性的指导。表 3-8 列出了相关行业、领域重大危险源的辨识标准。

**表 3-8 相关行业、领域重大危险源的辨识标准**

| 名称 | 发布/执行时间 | 发布部门 |
|---|---|---|
| 危险货物港口作业重大事故隐患判定指南 | 2016 年 12 月 19 日 | 交通运输部办公厅 |
| 水上客运重大事故隐患判定指南(暂行) | 2017 年 11 月 20 日 | 交通运输部办公厅 |
| 煤矿重大事故隐患判定标准 | 2021 年 1 月 1 日 | 应急管理部 |
| 水利工程生产安全重大事故隐患清单指南 | 2021 年 12 月 9 日 | 水利部办公厅 |
| 渔业船舶重大事故隐患判定标准(试行) | 2022 年 4 月 2 日 | 农业农村部 |
| 房屋市政工程生产安全重大事故隐患判定标准(2022 版) | 2022 年 4 月 19 日 | 住房和城乡建设部 |
| 农机安全生产重大事故隐患判定标准(试行) | 2022 年 6 月 24 日 | 农业农村部办公厅 |
| 金属非金属矿山重大事故隐患判定标准 | 2022 年 9 月 1 日 | 国家矿山安全监察局 |
| 铁路交通重大事故隐患判定标准(试行) | 2023 年 5 月 8 日 | 国家铁路局 |
| 工贸企业重大事故隐患判定标准 | 2023 年 5 月 15 日 | 应急管理部 |
| 铁路建设工程生产安全重大事故隐患判定标准 | 2023 年 9 月 29 日 | 国家铁路局 |

续表

| 名　　称 | 发布/执行时间 | 发布部门 |
|---|---|---|
| 道路运输企业和城市客运企业安全生产重大事故隐患判定标准(试行) | 2023年10月1日 | 交通运输部办公厅 |
| 公路运营领域重大事故隐患判定标准 | 2023年10月8日 | 交通运输部办公厅 |

# 第三节　危险辨识方法

本章第一节介绍了危险与事故之间的关系以及危险的组成要素，危险理论为危险的辨识与表征提供了理论基础。在危险辨识时，应根据危险三要素有序地识别危险源、触发机理和威胁目标。常用的方法通常包括两大类，一类是对照经验法，另一类是系统安全分析法。危险辨识过程中两种方法时常结合使用。

## 一、对照经验法

对照经验法是对照有关标准、法规、检查表或依靠分析人员的观察分析能力，借助于经验和判断能力直观地辨识危险的方法。对照经验法是辨识中常用的方法，其优点是简便、易行；其缺点是受辨识人员知识、经验和所掌握资料的限制，可能出现遗漏。为弥补个人判断的局限性，常采取专家会议的方式来相互启发、交换意见、集思广益，使危险、危害因素的辨识更加细致、具体。

对照事先编制的检查表辨识危险、危害因素，可弥补知识、经验不足的缺陷，具有方便、实用、不易遗漏的优点，但须有事先编制的、适用的检查表。检查表是在大量实践经验基础上编制的，美国 OSHA 制定并发行了各种用于辨识危险的检查表，我国一些行业的安全检查表、事故隐患检查表也可作为危险辨识的借鉴。表 3-9 是基于事故能量所列的一个危险检查表。

**表 3-9　典型能量源（Bahr，2015）**

| | |
|---|---|
| • 声音和其他噪声来源 | • 坠落物 |
| • 传动装置 | • 摩擦装置 |
| • 锅炉和其他加热压力系统 | • 易燃材料 |
| • 弹射物体 | • 燃料和推进剂 |
| • 带电电容器 | • 流体装置 |
| • 化学反应源 | • 气体发生器 |
| • 燃烧系统 | • 危险物料输送系统 |
| • 压缩装置 | • 加热装置 |
| • 冷却装置 | • 人机交互和动力 |
| • 低温和制冷系统及储存容器 | • 照明设备 |
| • 置换系统 | • 冲击和振动测试装置 |
| • 发电机和输送系统 | • 引发器/点火器 |
| • 静电放电 | • 电离辐射源 |
| • 电磁设备(如射频源) | • 提升设备 |
| • 病原体(病毒、细菌、真菌) | • 磁性设备和磁源 |
| • 爆炸物和爆炸装置 | • 材料处理装置 |
| • 外部来源(如地震、洪水、滑坡和天气条件) | • 材料混合装置 |

续表

| | |
|---|---|
| •非电离辐射源(激光、紫外线、红外线等)<br>•核系统<br>•压力容器、系统和装置<br>•泵、鼓风机和风扇<br>•旋转机械<br>•弹簧装置 | •蓄电池<br>•悬挂系统<br>•张力系统<br>•真空系统和装置<br>•振动装置 |

注：表中内容按英文字母顺序检索。

直接经验法的另一种方式是类比，利用相同或相似系统或作业条件的经验和职业安全健康的统计资料来类推、分析以辨识危险。随着现代科技的发展和安全科学的进步，生产安全事故数据越来越少，因而大量的未遂事件（Near-Miss）数据也可加以分析以识别危险所在。

## 二、系统安全分析法

系统安全分析法是应用系统安全的分析方法识别系统中的危险所在。系统安全分析法是针对系统中某个特性或生命周期中某阶段具体特点而形成针对性较强的辨识方法。因而不同的系统、不同的行业、不同的工程甚至同一工程的不同阶段所应用的方法各不相同。目前系统安全分析法包括几十种之多，但常用的主要包括以下几种，本书在第四章至第九章将逐一介绍。需要说明的是，尽管这些方法被称为系统安全分析方法，分析过程中包括了危险辨识、风险评价和危险控制的过程，但是三个阶段之间并不是截然断开的。

（1）预先危险分析。

（2）故障模式及影响分析。

（3）危险与可操作性研究。

（4）事故树。

（5）事件树。

（6）安全检查表。

（7）故障假设分析。

（8）原因后果分析。

## 三、危险辨识的过程

无论是采用对照经验法还是系统安全分析法，辨识的目的都在于尽可能系统、全面地识别研究范围内的所有危险。针对生产安全领域的作业场所，为了有序、方便地进行危险辨识，防止遗漏，辨识过程中宜按厂址、平面布局、建（构）筑物、物质、生产工艺及设备、辅助生产设施（包括公用工程）、作业环境危险方面进行细致的辨识。

（1）厂址及环境条件：应从厂址的工程地质、地形地貌、水文、气象条件、周围环境、交通运输条件、自然灾害、消防支持等方面进行辨识。

（2）厂区平面布局：平面布局包括平面布置图和运输线路及码头两部分。前者在辨识过程中要考虑功能分区（生产、管理、辅助生产、生活区）布置以及高温、有害物质、噪声、辐射、易燃、易爆、危险品设施布置，工艺流程布置，建筑物、构筑物布置，风向、安全距离、卫生防护距离等方面。后者辨识中则需特别注意厂区道路、厂区铁路、危险品装卸区、厂区码头在运输、装卸、消防、疏散、人流、物流、平面交叉运输等方面存在的危险。

（3）建（构）筑物：主要从建（构）筑物结构、防火、防爆、朝向、采光、运输、通道、开门，生产卫生设施等方面进行辨识。

（4）生产工艺过程：主要辨识物料的毒性、腐蚀性、燃爆性以及温度、压力、速度、作业及控制条件、事故及失控状态。

（5）生产设备、装置：生产设备、装置的危险辨识与生产系统相关性很大。化工设备、装置的辨识主要在于高温、低温、腐蚀、高压、振动、关键部位的备用设备、控制、操作、检修和故障、失误时的紧急情况；机械设备的辨识应注意运动零部件和工件、操作条件、检修作业、误运转和误操作等；电气设备的辨识主要在于断电、触电、火灾、爆炸、误运转和误操作以及静电、雷电等。

除此之外，危险辨识过程中还应考虑工时制度等其他因素的影响。

表 3-10 给出了一般设施危险检查表，可供参考。

**表 3-10 一般设施危险检查表（Bahr，2015）**

工厂总体布局(General Plant Layout)

- 危险作业的位置
- 加工车间的位置
- 实验室和测试设施的位置
- 办公室位置
- 危险材料的位置、处理和储存
- 应急系统
- 作业的兼容性
- 储存区
- 中转区
- 处置区
- 消防控制区和禁区
- 公共出入区
- 工厂改造、升级和改装

建筑材料(Building Materials)

- 材料的兼容性
- 易燃性
- 结构的完整性(特别是屋顶、地板和墙壁的承重)
- 材料的使用寿命
- 材料的适当使用
- 施工

出入口(Access/Egress)

- 生命安全法规要求
- 紧急情况(疏散、应急小组)
- 受限区
- 警戒解除区
- 操作
- 残疾人
- 楼梯/扶手
- 人员、材料的装卸
- 交通

设施公用事业(Facility Utilities)

- 当地公用设施的控制、监测和关闭
- 自动运转的设施
- 电力供应
- 饮用水供应
- 公用设施用水供应
- 卫生、污水和废水/材料处理
- 其他公用设施供应(大宗天然气、石油、煤炭、再生和热电联产供应)
- 输电线路和电网
- 应急服务

消防(Fire Protection)

- 火灾/烟雾探测
- 报警/警报器
- 自动灭火
- 耐火设计
- 灭火器的选择和位置
- 消防系统的适当性
- 公用设施服务中断时的消防保护

通风(Ventilation)

- 供暖
- 通风(再循环和再引流)
- 空调
- 湿度
- 危险材料和气体
- 紧急情况下的通风
- 空气中传播的颗粒
- 毒物
- 爆炸环境

照明(Lighting)

- 环境照明
- 应急照明
- 特殊照明
- 光源
- 彩灯的使用
- 照明产生的热量

声音(Sound)

- 发生装置
- 工厂噪声水平
- 机械和其他工厂流程(如气体流动系统)产生的噪声
- 紧急警告系统
- 超声波声音

续表

<table>
<tr><td>电气(Electrical)<br>•上锁/挂牌<br>•接地连接<br>•开关装置<br>•绝缘<br>•电击<br>•高压/低压<br>•动力高峰<br>•点火源<br>•静电放电<br>•电磁兼容性<br>•接线和熔断器<br>•隔离电容器、变阻器、功率电阻器、整流器、冲击板、接触器和继电器<br>•关断/断路器<br>•电动工具<br>•误操作<br>•维护<br>•避雷<br>•应急电源<br>•紧急停机<br>•爆炸环境中的防爆元件<br>•电机、发电机、放大器、母线和其他设备<br>•配电系统<br>•电池、电池组、充电和直流配电系统<br>•变电站和变压器<br>•电子系统</td><td>•锅炉<br>•泵<br>•压缩机<br>•真空泵和真空系统<br>•紧急泄压<br>•热控<br>•监测和控制</td></tr>
<tr><td rowspan="2">机械(Mechanical)<br>•机器防护装置<br>•旋转机械<br>•起重设备，包括起重机、台车、叉车等<br>•机床<br>•材料处理和运输<br>•振动<br>•机械装置<br>•风扇<br>•齿轮、紧固件、轴承、填料和密封件以及其他机械元件<br>•燃气轮机<br>•蒸汽轮机<br>•热交换器、冷凝器和冷却塔<br>•核电<br>•空气喷射器<br>•内燃机<br>•维护操作</td><td>制冷与低温(Refrigeration and Cryogenics)<br>•深度制冷<br>•制冰<br>•热膨胀<br>•材料的兼容性<br>•气体液化<br>•制冷剂和气体<br>•系统控制和监测<br>•蒸汽压缩回路<br>•吸收系统<br>•热电冷却<br>•直接膨胀系统<br>•盐水系统<br>•绝缘材料<br>•窒息剂</td></tr>
<tr><td>物料搬运(Material Handling)<br>•升降机、滑车和固定装置<br>•起重机<br>•电梯、自动升降机和自动扶梯<br>•卷扬机<br>•吊索、链条和钢丝绳<br>•磁力起重机<br>•叉车<br>•推土机和拖拉机<br>•汽车卸载机械<br>•集装箱和集装箱化<br>•土方工程和非公路设备<br>•叉车和托盘装载<br>•地上/地下搬运<br>•高架输送机<br>•飞行输送机<br>•运载输送机<br>•斗式和带式输送机<br>•气动输送机<br>•自动计量<br>•溢出控制和遏制<br>•排气和通风</td></tr>
<tr><td>压力系统(Pressure Systems)<br>•液压<br>•气动/空气系统<br>•压缩气体、瓶、罐<br>•压力系统，包括泄压阀、阀门、快速断开装置和其他压力元件</td><td>辐射(Radiation)<br>•电离辐射系统(α 粒子、β 粒子、中子、X 射线和 γ 射线)<br>•电离辐射探测系统<br>•放射性同位素控制系统和管理<br>•含有放射性同位素的实验室设备</td></tr>
</table>

续表

- 核反应堆和燃料系统
- 非电离辐射源(激光、雷达、紫外线和红外线、微波、电磁干扰、射频波和高频设备)

危险材料(Hazardous Materials)
- 易燃/可燃物系统和储存区
- 爆炸物和发火物质处理系统和储存区
- 有毒物质处理、储存和处置系统
- 腐蚀性物质的使用
- 氧化剂的使用
- 水反应性混合
- 不稳定物质的处理和储存
- 刺激性物质、窒息性物质、致癌物质和病原体的使用
- 放射性物质的处理、监测、储存和处置

密闭空间(Confined Space)
- 公用隧道
- 储罐、料仓、锅炉、管道和其他密封室
- 架空地板
- 真空室和压力室

实验室(Laboratories)
- 空间利用
- 工作台和工作面
- 化学品和危险材料储存
- 排水系统
- 排气和通风系统
- 泄漏、污染和清理
- 公用设施
- 材料兼容性
- 人员防护
- 压力和材料处理系统
- 泄漏检测和警告
- 应急保护系统
- 废物产生和处理系统

车间工艺(Shop Processes)
- 模塑工艺和机械
- 压铸机
- 振动器
- 砂模机
- 挤压和冲击模塑机
- 铸造合金
- 熔炉
- 喷砂机
- 清洁材料、溶剂和设备
- 无损检测(染料渗透、X射线、超声波、磁通等)
- 破坏性测试机械
- 金属加工和金属切削操作

车间工艺(Shop Processes)
- 热加工和冷加工操作
- 轧制作业
- 保护涂层作业
- 动力压力机作业
- 液压压力机
- 落锤
- 蒸汽锤和气动锤
- 板材折弯机
- 电弧焊和气焊
- 电阻焊
- 热金属切割机械
- 电渣焊
- 激光束焊接
- 车床
- 镗床
- 钻床、铰床、螺纹铣床
- 磨削和抛光机械
- 木材切割工具和机械

燃料和熔炉(Fuels and Furnaces)
- 燃料
- 燃烧炉
- 焚化
- 电炉和烤箱
- 废气和废料处置

排气系统(Exhaust Systems)
- 通用排气系统
- 局部排气系统
- 通风柜
- 紧急排气
- 排放系统
- 洗涤器和过滤系统
- 再循环、迁移和再排放系统
- 再生和热电联产系统

自然现象(Natural Phenomena)
- 降雨
- 干旱
- 洪水和泥石流
- 龙卷风、飓风和地震
- 冰雪和暴风雪
- 大风
- 极端气温

过程监控和集成控制系统(Process Monitoring and Integrated Control Systems)
- 过程监控
- 集成控制系统监控
- 公用服务设施监控
- 压力、温度、流量、电压、电流和振动水平
- 环境(空气质量、温度、湿度)
- 向环境排放有害物质

续表

<table>
<tr><td>过程监控和集成控制系统(Process Monitoring and Integrated Control Systems)<br>·人体健康水平<br>·火灾和烟雾检测<br>·有害气体和蒸汽检测<br>·氧气水平检测<br>·泄漏检测<br>·安全关键子系统监控<br>·质量、重量和体积监控<br>·耗材使用情况<br>·化学和物理特性测量<br>·电离辐射水平<br>·非电离辐射水平<br>·超控自动控制<br>·大型计算机控制系统<br>·微处理器控制系统<br>·可编程逻辑器件<br>·支持互联网的控制、监测<br>·健康相关软件控制<br>·警报、提示和其他警告系统</td><td>操作(Operations)<br>·正常操作<br>·应急操作<br>·培训<br>·轮班工作<br>·维护(计划和应急)<br>·测试<br><br>人员安全(Personnel Safety)<br>·个人防护设备(手套、防护服、眼罩、面罩和耳罩、呼吸器)<br>·洗眼器和淋浴器<br>·接触控制系统<br>·急救<br>·警报和报警系统<br><br>文件(Documentation)<br>·材料安全数据表<br>·培训计划<br>·应急管理计划<br>·系统安全计划<br>·操作程序<br>·维护程序</td></tr>
<tr><td>通信(Communications)<br>·公共广播系统<br>·应急通信系统<br>·公共事务<br>·知情权<br>·人机界面<br>·管理者-员工关系<br>·书面程序和口头要求<br>·应急行动、程序<br>·应急小组</td><td>文件(Documentation)<br>·事故调查报告和跟进报告<br>·测试程序<br>·化学卫生计划<br>·辐射控制计划<br>·硬件和设施配置控制计划</td></tr>
</table>

## 四、危险的表征

在危险辨识时，人们常常将生产实践中可能发生的事故记作识别的危险。危险辨识的最终目的是消除危险，或当危险不能消除时，尽可能地降低它的风险。在危险表征时，如果只是简单地将可能发生的某类事故记作危险，除最初参与的分析人员之外，其他人很难根据危险的记录资料了解危险的情境，因而就无法准确判定该危险导致的风险，当然更不能有针对性地提出控制措施。因此，准确地表征危险是危险辨识的一个重要方面，在进行危险描述时，应基于危险三要素，采用简洁、明了的语句，准确表达相应的危险源、触发机理和威胁目标。表 3-11 给出了危险表征的示例。

**表 3-11　危险表征示例**

| 不好的危险表征示例 | 好的危险表征示例 |
| --- | --- |
| 维修工滑倒 | 路面上方的 V21 阀门漏油，滴在地面上的油没有清理，该区域维修工走在油上，可能滑倒在水泥地板上，导致重伤 |
| 触电 | 工人触碰到绝缘老化、连接高压电的接线盒，导致触电 |
| 火灾 | 烧烤装置中的丙烷罐燃气泄漏，泄漏气体被烧热的炉子点燃，引起火灾，可能导致操作者受伤 |

# 第四节　事故风险评价与控制

## 一、事故风险评价

事故风险评价的方法是基于风险概念本身确定，由于表征风险的两个维度存在着量纲不一致的现象，事故风险评价通过判定系统中危险演变为事故的后果等级和发生概率（或可能性）等级并采用风险矩阵的方法确定风险的等级。具体步骤如下。

(1) 针对某一危险，确定威胁目标，基于某一严重度分级标准判定危险演变为事故的后果严重度等级。如 MIL-STD-882E 标准中的威胁目标（后果）为人员的伤亡、环境破坏和经济损失，表 3-12 给出了危险的严重度分级标准。

(2) 针对某一危险，基于某一可能性分级标准判定危险演变为事故的可能性。表 3-13 是 MIL-STD-882E 标准中的可能性分级标准。其中概率级别 F 用于记录危险不再存在的情况。再多的理论、训练、警告或个人防护装备（PPE）也无法将事故概率提升到 F 级。值得说明的是，针对危险演变为事故的发生概率，并非采用定量的数据表征比定性数据更具实用价值。

(3) 依据表 3-12 和表 3-13 的等级划分标准，分别以严重程度和发生概率为轴形成风险矩阵，所评价的风险以风险评价代码（Risk Assessment Code，RAC）表示，每个单元格即一个独立的 RAC，该代码是一个严重度等级和一个发生概率等级的组合。例如，1A 的 RAC 是灾难性严重程度等级和经常发生的概率等级的组合。现用的系统安全分析方法多采用表 3-14 的坐标方式表达风险评价代码。MIL-STD-882E 标准针对 RAC 划分了四级风险等级，分别为高、严重、中和低，具体划分依据见表 3-15。但也有些企业或机构采用赋值的方式界定风险矩阵中的每一个风险评价代码，见表 3-16，表 3-17 是对应的风险等级表。

**表 3-12　危险的严重度等级分级标准（DOD，2012）**

| 级别表征 | 等级 | 危险等级的描述 |
|---|---|---|
| 灾难性的 | 1 | 可能导致以下一种或多种情况：死亡、永久性完全残疾、不可逆转的重大环境影响，或大于（或等于）1000 万美元的经济损失 |
| 严重的 | 2 | 可能导致以下一种或多种情况：永久性局部残疾、可能导致至少三名人员住院治疗的伤害或职业病、可逆的重大环境影响，或大于（或等于）100 万美元但低于 1000 万美元的经济损失 |
| 中等的 | 3 | 可能导致以下一项或多项情况：造成一个或多个工作日损失的工伤或职业病、可逆的中度环境影响，或大于（或等于）10 万美元但低于 100 万美元的经济损失 |
| 可忽略的 | 4 | 可能导致以下一种或多种情况：工伤或职业病未造成工作日损失、对环境的影响极小，或小于 10 万美元的经济损失 |

**表 3-13　危险的发生概率等级分级标准（DOD，2012）**

| 级别表征 | 等级 | 单类事件 | 群发事件 | 发生概率 $q$ |
|---|---|---|---|---|
| 经常发生 | A | 在生命周期内可能经常发生 | 持续发生 | $q \geqslant 10^{-1}$ |
| 可能发生 | B | 在生命周期中多次发生 | 经常发生 | $10^{-1} > q \geqslant 10^{-2}$ |

续表

| 级别表征 | 等级 | 单类事件 | 群发事件 | 发生概率 $q$ |
|---|---|---|---|---|
| 偶尔发生 | C | 在生命周期中某时会发生 | 可能会发生多次 | $10^{-2}>q\geqslant10^{-3}$ |
| 很少发生 | D | 不太可能，但在生命周期内有可能发生 | 虽不太可能发生，但合理的预测中有发生可能性 | $10^{-3}>q\geqslant10^{-6}$ |
| 不可能发生 | E | 可能性很小，可以认为在全生命周期中不会出现 | 不可能发生，但不排除可能性 | $q<10^{-6}$ |
| 已经消除 | F | 在生命周期内不会发生。通常当危险被识别出且已经消除时，才会使用这一类别表征 | | |

**表 3-14 风险矩阵表（DOD，2012）**

| 发生概率 | 严重度 | | | |
|---|---|---|---|---|
| | 灾难性的(1) | 严重的(2) | 中等的(3) | 可忽略的(4) |
| 经常发生(A) | 1A | 2A | 3A | 4A |
| 可能发生(B) | 1B | 2B | 3B | 4B |
| 偶尔发生(C) | 1C | 2C | 3C | 4C |
| 很少发生(D) | 1D | 2D | 3D | 4D |
| 不可能发生(E) | 1E | 2E | 3E | 4E |
| 已经消除(F) | 1F | 2F | 3F | 4F |

**表 3-15 事故风险等级**

| RAC | 风险等级 |
|---|---|
| 1A、1B、1C、2A、2B | 高 |
| 1D、2C、3A、3B | 严重 |
| 1E、2D、2E、3C、3D、3E、4A、4B | 中 |
| 4C、4D、4E | 低 |

注：当 RAC 为 1F、2F、3F、4F 时，表明风险已经消除。

**表 3-16 风险矩阵表（用序号表示）（DOD，2000）**

| 发生概率 | 严重度 | | | |
|---|---|---|---|---|
| | 灾难性的 | 严重的 | 中等的 | 可忽略的 |
| 经常发生 | 1 | 3 | 7 | 13 |
| 很可能发生 | 2 | 5 | 9 | 16 |
| 偶尔发生 | 4 | 6 | 11 | 18 |
| 很少发生 | 8 | 10 | 14 | 19 |
| 不可能发生 | 12 | 15 | 17 | 20 |

**表 3-17 事故风险等级（DOD，2000）**

| 事故风险评价值 | 事故风险等级 | 事故风险接受等级 | 事故风险评价值 | 事故风险等级 | 事故风险接受等级 |
|---|---|---|---|---|---|
| 1～5 | 高 | 项目执行总负责人 | 10～17 | 中等 | 项目经理 |
| 6～9 | 严重 | 项目执行负责人 | 18～20 | 低 | 项目指定人 |

通过事故风险分析可以了解系统中的潜在危险和薄弱环节，发生事故的概率和可能的严重程度等。事故风险评价方法大体可分为定性评价和定量评价。决策者可以根据评价的结果选择控制措施或方案，保险公司可以根据企业不同的风险等级规定不同的保险金额，领导和监察机关也可以根据评价结果督促企业改进安全状况。

## 二、事故风险控制

危险辨识的目的在于消除系统中的危险，或当危险无法消除时尽可能地降低事故风险，具体包括降低事故后果的严重程度或造成事故的可能性。1963 年，哈登根据流行病学理论，确定了导致事故伤害的起因物是能量（包括干扰人体正常能量交换的起因物），1973 年他又引入了能量流-屏障分析的概念，确定了阻止和减少伤害的 10 项措施。在此基础上，美国原能源部系统安全发展中心（System Safety Development Center，SSDC）对其进一步修正完善，形成了能量流-屏障分析方法，该方法为危险的控制提供了理论基础，该理论认为不期望的能量流向威胁目标会造成风险，在能量源和威胁目标之间设置屏障可以阻止伤害的发生，如图 3-7 所示。屏障是阻止或控制能量作用在威胁目标上造成不期望后果和/或发生概率的设计或管理方法。屏障有多种形式，如物理屏障、距离屏障、时间屏障、程序屏障等。它可能是一种实物的干预，也可能是一种书面或口头程序，目的是在时间或空间上将能量与人或物体隔离。有时，当一道屏障不能达到预期的效果，往往还会增加屏障的数量或类型。图 3-8 给出了屏障在功能、设置位置以及类型等方面的分类。然而，尽管如此，在生产实践中，如果所设置的屏障不充分或有缺陷，则仍旧不能有效控制风险。常见能量源、屏障和威胁目标的示例见图 3-9，危险的控制措施就是基于这三个要素展开的，具体措施见表 3-18。

基于哈登的能量理论、约翰逊的管理疏忽风险树理论以及 SSDC 的研究工作，后人们对控制措施的作用与特点进行了进一步的观察和提炼，归纳为 5 类，按照控制有效性由强向弱依次如下。

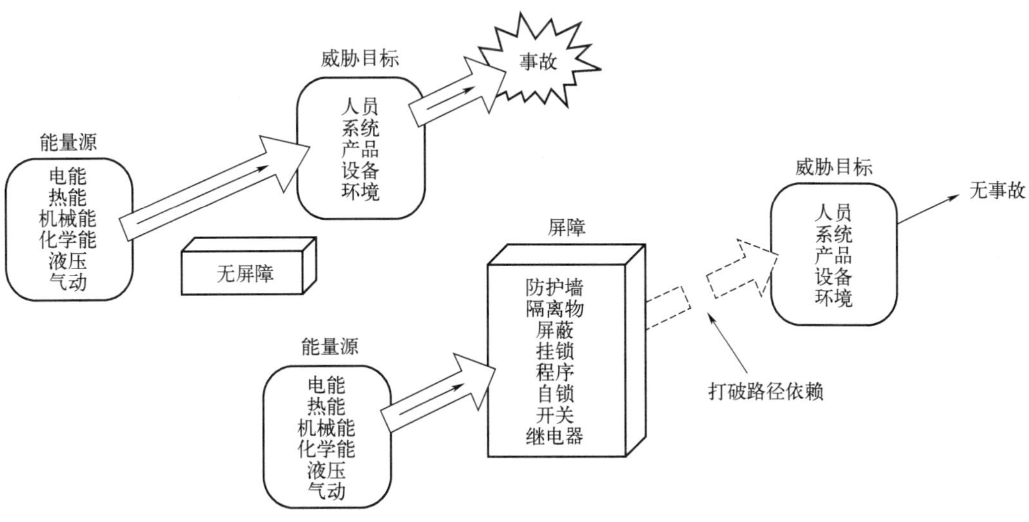


图 3-7　屏障分析示意图（Ericson，2016）

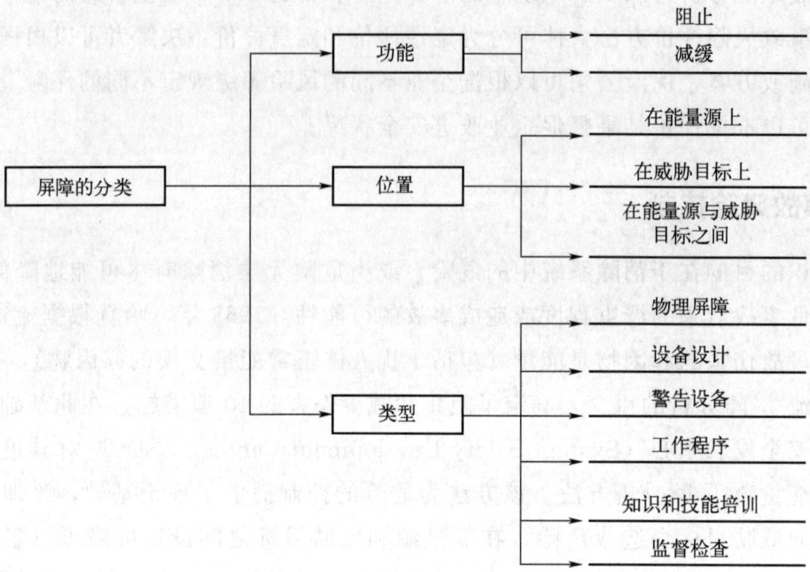


图 3-8　屏障的分类（Ericson，2016，有修改）

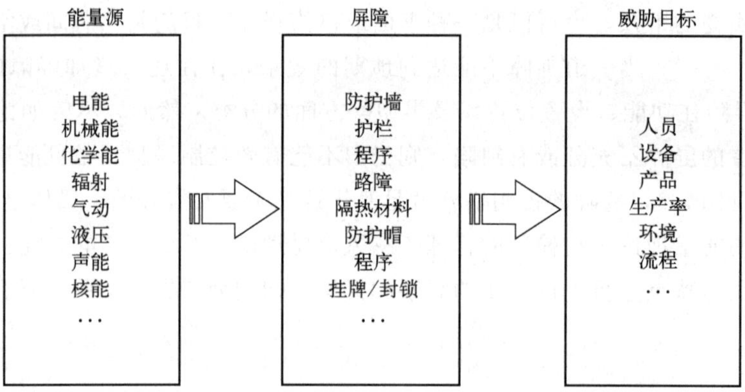


图 3-9　能量源、屏障和威胁目标的示例（Ericson，2016）

**表 3-18　事故风险控制策略及实例（Clemens，1993；Ericson，2016）**

| 序号 | 事故风险控制策略 | 实 例 做 法 | 屏障位置 |
|---|---|---|---|
| 1 | 消除能量源 | 从设计上消除能量源<br>选择替代的设计<br>清除焊接现场的可燃物<br>采用不易燃的溶剂进行替换 | 能量源 |
| 2 | 减少能量的数量或降低等级水平 | 将重物放在底层<br>降低坝体的高度<br>降低系统设计的电压或操作压力<br>使用小型的电容器/压力蓄能器<br>减少或控制车辆的速度<br>监测/限制辐射暴露<br>用低能量的化学品替代 | 能量源 |

续表

| 序号 | 事故风险控制策略 | 实例做法 | 屏障位置 |
| --- | --- | --- | --- |
| 3 | 阻止能量释放 | 增加管道或容器的壁厚<br>自锁<br>上牌挂锁<br>双壁油罐<br>车轮轮楔 | 能量源 |
| 4 | 降低能量释放的速率 | 排放管道中设置的限流器<br>放电电路中的电阻<br>保险丝或断路器 | 能量源 |
| 5 | 阻止释放能量的蓄积 | 接地故障断路器<br>使用减压阀<br>控制化学反应<br>分离自燃燃料来源 | 能量源 |
| 6 | 控制能量的不当输入 | 使用带编码键的电气连接器<br>使用螺纹匹配的管道连接器<br>使用回流防止器 | 能量源 |
| 7 | 将能量源和威胁目标在时空上隔开 | 设置疏散爆炸物测试区域<br>实施爆炸物数量-距离规则<br>安装交通信号灯<br>在高速公路上使用黄色禁止通行线<br>远程控制危险操作 | 能量源和威胁目标之间 |
| 8 | 在能量源和威胁目之间插入屏障 | 混凝土道路护栏<br>防护堤坝<br>安全眼镜 | 能量源和威胁目标之间 |
| 9 | 修改威胁目标接触表面或基本结构 | 圆角设计<br>衬垫<br>缓冲仪表板<br>凹槽堆栈<br>在机场跑道上铺设泡沫层 | 威胁目标 |
| 10 | 增强威胁目标的韧性 | 抗震结构<br>选择优质材料<br>核反应遏制设施 | 威胁目标 |
| 11 | 限制能量释放造成的损坏 | 建筑物的喷淋系统<br>飞机灭火系统 | 威胁目标 |
| 12 | 对员工培训以阻止能量释放 | 特殊的程序<br>安全培训 | 威胁目标 |

(1) 设计变更：通过设计改变从根本上消除危险。例如用立交桥取代铁路平交道口、用水力发电取代核能。

(2) 外设安全设施：安装主动的安全装置。例如增加冗余备用、联锁、泄压阀等装置。

(3) 安全装置：安装被动的保护屏障。例如防护装置、防护罩、抑制器、个人防护设备。

(4) 警告装置：用于触发避免或纠正反应的可见/可闻警报。例如信号、灯光、标志、喇叭。

（5）程序/培训：正式或非正式的培训、操作程序或胜任力的确认等。

MIL-STD-882E 标准给出控制措施优先顺序具体如下。

（1）通过设计选择消除危险。理想情况下，应通过选择能完全消除危险的设计或材料来消除危险。

（2）通过设计更改降低风险。如果采用替代设计方案或材料来消除危险的做法不可行，则考虑进行设计更改，以降低由危险引起的事故潜在风险的严重程度和/或发生概率。

（3）采用工程屏障或安全装置。如果通过改变设计来降低风险不可行，则应使用工程屏障或安全装置来降低危险的严重程度和/或事故发生的可能性。一般来说，工程屏障会主动中断或阻止事故的发生，而安全装置则会降低事故发生的风险。

（4）提供警告装置。如果工程屏障和安全装置不可行，或不能充分降低危险可能造成后果的严重程度和/或发生概率，则应配备检测和警告系统，以提醒人员注意危险条件的存在或危险事件的发生。

（5）纳入标识、程序、培训和个人防护设备。如果设计替代方案、设计变更、工程屏障和安全装置不可行，且警告装置无法充分降低危险可能造成事故的严重程度和/或发生概率，则应采用标识、程序、培训和个人防护设备。标识包括标语牌、标签、标志和其他视觉图形。程序和培训应包括适当的警告和注意事项。程序可规定使用个人防护设备。对于灾难性或重大事故严重程度类别的危险，应避免将标识、程序、培训和个人防护设备作为降低风险的唯一方法。

风险控制措施有优先顺序，在对事故风险进行控制时，也应优先选择危险的严重度高或发生频率高的风险进行控制。

人的可靠性仅为机械、电气或电子元件的几十分之一乃至千分之一，特别是情绪紧张时容易受外界影响，失误的可能性更大。为了减少人为失误，应该给工人提供安全性较强的工作条件，重复的操作应用机械代替人工，招收工人时应根据工作性质考虑人的适应性，严格规章制度的监督检查，加强安全教育，用人机工程学的原理改善人机接合面的状况等。

需要强调的是，当选择某个控制措施时，应充分检查控制措施的有效性、适用性及投入成本。另外应特别考虑所采用的措施是否真正降低了危险演变为事故的后果或概率，是否会带来新的危险，是否降低了系统的整体安全性能等。

## 复习思考题

1. 试说明危险与事故的关系，并说明危险是如何演变为事故的。

2. 对照流行病学三要素，说明危险的三要素理论的内涵。

3. 根据危险理论，试说明目前有关危险类型划分方法有哪些。

4. 试根据危险理论，说明危险与重大危险源的关系。

5. 试根据危险理论，说明危险与隐患、重大危险源与重大隐患的关系。

6. 请阅读 GB 6441—1986、GB/T 13861—2022，试说明这两个国家标准对危险辨识提供怎样的依据。

7. 请阅读 GB 18218—2018，了解辨识危险化学品重大危险源的依据与方法。

8. 请阅读表 3-7 和表 3-8 中的相关标准或文件，对比有关行业或领域重大危险源之间、重大隐患之间以及重大危险源和重大隐患之间的关系。

9. 危险辨识的方法包括哪些？试分析它们各自的特点。

10. 危险辨识的过程是什么？试说明生产实践中如何提升危险辨识的系统性和全面性。

11. 试比较危险与风险概念的内涵。

12. 阐述事故风险评价的方法。

13. 试根据危险三要素说明如何进行危险控制。

14. 观察你周围的生活，分析你的生活环境中都存在哪些危险，按照危险理论对其危险三要素进行表征，并确定其针对性控制措施。

## 参考文献


[1] Ericson C A. Concise Encyclopedia of System Safety: Definition of Terms and Concepts [M]. John Wiley & Sons, 2011.

[2] Ericson C A. Hazard Analysis Techniques for System Safety [M]. 2nd ed. Hoboken, NJ: John Wiley & Sons, 2016.

[3] Roland H E, Moriarty B. System Safety Engineering and Management [M]. 2nd ed. New York: John Wiley & Sons, 1990.

[4] Heinrich H W. Industrial Accident Prevention: A Scientific Approach [M]. New York: McGraw-Hill, 1931.

[5] Bahr N J. System Safety Engineering and Risk Assessment: A Practical Approach [M]. 2nd ed. Boca Raton: CRC Press Taylor & Francis Group, 2015.

[6] 隋鹏程，陈宝智. 安全原理与事故预测 [M]. 北京：冶金工业出版社，1988.

[7] 隋鹏程. 安全原理 [M]. 北京：化学工业出版社，2005.

[8] 陈宝智. 安全原理 [M]. 北京：冶金工业出版社，1995.

[9] Greenwood M, Woods H M. The Incidence of Industrial Accidents upon Individuals: With Special Reference to Multiple Accidents [M]. London: HM Stationery Office, 1919.

[10] Gordon J E. The epidemiology of accidents [J]. American Journal of Public Health, 1949, 39 (4): 504-515.

[11] Gibson J J. The contribution of experimental psychology to the formulation of the problem of safety: A brief for basic research [J]. Behavioral Approaches to Accident Research, 1961, 1 (61): 77-89.

[12] Haddon W. The changing approach to the epidemiology, prevention, and amelioration of trauma: The transition to approaches etiologically rather than descriptively based [J]. American Journal of Public Health, 1968, 58 (8): 1431-1438.

[13] Haddon W. On the escape of tigers: An ecologic note [J]. Technology Review, 1970, 72 (7): 44-53.

[14] Haddon W. Energy damage and the ten countermeasure strategies [J]. Journal of Trauma, 1973, 13 (4): 321-331.

[15] Haddon W. Advances in the epidemiology of injuries as a basis for public policy [J]. Public Health Reports, 1980, 95 (5): 411-421.

[16] U. S. Department of Energy. Barrier Analysis [R]. Idaho Falls: System Safety Development Cen-

ter，EG&G Idaho，Inc.，1985.

[17] Johnson W G. The Management Oversight and Risk Tree：MORT [M]. Washington，DC：U. S. Atomic Energy Commission，1973.

[18] Stephens R A，Talso W W. System Safety Analysis Handbook [M]. 2nd ed. Albuquerque：New Mexico，1997.

[19] Clemens P L. Energy Flow/Barrier Analysis (Lecture Presentation) [Z]. 3rd ed. Tullahoma：Sverdrup Technology，1993.

[20] Clemens P L，Simmons R J. System Safety and Risk Management：NIOSH Instructional Module [M]. Cincinnati：U. S. Department of Health and Human Services，1998.

[21] 国家标准局. 企业职工伤亡事故分类：GB/T 6441—1986 [S]. 1986.

[22] ILO. Recording and Notification of Occupational Accidents and Diseases [M]. Geneva：International Labour Office，1996.

[23] 国家市场监督管理总局，国家标准化管理委员会. 生产过程危险和有害因素分类与代码：GB/T 13861—2022 [S]. 北京：中国标准出版社，2022.

[24] Australian Government Comcare. Preventing Harm and Injury at Work [EB/OL]. [2023-12-24]. https：//www. comcare. gov. au/safe-healthy-work/prevent-harm/.

[25] 国家卫生健康委员会. 职业病危害因素分类目录：国卫疾控发〔2015〕92 号 [EB/OL]. (2015-11-17) [2023-12-24]. https://view. officeapps. live. com/op/view. aspx? src = https%3A%2F%2Fwww. nhc. gov. cn%2Fwjw%2Fzcjd%2F200210%2F4eef7f1b51c840c6af2cdb723a27c1c5%2Ffiles%2F1746003028349_99486. docx&wdOrigin=BROWSELINK.

[26] HSE. Control of Industrial Major Accident Hazard Regulations 1984 [M]. London：Her Majesty's Stationery Office，1984.

[27] Commission of the European Communities. Council Directive 82/501/EEC on the Major-accident Hazards of Certain Industrial Activities (Seveso Directive) [Z]. Luxembourg：Office for Official Publications of the European Communities，1982：L 230/1-18.

[28] ILO. Major Hazard Control：A Practical Manual [M]. Geneva：International Labour Office，1988.

[29] ILO. Prevention of Major Industrial Accidents Convention：1993 (No. 174) [S]. Geneva：International Labour Organization，1993.

[30] 国家市场监督管理总局，国家标准化管理委员会. 危险化学品重大危险源辨识：GB 18218—2018 [S]. 2018.

[31] 工业和信息化部，国防科技工业局. 民用爆炸物品重大危险源辨识：WJ/T 9093—2018 [S]. 2018.

[32] 国家能源局. 风电场重大危险源辨识规程：NB/T 10575—2021 [S]. 2021.

[33] 应急管理部. 烟花爆竹重大危险源辨识：AQ 4131—2023 [S]. 2023.

[34] 交通运输部办公厅. 危险货物港口作业重大事故隐患判定指南 [EB/OL]. (2016-12-19) [2023-12-21]. https://www. gov. cn/xinwen/2016-12/23/content_5151608. htm.

[35] 交通运输部办公厅. 水上客运重大事故隐患判定指南（暂行）[EB/OL]. (2017-11-20) [2023-12-18]. https：//yjt. hunan. gov. cn/yjt/zdsg/202304/t20230411_29311336. html.

[36] 应急管理部. 煤矿重大事故隐患判定标准 [EB/OL]. (2021-01-01) [2023-12-18]. https：//www. gov. cn/gongbao/content/2021/content_5581074. htm? ivk_sa = 1024320u&wd = &eqid=91a7ae8f0002c4e9000000036455fda5.

[37] 水利部办公厅. 水利工程生产安全重大事故隐患清单指南 [EB/OL]. (2021-12-09) [2023-12-15]. http：//sljd. mwr. gov. cn/tzgg/202112/t20211216_1555512. html.

[38] 农业农村部. 农业农村部印发《渔业船舶重大事故隐患判定标准（试行）》[EB/OL]. (2022-04-02) [2023-12-15]. https：//www. moa. gov. cn/xw/zwdt/202204/t20220407_6395678. htm.

[39] 住房和城乡建设部. 房屋市政工程生产安全重大事故隐患判定标准（2022 版）[EB/OL].（2022-04-19）[2023-12-15]. https://www.xiuwen.gov.cn/zwgk_5667434/bmxxgkml/zfhcxjsj/zcwj_5665109/202205/t20220524_74201242.html.
[40] 农业农村部办公厅. 农机安全生产重大事故隐患判定标准（试行）[EB/OL].（2022-06-24）[2023-12-15]. http://www.njhs.moa.gov.cn/tzggjzcjd/202206/t20220628_6403619.htm.
[41] 国家矿山安全监察局. 金属非金属矿山重大事故隐患判定标准 [EB/OL].（2022-09-01）[2023-12-15]. https://www.chinamine-safety.gov.cn/zfxxgk/fdzdgknr/tzgg/202207/t20220721_418764.shtml.
[42] 国家铁路局. 铁路交通重大事故隐患判定标准（试行）[EB/OL].（2023-05-08）[2023-12-15]. https://www.gov.cn/govweb/zhengce/zhengceku/202305/content_6875668.htm.
[43] 应急管理部. 工贸企业重大事故隐患判定标准 [EB/OL].（2023-05-15）[2023-12-15]. https://www.mem.gov.cn/gk/zfxxgkpt/fdzdgknr/202304/t20230417_448156.shtml.
[44] 国家铁路局. 铁路建设工程生产安全重大事故隐患判定标准 [EB/OL].（2023-09-29）[2023-12-15]. https://www.gov.cn/zhengce/zhengceku/202310/content_6909556.htm.
[45] 交通运输部办公厅. 道路运输企业和城市客运企业安全生产重大事故隐患判定标准（试行）[EB/OL].（2023-10-01）[2023-12-15]. https://xxgk.mot.gov.cn/2020/jigou/ysfws/202309/t20230919_3921539.html.
[46] 交通运输部办公厅. 公路运营领域重大事故隐患判定标准 [EB/OL].（2023-10-08）[2023-12-15]. https://www.gov.cn/govweb/zhengce/zhengceku/202310/content_6908799.htm.
[47] U. S. DOD. Department of Defense Standard Practice System Safety: MIL-STD-882E [S]. Washington, DC: DOD, 2012.
[48] U. S. DOD. Standard Practice for System Safety Program Requirement: MIL-STD-882D [S]. Washington, DC: DOD, 2000.

· 第四章 ·

# 预先危险分析

预先危险分析（Preliminary Hazard Analysis，PHA）早期在 MIL-S-38130 中被称为概略危险分析（Gross Hazard Analysis），因为其对危险的分析只是停留在一个粗略的层面。这种危险分析方法在系统安全学科中是较早建立的一种方法，它是在设计、施工、生产等活动之前，预先对系统可能存在的危险的类别、事故出现的条件以及导致的后果进行概略的分析，从而避免采用不安全的技术路线，使用危险性物质、工艺和设备，防止由于考虑不周而造成的损失。如果一个系统在设计和制造过程中本身就存在安全缺陷，那么在系统运行过程中，这些缺陷的消除和控制将会耗费巨大的代价或者根本不可能做到，预先危险分析可以在各项活动之初识别危险并加以控制，因而对于系统的安全性起着非常重要的作用，在一定程度上保证系统的本质安全。预先危险分析又被称为“预先危险性分析”或“危险性预先分析”，这种分析方法常常基于预先危险列表（Preliminary Hazard List，PHL）开展分析。

## 第一节　预先危险列表

预先危险列表是在系统的概念设计早期阶段进行的一种危险分析方法，其目的在于辨识和罗列出系统已知存在的和有可能存在的各种危险，并能进一步了解确保系统安全的关键点以及相应危险可能造成的事故。所有系统在其生命周期初始阶段都可采用这种方法，各种分析方法也基于该危险列表展开。预先危险列表有时单独作为一种危险分析方法，但更多的学者和工程师把它作为预先危险分析的一部分。

预先危险列表通常采用头脑风暴（Braining Storming）的方法得出或按照系统的功能结构逐一识别系统的危险所在。分析人员应该是该系统所涉及的各专业的工程师或专家，因为预先危险列表是在系统生命早期阶段进行的，系统设计还未充分展开，关于系统的相关信息较为缺少，因而分析时通常按图4-1的流程进行，该流程图不仅呈现了PHL分析的基本流程，也总结了该方法分析中涉及的重要关系，并将设计信息与已知的危险信息相结合以识别系统的危险所在；将已知的危险、事故教训与系统设计进行比较，以判定后续设计是否利用了这些潜在的危险。

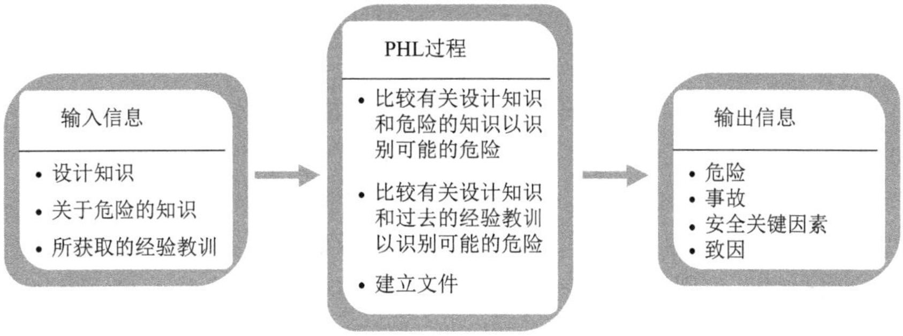


图4-1　预先危险列表分析概要（Ericson，2016）

为了进行PHL分析，系统安全分析人员应同时具备设计知识和相关的危险知识。设计知识是指分析人员对系统设计应具备的基本了解，包括系统的主要组件清单等。危险知识是指分析人员需要对相关危险、危险源、危险组成部分（HS、IM、TTO）以及类似系统中的危险所具备的基本了解。危险知识主要来自危险检查表以及相同或类似系统的经验教训。

在进行PHL分析时，分析人员将设计知识和基于危险检查表的信息进行比较。这样，分析人员就可以直观地了解或推测可能存在的危险。例如，如果分析人员发现系统设计将使用喷气燃料，他就会将喷气燃料与相关的危险检查表进行比较。从危险检查表中可以看出，喷气燃料是一种危险源（HS），当被点燃（IM）时会发生喷气燃料起火/爆炸的潜在事故（TTO），点火源有多种形式，不同的点火源会带来不同的危险，可能造成不同的后果。

分析人员除了已有的设计知识和相关的危险方面的知识，还需进一步收集获取该系统或相关系统曾经有过的经验教训，通过分析、比较、讨论等方式最终提供该系统存在的危险、可能导致的事故以及进一步设计中的关键因素等。例如，电饭锅和压力锅是生活中常见的两种炊具，有没有可能把这两类炊具的功能结合到一体呢？如果生产一种新型的电子压力锅，都会存在哪些危险、可能造成哪些事故呢？这就需要采用预先危险分析列表的方法进行分析。根据图4-1的流程，可以得出新型电子高压锅可能出现触电、爆炸、火灾和烫伤等危险，可以根据危险理论进一步分析各类危险的三要素。

预先危险列表的主要输出是一份关于危险以及产生这些危险的危险源的清单，分析过程中还可能涉及危险产生的原因（如硬件故障、软件错误、人为错误等）、危险对应的事故类别（如火灾、触电、物体打击等），以及对后续分析有用的任何安全关键因素。

## 第二节　预先危险分析方法

预先危险分析是在预先危险列表的基础上分析系统中存在的危险、危险产生的原因、可能导致的后果，然后确定其风险的等级，从而在初始技术信息不够充分的情况下确定在设计中应该采取什么措施消除或控制这些危险。这种分析方法在系统安全学科发展史上很早就已经确立，是由 MIL-STD-882 标准的开发者们正式建立和颁布的。

## 一、方法概述

PHA 的目的是在系统开发的初步设计阶段识别危险、危险的致因及其风险，以便在系统开发设计之初消除危险或尽可能降低其风险，其方法分析概要如图 4-2 所示。要进行 PHA 分析，系统安全分析人员应了解三方面的知识：相关设计知识、危险知识和 PHL。

PHA 的起点是 PHL 中已确定的危险。相较 PHL，PHA 对所列出的危险进行更为详细的分析和评价。此外，分析人员还应将设计知识和基于危险检查表的信息进行比较，以便识别过去不曾预见到的危险。这样，分析人员就可以直观地了解或推测可能存在的危险。

PHA 的输出包括已识别或可能存在的危险、危险的致因、危险可能产生的事故、事故风险、安全关键功能（Safety-Critical Function，SCF）和最严重事故（Top Level Mishap，TLM）。PHA 输出还包括为消除和/或减轻已确定的危险而建立的设计方法和系统安全要求（System Safety Requirement，SSR）。识别 SCF 非常重要，因为这些功能通常会影响整个设计的安全性，并且常常涉及主要系统的危险。

由于 PHA 是在设计阶段的早期启动的，因此可供分析人员使用的数据通常是初步的和不完整的。因此，分析过程的结构应该允许随着概念方法的修改和完善而不断修订和更新。当子系统设计细节足够完整时，分析人员可以开始详细地执行后续的分析。

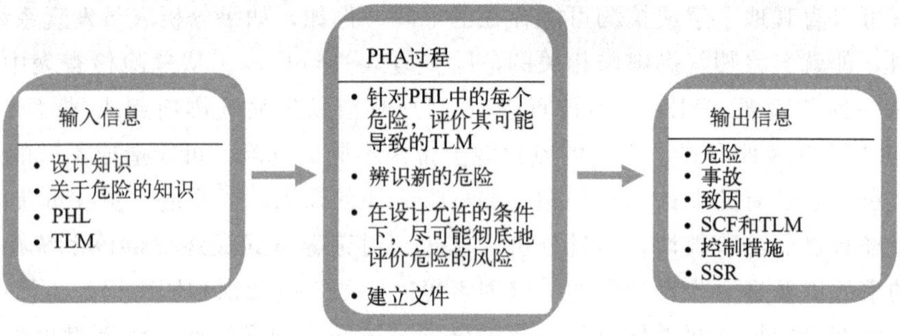


图 4-2 预先危险分析概要（Ericson，2016）

## 二、分析流程

预先危险分析的流程如下所述，分析的过程可通过图 4-3 表示。

（1）明确分析目的，确定拟保护的对象或资源，如人员、设施、设备、产量、任务或测试目标、环境等。这些对象或资源为潜在的威胁目标；确定拟分析系统的边界并了解其功能结构以及该分析处在生命周期哪个阶段，明确该分析是基于什么样的前提下进行，是基于建造还是基于设计，或是基于确定控制措施？在这一步中，系统界定得越清晰，危险分析才能越彻底、越全面。

（2）建立 PHA 计划，构建工作表，明确时间进度安排以及分析流程等；确定可接受的风险水平，该风险水平是根据管理层的要求或客户的需求，通过采用风险矩阵的方法确定的。

（3）确定分析小组成员。

（4）收集有关资料，获取分析所需的相关设计、操作和过程数据（例如，功能图、图纸、操作概念等）。获取危险清单、经验教训和其他适用于系统的危险数据，获取所有适用的法规、资料和信息。

（5）基于预先危险列表，检查并确认系统面临的每一个危险。根据危险的定义和危险三要素理论，针对每一个危险，辨识其威胁目标，从危险源、触发机理和可能的后果三个方面对其表征。需要注意的是，危险与事故后果并不相同；建议分析过程中最好通过团队采用头脑风暴的方式而非由某个分析人员进行分析。PHA 小组成员应该是由分析所涉及的各专业的专家或工程师以及相应的操作人员组成的。实践中，如果受时间或资源的限制，建议由熟悉系统和 PHA 分析方法的资深人员分析，并结合同行审查评议的方式分析。危险识别常用的方法如下：

① 凭借工程师的“直觉”。

② 检查和调查相似的设备或系统，拜访相关的人员。

③ 查阅相关的标准、法规或准则。

④ 查阅有关的检查表。

⑤ 查阅有关的历史文档，如事故文件、未遂事件报告、伤害记录、制造商的可行性分析报告等。

⑥ 考虑“外部环境”的影响，如气象条件、所处的地理环境、员工性格等。

⑦ 考虑所触及的各种能量，因为能量是事故致因的一个关键。

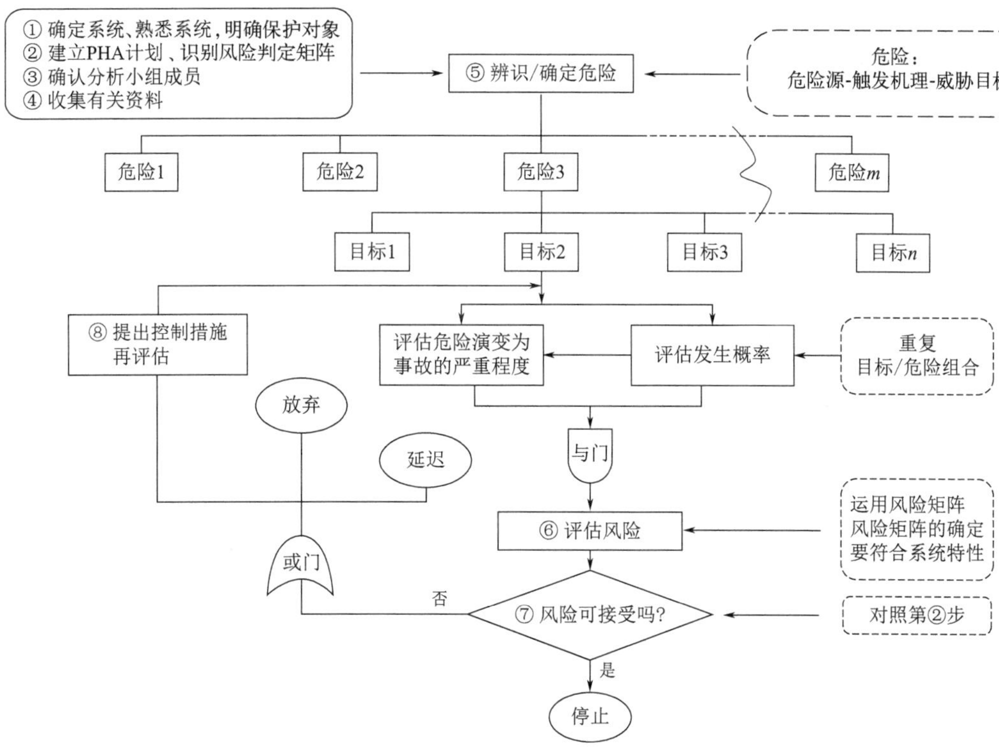


图 4-3　预先危险分析流程图（NIOSH，1998，有修改）

(6) 评估每一个危险对每一个威胁目标影响的严重程度以及发生概率，评估时应注意如下的问题。

① 每一个危险的严重程度随所影响的目标不同而不同。

② 每一个危险发生概率的确定应与第 2 步定义的概率相一致。其可能随暴露时间、目标、人员或所处生命周期的阶段不同而不同。

③ 发生概率的确定在一定程度上具有主观性，因而需要各专业的专家或工程师协商决定。

(7) 对照第 (2) 步风险评估标准决定风险可否接受。如果风险不可接受，则提出风险的控制措施。控制措施的选择依据第三章“事故风险控制”所列出的优先顺序进行。

(8) 当采用风险控制措施后应对系统重新进行风险再评价。风险再评价主要回答以下 2 个问题，如真的出现新的危险且其风险程度不可接受，则还需重新确定控制措施，重新评估。

① 采用控制措施过程中是否又出现了新的危险？

② 所采用的控制措施是否与整个系统的安全性能相匹配？

(9) 最后将分析结果形成文件，通常以工作表形式体现，在此基础上形成 PHA 报告。

## 第三节 预先危险分析工作表

预先危险分析是根据系统的结构或特性详细地对系统进行危险分析，其分析结果通常以特定的工作表来体现。尽管工作表的形式没有严格的要求，但它至少应该包括以下的信息。

(1) 危险。

(2) 危险的原因。

(3) 危险的结果。

(4) 事故风险评价（包括采取风险控制措施之前和之后两种情况）。

(5) 消除或减缓危险影响的建议措施。

表 4-1 是一个预先危险分析工作表示例。其填写内容解释如下所述。

**表 4-1 预先危险分析工作表示例**

| 系统：①<br>子系统/功能：② | | | | 预先危险分析 | | | 分析员：③<br>日期：④ | |
|---|---|---|---|---|---|---|---|---|
| 序号 | 危险 | 原因 | 后果 | 初始事故风险指数 | 控制措施 | 最终事故风险指数 | 备注 | 状态 |
| ⑤ | ⑥ | ⑦ | ⑧ | ⑨ | ⑩ | ⑪ | ⑫ | ⑬ |
| | | | | | | | | |
| | | | | | | | | |

① 系统：这一条目里填写要分析的系统的名称。

② 子系统/功能：这一条目是要分析的子系统或某项功能。

③ 分析员：PHA 分析人员的姓名。

④ 日期：PHA 分析的时间。

⑤ 序号：这一栏填写 PHA 分析中所辨识危险的序号，为了使所辨识的危险有序，通常给出每个危险的序号，该序号为以后的分析、索引提供便捷。

⑥ 危险：这一栏填写已辨识或要评价的危险。注意，即使某项危险在最后分析时不被认为是危险，也要在这里先记录下来。

⑦ 原因：这一栏填写导致危险演变为事故的条件、事件或失误。

⑧ 后果：这一栏填写危险的影响和结果。

⑨ 初始事故风险指数 IMRI：这一栏依据风险矩阵填写危险在没有采取控制措施的情况下，其演变为事故的严重程度和发生概率，这是定性描述的结果。风险矩阵的得出依据 MIL-STD-882E，如果分析流程第 2 步确定了其对于该系统的风险矩阵各等级的概念，可针对具体系统加以调整。

⑩ 控制措施：这一栏填写阻止或控制已辨识出危险产生不良后果的建议措施，控制措施的提出应遵循设计消除—安全装置—警告措施—建立制度及培训的优先顺序等。

⑪ 最终事故风险指数 FMRI：这一栏填写针对某项危险，当采取控制措施后其残余存在的风险，与第⑨栏相同，该项仍是一个定性的结果。

⑫ 备注：该栏填写需要说明的内容。

⑬ 状态：这一栏特别说明危险的状态，包括打开和关闭两种状态。

预先危险分析工作表不拘一格，分析者可根据系统的各自特点加以调整，表 4-2～表 4-5 是 PHA 的另外示例。

**表 4-2　美国 NASA 的 Langley 研究中心 PHA 工作表**

<table>
<tr><td colspan="7">预先危险性分析</td></tr>
<tr><td colspan="2" rowspan="3">系统/功能：</td><td colspan="3">系统项目：</td><td colspan="2">第　页　共　页</td></tr>
<tr><td colspan="3">合同号：</td><td colspan="2">分析员：</td></tr>
<tr><td colspan="3">操作模式：</td><td colspan="2">日期：</td></tr>
<tr><td>危险因素</td><td>危险条件</td><td>危险原因</td><td>危险后果</td><td>危险严重度等级</td><td>控制措施</td><td>备注</td></tr>
<tr><td></td><td></td><td></td><td></td><td></td><td></td><td></td></tr>
</table>

**表 4-3　美国 NASA 的 Lewis 研究中心 PHA 工作表**

<table>
<tr><td colspan="2" rowspan="3">项目名称：</td><td colspan="4" rowspan="3">预先危险分析工作表</td><td colspan="2">日期：</td></tr>
<tr><td colspan="2">第　页　共　页</td></tr>
<tr><td colspan="2">分析部分：</td></tr>
<tr><td>序号</td><td>危险条件</td><td>危险原因</td><td>危险后果</td><td>危险严重度</td><td>危险发生概率</td><td>风险指数</td><td>危险控制</td></tr>
<tr><td></td><td></td><td></td><td></td><td></td><td></td><td></td><td></td></tr>
</table>

**表 4-4　美国空军武器实验室 PHA 工作表**

<table>
<tr><td colspan="12">预先危险分析工作表</td></tr>
<tr><td rowspan="2">子系统/功能</td><td rowspan="2">模式</td><td rowspan="2">危险条件</td><td rowspan="2">产生危险条件的事件</td><td rowspan="2">危险的条件</td><td rowspan="2">导致事故的事件</td><td rowspan="2">潜在的事故</td><td rowspan="2">后果</td><td rowspan="2">危险等级</td><td colspan="3">事故预防措施</td></tr>
<tr><td>硬件</td><td>制度</td><td>人员</td></tr>
<tr><td></td><td></td><td></td><td></td><td></td><td></td><td></td><td></td><td></td><td></td><td></td><td></td></tr>
</table>

表 4-5 美国 Sverdrup 公司 PHA 工作表

<table>
<tr><td colspan="10">对系统简单的描述</td></tr>
<tr><td>预期寿命</td><td>日期</td><td rowspan="3">威胁目标</td><td colspan="3">初始风险</td><td>控制措施描述</td><td colspan="3">残余风险</td></tr>
<tr><td>系统序号</td><td>分析状态<br>• 初始<br>• 检查<br>• 附加</td><td rowspan="2">严重度</td><td rowspan="2">概率</td><td rowspan="2">风险指数</td><td rowspan="2">用适当代码识别控制措施<br>D:设计选择<br>E:工程安全特性<br>S:安全设置<br>W:警告设置<br>P:制度/培训</td><td rowspan="2">严重度</td><td rowspan="2">概率</td><td rowspan="2">风险指数</td></tr>
<tr><td colspan="2">危险序号及描述</td></tr>
<tr><td colspan="2"></td><td></td><td></td><td></td><td></td><td></td><td></td><td></td><td></td></tr>
<tr><td colspan="2"></td><td></td><td></td><td></td><td></td><td></td><td></td><td></td><td></td></tr>
<tr><td colspan="2">准备者：<br>日期：</td><td colspan="5">威胁目标代码：P—人员，E—设备，T—停工期，R—产量，V—环境</td><td colspan="3">提交者：<br>日期：</td></tr>
</table>

## 第四节 预先危险分析举例

### 一、 $H_2S$ 系统概念设计阶段预先危险分析

某化工厂需要将硫化氢（$H_2S$）从钢瓶输送到工艺装置处，目前尚处于概念设计阶段。分析人员除了知道在工艺中将使用 $H_2S$ 这种材料之外，并没有更多的信息与资料。$H_2S$ 具有毒性和易燃性，如果将来在生产中泄漏或释放将会造成不良的后果，分析人员将 $H_2S$ 的潜在释放确定为一种危险情境，对其开展了预先危险分析，分析过程如下，表 4-6 展示了分析工作表的部分内容。

（1）分析人员首先列出了造成这种释放的以下可能原因，具体如下：

① 加压储气罐泄漏或破裂。

② 加工过程没有消耗掉所有 $H_2S$。

③ $H_2S$ 工艺供应管道泄漏/破裂。

④ 钢瓶与工艺流程连接时发生泄漏。

（2）分析人员随后确定这些原因可能造成的影响。在这种情况下，$H_2S$ 大量释放可能导致死亡。

（3）分析人员接下来的任务是，针对每种可能的 $H_2S$ 释放情况，为设计人员提供预防措施。具体如下：

① 考虑在工艺中储存比 $H_2S$ 毒性低的替代物料，当需要 $H_2S$ 时，这些物料生成 $H_2S$。

② 考虑设计一个收集和销毁工艺中多余的 $H_2S$ 的系统。

③ 提供 $H_2S$ 释放的工厂警报系统。

④ 如果没有过量的运输或处理要求，尽量减少 $H_2S$ 的现场储存。

⑤ 利用人因工程方面的专业知识制定储存气瓶的连接程序。

⑥ 考虑在钢瓶外壳上安装由 $H_2S$ 泄漏探测器触发的水喷淋系统。

⑦ 将储气罐放置在便于运送的位置，但应远离工厂的其他交通要道。

⑧ 制定培训计划，在启动前向所有员工（随后向所有新员工）介绍 $H_2S$ 的影响和应急程序。

表 4-6　$H_2S$ 系统预先危险分析工作表示例（CCPS，2008）

<table>
<tr><td colspan="3">区域：$H_2S$ 工艺<br>图纸号：</td><td colspan="2">会议日期：<br>小组成员：</td></tr>
<tr><td>危险</td><td>原因</td><td>后果</td><td>危险等级</td><td>建议的控制措施</td></tr>
<tr><td rowspan="2">大量的高毒性危险物料</td><td>储罐中 $H_2S$ 的一级密封失效</td><td>由于大量释放造成多人伤亡</td><td>Ⅳ</td><td>1. 提供警报系统<br>2. 减少现场储存<br>3. 制定气瓶检查程序</td></tr>
<tr><td>$H_2S$ 加工过程中失控反应</td><td>由于大量释放造成多人伤亡</td><td>Ⅲ</td><td>1. 设计一个收集和销毁工艺中多余 $H_2S$ 的系统<br>2. 设计一个能检测 $H_2S$ 过量并停车的系统<br>3. 制定一个程序，确保过量销毁系统在工厂启动前可用</td></tr>
</table>

## 二、新型电子压力锅预先危险分析

第一节预先危险列表中结合电饭锅和压力锅的特点对新型电子压力锅的危险进行了分析，该新型产品见图 4-4，其特点如下，试采用预先危险分析法对其进行系统安全分析。

（1）当电子压力锅锅体内的压力超过一定的值时，压力阀会自动释放压力。

（2）当锅体温度加热升高至 250℃时，自动调温器会断开加热线圈，停止加热。

（3）压力表分为红色区域和绿色区域两部分，当压力指针指向红色区域时表示“危险”。

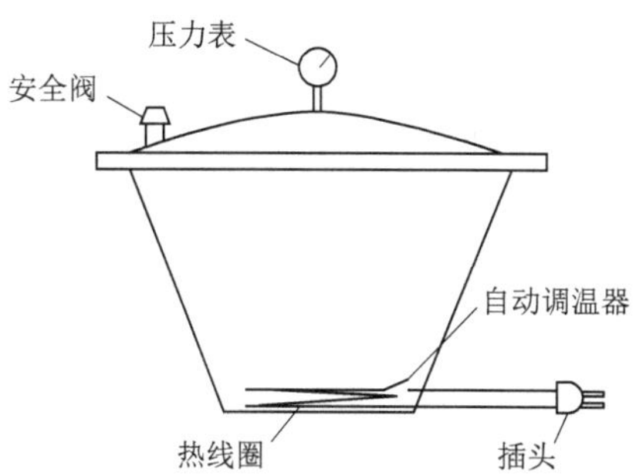


图 4-4　新型电子压力锅结构示意图

该电子压力锅结构图较为简单，在系统分析中，危险可能影响的对象是人员（主要指电子压力锅操作者）、电子压力锅系统和周围环境。该系统存在的危险第一节已经列出，结合第二节预先危险分析法的分析步骤，对其进行预先危险分析，结果见表 4-7。

表 4-7　新型电子压力锅预先危险分析工作表（Mohr，2002）

| 危险 | 原　因 | 后　果 | 发生概率 | 修正措施 |
|---|---|---|---|---|
| 触电 | 当操作者接触电线时，由于绝缘层老化对操作者形成接地回路 | 轻微触电至电死的不同程度取决于流经人体的整个回路的电阻，影响整个回路电阻大小的因素很多，如操作者所穿鞋子的绝缘性、操作者手指是否是湿的等 | 很少发生 | 1. 采用绝缘层不易老化的材料；<br>2. 采用三相插头；<br>3. 仅将电子压力锅的插头插在装有接地故障电流断路器的插座上 |
| 火灾 | 电线绝缘层老化，当电流接触另一物体时有火花产生，且离电线很近的地方有易燃物质 | 压力锅系统和周围环境严重破坏 | 几乎不可能发生（绝缘层必须老化、有火花产生且很近的位置有易燃物质，三个条件同时存在的概率很低） | 1.“触电”危险所对应的三项措施；<br>2. 保持易燃物质远离电子压力锅系统 |

续表

| 危险 | 原因 | 后果 | 发生概率 | 修正措施 |
|---|---|---|---|---|
| 灼烫 | 1. 人员触摸到热的压力锅锅体表面或锅内食物；<br>2. 压力阀释放出的蒸汽也会对人造成烫伤 | 烫伤的程度取决于人的皮肤与热的表面或食物接触的时间长短 | 容易发生 | 1. 如果必须接触压力锅时需用隔热垫；<br>2. 把热的压力锅放在小孩触及不到的地方；<br>3. 在压力阀上放一个盖子，使释放出的蒸汽易于散发，避免蒸汽集中烫伤皮肤 |
| 爆炸 | 自动调温器和压力阀失效且没有人注意到压力表的指针已指向红色区域 | 1. 严重伤害或死亡；<br>2. 电子压力锅系统的破坏；<br>3. 周围环境的破坏 | 很少发生 | 1. 采用高质量的压力阀和自动调温器；<br>2. 采用冗余设计（如设计两个安全阀） |

## 三、载人潜艇预先危险分析

近年来，随着人们生活水平的提高，人们在海滨度假时已经不满足于仅在海岸上活动，许多游客希望能够到海底探险，某海岸哨所负责管理海岸的安全问题。商家非常看好载人潜艇海底观光这项商业活动，因而向海岸哨所提出了从事该项商业活动的申请。这项活动将允许观光者观看海底沉船、珊瑚和其他海底生物。制造商需要向海岸哨所证明所提供的商用载人潜艇是安全的。由于这是一项新的活动，相关资料和数据较为欠缺，针对在整个活动中可能出现的危险以及如何对它们进行控制以确保活动的安全，商家选择预先危险分析法进行危险分析。

商家邀请相关学科的专业人士，通过头脑风暴的方法完成了预先危险列表，见表 4-8。

**表 4-8 载人潜艇预先危险列表（DOT，1989）**

| 危险 | |
|---|---|
| 冲撞（海底或海面） | 潜水艇压载系统漏气 |
| 被海草缠绕 | 海底搁浅 |
| 火灾 | 应急或失控 |
| 涌水 | 无法营救潜水艇 |
| 断电 | 氧气泄漏/$CO_2$ 排除系统故障 |
| 观光者生病 | 失去联络 |

可以看出，表 4-8 所列出的危险并未按某一种危险列表罗列，其原因在于每个系统作用不同，因而其危险也各不相同。一旦可能出现的危险已经列出，载人潜艇的功能结构可划分如图 4-5 所示。对子系统耐压壳体进行 PHA 分析，工作表见表 4-9。

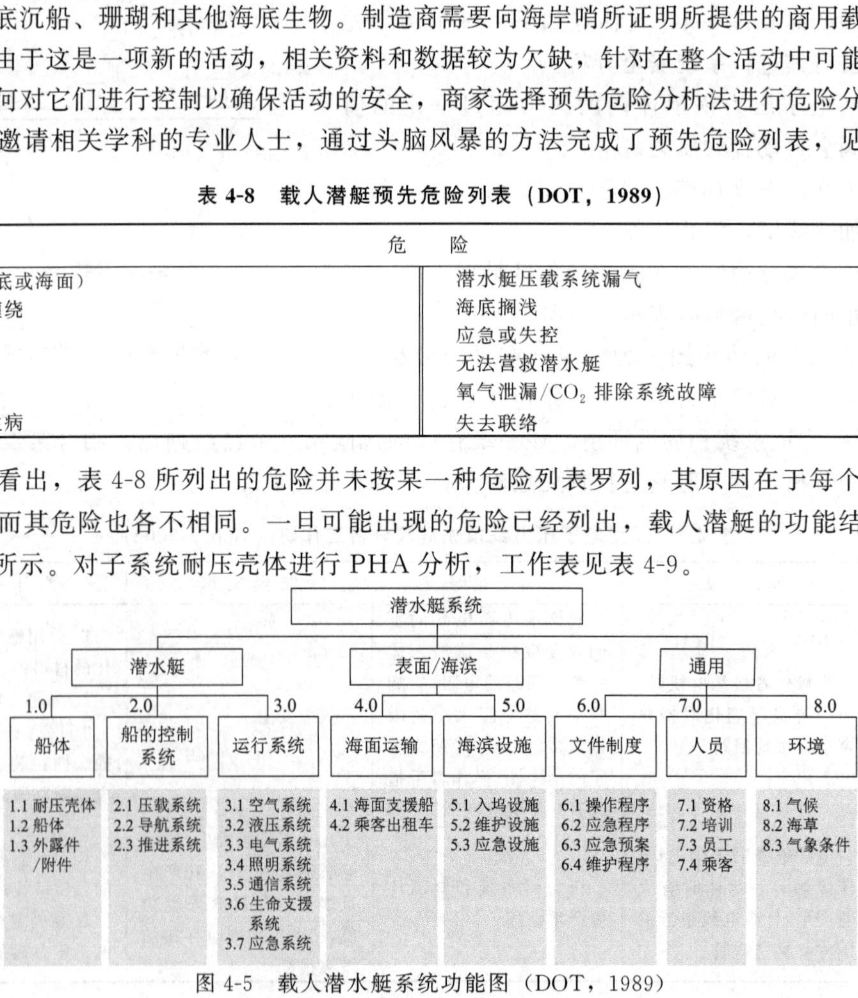

图 4-5 载人潜水艇系统功能图（DOT，1989）

表 4-9 载人潜水艇耐压壳体预先危险分析工作表（Bahr，2015；DOT，1989）

| 系统：潜水艇<br>子系统：船体<br>小系统：耐压壳体 | | | | | | | 日期：2006-11-03<br>分析员：李安全<br>页码：45 | |
|---|---|---|---|---|---|---|---|---|
| 序号 | 危险描述 | 原因 | 后果 | IMRI | 危险控制措施 | FMRI | 控制措施确认 | 控制状态 |
| 1.1.01A | 耐压壳体内部破裂或失效 | 耐压壳体设计不合理 | 壳体内涌水 | 1D | 按照 CFR、MTS、ASME、ABS 和海军对耐压壳体的设计要求进行设计 | 1E | 对照每条危险控制措施都进行设计检查 | 控制中，第一次检查为 2015 年 4 月 |
| 1.1.01B | 耐压壳体内部破裂或失效 | 耐压壳体材料选择不合理 | 壳体内涌水 | 1C | 按照 CFR、MTS、ASME、ABS 和海军规范测试耐压壳体的压力条件、材料 | 1E | 对照危险控制措施进行正式的材料选择检查和测试 | 控制中 |
| 1.1.01C | 耐压壳体内部破裂或失效 | 耐压壳体结构不合理 | 壳体内涌水 | 1C | 按照 CFR、MTS、ASME、ABS 和海军关于结构的要求，制造时加以检查 | 1E | 对照危险控制措施进行正式的制造质量确认检查 | 控制中 |

# 第五节 预先危险分析案例研究

背景和说明：某地下室系密闭空间，尺寸为 28ft×18ft×18ft（1ft＝0.3048m），室内设有一个高密度惰性气体分配系统，如图 4-6 所示。该地下室配备如下。

（1）一套强制通风系统，每小时 7 次换气；风机通过地下室入口处的开关启动。

（2）一个电动抽水泵，该泵通过浮漂开关自动启动。

（3）两条直径均为 4in（1in＝0.0254m）的柴油管道和水管从接近房顶处穿过，管线均无外露的接头。

该惰性气体分装系统历史上未曾出现过泄漏记录，但它有许多连接处和螺纹接头。柴油管线和水管是在近 6 个月内安装的。抽水泵可以抽走偶尔渗入地下室地面的水，其运行情况还比较满意。地下室内装有永久性缺氧检测和警报装置，且配有备用电池，并定期维护和测试。在 10 年的时间里，该系统曾多次失灵。最近的一次的维护被认为已从根本上消除了该故障。

工作人员因拆卸或安装气瓶需要不定时进入地下室，可视为随时可以进入。地下室禁止吸烟或焊接工作。

基于以上信息，为了保护地下室及附近所有可能的威胁目标，请对该地下密闭空间惰性分装系统进行 PHA 分析。

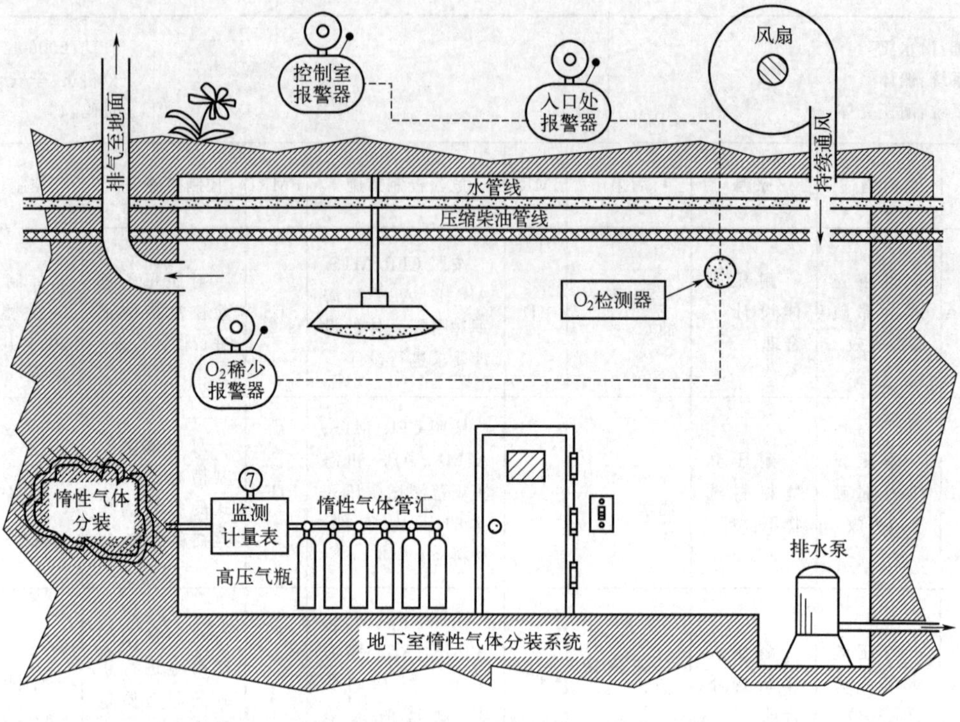


图 4-6　地下密闭空间惰性气体分装系统示意图（Mohr，2002）

# 第六节　预先危险分析适用性说明

## 一、适用条件

预先危险分析方法可用于对整个系统的分析，也可用于对某个子系统、某项设备或某项操作进行，该分析常常在产品或系统生命周期的早期阶段如概念设计或设计初期进行，由于设计可依据资料的缺乏，该分析方法在于借助专业人士等的集体智慧识别出危险和事故，以为进一步的设计提供决策依据。

预先危险分析是一种常用的危险分析方法，大多数情况下，它可辨别出系统中存在的主要危险；随着系统设计的深入，还会有新的危险出现，因而这种方法通常和其他方法相结合使用，如在 PHA 的基础上对后果严重的危险再进行故障模式及影响分析。

任何项目，无论其大小或投入多少，都可采用预先危险分析方法辨识系统中的危险，从而通过控制措施减缓其影响。由于是在产品或系统生命周期的早期进行的预先危险分析，该方法分析起来较为容易。

## 二、优点

PHA 分析方法具有如下的优点。

(1) PHA 是一种简便易行的分析方法，通过它可以提供系统、子系统、某项设备或某项操作已经存在的或可预见的危险清单。

（2）PHA 分析法通常在产品生命周期早期阶段进行，因而分析时花费不大，所识别的危险及其风险控制措施的提出有助于进一步的设计，同时也为管理决策提供有意义的分析结果。

（3）PHA 分析法可以辨识系统中的大多数危险，也能提供系统的风险指数。

（4）采用商用的软件更有助于加快 PHA 分析过程。

## 三、使用局限性

PHA 是一种定性的危险分析方法，尽管它能辨识出大多数的危险，但不要寄希望于采用这种方法就能识别出系统中的所有危险，其风险评价也不可能是绝对正确的。PHA 分析法常通过各行业专家采用头脑风暴的方法进行危险识别，但不可否认，分析人员在相关知识或能力方面并不绝对是权威的。

尽管分析人员竭尽所能了解设备、操作规程等各方面，PHA 分析法一次能识别出某个事件的危险或风险，但当多个元素互相作用、多个风险相互关联时，PHA 分析法很难对其作出全面的评价。

## 四、注意事项

当初次运用 PHA 分析方法时，难免会犯一些错误，以下是预先危险分析方法的注意事项。

（1）一定要列出有关分析的所有的危险。列出所有的、可能的危险很重要，不要把任何可能存在的危险遗漏在分析之外。

（2）一定要准确地记录辨识出的危险。PHA 分析法应该是系统最早进行的危险分析，后续的任何分析都是基于它的基础之上，它的准确性影响着后续分析的结果。

（3）分析时应该按功能结构或能量特点或其他方式有序地进行分析，这样才可保证在分析时没有漏掉某一项。

（4）注意参照第三章危险类型和先前经验教训进行危险辨识，以保证分析的全面性。

（5）不要以为读者会很容易明白而去粗略地描述危险，危险产生的原因、可能导致的后果都要以简洁准确的语言描述。

（6）控制措施的提出一定要针对辨识出来的危险，特别要针对其致因加以控制。

## 复习思考题

1. 什么是预先危险列表？什么是预先危险分析？试阐述二者之间的关系。
2. 阐述执行预先危险分析的主要原因。
3. 试说明预先危险分析的流程。
4. 预先危险分析的输入要求是什么？建议采用哪些技术？
5. 预先危险分析如何进行危险辨识？
6. 预先危险分析的分析结果涉及哪些内容？
7. 简述预先危险分析的适用条件。

8. 通过预先危险分析能否正确评估系统的风险？

## 拓展阅读


[1] 吕宏志，王维全，陈超．基于预先危险性分析法的大理岩矿安全评估分析［J］．工程技术研究，2023，8（11）：16-18．DOI：10．19537/j．cnki．2096-2789．2023．11．006

[2] 陈俊杰，白立泉．基于 PHA-FTA 的组塔高处作业事故分析［J］．电力安全技术，2023，25（3）：42-45．

[3] 吴宪宗，欧蕾，李智．基于 PHA 法的环境类实验室危险辨识与安全对策分析［J］．化工安全与环境，2022，35（38）：2-5．

[4] 任建纲，王定河．基于 AHP-PHA 法的老旧小区改造项目安全管理研究［J］．建筑经济，2022，43（S1）：641-644．DOI：10．14181/j．cnki．1002-851x．2022S10641

[5] 乔长庆，李军，崔江，等．基于 PHA 法海域环境桥梁施工安全对策研究［J］．铁道建筑技术，2022（4）：100-103，150．

[6] 曹春玲，张娜齐，李梦雨，等．基于 BN-PHA 的煤矿提升运输系统风险分析［J］．煤炭工程，2022，54（2）：188-192．

[7] 王亮，王莹．城市综合管廊预先危险性分析法［J］．煤气与热力，2021，41（12）：4-7．DOI：10．13608/j．cnki．1000-4416．2021．12．014

[8] 涂婉莹，卓德兵，王文略，等．基于预先危险性分析法的公路桥梁施工风险评估［J］．山西建筑，2021，47（21）：162-164．DOI：10．13719/j．cnki．1009-6825．2021．21．057

[9] 李广琼，李家祥．工艺危害分析在化工设计中的实施研究［J］．化工设计通讯，2021，47（9）：66-67，73．

[10] 袁伟．基于 AHP-PHA 模型的水利工程安全生产策略研究［J］．项目管理技术，2021，19（9）：131-135．

[11] 刘恒，刘春，周义舒．基于 PHA-LEC 结合层次分析法的隧道施工风险评估［J］．科技创新与应用，2021（8）：17-22．

[12] 王德春．基于 PHA 的中低速磁浮交通系统安全分析［J］．通讯世界，2020，27（5）：19-20，22．

[13] 常锋强，李丽峰．基于 PHA-船舶发电柴油机供油单元风险分析［J］．船舶物资与市场，2020（3）：69-70．DOI：10．19727/j．cnki．cbwzysc．2020．03．030

[14] 董海军．预先危险分析法在助剂厂碳四加氢装置的应用［J］．现代职业安全，2020（2）：68-71．

[15] 杨帆，陈磊．基于预先危险性分析法的隧道斜井无轨运输安全风险评估［J］．公路交通科技（应用技术版），2020，16（2）：296-298．

[16] 黄勇．化工检修作业中预先危险性分析应用研究［J］．中国设备工程，2020（2）：119-121．

[17] 覃磊，宋书贵，姚梦彪，等．LNG 储罐建设期完整性风险评估研究［J］．化工管理，2019（16）：141-144．

[18] 张胜男，刘晓．基于预先性危险分析法的火电厂磨煤制粉系统风险分析［J］．中国设备工程，2019（9）：132-133．

[19] 王权阳．预先危险性分析在矿井内因火灾预防中的应用研究［J］．煤炭科技，2018（4）：111-113，118．DOI：10．19896/j．cnki．mtkj．2018．04．037

[20] 于海燕．预先危险分析在档案安全管理中的应用［J］．档案学研究，2018（5）：125-128．DOI：10．16065/j．cnki．issn1002-1620．2018．05．023

[21] 王冬根．PHA 法在斜拉桥索塔爬模工法中的应用研究［J］．江汉大学学报（自然科学版），2018，

46 (4): 356-362. DOI: 10. 16389/j. cnki. cn42-1737/n. 2018. 04. 011
[22] 韦毓任. 预先危险分析在船坞坞口基坑开挖安全管理中的应用 [J]. 建筑安全, 2018, 33 (8): 19-22.
[23] 王冬根. 基于 PHA 法在斜拉桥索塔施工中安全风险分析与预防的研究 [J]. 邵阳学院学报 (自然科学版), 2018, 15 (3): 40-46.
[24] 曹钧. 压水堆乏燃料干式贮存潜在事故的前瞻性分析 [J]. 安全与环境学报, 2018, 18 (3): 907-914. DOI: 10. 13637/j. issn. 1009-6094. 2018. 03. 015
[25] 张与雄. 基于 PHA 的水泥厂电气系统安全评价 [J]. 水泥工程, 2018 (3): 64-66, 86. DOI: 10. 13697/j. cnki. 32-1449/tu. 2018. 03. 021
[26] 徐伟建. 预先危险性分析在化工检修作业中的应用 [J]. 石油化工安全环保技术, 2018, 34 (2): 39-42, 69.
[27] 聂长涛. 预先危险性分析在膨胀土边坡稳定分析中的应用 [J]. 农村经济与科技, 2017, 28 (23): 244-245.
[28] 王君莉. 煤矿电气火灾风险的 PHA-LEC 评估模型及其应用 [J]. 煤矿机械, 2017, 38 (12): 138-140. DOI: 10. 13436/j. mkjx. 201712049
[29] 杜旭红, 李建伟, 刘凯. 预先危险性分析法和事故树分析法在气体供应站安全评价中的应用 [J]. 安全, 2017, 38 (12): 27-30.
[30] 和鹏飞, 董潇琳. 基于 PHA 分析法的海上 PCL 测井风险控制技术 [J]. 石油化工安全环保技术, 2017, 33 (4): 25-28, 6.
[31] 王小辉. 预先危险分析法与道化学火灾爆炸指数法在涂料生产与储存安全管理中的应用 [J]. 电镀与涂饰, 2017, 36 (14): 757-763. DOI: 10. 19289/j. 1004-227x. 2017. 14. 007
[32] 齐志辉. 基于 PHA-FMEA 的石油炼化装置安全仪表系统设计与应用研究 [J]. 中国设备工程, 2017 (13): 129-132.
[33] 聂李琴. 建设项目施工安全突发事件应急管理水平评价研究 [D]. 重庆: 重庆大学, 2017.
[34] 张小蝶, 林艺鸿, 纪丽丽, 等. 预先危险性分析对油气管道泄漏事故的启示 [J]. 管理观察, 2017 (12): 9-11, 14.
[35] 黄秋霞, 张仁坤. 预先危险性分析在家用电器事故中的应用 [J]. 农村经济与科技, 2017, 28 (7): 294-295.
[36] 刘大学, 季永青, 洪波, 等. 基于预先危险性分析法的城市公交车安全设施标准研究 [J]. 浙江交通职业技术学院学报, 2016, 17 (4): 38-43.
[37] 贾涛. 天府国际机场油库风险评价 [D]. 成都: 西南石油大学, 2016.
[38] 方栋华, 陈加升, 季永青. 基于 PHA 的城市公交车火灾事故分析 [J]. 浙江交通职业技术学院学报, 2016, 17 (3): 35-39.
[39] 彭锋. PHA 方法在检修作业中的应用 [J]. 安全、健康和环境, 2016, 16 (9): 6-8.
[40] 李超锋, 周文慧, 崔杰. 基于 PHA 的天然气管道清管安全风险分析 [J]. 现代商贸工业, 2016, 37 (20): 188. DOI: 10. 19311/j. cnki. 1672-3198. 2016. 20. 110
[41] 王树锋, 王福生, 董宪伟. 冶金企业炼铁单元危险有害因素辨识 [J]. 现代制造技术与装备, 2016 (7): 124-125. DOI: 10. 16107/j. cnki. mmte. 2016. 0586
[42] 朱俊. 基于预先危险性分析的室内装修施工安全评价 [J]. 山西建筑, 2016, 42 (15): 202-203. DOI: 10. 13719/j. cnki. cn14-1279/tu. 2016. 15. 113
[43] 李鸿贤. 预先危险性分析法在化工生产中的应用分析 [J]. 当代化工研究, 2016 (5): 21-22.
[44] 石鑫. 煤矿通风系统预先危险性的分析 [J]. 机械管理开发, 2015, 30 (10): 122-124. DOI: 10. 16525/j. cnki. cn14-1134/th. 2015. 10. 047
[45] 别沁, 付敏, 易见, 等. 基于 PHA 的输气管道清管通球风险分析 [C] //中国石油学会天然气专业

委员会，四川省石油学会．2015年全国天然气学术年会论文集．西南油气田公司输气管理处，西南油气田公司重庆气矿，2015：6.

[46] 李峰．基于PHA与FMEA的企业风险评估方法的应用研究［D］．天津：天津大学，2016.

[47] 屈金坡，孟军良，齐朝鹏．预先危险分析方法在常峪铁矿的应用［J］．矿冶工程，2015，35（4）：24-26.

[48] 秦川．基于PHA的天然气集输管道安全风险分析［J］．内蒙古石油化工，2015，41（14）：67-68.

[49] 齐秋月．预先危险分析法在输气站场的应用［J］．石化技术，2015，22（7）：240-241.

[50] 曾尚明，殷卫东，金雪梅，等．“预先危险分析”在管道危险因素分析中的应用［J］．安全，2015，36（7）：24-26.

[51] 焦晓辉．石油化工行业的预先危险性分析［J］．北方经贸，2015（5）：139-140.

[52] 赵然．防辐射挖掘机故障分析及驾驶舱内放射性粉尘事故安全量化管理研究［D］．衡阳：南华大学，2015.

[53] 梁冰．上海翁牌冷藏实业有限公司“8・31”重大氨泄漏事故［J］．现代班组，2015（4）：24.

[54] 陈建国．预先危险性分析法在化工生产中的应用［J］．技术与市场，2014，21（12）：72-74.

[55] 李中兴，陈国华，李刚，等．基于PHA-FMEA的电梯安全评估方法及应用［J］．中国安全科学学报，2014，24（10）：60-64．DOI：10．16265/j．cnki．issn1003-3033．2014．10．023

[56] 邹树梁，赵然，唐德文，等．驾驶舱屏蔽系统预先危险性分析［J］．中国安全生产科学技术，2014，10（9）：170-175.

[57] 代张音．LEC在PHA煤矿安全评价中的应用研究［J］．安全，2014，35（9）：23-26.

[58] 王龙．预先危险性分析在聚丙烯项目建设中的应用［J］．中国新技术新产品，2014（13）：184．DOI：10．13612/j．cnki．cntp．2014．13．148

[59] 史宁，时龙彬，徐世亮．预先危险性分析法在KONIAMBO项目受限空间作业中的应用研究［J］．工程建设与设计，2014（6）：156-158．DOI：10．13616/j．cnki．gcjsysj．2014．06．041

[60] 高黎．安全系统工程在拆除爆破中的应用［D］．包头：内蒙古科技大学，2014.

[61] 练樱红．加油站运营安全评价及应用研究［D］．广州：华南理工大学，2014.

[62] 林宙峰．预先危险性分析在石油化工码头安全评价中的应用［J］．山东化工，2014，43（5）：102-104．DOI：10．19319/j．cnki．issn．1008-021x．2014．05．037

[63] 李杰，贾福音．基于PHA的首绳更换系统安全分析［J］．煤炭与化工，2014，37（4）：140-142.

[64] 曲常勇．延迟焦化装置分馏塔泄漏事故分析［J］．安全、健康和环境，2014，14（3）：5-6.

[65] 李伟磊，陈伟炯．基于人、机、环、管理论的预先性危险分析方法［J］．水运管理，2014，36（3）：27-28，33．DOI：10．13340/j．jsm．2014．03．003

[66] 王岩，辛颖．预先危险性分析法在井下作业安全中的应用［J］．石油化工安全环保技术，2014，30（1）：26-28，39.

[67] 仇九子．青岛市“11・22”东黄输油管道泄漏爆炸事故处置分析［J］．中国应急救援，2014（1）：43-45．DOI：10．19384/j．cnki．cn11-5524/p．2014．01．015

[68] 王湘宁，张连彬，张姝，等．CNG加气站预先危险性分析法评价与防范措施［J］．煤气与热力，2013，33（11）：18-20.

[69] 李科斌，周俊珍，马海鹏，等．PHA法在高耸烟囱拆除爆破安全评价中的应用［J］．采矿技术，2013，13（5）：134-137．DOI：10．13828/j．cnki．ckjs．2013．05．026

[70] 马晓燕．清水营煤矿重大危险源危险性评价［D］．西安：西安科技大学，2013.

[71] 王涛．基于PHA-LEC法的油田地面工程作业场所潜在风险分析［J］．安全与环境工程，2013，20（3）：143-148.

[72] 白华梅．三氟化硼乙腈络合物项目预先危险分析［J］．黑龙江科技信息，2013（6）：26.

[73] 辛颖，王岩．预先危险性分析在加油站经营过程中的应用［J］．石油库与加油站，2012，21（6）：

15-16，13.

[74] 颜晓斐，李博，王飞．污泥干化焚烧系统安全评价［J］．工业安全与环保，2012，38（12）：37-39.

[75] 陈娇领．预先危险性分析法在甲醇钠生产中的应用［J］．河北化工，2012，35（11）：72-73，76.

[76] 肖峰．煤矿带式输送机工作原理及事故分析［J］．中国新技术新产品，2012（17）：170．DOI：10．13612/j．cnki．cntp．2012．17．023

[77] 丛山峰．火、炸药爆炸事故预防初探——危险性预先分析应用于事故预防［J］．科技视界，2012（24）：380-381．DOI：10．19694/j．cnki．issn2095-2457．2012．24．184

[78] 牛天勇．基于PHA-LEC法的建筑工程项目安全评价问题研究［J］．中国安全生产科学技术，2012，8（7）：94-98.

[79] 魏立斌，张智勇．聚氯乙烯生产过程中火灾危险性分析及对策［J］．中国科技信息，2012（13）：115.

[80] 吴彦红．工艺危险性分析（PHA）仪表设计的探讨［J］．仪器仪表用户，2012，19（3）：58-60.

[81] 舒涛．预先危险分析方法在航管二次雷达站运行管理中的应用［J］．中国民航飞行学院学报，2012，23（3）：42-45.

[82] 周光巍，王丽丽．预先危险分析在空空导弹固体火箭发动机中的应用［J］．四川兵工学报，2012，33（4）：30-33.

[83] 付万发，罗德礼，唐涛．基于PHA的TBM氚系统安全分析［J］．核动力工程，2012，33（2）：11-14.

[84] 宋文华，张凯，田亮，等．轧钢企业加热炉生产过程的危险分析与控制［J］．中国安全生产科学技术，2012，8（3）：102-107.

[85] 杨琴，徐琦，唐伟，等．预先危险性分析在天然气增压工程中的应用［J］．石油与天然气化工，2012，41（1）：110-113，124.

[86] 曹伦．硫磺制酸工艺预先危险性分析［J］．广州化工，2011，39（17）：158-162.

[87] 杨建军．应用预先危险性分析方法进行矿井重大危险源安全评估［J］．工业设计，2011（7）：116-117.

[88] 周慈，崔君娜．基于水泥生产企业危险因素分析的安全管理策略研究［J］．水泥工程，2011（3）：21-23，50．DOI：10．13697/j．cnki．32-1449/tu．2011．03．002

[89] 高强．起重机危险性分析与事故预防研究［D］．沈阳：东北大学，2011.

[90] 吕波，徐义勇．预先危险性分析法在预防矿井瓦斯爆炸中的应用［J］．陕西煤炭，2011，30（2）：50-52.

[91] 邵华，方淑英，刘晶等．预先危险分析法在某铝粉加工项目职业病危害预评价中的应用［J］．中国卫生工程学，2011，10（1）：18-19．DOI：10．19937/j．issn．1671-4199．2011．01．007

[92] 杨一，张礼敬，陶刚，等．燃气热电系统火灾爆炸预先危险性分析［J］．工业安全与环保，2011，37（2）：28-30.

[93] 孟军．电力工程一次设备建设运行预先危险性分析［J］．建设科技，2011（2）：100-101．DOI：10．16116/j．cnki．jskj．2011．02．023

[94] 许贵贤．液化石油气储配站预先危险性分析［J］．广州化工，2010，38（12）：306-308.

[95] 刘辉，张智超，刘强．基于PHA-LEC-SCL法公路隧道施工安全评价研究［J］．现代隧道技术，2010，47（5）：32-36，107．DOI：10．13807/j．cnki．mtt．2010．05．005

[96] 张金山，孙晶，白豹．露天金属矿山危险源辨识及预先危险分析体系的研究［J］．有色金属（矿山部分），2010，62（5）：68-70，77.

[97] 刘辉，付洪军．基于PHA-LEC法金属矿山盲竖井工程安全分析研究［J］．工业安全与环保，2010，36（9）：40-42.

[98] 许冉，汤建伟，化全县，等．预先危险分析法在湿法磷酸生产中的应用［J］．计算机与应用化学，

2010，27（8）：1026-1028. DOI：10. 16866/j. com. app. chem2010. 08. 006
[99] 任磊，陈刚平. 预先危险性分析方法在尾矿库安全管理中的应用［C］//中国冶金矿山企业协会，中国矿业联合发展研究中心. 2010年第三届尾矿库安全运行技术高峰论坛论文集. 会理县马鞍坪矿山废石综合利用有限责任公司，2010：3.
[100] 罗多. 基于风险矩阵的PHA在矿山排土场安全评价中的应用［J］. 矿山机械，2010，38（4）：31-33. DOI：10. 16816/j. cnki. ksjx. 2010. 04. 009
[101] 张淑艳. 发电设备安全性分析的研究［D］. 阜新：辽宁工程技术大学，2010.
[102] 付倩倩. 空气钻井工艺可燃介质燃爆危险性的研究［D］. 青岛：中国石油大学，2009.
[103] 蔡清愉，赵蕾. PHA-LEC法在建筑施工方案安全评价中的应用研究［J］. 价值工程，2009，28（1）：121-123.
[104] 胡金花. 预先危险性分析在火电厂安全预评价中的应用体会［J］. 安全与健康，2009（1）：36-38.
[105] 周家红. 物流系统危险性评价研究［D］. 沈阳：东北大学，2009.
[106] 刘霞. 甲基氯硅烷单体合成流化床反应器的危险性研究［D］. 杭州：浙江大学，2009.
[107] 吴树洪，许丽君. 预先危险性分析在石化建设工程中的应用［J］. 安全、健康和环境，2008（8）：38-40.
[108] 刘华炜，孙中元. 预先危险性分析法在油库火灾爆炸事故分析中的应用［J］. 林业劳动安全，2008（2）：23-27，48.
[109] 胡玢，靳江红，王晓冬. 生产工艺过程危险、有害因素辨识方法［J］. 安全与环境学报，2008（1）：166-169.
[110] 刘爱群，廖可兵. 基于PHA的城市燃气长距离输送安全评价研究［J］. 安全与环境工程，2007（4）：75-78.
[111] 李红涛，刘长友，汪理全. 预先危险性分析在上行开采安全预评价中的应用［J］. 矿业安全与环保，2007（5）：74-76.
[112] 王宝学，夏荣华，黄菀苓. “预先危险性分析”在电梯检验危险因素分析中的应用［J］. 中国特种设备安全，2007，23（8）：1-4.
[113] 朱国宏. 预先危险性分析法在工程中的应用［J］. 山西煤炭，2007（2）：40-43.
[114] 程光伟. 薛城电站风险分析与保险研究［D］. 成都：西南财经大学，2007.
[115] 马晓亮. 芳烃联合装置地下管线测漏处理过程的风险分析［J］. 安全、健康和环境，2006（12）：38-40.
[116] 曹刚，曾科，李艳. 城市磁悬浮轨道交通系统安全问题研究［J］. 中国安全科学学报，2006（11）：10-13. DOI：10. 16265/j. cnki. issn1003-3033. 2006. 11. 002
[117] 蔡康旭，易灿南，廖可兵，等. 电镀锌生产线PHA-MES危险性评价方法［J］. 中国安全科学学报，2006（8）：100-105，145. DOI：10. 16265/j. cnki. issn1003-3033. 2006. 08. 018
[118] 张晓冬，章保东，袁昌明. 油库火灾爆炸危险性分析与控制［J］. 中国计量学院学报，2005（3）：251-254.
[119] 杨磊，王卫军，林大能. 基于PHA的城市控制爆破安全评价研究［J］. 工程爆破，2005（3）：83-86，22.
[120] 陈文礼. 预先危险性分析在煤矿通风系统安全预评价中的应用［J］. 安全与健康，2005（15）：39-40.
[121] 查国才. 沸腾干燥设备的防爆安全性浅析［J］. 机电信息，2005（12）：31-33. DOI：10. 19514/j. cnki. cn32-1628/tm. 2005. 12. 006
[122] 秦元星，韩永生，赵德刚，等. 采用PHA分析法对50t电炉油——氧助熔系统进行安全预分析评价［C］//中国金属学会冶金安全分会. 中国金属学会2004’冶金安全年会论文集. 特殊钢厂安全环保科，2004：4.

[123] 张武星. 炼油厂稳高压消防水系统改造过程的风险分析 [J]. 安全、健康和环境，2004 (6)：31-32.

[124] 赵江平，崔晓红，张遵义. 钢铁企业电力系统的危险因素辨识、分析及安全评价 [C] //中国金属学会. 中国金属学会2003中国钢铁年会论文集 (3). 西安建筑科技大学劳动安全卫生研究所，2003：4.

[125] 翁跃宗. 厦门港水域船舶交通环境的预先危险性分析 [J]. 中国航海，2003 (3)：50-52，58.

[126] 尹正钰. 预先危险分析方法在钻杆测试中的应用 [J]. 海洋石油，2003 (3)：99-102.

[127] 和鹏飞，董潇琳. 基于PHA分析法的海上PCL测井风险控制技术 [J]. 石油化工安全环保技术，2017，33 (4)：4. DOI：CNKI：SUN：SYAQ. 0. 2017-04-008.

[128] 刘强. 浅谈危险性预先分析法在高处作业中的应用 [J]. 城市建设理论研究：电子版，2014 (19)：195-196.

[129] 韩钰，王晶，焦炜，等. 预先危险分析法在某市地铁一期工程施工期间职业病危害风险评估中的应用 [J]. 中外健康文摘，2012，9 (9)：115-117. DOI：10. 3969/j. issn. 1672-5085. 2012. 09. 096.

[130] 李伟磊，陈伟炯. 基于人、机、环、管理论的预先性危险分析方法 [J]. 水运管理，2014 (3)：3. DOI：10. 3969/j. issn. 1000-8799. 2014. 03. 009.

[131] 侯靖，吴旭敏. 论深埋长隧洞TBM掘进岩爆风险预评估方法 [C] //水电工程大型地下洞室关键技术研讨会暨中国水力发电工程学会水工及水电站建筑物专业委员会2012年年会. 中国水力发电工程学会，2012.

[132] 王佳. PHA安全评价法在特种设备安全中的应用 [J]. 中国机械，2014 (21)：2.

[133] 刘庆江. 几种安全评价方法在某化工企业中的应用 [D]. 天津：天津大学，2024. DOI：CNKI：CDMD：2. 1016. 096308.

[134] 韩钰，王晶，焦炜，等. 预先危险分析法在某市地铁一期工程施工期间职业病危害风险评估中的应用 [J]. 中外健康文摘，2012，9 (9)：115-117. DOI：10. 3969/j. issn. 1672-5085. 2012. 09. 096.

[135] 马莉，韩文辉，李世森. 工艺危险分析PHA在石油化工装置中的应用 [J]. 化工安全与环境，2009 (28)：5.

[136] 张东平. 预先危险性分析法在电梯剪切事故分析中的应用 [J]. 中国电梯，2015，26 (5)：61-62.

## 参考文献

[1] Roland H E，Moriarty B. System Safety Engineering and Management [M]. 2nd ed. New York：John Wiley & Sons，1990.

[2] Bahr N J. System Safety Engineering and Risk Assessment：A Practical Approach [M]. 2nd ed. Boca Raton：CRC Press Taylor & Francis Group，2015.

[3] Stephans R A. System Safety for the 21st Century：The Updated and Revised Edition of System Safety 2000 [M]. Hoboken：John Wiley & Sons，2004.

[4] Vincoli J W. Basic Guide to System Safety [M]. 3rd ed. Hoboken，NJ：John Wiley & Sons，2014.

[5] Rausand M，Stein H. Risk Assessment：Theory，Methods，and Applications [M]. 2nd ed. Hoboken：John Wiley & Sons，2020.

[6] Mohr R R. Preliminary Hazard Analysis (Lecture Presentation) [Z]. 5th ed. Tullahoma：Sverdrup Technology，Inc.，2002.

[7] Bloswick D. Preliminary Hazard Analysis (PHA) Packet (Lecture Presentation) [Z]. Salt Lake City：Mechanical Engineering at the University of UTAH，1993.

[8] Clemens P L. System Safety Scrapbook [Z]. 9th ed. Tullahoma：Sverdrup Technology，Inc.，2002.
[9] Hammer W. Handbook of System and Product Safety [M]. Englewood Cliffs：Prentice-Hall，Inc.，1972.
[10] Clemens P L，Talso W W. A perspective on system safety [J]. Journal of System Security，1995，31 (1).
[11] Clemens P L，Simmons R J. System Safety and Risk Management：NIOSH Instructional Module [M]. Cincinnati：U. S. Department of Health and Human Services，1998.
[12] Hyatt N. Guidelines for Process Hazards Analysis：Hazards Identification & Risk Analysis [M]. Ontario：Dyadem Press，2003.
[13] Ericson C A. Hazard Analysis Techniques for System Safety [M]. 2nd ed. Hoboken，NJ：John Wiley & Sons，2016.
[14] Ostrom L T，Wilhelmsen C A. Risk Assessment：Tools，Techniques，and Their Applications [M]. 2nd ed. Hoboken，NJ：John Wiley & Sons，2019.
[15] Popov G，Lyon B K，Hollcroft B D. Risk Assessment：A Practical Guide to Assessing Operational Risks [M]. Hoboken，NJ：John Wiley & Sons，2016.
[16] Crawley F. A Guide to Hazard Identification Methods [M]. 2nd ed. Cambridge，MA：Elsevier，2020.
[17] Goldberg B E，Everhart K，Stevens R，et al. System Engineering Toolbox for Design-oriented Engineers [R]. Washington，DC：NASA Reference Publication，1994.
[18] CCPS. Guidelines for Hazard Evaluation Procedures [M]. 3th ed. Hoboken，NJ：John Wiley & Sons，2008.
[19] Hathaway W T，Markos S H. Passenger Carrying Submersibles：System Safety Analysis [R]. Washington，DC：U. S. Coast Guard，1989.
[20] 冯肇瑞，崔国璋. 安全系统工程 [M]. 北京：冶金工业出版社，1987.
[21] 张景林，崔国璋. 安全系统工程 [M]. 北京：煤炭工业出版社，2002.
[22] 汪元辉. 安全系统工程 [M]. 天津：天津大学出版社，1999.
[23] 罗云，周福宝，樊运晓，等. 注册安全工程师手册 [M]. 3 版. 北京：化学工业出版社，2020.
[24] Hammer W. Occupational Safety Management and Engineering [M]. 4th ed. Englewood Cliffs：Prentice Hall，1989.

# · 第五章 ·

# 故障模式及影响分析

故障模式及影响分析（Failure Mode and Effect Analysis，FMEA）以及致命度分析（Criticality Analysis，CA）是系统安全工程中重要的分析方法之一，主要分析系统、产品的可靠性和安全性。它采用系统分割的概念，根据实际需要分析的水平，把系统分割成子系统或进一步分割成元件。然后逐个分析元件可能发生的故障和故障模式，继而分析故障模式对子系统以致整个系统产生的影响，最后采取措施加以解决。在系统进行初步分析后，对于其中特别严重，甚至会造成死亡或重大财物损失的故障类型，则可以单独拿出来进行详细分析，这种方法叫作致命度分析，它是故障模式及影响分析的扩展和量化。但由于致命度分析需要有关元器件故障的严格数据，而对于一般行业这些数据又很难获取，故有关致命度分析仅在第五节简单论述，感兴趣的同学可查阅可靠性理论相关参考文献。

故障模式及影响分析最初是依据 1949 年 11 月 9 日颁布的美国军队程序 MIL-P-1629A 发展起来的一种正式的危险分析方法，该程序名称为《执行故障模式、影响和致命度分析的程序》，之后其升级为美国军标 MIL-STD-1629A《故障模式、影响及致命度分析》。FMEA 起初作为一种可靠性评估技术用以检测当系统或设备出现故障时，系统功能或设备、人员等的安全情况会受到怎样的影响，之后这种可靠性评估方法在系统安全领域有所应用，强调了系统或设备故障对人员安全的影响。FMEA 分析方法在航空火箭领域应用时，为避免较小尺寸元件的设计错误，该方法进一步发展为故障模式、影响和致命度分析（Failuer Moded，Effect and Critical Analysis，FMECA）方法。

1957 年美国开始在飞机发动机上使用 FMEA 方法，20 世纪 60 年代这种方法被广泛用于航天产业的研发，为登月计划起到了不可估量的作用。航天航空局和陆军进行工程项目招标时，要求承包方提供 FMECA 分析，航天航空局还把 FMEA 当作保证宇航飞船可靠性的基本方法。尽管该方法是由可靠性发展起来的，但目前它已在核电站、动力工业、仪器仪表工业中得到广泛应用。20 世纪 70 年代后期福特汽车公司在研究汽车油箱事故后再次引入这种分析方法，大大解决了汽车的设计和制造中的问题。日本的机械制造业，如丰田汽车发动机厂也使用该法多年，并和质量管理结合起来，积累了相当完备的FMEA资料。1993年2月，FMEA被美国汽车工业行动集团（Automotive Industry Action Group，AIAG）和美国质量控制学会（American Society for Quality Control，ASQC）确立为行业标准。美国职业安全健康管理局（OSHA）也认定FMEA为一种正式的系统安全分析方法，要求许多重要领域的设计人员必须掌握该方法的分析技术，其分析资料也被认定为安全保障不可缺少的文件。我国军用标准《装备研制与生产的可靠性通用大纲》（GJB 450—1988）中的可靠性设计及评价一节中明确指出，FMEA方法是找出设计上潜在缺陷的手段，是设计审查中必须重视的资料之一。该标准于2004年和2021年两次升级，分别为《装备可靠性工作通用要求》（GJB 450A—2004）和《装备可靠性工作通用要求》（GJB 450B—2021），FMEA方法仍是装备可靠性设计与分析的一个主要方法。另外，2006年，国际电工委员会（International Electrotechnical Commission，IEC）推出了《系统可靠性分析技术-失效模式及影响分析（FMEA）程序》（IEC 60812—2006），2012年，国家质检总局和国标委对该标准等同采用，推出GB/T 7826—2012；2018年IEC升级该标准为《故障模式和影响分析（FMEA和FMECA）》（IEC 60812—2018）。

# 第一节　故障模式及影响分析基本概念

## 一、故障

故障（Failure）是指元件、子系统、系统在规定的运行时间、条件内达不到设计规定的功能。并不是所有故障都会造成严重后果，而是其中一些故障会影响系统任务的完成或造成事故损失。

## 二、故障模式

故障模式（Failure Mode）是从不同表现形态来描述故障的，是故障现象的一种表征，即故障状态，相当于医学上的疾病症状。元件发生故障时，其呈现的模式可能不止一种。例如，一个阀门发生故障，至少存在内部泄漏、外部泄漏、打不开、关不紧四种模式。故障模式不同，对子系统甚至系统产生的影响就不同。

故障模式一般可以从五个方面来考虑：（1）运行过程中的故障；（2）过早地启动；（3）规定时间不能启动；（4）规定时间不能停止；（5）运行能力降级、超量或受阻等。表5-1列出了一些元器件的常见故障模式。一些系统安全软件建立了常用元器件的故障模式库，便于分析人员快速分析。

**表5-1　部分元器件故障模式示例**

| 元器件 | 故障模式示例 |
|---|---|
| 开关 | 故障断开、故障部分断开、故障关闭、故障部分闭合、使用时咔咔作响 |
| 阀门 | 故障断开、故障部分断开、故障关闭、故障部分关闭、使用时使水流或气流流动不稳定 |
| 弹簧 | 过于拉伸、过于压缩、断裂 |
| 电线 | 拉伸、断裂、扭绞、磨损 |

续表

| 元器件 | 故障模式示例 |
| --- | --- |
| 继电器 | 接触器闭合、接触器断开，线圈烧坏、线圈短路 |
| 操作者 | 对正确的器件错误操作、对错误的器件错误操作、对错误的器件正确操作、操作过早、操作过晚、没有操作 |

## 三、故障原因

故障原因（Failure Cause）是指导致元件、组件等形成故障模式的过程或机理，造成元件发生故障的原因在于如下几方面。

（1）设计上的缺陷：由于设计所采取的原则、技术路线等不当，带来先天性的缺陷，或者由于图纸不完善或有错误等。

（2）制造上的缺陷：加工方法不当或组装方面的失误。

（3）质量管理方面的缺陷：检查不充分或失误以及工程管理不当等。

（4）使用上的缺陷：误操作或未按设计规定条件操作。

（5）维修方面的缺陷：维修操作失误或检修程序不当等。

## 四、故障影响

故障影响（Failure Effect）是指元件、组件的故障模式对元件、组件本身及系统的操作、功能或状态产生的影响。

## 五、约定分析层次

系统根据一定的方式从高到低可进一步划分为子系统、单元、组件、元器件等层次；系统的复杂程度不同，需要进行分析的精确程度不同，因而将要进行分析的层次也就不同。MIL-STD-1629A 在 FMEA 方法中要求分包、承包双方所约定 FMEA 分析的层次被称为约定分析层次（Indenture Level）。图 5-1 是系统从高向低划分的层次示例图。

## 六、可靠性框图

对于复杂的系统，为了便于开展故障模式及影响分析，通常采用可靠性框图说明系统各部分间功能的传输情况。可靠性框图（Reliability Block Diagram，RBD）是从可靠性角度出发、自上而下地描述系统功能与系统组成元素之间可靠性功能关系的逻辑框图，该图由代表系统组成元素或功能的方框、逻辑关系和连线、节点等组成。系统组成元素可以是子系统、组件、子组件、元件等；逻辑关系可为串联、并联或二者的混合等。每个可靠性框图都有一个输入和输出，通常从输入到输出自左向右流动。图 5-2 是个可靠性框图示例，从可靠性框图可看出以下内容。

（1）系统包括子系统 10、20、30。

（2）子系统 10 包括组件 11、12、13。

（3）组件 11 包括元件 01A、01B、02、03、04、05 和 06。

（4）元件 01A 和 01B 相同，是冗余设计。

（5）元件 02 由 a 和 b 组成，只用一个编码。

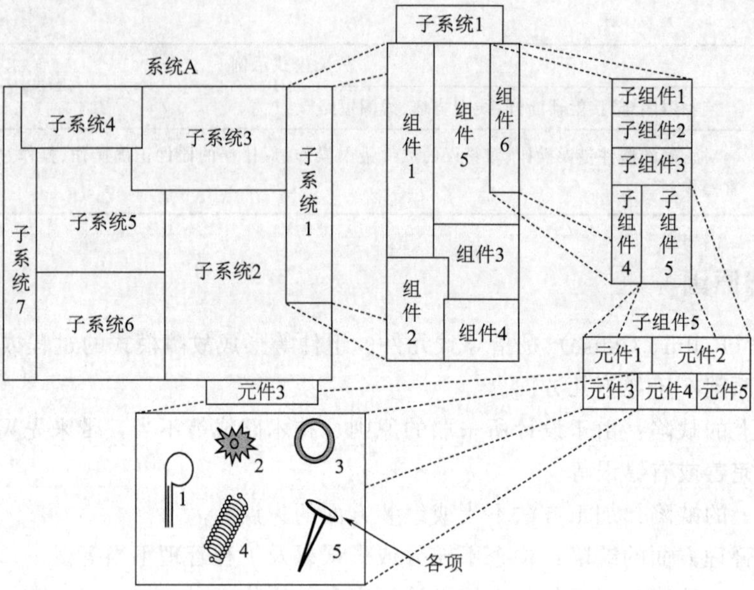


图 5-1 系统层次划分图（Mohr，2002）

（6）从功能上看，元件 03 同时受到 07 和来自其他系统的影响。

（7）元件 05、06 是备品回路，05 发生故障，06 即投入运行。

（8）正常运行时，元件 07 不工作。

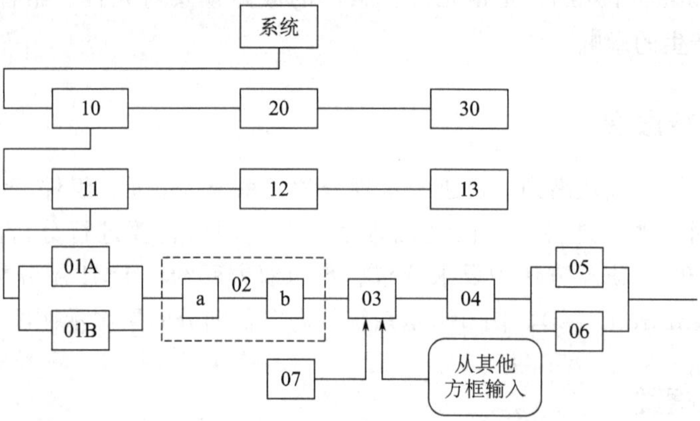


图 5-2 可靠性框图（罗云，等，2020）

从可靠性框图中可以明确地看出系统、子系统和元件之间的分析层次、功能输入和输出方式、串联和并联方式等。各层次要进行编码，且和将来制表的项目编码相对应。可靠性框图和流程图、设备布置图不同，它只是表示系统与子系统间的逻辑情况，在采用 FMEA 方法时可以根据实际需要，对风险度大的子系统进行深入分析。

## 第二节 故障模式及影响分析方法

FMEA 是采用系统分割的概念，根据实际需要分析的水平，把系统分割成子系统或进一步分割成元件等。然后逐个分析元件可能发生的故障和故障模式，并进一步分析故障类型对子系统以致整个系统产生的影响，最后采取措施加以解决。FMEA 方法技术原理图见图 5-3。从图中可以看出，分析方法是依据分析层次自上而下推进，分析的结果是以 FMEA 工作表形式体现，分析结果的精确程度与系统的划分程度有关。

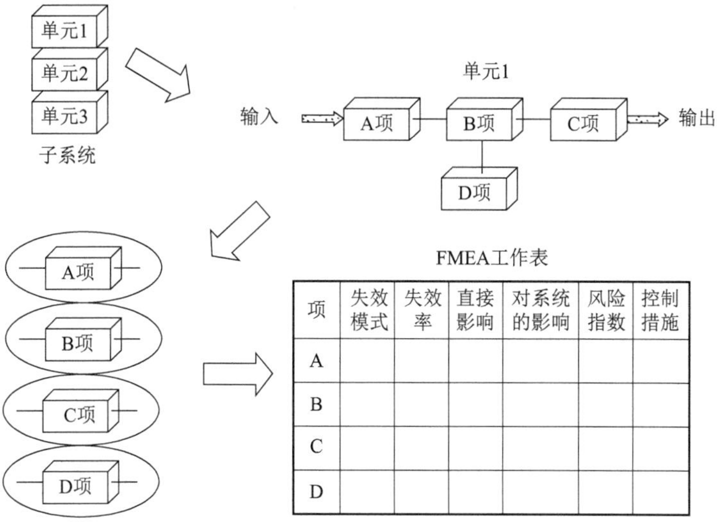


图 5-3　FMEA 技术原理图（Ericson，2016）

## 一、系统划分

系统划分对 FMEA 分析结果十分重要，系统的划分有多种方式，在系统安全工程中其划分方法包括功能划分法（Functional Approach）、结构划分法（Structural Approach）和混合划分法（Hybrid Approach）。

系统功能划分法是指进行故障模式及影响分析时，根据系统的功能依次将系统进行系统、子系统、单元、组件等的划分，见图 5-4（a）部分，该划分法强调系统各部分在运行其功能时出现什么样的故障，适用于在软件功能方面作出评估，其分析层次也多基于系统层次。图 5-5 是通信系统的功能划分图。

系统结构划分法是指进行故障模式及影响分析时，根据系统的结构依次将系统进行系统、子系统、单元、组件等的划分，见图 5-4（b）部分，该划分强调系统各部分运行其功能时是怎样出现故障的，适用于硬件方面的评估，分析层次多基于元器件的层次。图 5-6 是收音机结构划分图。

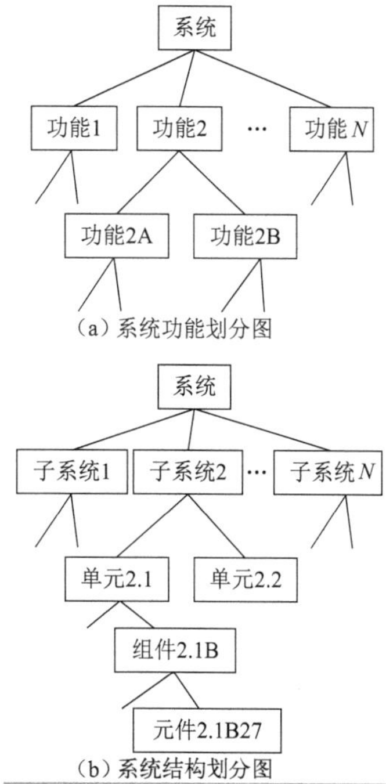


图 5-4　系统功能/结构划分图（Ericson，2016）

混合划分法是功能划分法和结构划分法的结合。通常这种方法始于对系统功能的划分，之后转向其硬件分析，特别是基于安全准则会直接导致功能失效的硬件。

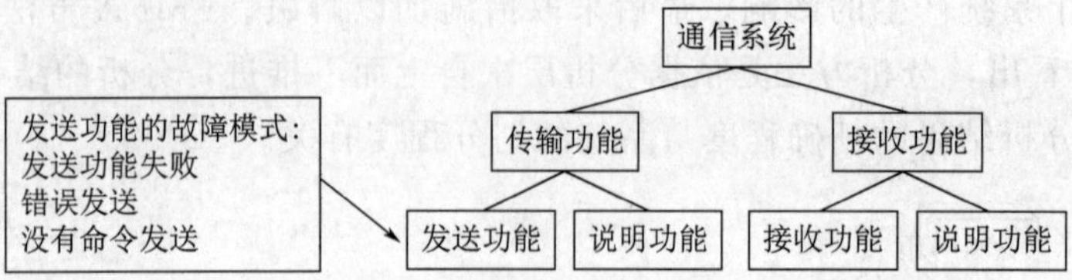


图 5-5　通信系统的功能划分图（Ericson，2016）

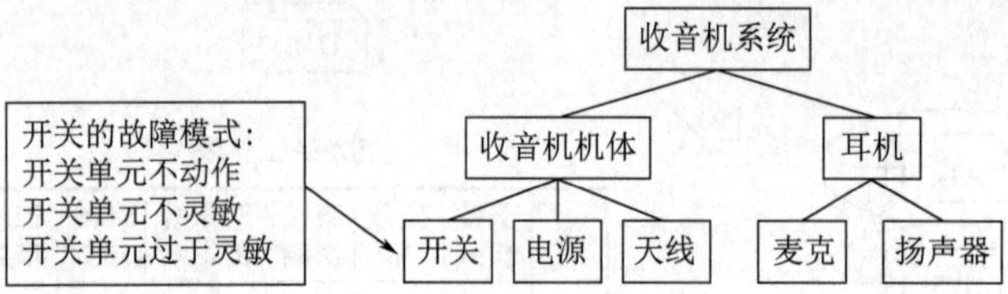


图 5-6　收音机结构划分图（Ericson，2016）

## 二、方法概述

可靠性理论认为系统中的每一个元器件本身都存在故障模式，故障模式及影响分析针对每一个元器件的故障来分析该故障模式对整个系统的影响。其起初的目的在于通过元件的故障确定系统的可靠性，这项分析技术从已确定系统的可靠性扩展到确定系统的安全性。通过辨识元器件的故障模式来识别危险，从而控制风险，系统安全故障模式及影响分析可概括如图 5-7 所示。

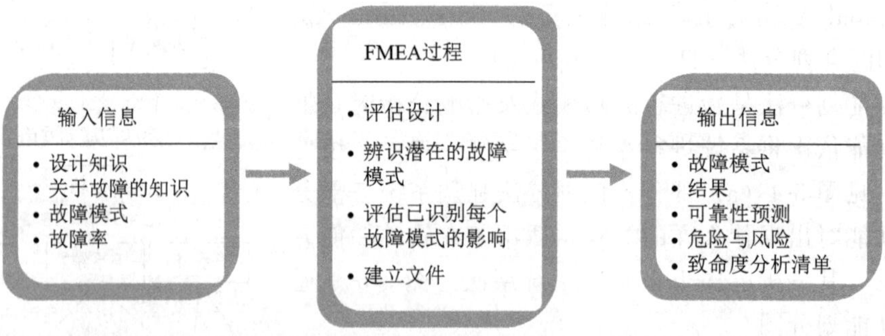


图 5-7　故障模式及影响分析概要（Ericson，2016）

进行故障模式及影响分析前需要获取有关功能设计的信息、数据等，包括设计中每个组件、关键元件在系统中的作用、功能；分析前还需要掌握有关设计规范、相关图纸、可靠性框图等；同时，还应掌握系统所涉及元器件的故障模式以及它们的故障率。通过故障模式及影响分析最终可得到系统可能涉及的故障模式、它们会对系统导致什么样的后果、对系统的可靠性产生怎样的影响以及还会造成什么样的事故风险等；根据风险评估的结果还可以确定系统中哪些元器件是至关重要的，从而可列出致命度分析清单，并进一步进行致命度分析。

## 三、分析流程

故障模式及影响分析的过程如下所述，图 5-8 为 FMEA 分析流程图。

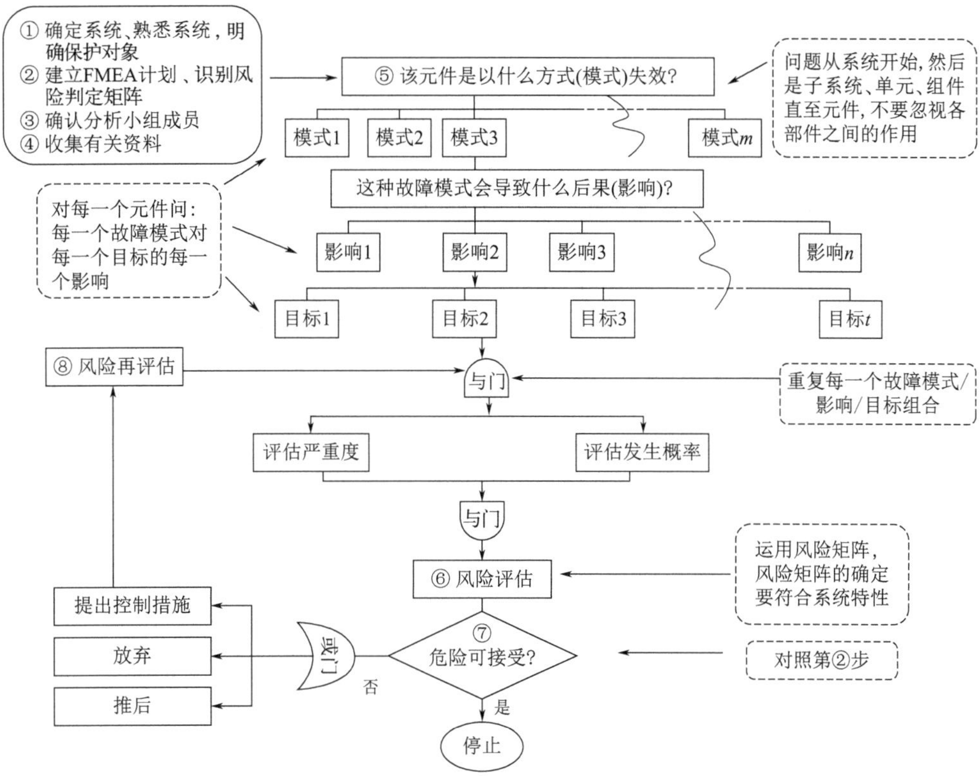


图 5-8 FMEA 分析流程图（NIOSH，1998，有修改）

（1）熟悉系统，确定系统将要保护的对象，即危险危及的目标，通常为人机环系统，有的系统在分析中还会特别强调产量、任务、测试目标等。

（2）建立 FMEA 分析计划，根据第三章事故风险矩阵确定本系统可接受的风险水平。定义要分析系统的边界条件，了解其功能结构，收集与系统有关的所有信息，从设计说明书等资料中了解系统的组成、任务等情况，查出系统含有多少子系统，各个子系统又含有多少单元或元件，了解它们之间如何结合，熟悉它们之间的相互关系、相互干扰以及输入和输出等情况。

（3）确认分析小组的成员。

（4）收集有关资料，进行 FMEA 分析时，应充分掌握子系统、元器件的功能及其故障模式，现在一些分析软件已经将各类元件的故障模式集结成为数据库，便于提高分析人员的效率；但应注意，任何一个专家库或数据库都不是绝对充分的，分析时要特别注意结合系统特点及实践需要。了解系统的使用寿命以及该分析所处生命周期的哪个阶段，然后采取适当的方式将系统进行合理的划分，建立其可靠性框图。

（5）依据分析系统的层次从高至低提问：辨识系统的故障是否导致不可接受的损失或不可承受的灾难，如果结果是“否”，则不需要进一步分析；如果结果是“是”，则分析需转入较低层次，即辨识子系统是否导致不可接受的损失或不可承受的灾难，同样，如果结果是“否”，则不需要进一步分析；如果结果是“是”，则分析需转入下一个子系统，各子系统分析后再转入较低层次……这样的分析由高向低层次进行，直至每一个元器件。对每一个部件（元器件、组件、单元、子系统和系统）进行故障模式的识别，对每一个故障模式，通常回答以下两个问题：

① 这个部件会产生什么故障模式？

② 这个部件的这个故障模式对每一个威胁目标会产生什么影响？

(6) 评估每一个故障模式对每一个威胁对象影响的严重程度和发生概率。根据第（2）步确定的风险矩阵进行风险评估。

(7) 根据风险评估结果决定风险可否接受，如果风险不可接受，则提出风险的控制措施。控制措施的选择依据第三章第四节“事故风险控制”所列出的优先顺序进行。

(8) 提出风险控制措施后要对系统重新进行评估以确定采用控制措施过程中是否又出现了新的危险，如真的出现新的危险且其风险程度不可接受，则还需重新确定控制措施，重新评估。

(9) 最后将分析结果形成文件，通常以工作表形式体现，在此基础上形成 FMEA 报告。

## 第三节 故障模式及影响分析工作表

故障模式及影响分析过程仍是一个危险辨识、风险评价和风险控制的过程，分析的结果同样是以工作表的形式体现。随着项目的不同、分析精细程度的不同以及客户要求的不同，工作表的形式不完全一致。尽管工作表的形式没有严格的要求，但它通常包括以下的信息，表 5-2 是一个典型的 FMEA 工作表。

(1) 故障模式。

(2) 故障模式对系统的影响。

(3) 故障模式导致系统层面的危险。

(4) 危险可能导致的事故。

(5) 故障模式或危险产生的原因。

(6) 故障模式的检测方式。

(7) 建议措施。

(8) 危险导致的风险。

**表 5-2 FMEA 工作表示例**

<table>
<tr><td colspan="11">故障模式及影响分析</td></tr>
<tr><td colspan="5">系统：①</td><td colspan="3">子系统：②</td><td colspan="3">运行阶段：③</td></tr>
<tr><td>条目</td><td>故障模式</td><td>故障率</td><td>产生原因</td><td>直接影响</td><td>对系统影响</td><td>检测方法</td><td>目前控制</td><td>危险</td><td>风险</td><td>建议措施</td></tr>
<tr><td>④</td><td>⑤</td><td>⑥</td><td>⑦</td><td>⑧</td><td>⑨</td><td>⑩</td><td>⑪</td><td>⑫</td><td>⑬</td><td>⑭</td></tr>
</table>

FMEA 工作表填写内容解释如下所述。

① 系统：该栏填写将要分析的系统。

② 子系统：该栏填写将要分析的子系统。

③ 运行阶段：该栏填写系统现运行的阶段或本次分析是初始分析还是检查再分析。

④ 条目：该栏目是要分析的元器件、部件或某项功能。对于硬件而言，尽可能用可靠性框图的编号来填写该栏，该编写应与其他分析或图纸等编号相一致，便于数据和资料的管理。

⑤ 故障模式：该栏目填写每一个元件、每一项功能的所有的故障模式，故障模式的得出可依据不同的信息源，如历史数据、制造商提供的信息、经验或测试结果等。因为每一个元件可能有多个故障模式，因而每一个故障模式都必须列出，然后逐一分析其影响等，书写时每一个故障模式占据一行。

⑥ 故障率：该栏目填写所辨识的元件故障模式的故障率，有些数据可从行业标准中查出，但目前许多行业都没有这方面的准确数据，因而在 FMEA 工作表这一栏常常空缺。应用故障率数据时要确保数据来源可靠。

⑦ 产生原因：该栏目填写导致某类特定故障模式的所有可能发生的原因。产生原因可基于不同的分析方法，如物理失效、毁坏、温度应力、振动应力等。该栏还应该列出影响元器件的所有条件以明确会不会有一些特殊的操作、人员、情形加剧了这种失效或破坏。

⑧ 直接影响：该栏目填写故障模式所导致的最直接的影响，通常指对较低层次的影响，有时也写作“对组件的影响”或“对子系统的影响”，它与第⑨栏相对应。

⑨ 对系统影响：该栏目填写故障模式对系统的影响，是指对较高层次的影响。

⑩ 检查方法：该栏填写某项故障模式发生后，在其没有导致严重后果前通过什么方法测得该故障模式。

⑪ 目前控制：该栏目是指针对某项故障模式，为了阻止其导致不安全的后果目前所采取的控制措施。

⑫ 危险：该栏目填写因某故障模式产生的特定的危险，有时危险与故障模式间没有非常严格的区别，在 FMEA 中，辨识出故障模式，其实在一定程度上就已经识别了危险。同样记住，记录下所有的危险，即使以后的分析可以证明所列出的危险并不是危险。

⑬ 风险：该栏是定性描述已辨识的危险演变为事故的发生概率与严重程度，其确定依据第三章的风险矩阵。在可靠性理论中，风险通常用风险优先数（Risk Priority Number，RPN）来表示，但这并不适合于针对安全的风险评估。

⑭ 建议措施：该栏填写消除或减缓潜在故障模式影响的措施和方法。

表 5-3、表 5-4 是其他几个不同形式的 FMEA 工作表。

**表 5-3　美国 Sverdrup 公司 FMEA 工作表（Mohr，2002）**

<table>
<tr><td colspan="2">项目号：</td><td></td><td colspan="4" rowspan="3">故障模式及影响分析</td><td colspan="3">第　页　共　页</td></tr>
<tr><td colspan="2">子系统：</td><td></td><td colspan="3">日期：</td></tr>
<tr><td colspan="2">系统：</td><td></td><td colspan="3">准备人员：</td></tr>
<tr><td colspan="2">寿命周期：</td><td></td><td colspan="4" rowspan="2">FMEA 号</td><td colspan="3">检查人员：</td></tr>
<tr><td colspan="2">运行阶段：</td><td></td><td colspan="3">验收人员：</td></tr>
<tr><td rowspan="2">序号</td><td rowspan="2">条目/项目</td><td rowspan="2">故障模式</td><td rowspan="2">故障原因</td><td rowspan="2">故障结果</td><td rowspan="2">威胁目标[①]</td><td colspan="3">风险评估</td><td rowspan="2">控制措施</td></tr>
<tr><td>严重度</td><td>频率</td><td>风险代码</td></tr>
<tr><td></td><td></td><td></td><td></td><td></td><td></td><td></td><td></td><td></td><td></td></tr>
</table>

① 威胁目标指故障模式危及的对象，P 为人员，E 为设备，T 为停工期，R 为产量，V 为环境。

表 5-4 MIL-STD-1629A 指定 FMEA 工作表（DOD，1980）

<table>
<tr><td colspan="3">系统：</td><td></td><td colspan="4" rowspan="4">故障模式及影响分析</td><td colspan="4">第 页 共 页</td></tr>
<tr><td colspan="3">分析层次：</td><td></td><td colspan="4">日期：</td></tr>
<tr><td colspan="3">参考图纸：</td><td></td><td colspan="4">填写人员：</td></tr>
<tr><td colspan="3">运行阶段：</td><td></td><td colspan="4">验收人员：</td></tr>
<tr><td rowspan="2">序号</td><td rowspan="2">条目</td><td rowspan="2">功能</td><td rowspan="2">故障模式及原因</td><td rowspan="2">运行阶段/操作模式</td><td colspan="3">故障影响</td><td rowspan="2">故障检测方法</td><td rowspan="2">修正补偿</td><td rowspan="2">严重度等级</td><td rowspan="2">备注</td></tr>
<tr><td>对本层次</td><td>对高一级层次</td><td>对系统</td></tr>
<tr><td></td><td></td><td></td><td></td><td></td><td></td><td></td><td></td><td></td><td></td><td></td><td></td></tr>
</table>

# 第四节 故障模式及影响分析举例

## 一、手电筒故障模式及影响分析

手电筒的故障模式及影响分析主要是了解手电筒各元件在使用过程中会出现哪些故障，产生哪些故障模式，这些故障模式对其本身以及整个手电筒的功能都会产生什么影响。对于手电筒进行 FMEA 分析，主要是基于其结构进行分析，其分析层次是元件层面，故障模式危及的对象是设备本身，威胁目标主要涉及设备可靠性或设备安全，不涉及人员安全问题。

确定了手电筒的功能和分解等级程度之后，就可画出系统可靠性框图，见图 5-9。

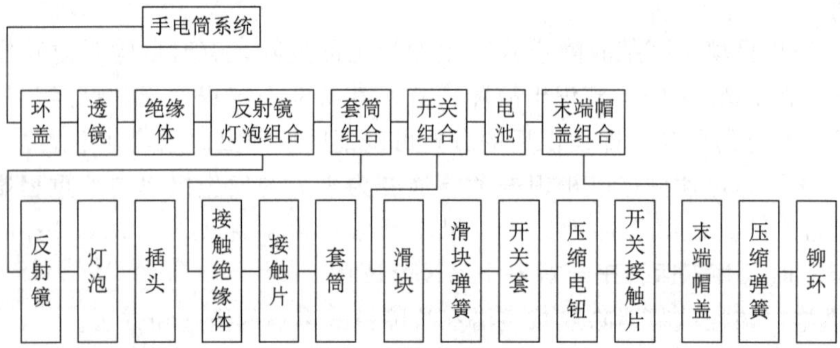


图 5-9 手电筒可靠性框图（罗云，等，2020）

表 5-5 所示是参考同类产品的故障模式而选定的所分析产品的故障模式。完成填写故障模式表格之后，分析这些元器件的故障模式，查找出现这些故障的原因；一个故障可能源于多种原因，查明每个故障可能给系统运行带来的影响，并且确定故障检测方法和故障危险等级分类。表 5-6 是对手电筒部分组件进行 FMEA 的工作表，严重度是依据故障模式对手电筒功能的影响程度来确定的，其中Ⅰ级表示影响程度最为严重，严重度为Ⅰ级的故障模式列入致命度分析清单中。表 5-7 是影响手电筒的致命度分析清单。

表 5-5 手电筒故障模式一览表（罗云，等，2020）

| 零件或组合件名称 | 故障模式 |
|---|---|
| 环盖 | 脱落；变形而断；影响透镜功能 |
| 透镜 | 脱落；破裂；模糊 |

续表

| 零件或组合件名称 | 故障模式 |
| --- | --- |
| 绝缘体 | 折断；脱落 |
| 反射镜灯泡组合 | 灯丝烧毁；灯泡松弛；灯丝与焊口导通不良；灯泡反射镜螺丝生锈；反射镜与接触片导通不良；反射镜装不进套筒 |
| 套筒组合 | 与环盖连接不良；与末端盖螺纹连接不良；与开关连接松弛；套筒与开关之间导通不良；接触片变形；接触片绝缘体的绝缘不良；开关滑动不灵；开关与套筒脱落；接触片、电池间空隙过小 |
| 电池 | 电池放电；电池装配不良；电池与灯泡间的导通不良；电池间导通不良；电池与控制弹簧间导通不良；电池与套筒绝缘不良；电池与开关接触片绝缘不良；电池阳极生锈 |
| 末端帽盖组合 | 压缩弹簧功能失灵；末端帽盖与套筒接触不良；末端帽盖脱落；末端帽盖断而变形；螺纹部生锈；末端帽盖与弹簧接触不良 |

**表 5-6　手电筒 FMEA 一览表（部分）（罗云，等，2020）**

| 序号 | 零件或组合件 | 故障模式 | 故障原因 | 故障的影响 | | 检测方法 | 危险等级 | 备注 |
| --- | --- | --- | --- | --- | --- | --- | --- | --- |
| | | | | 零件或组合件 | 系统 | | | |
| 1 | 环盖 | 影响透镜功能 | 变形 | 功能不全 | 可能功能失灵 | 目测 | Ⅱ | |
| | | 脱落 | 1. 螺纹磨耗<br>2. 操作不注意 | 功能不全 | 功能失灵 | 目测 | Ⅰ | |
| | | 变形而断 | 压坏 | 功能不全 | 降低功能 | 目测 | Ⅱ | |
| 2 | 透镜 | 脱落 | 1. 破损脱落<br>2. 操作不注意 | 功能不全 | 功能不全 | 目测 | Ⅱ | |
| | | 破裂 | 操作不注意 | 降低功能 | 功能下降 | 目测 | Ⅲ | |
| | | 模糊 | 保管不良 | 降低功能 | 功能下降 | 目测 | Ⅳ | |
| 3 | 绝缘体 | 折断 | 1. 装配不良<br>2. 材质不良 | 有不闭灯的可能性 | 可能缩短使用时间 | 拆开目视 | Ⅲ | |
| | | 脱落 | 1. 装配失误<br>2. 由于断损 | 不闭灯 | 使用时间缩短 | 不闭灯 | Ⅱ | |
| 4 | 反射镜灯泡组合 | 灯丝烧毁 | 1. 寿命问题<br>2. 冲击 | 不能开灯 | 功能失灵 | 不能开灯 | Ⅰ | |
| | | 灯泡松弛 | 1. 嵌合不良<br>2. 冲击 | 可能造成回路切断 | 可能功能失灵 | 可能造成回路切断 | Ⅱ | |
| | | 灯丝与焊口导通不良 | 1. 磨损<br>2. 加工不良 | 可能造成回路切断 | 功能失灵 | 可能造成回路切断 | Ⅰ | |
| | | 灯丝螺纹生锈 | 1. 保管不良<br>2. 材质不良 | 可能造成回路切断 | 可能功能失灵 | 可能造成回路切断 | Ⅱ | |

表 5-7　手电筒的致命度分析清单（罗云，等，2020）

| 序号 | 品目 | 故障模式 | 影响 | 危险等级 | 防止措施(略) |
|---|---|---|---|---|---|
| 1 | 环盖 | 脱落 | 功能失灵 | Ⅰ | |
| 2 | 反射镜灯泡组合 | 1. 灯丝烧损 | 功能失灵 | Ⅰ | |
| | | 2. 灯丝与焊口导通不良 | 功能失灵 | Ⅰ | |
| | | 3. 反射镜与接触片之间导通不良 | 功能失灵 | Ⅰ | |
| | | 4. 反射镜与套筒嵌合不良 | 功能失灵 | Ⅰ | |
| 3 | 套筒组合 | 套筒与开关之间导通不良 | 功能失灵 | Ⅰ | |
| 4 | 开关组合 | 1. 开关滑块不能滑动 | 功能失灵 | Ⅰ | |
| | | 2. 开关与套筒组合脱落 | 功能失灵 | Ⅰ | |
| 5 | 电池 | 1. 电池放电 | 功能失灵 | Ⅰ | |
| | | 2. 电池安装不良 | 功能失灵 | Ⅰ | |
| | | 3. 电池与灯泡间导通不良 | 功能失灵 | Ⅰ | |
| | | 4. 电池与电池间导通不良 | 功能失灵 | Ⅰ | |
| | | 5. 电池与压簧间导通不良 | 功能失灵 | Ⅰ | |
| | | 6. 电池与套筒绝缘不良 | 功能失灵 | Ⅰ | |
| | | 7. 电池与开关接触片绝缘不良 | 功能失灵 | Ⅰ | |
| 6 | 末端帽盖组合 | 1. 末端帽盖与套筒间导通不良 | 功能失灵 | Ⅰ | |
| | | 2. 末端帽盖脱落 | 功能失灵 | Ⅰ | |
| | | 3. 末端帽盖与弹簧导通不良 | 功能失灵 | Ⅰ | |

## 二、电子压力锅故障模式及影响分析

第四章我们对新产品电子压力锅在其概念设计阶段进行了预先危险分析，随着产品研发的深入，现已进入试验阶段，有必要考虑其在使用过程中可能会出现哪些危险。预先危险分析已不能满足现阶段分析的要求，与预先危险分析相比较，故障模式及影响分析更为细致、深入，因而采用该方法在元器件层面对其进行进一步分析，威胁的目标为人员、煮出的食物和压力锅本身，分别用P、R和E表示。该阶段已有的资料较之前进行的预先危险分析时更为充分。电子压力锅示意图见图5-10。电子压力锅系统描述如下。

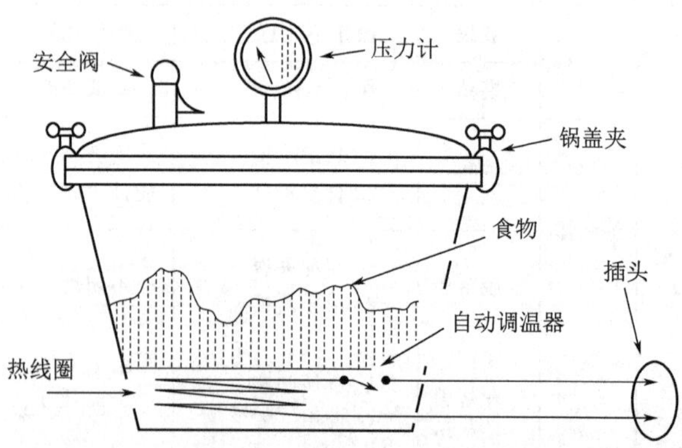


图 5-10　电子压力锅示意图（Mohr，2002，有修改）

（1）压力锅靠线圈通电加热锅体。

（2）当电子压力锅锅体内的压力超过一定的值时，依靠弹簧作用的压力阀会自动释放压力。

（3）当锅体温度加热升高至250℃时，自动调温器会断开加热线圈，停止加热。

（4）压力表分为红色区域和绿色区域两部分，当压力指针指向红色区域时表示“压力过大”。

（5）高温/压煮食物能充分消毒，食物煮得火候不到则不能杀死肉毒杆菌霉毒。

厨师在煮饭过程中需进行如下的操作。

（1）给压力锅加载。

（2）封严压力锅。

（3）连接电源。

（4）观察压力。

（5）根据预定压力确定煮饭时间。

（6）倒出食物。

电子压力锅故障模式及影响分析结果见表 5-8。

**表 5-8 电子压力锅 FMEA 工作表（Mohr，2002，有修改）**

| 项目号： | 故障模式及影响分析 | 第 页 共 页 |
|---|---|---|
| 子系统： | | 日期： |
| 系统：压力锅/食物/厨师 | | 准备人员： |
| 寿命周期：25 年，2 次/周 | FMEA 号 | 检查人员： |
| 运行阶段：煮饭时 | | 验收人员： |

| 代码 | 条目/项目 | 故障模式 | 故障原因 | 故障结果 | 目标 | 风险评估 | | | 控制措施 |
|---|---|---|---|---|---|---|---|---|---|
| | | | | | | 严重度 | 概率 | 风险代码 | |
| SV | 安全阀 | 断开 | 弹簧断了 | 蒸汽灼烫，延长煮饭时间 | P<br>R<br>E | 2<br>4<br>4 | B | 2B<br>4B<br>4B | 设计能承受疲劳和腐蚀的弹簧 |
| | | 关闭 | 腐蚀，制造缺陷，食物的影响 | 超压保护失效，自动调温开关保护，没有直接影响，但潜在可能导致爆炸或烫伤 | P<br>R<br>E | 1<br>4<br>4 | B | 1B<br>4B<br>4B | 采用抗腐蚀材料；定期对安全阀进行测试 |
| | | 漏气 | 腐蚀，制造缺陷 | 蒸汽灼烫，延长煮饭时间，没有直接影响，但潜在可能导致烫伤 | P<br>R<br>E | 2<br>4<br>4 | B | 2B<br>4B<br>4B | 采用抗腐蚀材料；定期对安全阀进行测试 |
| TSW | 自动调温开关 | 断开 | 有缺陷 | 无法加热，导致食物不熟 | P<br>R<br>E | 4<br>2<br>4 | B | 4B<br>2B<br>4B | 采用高质量自动调温开关 |
| | | 关闭 | 有缺陷 | 持续加热，压力过大会打开安全阀 | P<br>R<br>E | 1<br>4<br>4 | B | 1B<br>4B<br>4B | 采用高质量自动调温开关 |
| PG | 压力计 | 假高压力读数 | 有缺陷 | 食物煮得欠火候，肉毒杆菌霉毒没有被杀死，厨师去干预（任务没完成） | P<br>R<br>E | 3<br>2<br>4 | B | 3B<br>2B<br>4B | 采用抗腐蚀材料；定期对压力计进行校准测试 |
| | | 假低压力读数 | 腐蚀，有缺陷 | 食物煮过了，如果自动调温开关没有关上，有可能使安全阀持续释放蒸汽（也可能导致爆炸或烫伤） | P<br>R<br>E | 1<br>2<br>4 | B | 1B<br>2B<br>4B | 采用抗腐蚀材料；定期对压力计进行校准测试 |
| CLMP | 锅盖夹 | 断裂 | 腐蚀，有缺陷 | 爆炸压力释放，碎片飞溅，烫伤 | P<br>R<br>E | 1<br>4<br>4 | B | 1B<br>4B<br>4B | 采用高质量、抗腐蚀材料 |

注："目标"指故障模式危及的对象，P 为人员，E 为设备，R 为煮出的食物。

## 三、 DAP 反应系统故障模式及影响分析

图 5-11 是 DAP 反应系统的工艺流程图。在该工艺过程中，磷酸溶液与氨水溶液加入带夹套的反应釜中，一定量的氨水和一定量的磷酸溶液通过搅拌反应生成 DAP，DAP 是无任何危险的产品。在生产过程中，如果进入反应釜中的磷酸溶液流量太大，则得不到所希望的新产品，但反应是安全的；如果磷酸溶液和氨水溶液的流量同时增加，此时反应放出的热量将增加，反应过程变得不可控制；如果氨水溶液进料流量太大，未反应的氨水溶液与 DAP 一起进入 DAP 储槽，DAP 储槽将放出氨气充满工作区。以磷酸溶液控制阀 B 作为分析对象，采用 FMEA 对其分析，分析工作表见表 5-9。

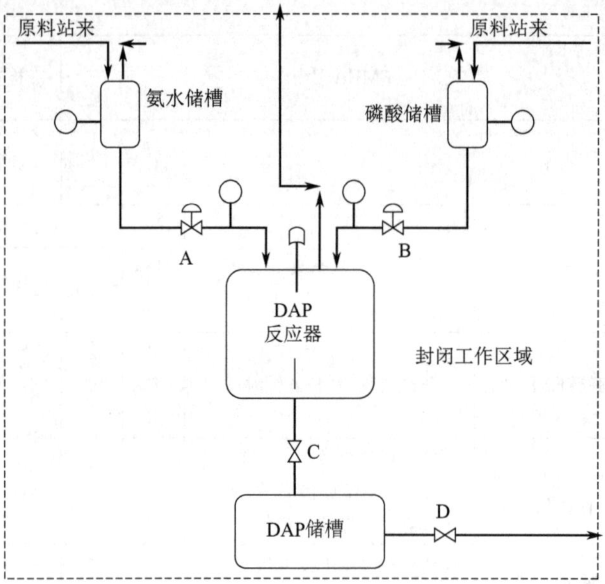


图 5-11　DAP 反应系统的工艺流程图（廖学品，2000）

**表 5-9　DAP 工艺过程的 FMEA 分析（廖学品，2000）**

日期:4/23/1998　　页码:第 5 页　共 24 页
装置:DAP 装置　　系统:反应系统
参考资料:××图　　人员:李安全

| 项目 | 标识 | 说明 | 故障模式 | 后果 | 已有的安全保护措施 | 建议措施 |
|---|---|---|---|---|---|---|
| 4.1 | 磷酸溶液管道上的阀门 B | 电动机驱动，常开，磷酸介质 | 全开 | 过量磷酸溶液送入反应器;如果氨的进料量也很大,反应器中将产生高温和高压,导致反应器或 DAP 储槽液位升高;产品不符合规格(酸浓度过高) | 磷酸溶液管道上装有流量保护器;反应器装有安全阀;操作人员观察 DAP 储槽 | 安装当磷酸溶液流量高时的报警/停车系统;在反应器上安装当温度和压力高时报警/停车系统;在 DAP 储槽上安装液位高时报警/停车系统 |

续表

| 项目 | 标识 | 说明 | 故障模式 | 后果 | 已有的安全保护措施 | 建议措施 |
|---|---|---|---|---|---|---|
| 4.2 | 磷酸溶液管道上的阀门B | 电动机驱动，常开，磷酸介质 | 关闭 | 无磷酸溶液送入反应器；氯气被带入DAP储槽并释放到工作区域 | 磷酸溶液管道上装有流量保护器、氨检测器和报警器 | 安装当磷酸溶液流量小时的报警/停车系统；使用封闭的DAP储槽或者保证工作区域通风良好 |
| 4.3 | 磷酸溶液管道上的阀门B | 电动机驱动，常开，磷酸介质 | 泄漏（向外） | 少量磷酸溢流到工作区域 | 定期维护；设计的阀门耐酸 | 确保定期维护和检查该阀门 |
| 4.4 | 磷酸溶液管道上的阀门B | 电动机驱动，常开，磷酸介质 | 破裂 | 大量磷酸溢流到工作区域 | 定期维护；设计的阀门耐酸 | 确保定期维护和检查该阀门 |

## 四、割草机启动故障模式及影响分析

传统的故障模式及影响分析的对象主要是系统或设备，通过对它们分割至约定分析层次后开展危险分析；随着该方法在生产安全领域的不断深入，一些人尝试以作业过程为分析对象，将整个作业按照操作步骤进行划分，通过辨识每个步骤中的故障模式从而进行危险分析。以割草机启动作业为例，具体分析步骤如下。

（1）建立割草机启动作业的操作步骤，如同约定分析层次的内涵，操作步骤的详尽程度依据分析需要确定，见表5-10第1栏。

（2）辨识每个操作步骤中的潜在故障模式，见表5-10第2栏。

（3）分析每个故障模式潜在的影响，见表5-10第3栏。

（4）分析每个故障模式的潜在原因，见表5-10第4栏。

（5）针对每个故障模式的潜在原因提出控制措施，见表5-10第5栏。

**表5-10 割草机启动作业FMEA工作表（Ostrom，2019）**

| 过程步骤 | 潜在故障模式 | 潜在故障影响 | 潜在故障原因 | 控制措施 |
|---|---|---|---|---|
| 检查汽油和润滑油 | 无法取下油箱盖 | 过程延误或者人身伤害 | 油箱盖生锈或破损 | 油箱盖维护计划 |
| | 无法取出润滑油塞 | 过程延误 | 操作人员失误或油塞螺纹交叉 | 操作人员培训 |
| | 无法确定润滑油量 | 过程延误或者润滑油溢出的潜在可能 | 操作人员失误或者照明不足 | 操作人员培训和提供额外照明 |
| | 汽油或润滑油泄漏 | 环境破坏或火灾的潜在可能 | 操作人员失误 | 操作人员培训 |
| 根据需要加注油料 | 没有可用的润滑油 | 过程延误 | 缺乏规划 | 确保有足够的润滑油 |
| | 加油站关闭 | 过程延误 | 缺乏规划 | 确保燃料供应充足 |

续表

| 过程步骤 | 潜在故障模式 | 潜在故障影响 | 潜在故障原因 | 控制措施 |
|---|---|---|---|---|
| 根据需要加注油料 | 没有汽油容器 | 过程延误 | 缺乏规划 | |
| | 汽油溢出 | 潜在的火灾或环境破坏 | 缺乏足够的设备或操作人员失误 | 提供设备以最大限度地减少泄漏可能性 |
| | 润滑油溢出 | 环境破坏 | 缺乏足够的设备或操作人员失误 | 提供设备以最大限度地减少泄漏可能性 |
| | 润滑油或汽油中混入水 | 过程延误或引擎破坏 | 不正确的做法 | 确保汽油和润滑油的容器不暴露于水源 |
| 设定控制装置 | 控制装置损坏 | 过程延迟 | 检查或定期维护不充分 | 制定检查和定期维护计划 |
| | 控制装置上缺少标签 | 过程延迟 | 之前未妥善存储相关指令 | 确保控制装置有正确的标签 |
| | 控制装置未校准 | 过程延迟或引擎损坏 | 控制装置没有被恰当维护 | 制定检查和定期维护计划 |
| 启动割草机启动器 | 启动器故障 | 过程延迟和/或必要的维修 | 检查或定期维护不充分 | |
| | 电源线断开 | 过程延迟和/或必要的维修 | 检查或定期维护不充分 | |
| | 发动机进水 | 过程延迟 | 控制装置使用不当 | |
| | 点火系统故障 | 过程延迟和/或必要的维修 | 检查或定期维护不充分 | |

# 第五节　致命度分析

对于特别危险的故障模式，例如故障等级为Ⅰ级的故障模式，有可能导致人身伤亡或系统损坏，因此对这类元件要特别注意，可采用致命度分析（CA）的方法，进一步分析。

美国汽车工程师学会（SAE）把故障致命度分成表5-11中的四个等级。

**表5-11　致命度等级与内容**

| 等级 | 内容 | 等级 | 内容 |
|---|---|---|---|
| Ⅰ | 有可能丧失生命的危险 | Ⅲ | 涉及运行推迟和损失的危险 |
| Ⅱ | 有可能使系统损坏的危险 | Ⅳ | 造成计划外维修的可能 |

致命度分析一般都和故障模式影响分析合用。使用式（5-1）计算出致命度指数 $C_r$，它表示元件运行100万小时（次）发生故障的次数。

$$C_r = \sum_{i=1}^{n} (\alpha\beta k_A k_B \lambda_G t \times 10^6) \tag{5-1}$$

式中　$C_r$——致命度指数，表示相应系统元件每100万次或100万件产品运行造成系统故障的次数；

$n$——元件的致命性故障模式总数，$i=1, 2, \cdots, n$；

$i$——致命性故障模式的第 $i$ 个序号；

$\lambda_G$——元件单位时间或周期的故障率；

$k_A$——元件 $\lambda_G$ 的测定与实际运行条件强度修正系数；

$k_B$——元件 $\lambda_G$ 的测定与实际行动条件环境修正系数；

$t$——完成一项任务，元件运行的小时数或周期数；

$\alpha$——致命性故障模式与故障模式之比，即致命性故障模式所占比例；

$\beta$——致命性故障模式发生并产生实际影响的条件概率，其值见表 5-12。

**表 5-12 β 值**

| 故障影响 | 发生概率 $\beta$ | 故障影响 | 发生概率 $\beta$ |
|---|---|---|---|
| 实际丧失规定功能 | $\beta=1.00$ | 可能丧失规定功能 | $0<\beta<0.1$ |
| 很可能丧失规定功能 | $0.1\leqslant\beta<1.00$ | 没有影响 | $\beta=0$ |

单位调整系数，将 $C_r$ 值由每工作一次的损失率换算为每工作一次的损失换算系数，经此换算后 $C_r>1$。表 5-13 为致命度分析表格。

**表 5-13 致命度分析表格**

系统：
制表：
子系统：

日期____
主管____

| 项目编号 | 致命故障 | | | 致命度计算 | | | | | | | | | |
|---|---|---|---|---|---|---|---|---|---|---|---|---|---|
| | 故障类型 | 运行阶段 | 故障影响 | 项目数 | $k_A$ | $k_B$ | $\lambda_G$ | 故障率数据来源 | 运转时间或周期 | 可靠性指数 | $\alpha$ | $\beta$ | $C_r$ |

## 第六节 故障模式及影响分析案例研究

图 5-12 是一个小山鼠自动提升系统的示意图，表 5-14 是提升系统的划分及编码表，请同学们以学习小组为单位，采用故障模式及影响分析方法对该系统进行危险分析。

**表 5-14 小山鼠自动提升系统划分及编码表（Goldberg，1994）**

| 子系统 | 组件 | 子组件 |
|---|---|---|
| 升降机(A) | 电机(A-01) | 绕组(A-01-a)<br>内侧轴承(A-01-b)<br>外侧轴承(A-01-c)<br>转子(A-01-d)<br>定子(A-01-e)<br>机架(A-01-f)<br>安装板(A-01-g)<br>接线端子(A-01-h) |
| | 鼓轮(A-02) | |

续表

| 子系统 | 组件 | 子组件 |
| --- | --- | --- |
| 外部电源(B) | | |
| 提笼(C) | 提笼框(C-01)<br>起吊耳(C-02) | |
| 电缆子系统(D) | 电缆(D-01)<br>吊钩(D-02)<br>滑轮(D-03) | |
| 控制子系统(E) | 开关(E-01) | “启动”开关(E-01-a)<br>“上行限位”开关(E-01-b)<br>接线(E-01-c) |

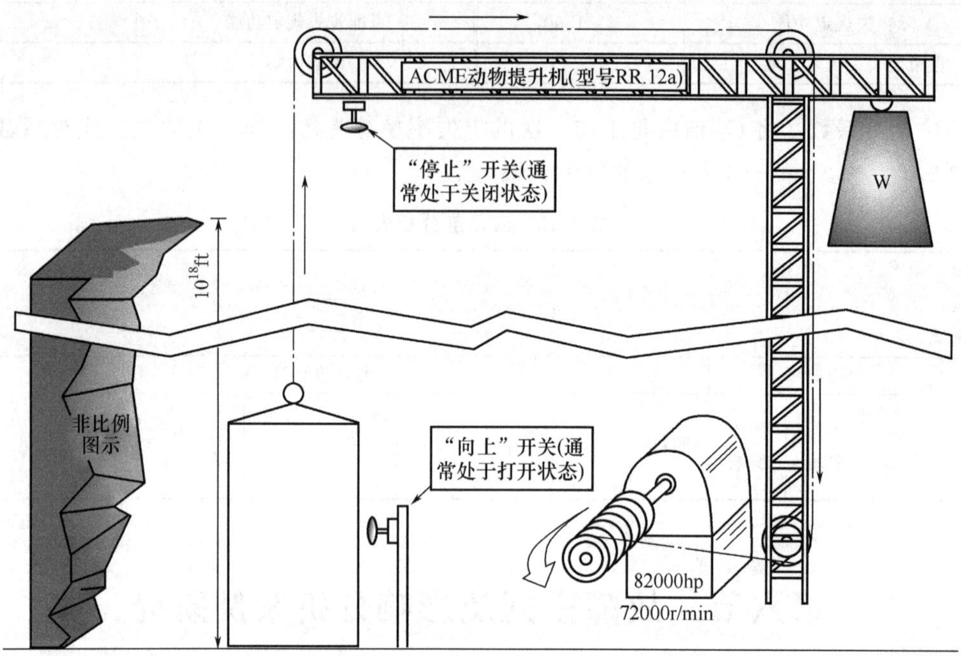


图 5-12 动物自动提升系统示意图（Goldberg，1994）

（1ft＝0.3048m；1hp＝745.700W）

# 第七节 故障模式及影响分析适用性说明

## 一、适用条件

故障模式及影响分析是通过系统、子系统、单元、元器件的故障模式来辨识系统的危险，在此基础上评估故障模式对系统影响的一种危险分析工具。它是一种自下而上的分析方法，在产品或系统的设计和研发阶段应该合理使用这种方法，尤其在详细设计阶段，因为系统设计已经细致到元器件层次，这时采用 FMEA 方法对保证设计的正确合理有积极的作用，因为在这时发现问题及时修改还不需要太昂贵的费用。

如果能获取每个元器件的故障概率，就可以计算元器件的故障模式对整个系统的影响，从而可以确定是否进行设计变更。FMEA 方法适用于从系统到元器件之间任一层次的分析，但它通常分析较低层次的危险，它既可以进行定性的分析，也可以进行定量的分析。在运用这种分析方法时，除了掌握其原理所在，还要对系统中各组件有着深刻的了解。

FMEA 是一种较为精细的分析方法，在实践中常和其他方法结合使用。

## 二、优点

FMEA 分析方法易于理解和操作，具有如下的优点。

（1）通过每个元件的每个故障模式及影响的一一分析，能够提供一个精确、细致的分析结果。

（2）分析结果可用来优化设计、优化系统，在系统采用“故障安全”设计可得到较为满意的操作效果。

（3）对于高风险的系统或子系统采用这种分析方法可以得到比 PHA 更为精确的结果。由于对每一个元器件的每一个故障模式进行评估，这种方法比事故树分析更为细致。

（4）对分析的部件可进行可靠度方面的预测，采用商用的软件更有助于分析过程。

## 三、使用局限性

FMEA 在使用中的局限性如下所述。

（1）对大型、复杂系统进行分析时，这种分析方法耗费大量的时间和精力；如果将精力花费在每一个细节上，则难免会在宏观层面上失去对系统的控制。

（2）仅能识别单个元件的故障模式，无法识别部件间相互作用的影响，更无法辨识它们所导致的组合故障模式的严重度和发生概率。

（3）要识别所有的故障模式，分析结果的准确程度受分析专家知识水平及对系统熟悉程度的影响。

（4）这种分析方法无法识别人因失误和外界影响因素。

## 四、注意事项

采用 FMEA 分析时，一开始便要根据所了解的系统情况，决定分析到什么水平，这是一个很重要的问题。如果分析程度太浅，就要漏掉重要的故障模式，得不到有用的数据；如果分析程度过深，一切都分析到元件或零部件，则会造成流程复杂，很难提供切实有效的控制措施。一般来讲，经过对系统的初步了解后，就会知道哪些子系统比较关键。对关键的子系统可以分析得深一些，不重要的分析得浅一些，甚至可以不进行分析。

对于一些功能器件像继电器、开关、阀门、储罐、泵等都可当作元件对待，不必进一步分析。

在运用 FMEA 方法时，应注意避免以下一些习惯性的错误。

（1）没有采用结构划分图进行标准的分析。

（2）没有邀请设计人员参加分析以获取更广泛的观点。

（3）没有彻底调查每一个故障模式的全面影响。

## 复习思考题

1. 什么是故障及故障模式？
2. 请查阅基本元件故障模式库。
3. 请查阅 MIL-STD-1629A 和 GJB 450B—2021，了解关于 FMEA 方法的要求。
4. 如何进行故障模式及影响分析？请阐述其分析流程。
5. 故障模式及影响分析是如何进行危险辨识的？
6. 故障模式及影响分析能得到什么结果？
7. 请分析故障模式及影响分析的适用条件。
8. 故障模式及影响分析可否在项目的概念设计阶段进行？为什么？
9. 故障模式及影响分析如何处理关联危险？
10. 选择你熟悉的一个小型设备，采用故障模式及影响分析方法对其进行分析。

## 拓展阅读


[1] 赵强，宋伟科．某游乐设施安全压杠的风险评价应用研究［J］．中国特种设备安全，2023，39（9）：61-64.

[2] 康益炯，康益敏．FMEA 对老年 ICU 患者医院感染控制管理的效果［J］．中华医院感染学杂志，2023，33（20）：3190-3194.

[3] 吴晓阳．基于 FEMA 的船舶电站保障性分析研究［J］．船舶物资与市场，2023，31（8）：93-95. DOI：10. 19727/j. cnki. cbwzysc. 2023. 08. 029

[4] 李春丽，杨光磊．FMEA 方法在烧结钕铁硼永磁体生产运营中的应用［J］．设备管理与维修，2023（14）：18-22. DOI：10. 16621/j. cnki. issn1001-0599. 2023. 07D. 08

[5] 杨丽芳，叶尚尚，贾鸿玉．池式钠冷快堆二回路系统故障模式及影响分析（FMEA）［J］．科学技术创新，2023（16）：198-201.

[6] 陈垦伦，关敏仪，梁佩博，等．基于 FMEA 的某型高温熔盐压力变送器可靠性分析［J］．电子产品可靠性与环境试验，2023，41（2）：33-39.

[7] 宋宏，王涛，杨正军．舞台刚性防火幕故障模式及影响分析与故障树分析［J］．机械工程与自动化，2023（2）：138-142.

[8] 高瀚，王洋绅，王博等．FMEA 分析在顶驱动力系统中的应用［J］．科学技术创新，2022（30）：25-29.

[9] 楼旸，斯妤，陈亮，等．基于 FMEA 法对医疗污水处理过程的风险分析［J］．现代医院管理，2022，20（5）：80-83.

[10] 王广河．基于 FMEA 的船舶智能运维系统架构分析［J］．珠江水运，2022（11）：69-72. DOI：10. 14125/j. cnki. zjsy. 2022. 11. 017

[11] 吴朝军，朱维兵，张林，等．基于 FMEA 的渣浆泵用机械密封失效分析及改进措施［J］．西华大学学报（自然科学版），2022，41（3）：27-34.

[12] 陈思远，黄春生．飞机加油车液压锁的故障模式影响分析［J］．现代机械，2021（6）：38-41. DOI：10. 13667/j. cnki. 52-1046/th. 2021. 06. 009

[13] 潘春荣，梁家玮，谢斌晖．FMEA 在蓝宝石衬底生产周期改善中的应用研究［J］．机械设计与制造，2022（5）：176-180. DOI：10. 19356/j. cnki. 1001-3997. 20211106. 008

[14] 刘胜，郭晓杰，张兰勇，等. 基于模糊置信理论的全电力船舶推进 FMEA 评估 [J]. 控制工程，2021，28 (9)：1807-1813. DOI：10. 14107/j. cnki. kzgc. 20190551

[15] 黄莺，雷俊，王轲. 基于 FMEA 的建筑施工 HSE 风险预警研究 [J]. 武汉大学学报（工学版），2021，54 (9)：835-841. DOI：10. 14188/j. 1671-8844. 2021-09-008

[16] 李畅，刘元治，李想，等. 电动汽车整车控制系统 FMEA 分析方法 [J]. 汽车文摘，2021 (9)：11-18. DOI：10. 19822/j. cnki. 1671-6329. 20210080

[17] 袁海玲，韩文，李坤，等. 失效模式与效应分析在住院患者药物医嘱流程风险管理中的应用与评价 [J]. 中国医院药学杂志，2021，41 (23)：2490-2494. DOI：10. 13286/j. 1001-5213. 2021. 23. 20

[18] 陈长钦，王琰，矫艳，等. 船海工程液压潜液泵系统可靠性分析与设计 [J]. 机电工程技术，2021，50 (8)：216-219.

[19] 王晓庆，冯伟刚. FMEA 在变速器总成设计流程中的应用 [J]. 汽车维修，2021 (3)：21-22.

[20] 李捷，黄远，卢建，等. 秦二厂 RGL 系统 FMEA 分析与设备分级 [J]. 仪器仪表用户，2021，28 (7)：80-85，112.

[21] 管建，李成，沈丹青，等. FMEA 法在加速器剂量日稳定性偏差风险排查中的应用研究 [J]. 中国医疗设备，2021，36 (7)：48-51.

[22] 谢俊业，邹诗华. 基于 FMEA 提升核电厂铅酸电池的可靠性 [J]. 电池，2021，51 (3)：289-292. DOI：10. 19535/j. 1001-1579. 2021. 03. 018

[23] 姚银歌，张涛，朱宇腾，等. 基于 FMEA 的电主轴冷却系统可靠性分析 [J]. 机电工程技术，2021，50 (6)：101-103，137.

[24] 洪琪旭，武干，刘争光，等. 基于 FMEA 的核电厂环吊缺陷原因分析和改进 [J]. 电工技术，2021 (11)：126-128＋132. DOI：10. 19768/j. cnki. dgjs. 2021. 11. 037

[25] 梅能，肖霞，李若茜. 基于 FMEA 和 HM 的智能电能表关键元器件认定研究 [J]. 电测与仪表，2023，60 (12)：171-175. DOI：10. 19753/j. issn1001-1390. 2023. 12. 025

[26] 高岩. 基于 FMEA 的游乐设施风险评价 [J]. 机电产品开发与创新，2021，34 (2)：112-114.

[27] 卢思超，廖奇峰，汪小燕，等. 失效模式与效应分析在输血安全管理中的应用 [J]. 现代医院，2021，21 (3)：365-367，370.

[28] 蔡福海，白海青，王超，等. 基于故障树方法的液化气瓶安全风险评估技术研究 [J]. 石油和化工设备，2021，24 (3)：93-97.

[29] 张叶. FMEA 分析在风电安装船升降电控系统中的应用 [J]. 中国高新科技，2021 (4)：120-121，129. DOI：10. 13535/j. cnki. 10-1507/n. 2021. 04. 48

[30] 牛慧兰. FMEA 在地铁车辆故障分析中的应用研究 [J]. 决策探索（中），2020 (10)：50-51.

[31] 靳明，边刚，闰明涛，等. FMEA 在环境实验室安全管理的应用与实践 [J]. 实验技术与管理，2020，37 (10)：284-287，292. DOI：10. 16791/j. cnki. sjg. 2020. 10. 064

[32] 袁瑗，郭欢，封春春，等. 基于 FMEA 的反应釜故障诊断研究 [J]. 化学工程师，2020，34 (6)：71-74，61. DOI：10. 16247/j. cnki. 23-1171/tq. 20200671

[33] 李宇龙，张根保，王勇勤，等. 数控机床基于元动作的 FMEA 分析技术研究 [J]. 湖南大学学报（自然科学版），2019，46 (10)：64-75. DOI：10. 16339/j. cnki. hdxbzkb. 2019. 10. 008

[34] 王鑫磊，彭莲，田崇兴，等. 基于 FMEA 的液压插销升降系统的结构强度分析 [J]. 船舶工程，2019，41 (S1)：4-9. DOI：10. 13788/j. cnki. cbgc. 2019. S1. 002

[35] 马云娟，殷燕萍，张玉萍. FMEA 法在医院护工管理中的运用研究 [J]. 中国农村卫生，2019，11 (15)：20-21.

[36] 徐至煌. 基于 FMEA 的波纹管补偿器失效模式分析 [J]. 化学工程与装备，2019 (7)：227-229，237. DOI：10. 19566/j. cnki. cn35-1285/tq. 2019. 07. 101

[37] 杨澄懿，于明媛，赵雁武．基于 FMEA 的军队第三方物流供应商选择［J］．包装工程，2019，40（13）：191-200．DOI：10．19554/j．cnki．1001-3563．2019．13．028
[38] 杨波，殷鸿浩，何玉敏，等．基于 FMEA 的汽车密封条产品生产过程质量改进实践［J］．质量与可靠性，2019（2）：39-42．
[39] 唐晓峰，周炳海．基于失效模式与影响分析的光碟驱动器质量改善研究［J］．机械制造，2019，57（3）：91-94，99．
[40] 李鹏，圣长元，魏春波，等．喷房温湿度潜在失效模式影响分析［J］．汽车实用技术，2019（4）：112-114．DOI：10．16638/j．cnki．1671-7988．2019．04．038
[41] 刘以雪，李孝斌．基于 FMEA 方法的危化品物流仓库系统安全分析［J］．中国人民公安大学学报（自然科学版），2019，25（1）：32-37．
[42] 王海燕，任瑶．基于 FMEA-风险矩阵法的铝矾土国际（海陆）运输风险评估［J］．安全与环境工程，2018，25（6）：83-87．DOI：10．13578/j．cnki．issn．1671-1556．2018．06．013
[43] 杨柳，杨瑞俊．一种矿用本安电源的 FMEA 分析研究［J］．山西电子技术，2018（6）：88-89，92．
[44] 杨小虎，陈宇，青晨，等．18PA6B 型应急柴油机 SPV 部件识别研究［J］．设备管理与维修，2018（22）：37-39．DOI：10．16621/j．cnki．issn1001-0599．2018．11D．18
[45] 朱睿中．FMEA 在设备管理工作中的应用探究［J］．设备管理与维修，2018（19）：15-17．DOI：10．16621/j．cnki．issn1001-0599．2018．10．05
[46] 李雨桐，喻潇白，刘官荣，等．基于 FMEA 分析的核电厂安全级 DCS 系统仪控故障报警的分类及分级［J］．仪器仪表用户，2018，25（11）：30-35．
[47] 吴凤明，刘家祥，殷璨．基于 FMEA 的设备风险分级管控研究［J］．价值工程，2018，37（27）：94-96．DOI：10．14018/j．cnki．cn13-1085/n．2018．27．037
[48] 黄巍巍．SPP 35 平台供应船动力系统的故障模式与影响分析［J］．科学技术创新，2018（21）：189-190．
[49] 庄法坤，刘文，宋策，等．基于 FMEA 的在用螺栓法兰接头可靠性维护方法研究［J］．山东化工，2018，47（13）：91-93．DOI：10．19319/j．cnki．issn．1008-021x．2018．13．040
[50] 韩宇楠，卿黎，吉全霖，等．基于 FMEA-FAHP 模型的锅炉危险源分析［J］．中国水运（下半月），2018，18（5）：78-80．
[51] 黄意贤．航天器太阳翼驱动机构的时变可靠性研究［D］．成都：电子科技大学，2018．
[52] 王志杰，王磊，李娜，等．基于 FMEA 的起重机电气系统的故障分析［J］．机械工程与自动化，2018（2）：140-141．
[53] 华鹏，李艳娇，辛久元．高速列车门系统 FMEA 及风险评估案例研究［J］．现代城市轨道交通，2018（3）：18-21．
[54] 李铁柱，冯坚，李石．某核电厂反应堆保护系统 FMEA 分析［J］．电脑知识与技术，2018，14（5）：250-252．DOI：10．14004/j．cnki．ckt．2018．0577
[55] 陈全，黄艳萍．FMEA 在液氯储罐安全风险分析中的应用［J］．价值工程，2018，37（7）：72-76．DOI：10．14018/j．cnki．cn13-1085/n．2018．07．030
[56] 姚灿江，魏领会，王海龙．基于 FTA 和 FMEA 的 RV 减速器可靠性分析［J］．现代制造工程，2018（1）：136-140．DOI：10．16731/j．cnki．1671-3133．2018．01．026
[57] 王海松．船舶机电系统故障模式与影响分析［J］．装备制造技术，2017（11）：191-193．
[58] 蔺鹏飞．基于 FMEA 的海上平台钻机电控系统的失效风险评估［J］．中国石油石化，2017（9）：52-53．
[59] 李杏花．故障模式及影响分析在石化行业中的应用［J］．广东化工，2017，44（11）：152-154，134．
[60] 李冰月，孙建红，刘海港，等．基于 FMEA 的飞机空调系统故障诊断与仿真［J］．振动．测试与诊

断，2017，37（3）：588-595，634. DOI：10. 16450/j. cnki. issn. 1004-6801. 2017. 03. 026
[61] 邓红欣，张勇. 应用 FMEA 降低精神疾病患者自杀自伤发生率［J］. 护理学报，2017，24（10）：10-13. DOI：10. 16460/j. issn1008-9969. 2017. 10. 010
[62] 荆树伟，温志芳，阎俊爱. 基于 FMEA 和模糊 VIKOR 的煤炭开采企业风险识别［J］. 工业工程，2017，20（2）：91-98.
[63] 万载斌. 消防车常见故障诊断与排除［J］. 消防界（电子版），2017（3）：78，94. DOI：10. 16859/j. cnki. cn12-9204/tu. 2017. 03. 064
[64] 刘慧. FMEA 在检验检测机构风险管理中的应用［J］. 理化检验（化学分册），2017，53（3）：327-329.
[65] 阎俊爱，温志芳，荆树伟. 基于 FMEA 的煤炭开采企业应急预案设计［J］. 煤炭工程，2017，49（2）：23-25，29.
[66] 周新建，李志强. 利用 FMECA 法的兆瓦级风力机故障模式分析［J］. 华东交通大学学报，2017，34（1）：107-117. DOI：10. 16749/j. cnki. jecjtu. 2017. 01. 017
[67] 朱江洪，李国芳，王睿，等. 地铁列车非正常停车 FMEA 风险评估［J］. 中国安全科学学报，2017，27（2）：145-150. DOI：10. 16265/j. cnki. issn1003-3033. 2017. 02. 026
[68] 陈全，周浩. FMEA 在天然气生产企业安全管理中的应用［J］. 价值工程，2017，36（3）：14-16. DOI：10. 14018/j. cnki. cn13-1085/n. 2017. 03. 006
[69] 张学鹏，王宏平. FMEA 在油脂浸出车间安全管理中的应用［J］. 粮油食品科技，2017，25（1）：33-36. DOI：10. 16210/j. cnki. 1007-7561. 2017. 01. 008
[70] 郑强. 基于 FMEA 分析法的电梯风险识别与评估？［J］. 化学工程与装备，2016（12）：216-218.
[71] 杨荣，王亚茹，黄艳萍，等. FMEA 在港口设备风险分析中的应用［J］. 港口科技，2016（11）：42-45.
[72] 周翔宇，顾宏清. 基于 FMEA 与 SPC 的呼吸机使用管理失效模式分析及改进［J］. 中国卫生产业，2016，13（31）：120-123. DOI：10. 16659/j. cnki. 1672-5654. 2016. 31. 120
[73] 王云志，李萌，董四平. FMEA 在医院设备管理中的应用［J］. 中国卫生质量管理，2016，23（5）：52-55. DOI：10. 13912/j. cnki. chqm. 2016. 23. 5. 16
[74] 张学鹏，卞建忠，侯广友. FMEA 在大豆浸出车间危险源辨识中的应用［J］. 粮食与饲料工业，2016（9）：26-28＋32.
[75] 包涵. 化工厂开关阀类故障维修优化策略［J］. 当代化工研究，2016（8）：132-133.
[76] 成云，赵晓利，仲伟君，等. 某型手榴弹故障模式及影响分析研究［J］. 系统仿真技术，2016，12（3）：208-211，217. DOI：10. 16812/j. cnki. cn31-1945. 2016. 03. 009
[77] 杨培林，徐凯，薛冲冲，等. 基于模型检测的机电系统 FMEA 研究［J］. 机械工程学报，2016，52（16）：162-168.
[78] 马晓兵，王益红，周江，等. FMEA 技术在通信卫星总体设计中的应用研究［J］. 质量与可靠性，2016（2）：3-7.
[79] 郭云健，谈立成，段晓霞，等. 基于 FMEA 的 100％低地板轻轨车空调系统设计［J］. 制冷与空调，2016，16（2）：28-31＋14.
[80] 卢碧红，张秉海，曲宝章. 动车组牵引供电系统故障模式影响与危害分析［J］. 振动. 测试与诊断，2016，36（1）：97-101＋200. DOI：10. 16450/j. cnki. issn. 1004-6801. 2016. 01. 016
[81] 安跃红，王文想. 基于 FMEA 法的城中村燃气管道安全风险分析［J］. 煤气与热力，2016，36（2）：30-36. DOI：10. 13608/j. cnki. 1000-4416. 2016. 02. 018
[82] 刘晓英. 基于 FMEA 法的风力发电机组故障模式研究［J］. 通讯世界，2016（3）：163-164.
[83] 陈军军，夏芳，侯辉，等. 供水泵站系统 FMEA 分析［J］. 中国给水排水，2016，32（2）：11-14. DOI：10. 19853/j. zgjsps. 1000-4602. 2016. 02. 003

[84] 冷志刚，姚柯飞．基于 FMEA 分析的路面铣刨机设计方法研究 [J]．镇江高专学报，2016，29 (1)：59-63.

[85] 周伟国，尹宇龙，张夏．基于 FMEA 小型 LNG 气化站可靠性分析 [J]．上海煤气，2015 (6)：1-6.

[86] 宋冰．FMEA 在铝加工企业安全生产中的应用 [J]．冶金丛刊，2015 (6)：24-26．DOI：10. 19537/j. cnki. 2096-2789. 2015. 06. 007

[87] 吕丹，李锐柔，张春龙，等．后处理厂溶剂再生系统始发事件的 FMEA 评价 [J]．原子能科学技术，2015，49 (11)：2106-2112.

[88] 李峰．基于 PHA 与 FMEA 的企业风险评估方法的应用研究 [D]．天津：天津大学，2016.

[89] Colli A. Failure mode and effect analysis for photovoltaic systems [J]. Renewable and Sustainable Energy Reviews，2015，50：804-809.

[90] 朱淑珍．FMEA 在医疗器械企业风险管理中的应用 [J]．中国高新技术企业，2015 (29)：64-65. DOI：10. 13535/j. cnki. 11-4406/n. 2015. 29. 032

[91] 王新．故障模式影响及危害性分析在导航雷达系统中的应用 [J]．信息化研究，2015，41 (3)：53-58.

[92] 马建章，高驰名，吴迪．基于 FMEA 方法的电子设备结构可靠性分析 [J]．无线电工程，2015，45 (7)：75-78.

[93] 秦莲童，常新宇．FMEA 故障模型在计算机维护中的应用研究 [J]．微处理机，2015，36 (4)：64-68.

[94] 沈伟．铁路控制系统的 FMEA 方法 [J]．铁道通信信号，2015，51 (5)：46-48．DOI：10. 13879/j. issn1000-7458. 2015-05. 14361

[95] 胡天松．基于故障维修数据的大型矿用挖掘机可靠性评估与分配 [D]．成都：电子科技大学，2015.

[96] 刘洪涛．集成电路芯片合金烧结工艺 FMEA 应用分析 [J]．微处理机，2015，36 (2)：15-17.

[97] 刘关四．港口门座起重机 FMEA 分析及其应用研究 [D]．武汉：武汉工程大学，2015.

[98] 周红，刘洋．结合 FAHP 和频率分析的地铁工程 FMEA 风险评价应用研究 [J]．工程管理学报，2015，29 (1)：53-58．DOI：10. 13991/j. cnki. jem. 2015. 01. 011

[99] 张颖，张健，李华晶．FMEA 在疫苗新产品项目生产车间设计中的应用 [J]．项目管理技术，2014，12 (12)：90-93.

[100] 张琼，张际，郑显兰，等．失效模式与效应分析在麻醉复苏期风险管理中的应用 [J]．护理学杂志，2014，29 (20)：39-42.

[101] 尤筱玥，黄志明．基于 FMEA 的业务外包风险评估研究 [J]．上海管理科学，2014，36 (5)：45-49.

[102] 李中兴，陈国华，李刚，等．基于 PHA-FMEA 的电梯安全评估方法及应用 [J]．中国安全科学学报，2014，24 (10)：60-64．DOI：10. 16265/j. cnki. issn1003-3033. 2014. 10. 023

[103] 杜虹．浅谈 FMEA 在风险管理中的应用 [C] //天津市电子学会．第二十八届中国（天津）2014IT、网络、信息技术、电子、仪器仪表创新学术会议论文集．天津光电集团有限公司，2014：5.

[104] 吕方超，李玉忍，兰根龙．开关电源的可靠性分析 [J]．电源技术，2014，38 (6)：1127-1129.

[105] 靳树昌，胡俊．远程火箭炮通信控制机故障模式及影响分析 [J]．火炮发射与控制学报，2014，35 (2)：60-64．DOI：10. 19323/j. issn. 1673-6524. 2014. 02. 013

[106] 王文斌，苏宏升．ZPW-2000A 轨道电路系统的 FMEA 分析研究 [J]．兰州交通大学学报，2014，33 (3)：146-149.

[107] 孙海云．FMEA 在汽车车桥中的应用研究 [D]．青岛：青岛理工大学，2014.

[108] 陈露露，郭琳. 基于 FMEA 理论的风机维修策略探讨 [J]. 价值工程，2014，33（11）：30-31. DOI：10. 14018/j. cnki. cn13-1085/n. 2014. 11. 031

[109] 余宏亮. 基于 FMEA 的地铁盾构始发与到达施工风险识别及评估 [J]. 价值工程，2014，33（10）：123-125. DOI：10. 14018/j. cnki. cn13-1085/n. 2014. 10. 059

[110] 陈小伟. 基于 FMEA 施耐德产品质量案例分析 [D]. 上海：华东理工大学，2014.

[111] 孙晓伟. 风电机组齿轮箱故障模式与影响分析 [D]. 北京：华北电力大学，2014.

[112] 郭磊，王艳辉，祝凌曦. 动车组转向架系统故障模式及影响分析 [J]. 铁道机车车辆，2013，33（6）：97-100，104.

[113] 李华新. 汽车安全带设计开发中的质量控制研究 [D]. 重庆：重庆交通大学，2013.

[114] 李华. 化工产品生产过程中基于 FMEA 方法的质量改善研究 [D]. 上海：华东理工大学，2014.

[115] 崔明欣，张宝天. 改进 FMEA 法的石油钻探设备 HSE 风险识别 [J]. 辽宁工程技术大学学报（社会科学版），2013，15（6）：569-573.

[116] 宋彪，王旭，张欢. 基于 FMEA 的飞机燃油箱防火安全性分析 [J]. 中国民航大学学报，2013，31（5）：14-18，23.

[117] 程敏，曹义敏. 基于模糊 FMEA 的长距离输水管线顶管施工风险分析 [J]. 中国安全科学学报，2013，23（9）：76-82. DOI：10. 16265/j. cnki. issn1003-3033. 2013. 09. 008

[118] 毛继伟. FMEA 在掘进机中应用的研究 [J]. 煤矿现代化，2013（4）：72-73，76. DOI：10. 13606/j. cnki. 37-1205/td. 2013. 04. 048

[119] 武文娟，刘混举. 基于 FMEA 和 FTA 的矿用减速器可靠性分析 [J]. 煤矿机械，2013，34（8）：112-113. DOI：10. 13436/j. mkjx. 2013. 08. 041

[120] 金初云，蓝苒. FMEA 在直流电钻开发中的应用分析 [J]. 控制工程，2013，20（3）：577-579，584. DOI：10. 14107/j. cnki. kzgc. 2013. 03. 004

[121] 李智斌，包士毅，高增梁. 弹簧全启式安全阀的 FMECA 分析 [J]. 压力容器，2013，30（3）：25-31，62.

[122] 关坤. FMEA 分析方法在汽车焊装夹具设计中的应用 [J]. 汽车科技，2013（1）：70-74.

[123] 田英娜，赵同双，孙建勋，等. 药物口服固体制剂制粒工艺风险的 FMEA 分析 [J]. 中国药事，2013，27（1）：27-32. DOI：10. 16153/j. 1002-7777. 2013. 01. 002

[124] 白旭，孙丽萍，孙海，等. 基于 FMEA 和 FTA 的海洋结构物吊装运输过程风险分析 [J]. 中国造船，2012，53（4）：171-179.

[125] 赵红，樊建春，张来斌. 深水防喷器控制系统的 FMEA 分析研究及应用 [J]. 中国安全生产科学技术，2012，8（11）：107-112.

[126] 汪义军. FEMA 在 ERP 项目风险管理中的应用研究 [J]. 长春理工大学学报（社会科学版），2012，25（11）：144-145，152.

[127] 胡海涛，高朝晖，何正友，等. 基于 FTA 和 FMEA 法的地铁牵引供电系统可靠性评估 [J]. 铁道学报，2012，34（10）：48-54.

[128] 邓海飞，吕艳梅，王家林，等. 某型无人机伞降回收系统故障模式、影响及危害性分析 [J]. 装备环境工程，2012，9（3）：90-93，98.

[129] 韩宗真，向平，郑卉凌. 船舶保障系统 FMEA 分析 [J]. 舰船科学技术，2012，34（6）：129-131.

[130] 庞旭青. 基于 FMEA 方法的铁路线路维修安全风险管理研究 [J]. 中国铁路，2012（6）：48-50. DOI：10. 19549/j. issn. 1001-683x. 2012. 06. 013

[131] 王余海. $CO_2$ 气保焊的故障模式与影响分析 [J]. 上海化工，2012，37（5）：23-26. DOI：10. 16759/j. cnki. issn. 1004-017x. 2012. 05. 010

[132] 熊君星，赵金萍，涂海宁，等. 基于 FMEA 的设备故障管理研究 [J]. 机床与液压，2012，40（7）：184-185，190.

[133] 张煜. 汽轮发电机组油膜失稳故障分析及诊断方法研究 [D]. 北京：华北电力大学，2012.

[134] 迮晓锋，刘龙，王海庄，等. 安全阀失效模式和影响分析 [J]. 阀门，2012 (1)：42-45. DOI：10. 16630/j. cnki. 1002-5855. 2012. 01. 014

[135] 贺陈琴，王岳. FMEA 在乙烯罐区风险分析中的应用研究 [J]. 中国安全生产科学技术，2012，8 (1)：149-153.

[136] 李毅佳，余建星. 基于 FMEA 和模糊理论的海底管道建造期质量风险分析 [J]. 中国安全科学学报，2012，22 (1)：112-117. DOI：10. 16265/j. cnki. issn1003-3033. 2012. 01. 020

[137] 蔡芝明，金家善，何春雨. 柴油机燃油系统故障模式及影响分析 [J]. 装备制造技术，2011 (12)：63-65.

[138] 王朗珠，李霜. FMEA 在某变压器 C 相故障分析中的应用 [J]. 重庆电力高等专科学校学报，2011，16 (5)：82-85.

[139] 钟武华，林少芬，陈景锋. FMEA 在船舶主机润滑系统中的应用 [J]. 舰船科学技术，2011，33 (9)：71-73，98.

[140] 朱熹. FMEA 在半导体工艺整合项目风险管理中的应用研究 [D]. 上海：复旦大学，2011.

[141] 辛颖，王岩. 基于故障类型及影响分析法（FMEA）的天然气管道评价 [J]. 中小企业管理与科技（上旬刊），2011 (9)：315-316.

[142] 吴国祥，俞海根，钟冬娟. FMEA 在油压千斤顶企业质量控制中的应用 [J]. 起重运输机械，2011 (7)：60-64.

[143] 张悦，石超，方来华. 基于 FMEA 和 HAZOP 的综合分析方法及应用研究 [J]. 中国安全生产科学技术，2011，7 (7)：146-150.

[144] 何成兵，顾煜炯，邢诚. 基于 FMEA 法的风力发电机组故障模式分析 [J]. 可再生能源，2011，29 (3)：120-126. DOI：10. 13941/j. cnki. 21-1469/tk. 2011. 03. 038

[145] 赵开敏，董晓瑞，胡祝昌，等. FMEA 在汽车产品开发中的应用研究 [J]. 汽车零部件，2011 (5)：69-71，74. DOI：10. 19466/j. cnki. 1674-1986. 2011. 05. 013

[146] 张景飞，谢雄刚，陈娜. 某环戊烷贮罐站的故障模式和影响分析 [J]. 湖南安全与防灾，2011 (4)：48-49.

[147] 王莉. 基于 FMEA 与 FTA 的通风系统可靠性分析 [D]. 阜新：辽宁工程技术大学，2011.

[148] 董晓丹，潘佳炜. 基于 FMEA 分析法的汽车线控制动系统的故障分析 [J]. 汽车零部件，2010 (10)：37-42. DOI：10. 19466/j. cnki. 1674-1986. 2010. 10. 006

[149] 胡灯明，郑志强. 油气管道安全预评价的 FMEA 方法分析 [J]. 石油化工安全环保技术，2010，26 (4)：21-25，68.

[150] 蒋志广，易旺民，张延磊. 卫星总装工艺 FMEA 应用初步研究 [J]. 航天器环境工程，2010，27 (4)：510-514，407.

[151] 陈红，孙志礼，王冬梅. 工艺 FMEA 在机械零件加工过程中的应用 [J]. 机械工程师，2010 (8)：80-81.

[152] 唐微. FMEA 在电力机车设计过程中的应用 [J]. 电力机车与城轨车辆，2010，33 (4)：47-49. DOI：10. 16212/j. cnki. 1672-1187. 2010. 04. 010

[153] 庄敏. FMEA 模式在病区护理安全管理中的应用 [J]. 海南医学，2010，21 (11)：119-122.

[154] 李明，程芳，吴家龙. 基于 FMEA 的自动斗轮堆取料机可靠性分析 [J]. 机电一体化，2010，16 (4)：51-54.

[155] 陈淼，魏华，徐正喜. 一种控制装置电源短路 FMEA 分析及其解决办法 [J]. 舰船科学技术，2009，31 (6)：124-127.

[156] 郑晶晶，张钦礼，王新民等. 充填管道系统失效模式与影响分析（FMEA）及失效影响模糊评估 [J]. 中国安全科学学报，2009，19 (6)：166-171＋3. DOI：10. 16265/j. cnki. issn1003-3033.

2009. 06. 004

[157] 林福泉，林少芬，曾胜斌. FMEA 在船舶分油机中的应用 [J]. 舰船科学技术，2009，31 (5)：113-115，120.

[158] 翟国芳，周妮娜，陈红亮. FMEA 在玻璃钢产品开发过程中的应用实例 [C] //中国硅酸盐学会玻璃钢分会. 第十七届玻璃钢/复合材料学术年会论文集. 北京汽车玻璃钢有限公司，2008：3.

[159] 刘刚，曹夏孟. "故障模式及影响分析" 在 60 万吨尿素装置工业循环水系统中的应用 [J]. 石油化工应用，2008 (5)：78-81.

[160] 盛江，刘国青. 空间环境模拟器的 FMEA 分析方法 [J]. 航天器环境工程，2008 (4)：395-400，300.

[161] 孙璐璐，周晓军，奚立峰. 基于 FMEA 的污水排放设备维护策略 [J]. 工业工程与管理，2007 (6)：50-54. DOI：10. 19495/j. cnki. 1007-5429. 2007. 06. 011

[162] 戴云徽，韩之俊，朱海荣. 故障模式及影响分析 (FMEA) 研究进展 [J]. 中国质量，2007 (10)：23-26. DOI：10. 16434/j. cnki. zgzl. 2007. 10. 015

[163] 张燏. FMEA 在冲压模具设计中的应用 [J]. 机电工程技术，2007 (6)：82-84，106.

[164] 崔文彬，吴桂涛，孙培廷，等. 基于 FMEA 和模糊综合评判的船舶安全评估 [J]. 哈尔滨工程大学学报，2007 (3)：263-267，276.

[165] 许苹，许敏，刑茂迎，等. FMEA 在医疗风险管理中的应用以及局限性 [J]. 现代预防医学，2007 (1)：51-52.

[166] 周俊峰，许乐平，竹建福. 故障模式及影响分析方法在船舶主推进系统中的应用 [J]. 船海工程，2006 (6)：84-87.

[167] 梁建宏. 故障模式及影响分析 (FMEA) 在设备维修管理中的应用 [J]. 石油化工安全技术，2006 (6)：42-44，59.

[168] 刘晓飞，王树山. 故障模式影响分析法在弹药安全性失效分析中的应用 [J]. 安全与环境学报，2006 (5)：101-104.

[169] 崔文彬，魏一. 船舶安全评估使用 FMEA 方法的分析及改进 [J]. 航海技术，2006 (5)：50-51.

[170] 王翠表，信海红，温丽娟. FMEA 在麻花钻钻孔中的应用 [J]. 煤矿机械，2006 (8)：138-140. DOI：10. 13436/j. mkjx. 2006. 08. 065

[171] 刘斌，韩亚平，刘铁娅. FMEA 在钢板弹簧设计中的应用 [J]. 公路与汽运，2006 (4)：5-7，19.

[172] 陈东才，孙宏. FMEA 在摩托车市场故障分析中的应用 [J]. 机电工程技术，2006 (7)：20-23，139.

[173] 王辉，闫祥安，王立文，等. 液压机液压系统主缸回路 FMEA 分析 [J]. 机床与液压，2006 (1)：162-164.

[174] 邓爱民，陈循，张春华，等. 星载铷钟的故障模式及影响分析 [J]. 国防科技大学学报，2005 (2)：102-106.

[175] 李晓明，黄卫刚，戴忠华，等. 核电站重要敏感性设备分析 [J]. 中国安全科学学报，2005 (1)：95-100，2. DOI：10. 16265/j. cnki. issn1003-3033. 2005. 01. 022

[176] 陈春梅，朱秀文，刘江南. FMEA 在项目风险管理中的应用研究 [J]. 河北建筑科技学院学报，2004 (3)：83-87.

[177] 裴建平. FMEA 在企业设备改造中的应用 [J]. 中国西部科技，2004 (9)：114-115.

[178] 王清. 基于 FMEA 和 FTA 的故障诊断技术及其在 DEH 系统中的应用 [D]. 北京：华北电力大学(北京)，2004.

[179] 李玉龙. FMEA 技术在电脑机箱制造中的应用 [J]. 机械工人 (热加工)，2004 (2)：49-51.

[180] 沈颂华，李瑛，康锐. 航空电源系统 FMEA 自动化技术研究 [J]. 北京航空航天大学学报，1997 (6)：135-139.

# 参考文献


[1] Roland H E，Moriarty B. System Safety Engineering and Management [M]. 2nd ed. New York：John Wiley & Sons，1990.

[2] Bahr N J. System Safety Engineering and Risk Assessment：A Practical Approach [M]. 2nd ed. Boca Raton：CRC Press Taylor & Francis Group，2015.

[3] Stephans R A. System Safety for the 21st Century：The Updated and Revised Edition of System Safety 2000 [M]. Hoboken：John Wiley & Sons，2004.

[4] Vincoli J W. Basic Guide to System Safety [M]. 3rd ed. Hoboken，NJ：John Wiley & Sons，2014.

[5] Rausand M，Stein H. Risk Assessment：Theory，Methods，and Applications [M]. 2nd ed. Hoboken：John Wiley & Sons，2020.

[6] U. S. DOD. Procedures for Performing a Failure Mode，Effects，and Criticality Analysis：MIL-STD-1629A [S]. Washington，DC：DOD，1980.

[7] AIAG. Potential Failure Mode and Effects Analysis (FMEA)：Reference Manual [M]. 4th ed. Southfield：AIAG，2008.

[8] SAE International. Recommended Failure Modes and Effects Analysis (FMEA) Practices for Non-Automobile Applications：SAE ARP 5580 [S]. Warrendale，PA：SAE International，2001.

[9] 总装备部. 装备研制与生产的可靠性通用大纲：GJB 450—1988 [S]. 1988.

[10] 中央军委装备发展部. 装备可靠性工作通用要求：GJB 450A—2004 [S]. 2004.

[11] 中央军委装备发展部. 装备可靠性工作通用要求：GJB 450B—2021 [S]. 2021.

[12] IEC. Analysis Techniques for System Reliability—Procedure for Failure Mode and Effects Analysis (FMEA)：IEC 60812—2006 [S]. 2006.

[13] 国家质量监督检验检疫总局，国家标准化管理委员会. 系统可靠性分析技术　失效模式和影响分析 (FMEA) 程序：GB/T 7826—2012 [S]. 2012.

[14] EC. Failure Modes and Effects Analysis (FMEA and FMECA)：IEC 60812—2018 [S]. 2018.

[15] Mohr R R. Failure Modes and Effects Analysis (Lecture Presentation) [Z]. 8th ed. Tullahoma：Sverdrup Technology，Inc.，2002.

[16] 罗云，周福宝，樊运晓，等. 注册安全工程师手册 [M]. 3 版. 北京：化学工业出版社，2020.

[17] Ericson C A. Hazard Analysis Techniques for System Safety [M]. 2nd ed. John Wiley & Sons，2016.

[18] Clemens P L，Simmons R J. System Safety and Risk Management：NIOSH Instructional Module [M]. Cincinnati：U. S. Department of Health and Human Services，1998.

[19] Goldberg B E，Everhart K，Stevens R，et al. System Engineering Toolbox for Design-oriented Engineers [R]. Washington，DC：NASA Reference Publication，1994.

[20] Bloswick D. Failure Mode and Effect Analysis (FMEA) Packet (Lecture Presentation) [Z]. Salt Lake City：Mechanical Engineering at the University of UTAH，1993.

[21] CCPS. Guidelines for Hazard Evaluation Procedures [M]. 3th ed. Hoboken，NJ：John Wiley & Sons，2008.

[22] 廖学品. 化工过程危险性分析 [M]. 北京：化学工业出版社，2000.

[23] Ostrom L T，Wilhelmsen C A. Risk Assessment：Tools，Techniques，and Their Applications [M]. 2nd ed. Hoboken，NJ：John Wiley & Sons，2019.

[24] 冯肇瑞，崔国璋. 安全系统工程 [M]. 北京：冶金工业出版社，1987.

[25] 张景林，崔国璋. 安全系统工程 [M]. 北京：煤炭工业出版社，2002.

[26] 汪元辉. 安全系统工程 [M]. 天津：天津大学出版社，1999.

[27] Hyatt N. Guidelines for Process Hazards Analysis：Hazards Identification & Risk Analysis [M]. Ontario：Dyadem Press，2003.

[28] Crawley F. A Guide to Hazard Identification Methods [M]. 2nd ed. Cambridge，MA：Elsevier，2020.

[29] Popov G，Lyon B K，Hollcroft B D. Risk Assessment：A Practical Guide to Assessing Operational Risks [M]. Hoboken，NJ：John Wiley & Sons，2016.

[30] Mannan S. Lees' Loss Prevention in the Process Industries [M]. 4th ed. Oxford：Butterworth-Heinemann，2012.

# · 第六章 ·

# 危险与可操作性研究

危险与可操作性研究（Hazard and Operability Study，HAZOP）又称为危险与可操作分析（Hazard and Operability Analysis，HAZOA），是从生产系统中的工艺状态参数出发，运用启发性引导词来研究状态参数的变动，从而进行危险辨识，在此基础上分析危险可能导致的后果以及相应的控制措施。

随着工业自动化、连续化、大型化的日益发展，生产工艺越来越复杂，特别是出于经济的原因，单系列的生产装置更加普遍，这使得工厂任何一个环节发生故障就会对整个系统产生很大影响，甚至酿成事故。在设计过程中，如果从开始就注意消除系统的危险性，无疑能提高工厂生产的安全性和可靠性。但是仅靠设计人员的经验和相应的法规标准很难达到完全消除危险的目的，特别是对于操作条件严格、工艺过程复杂的工厂则需要寻求新的方法，使得该方法能在设计开始时对建议的工艺流程进行预审定，在设计终了时对工艺详细图纸进行详细的校核。

为了解决上述问题，人们尝试了许多方法，但由于历史原因这类方法往往偏重于设备方面。许多年来，化工生产一直是分批操作，出的事故多半是在设备上，因而从设备上考虑安全问题是很自然的。一谈到安全，我们就会首先考虑：设备的结构强度是否足够？选用的材料是否适当？设备上安装的减压阀、排放管、仪表等安全装置是否适用？第五章所介绍的FMEA法就是这种方法之一。当然尽管这类方法通常都是有效的，但是生产是一个系统在活动，该系统是将各种设备按不同需要连在一起，为一个生产目标而进行活动，是一个运动着的整体。基于此背景，仅仅考虑设备就不够了，还必须考虑操作。很多潜在的危险在静止时往往被掩盖着，一旦系统运转起来便呈现出来。因此，对于本身就在处理庞大能量的石油、化工等行业，在控制条件、产品质量要求十分严格的情况下，更需要开发新的系统安全分析方法来判明操作中的潜在危险性。

1963年，英国帝国化学工业公司（Imperial Chemical Industries，ICI）开发了一种通过偏差识别危险的方法，该方法之后被发展成为可操作性研究（Operability Study，OS）方法，是在设计开始和定型阶段发现潜在危险性和操作难点的一种方法。直到1974年ICI才将其确定成为我们今天熟悉的危险与可操作性研究，该方法在许多化工厂实践后都证明有效。2001年国际电工委员会（International Electrotechnical Commission，IEC）推出了《危险与可操作性分析（HAZOP分析）应用导则》（IEC 61882—2001）的标准；2016年IEC将61882标准升级为IEC 61882—2016。2013年，原国家安全生产监督管理总局将该标准修改采用，推出了行业标准AQ/T 3049—2013；同年，安全生产监督管理总局《关于加强化工过程安全管理的指导意见》中要求：对涉及重点监管危险化学品、重点监管危险化工工艺和危险化学品重大危险源的生产储存装置进行风险辨识分析，要采用HAZOP技术，一般每3年进行一次；对其他生产储存装置的风险辨识分析，针对装置不同的复杂程度，应选用安全检查表、工作危害分析、PHA、FMEA、HAZOP技术等方法或多种方法组合，可每5年进行一次。

# 第一节 危险与可操作性研究基本概念

## 一、研究节点

研究节点（Study Nodes）是指为了查找工艺参数的偏差，在工艺管道仪表流程图（Process & Instrumentation Drawing，PID）上所标示的、具有明确边界的设备部分（Sections），如两容器之间的管线。

## 二、工艺参数

工艺参数（Process Parameter）又称为系统参数（System Parameter），是与过程有关的物理和化学特性，包括概念性的项目，如反应、混合、浓度、pH值等，也包括表征特性的项目，如温度、压力、相数及流量等，通过工艺参数可以知道系统所进行的操作。表6-1是化工生产中常用的工艺参数。

**表6-1 化工生产中常用的工艺参数**

| 流量 | 温度 | 压力 | 液位 |
|---|---|---|---|
| 时间 | pH值 | 组成 | 速度 |
| 频率 | 电压 | 黏度 | 信号 |
| 混合 | 分离 | 添加剂 | 反应 |

## 三、工艺指标

工艺指标是指工艺过程的正常操作条件，通常采用表格的方式用文字描述，也可以采用流程图、管道图、PID图等进行图解说明。工艺指标确定了装置应如何按照期望进行操作，而避免发生偏差。例如某管线中的液体以某特定速度、特定温度或特定压力沿特定方向流动，其中“速度”“温度”“压力”“流向”的具体值即为其工艺指标，通过工艺指标可以知道系统被操作时的具体参数。

## 四、引导词

引导词（Guide Word）是用于定性或定量说明工艺指标值的简单词语，其目的在于引导识别工艺过程中的工艺指标与预计值间存在的偏差。不同的工艺、所处产品生命周期不同的阶段，对引导词的理解都各不相同。

由于引导词过于简单，在运用时还应考虑具体的生产实践情形。表 6-2 是常用引导词及其意义和说明。

表 6-2 常用引导词及其意义和说明

| 关键字 | 意 义 | 说 明 |
|---|---|---|
| 空白(None) | 完全实现不了设计规定的要求 | 该部分未发生设计所要求的事件,例如,设计中管内应有流体流动,但实际上管内没有流体流动 |
| 多(More) | 比设计规定的标准增加了 | 在量的方面有所增加,如比设计规定过高的温度、压力、流量等 |
| 少(Less) | 比设计规定的标准减少了 | 在量的方面有所减少,如比设计规定过低的温度、压力、流量等 |
| 以及(As Well As) | 质的变化 | 虽然可达到设计和运转的要求,但在质的方面有所变化,如出现其他的组分或不希望的相(Phase) |
| 部分(Part Of) | 数量和质量均有下降的变化 | 仅能达到设计和运转的部分要求,例如组分标准下降 |
| 反向(Reverse) | 出现与设计和运转要求相反的情况 | 如发生逆流、逆反应等 |
| 异常(Other Than) | 出现了不同的事件 | 发生了不同的事件,完全不能达到设计和运转标准的要求 |

## 五、偏差

偏差（Deviation）是指使用引导词系统地对每个分析节点的工艺参数（如流量、压力等）进行分析时所发现的一系列偏离工艺指标的情况（如无流量、压力高）；采用 HAZOP 方法辨识了系统的偏差，则辨识了系统的危险。偏差的形式通常是“引导词＋工艺参数”。表 6-3 是几个偏差的示例。

表 6-3 偏差示例

| 引导词 | 工艺参数 | 偏差 | 引导词 | 工艺参数 | 偏差 |
|---|---|---|---|---|---|
| 空白 | 流量 | 无流量 | 伴随 | 一相 | 两相 |
| 过量 | 压力 | 压力高 | 异常 | 操作 | 维修 |

## 六、偏差原因

偏差原因（Cause of Deviation）是指导致偏差形成的原因。一旦找到发生偏差的原因，就意味着找到了控制偏差的方法和手段，这些原因可能是设备故障、人为失误、不可预见的工艺状态（如组成改变）或来自外部破坏（如电源故障）等。表 6-4 是 HAZOP 中常见工艺参数及其偏差和可能的原因。

**表 6-4　HAZOP 中常见工艺参数及其偏差和可能的原因（廖学品，2000）**

| 工艺参数 | 引导词 | 可能原因 |
| --- | --- | --- |
| 流量 | 过量(More) | •泵的能力增加<br>•进口压力增加<br>•输送压力降低<br>•换热器管程泄漏<br>•未安装流量限制孔板<br>•系统互串<br>•控制故障<br>•控制阀进行了调整<br>•启动了多台泵 |
| | 减量(Less) | •障碍<br>•输送线路错误<br>•过滤器堵塞<br>•泵损坏<br>•容器、阀门、孔板堵塞<br>•密度或黏度发生变化<br>•汽蚀<br>•排污管泄漏<br>•阀门未全开 |
| | 空白(None) | •输送线路错误<br>•堵塞<br>•滑板不对<br>•单向阀装反了<br>•管道或容器破裂<br>•大量泄漏<br>•设备失效<br>•错误隔离<br>•压差不对<br>•气缚 |
| | 相逆(Reverse) | •单向阀失效<br>•虹吸现象<br>•压力差不对<br>•双向流动<br>•紧急放空<br>•误操作<br>•内嵌备用设备<br>•泵的故障<br>•泵反转 |
| 液位 | 过量(More)相当于“高” | •出口被封死或堵塞<br>•因控制故障引起进口流量大于出口流量<br>•液位测量器故障<br>•液体比重平衡<br>•液泛<br>•压力湍动<br>•腐蚀<br>•污泥 |
| | 减量(Less)相当于“低” | •无进入液体<br>•泄漏<br>•出口流量大于进口流量<br>•控制故障<br>•液位测量器故障<br>•容器已放空<br>•液泛<br>•压力湍动<br>•腐蚀<br>•污泥 |
| 压力 | 过量(More)相当于“高” | •堵塞问题<br>•连接到高压设备<br>•气体进入<br>•放空容积不当<br>•设置的放空压力不对<br>•安全阀被封死<br>•因加热而超压<br>•控制阀因故障打开<br>•沸腾<br>•冻结<br>•化学击穿<br>•结构<br>•发泡<br>•冷凝<br>•沉淀<br>•气体释放<br>•起爆<br>•爆炸<br>•爆聚<br>•外部着火<br>•天气条件<br>•锤击<br>•黏度或密度发生变化 |
| | 减量(Less)相当于“低” | •形成真空<br>•冷凝<br>•气体溶解在液体中<br>•泵或压缩机管道受到限制<br>•未检测到泄漏<br>•容器向外排物<br>•气动调节阀堵塞<br>•沸腾<br>•汽蚀<br>•冻结<br>•化学击穿<br>•闪蒸 |

续表

| 工艺参数 | 引导词 | 可能原因 |
| --- | --- | --- |
| 压力 | 减量(Less)相当于“低” | •沉淀<br>•结构<br>•起泡<br>•气体释放<br>•起爆<br>•爆炸<br>•爆聚<br>•着火条件<br>•天气条件<br>•黏度或密度发生变化 |
| 温度 | 过量(More)相当于“高” | •环境条件<br>•换热器列管淤塞或有缺陷<br>•着火情况<br>•冷却水出现故障<br>•控制阀失效<br>•加热器控制失效<br>•内部着火<br>•反应控制失效<br>•加热介质漏入工艺过程中<br>•仪表和控制故障 |
| | 减量(Less)相当于“低” | •环境条件<br>•压力降低<br>•换热器列管淤塞或有缺陷<br>•无加热<br>•液化气因焦耳-汤姆逊效应而使压力降低 |
| | 物质不对 | •原料不对或不符合规格<br>•操作错误<br>•提供的物质不对 |
| | 浓度不对 | •隔离阀泄漏<br>•换热器列管破裂<br>•原料规格不对<br>•过程控制波动<br>•反应生成副产品<br>•来自高压系统的水、蒸汽、燃料、润滑剂、腐蚀性产品进入<br>•气体进入 |
| | 杂质 | •换热器列管破裂<br>•隔离阀泄漏<br>•系统的操作错误<br>•系统互串<br>•开停车时空气进入，海拔高度改变了流体流速<br>•高压系统的水、蒸汽、燃料、润滑剂、腐蚀性物质进入<br>•气体进入<br>•进料物流不纯（如含有$H_2S$、$CO_2$等） |
| 黏度 | 过量(More)相当于“高” | •物质或组成不对<br>•温度不对<br>•固体含量高<br>•浆料沉降 |
| | 减量(Less)相当于“低” | •物质或组成不对<br>•温度不对<br>•加入溶剂 |
| 安全释放系统 | | •释放原理<br>•释放装置的类型和可靠性<br>•释放阀放空位置<br>•是否会造成污染源<br>•两相流动<br>•能力低(进口和出口) |
| 腐蚀或磨蚀 | | •装有阴极保护(内部和外部)<br>•采用涂层<br>•腐蚀检测方法和频率<br>•材料规格<br>•镀锌<br>•腐蚀应力破裂<br>•流体流速<br>•酸性介质<br>•溅射范围扩大 |
| 公用系统故障 | | •仪表空气<br>•蒸汽<br>•氮气<br>•冷却水<br>•高压水<br>•电力<br>•供水<br>•通信<br>•计算机或程序逻辑控制(PLC)<br>•防火(检测和扑火) |
| 非正常操作 | | •置换<br>•冲洗<br>•开车<br>•正常停车<br>•紧急停车<br>•紧急操作<br>•运行机器的检查<br>•机器保养 |
| 维修规程 | | •隔离方案<br>•排污<br>•置换<br>•清洗<br>•干燥<br>•进入 |

续表

| 工艺参数 | 引导词 | 可能原因 | 工艺参数 | 引导词 | 可能原因 |
|---|---|---|---|---|---|
| 维修规程 | | • 救援计划<br>• 培训<br>• 压力检测<br>• 工作许可制度<br>• 条件监测<br>• 起重和人力搬运 | 资料 | | • 迷惑（看不懂）<br>• 不恰当<br>• 遗漏<br>• 只有一部分<br>• 资料错误<br>• 数量不够 |
| 静电 | | • 已接地<br>• 容器隔离<br>• 低导电流体<br>• 容器溅射充装<br>• 过滤器和阀元件隔离<br>• 产生粉尘<br>• 处理固体<br>• 电力分类<br>• 火焰捕获器<br>• 热工作场所<br>• 热的表面<br>• 自动产生火花或自燃物质 | 顺序 | | • 操作太早<br>• 操作太迟<br>• 脱岗<br>• 向相反的方向操作<br>• 操作未完成<br>• 有多余动作<br>• 操作中动作错误 |
| 备用设备 | | • 已安装或未安装<br>• 可得到备用设备<br>• 储存备用<br>• 备用设备分类 | 安全系统 | | • 火灾和气体检测与报警<br>• 紧急停车方案<br>• 灭火应答<br>• 应对紧急情况的训练<br>• 工艺物料的阈限值及检测方法<br>• 急救或医疗设施<br>• 蒸汽和流出物的扩散<br>• 安全设备的测试<br>• 与国家和地方法律规定吻合 |
| 取样规程 | | • 取样规程<br>• 分析结果的时间<br>• 自动取样的校验<br>• 结果诊断 | | | |
| 时间 | | • 太长<br>• 太短<br>• 错误 | 地理环境 | | • 设备等的布置和安排<br>• 气象（温度、湿度、洪水、风、冰雹、龙卷风等）<br>• 地质或地震<br>• 人为因素（标记、识别、进入、训练、资格、报警等）<br>• 火灾和爆炸<br>• 暴露的相邻设备 |
| 行动 | | • 过多<br>• 低估<br>• 无<br>• 相反<br>• 不完全<br>• 违反规定<br>• 错误行动 | | | |

## 七、偏差后果

偏差后果（Effect of Deviation）是指偏差所造成的后果（如释放有毒物质）；分析小组常常假定发生偏差时已有的安全保护失效，不考虑那些细小的与安全无关的后果。

## 八、安全保护

安全保护（Safeguard）是指用以避免或减轻偏差发生所造成不良后果的工程措施或管理控制系统，如报警、连锁、操作规程等。HAZOP 分析在考虑偏差后果时通常假设这些保护系统失效，在确定控制措施时才考虑这些安全保护，并进一步确定它们是否充分。

# 第二节 危险与可操作性研究分析方法

## 一、方法概述

HAZOP针对系统中某个节点的某项操作，对照其工艺指标采用引导词辨识有关的偏差，从而辨识系统的危险，继而分析偏差的原因及可能导致的后果，最后提出控制措施加以解决。HAZOP的特点在于该分析由分析小组对照设计指标或工艺指标寻找偏差，与PHA和FMEA不同，其分析过程中需要有关系统或工艺充分的、准确的数据。分析小组通常是由化工、安全、操作、维修、工程等多学科专家或专业人士组成，该分析过程是一个头脑风暴的过程，分析结果是否有价值很大程度上取决于分析小组的负责人以及对分析小组成员的选择。负责人对系统的熟悉程度、对HAZOP方法的掌握程度以及其启发分析小组成员的能力都会影响分析的结果。HAZOP的分析结果通常以工作表呈现，分析结果包括以偏差表征的危险、风险和相应的控制措施。HAZOP分析技术原理图如图6-1所示。

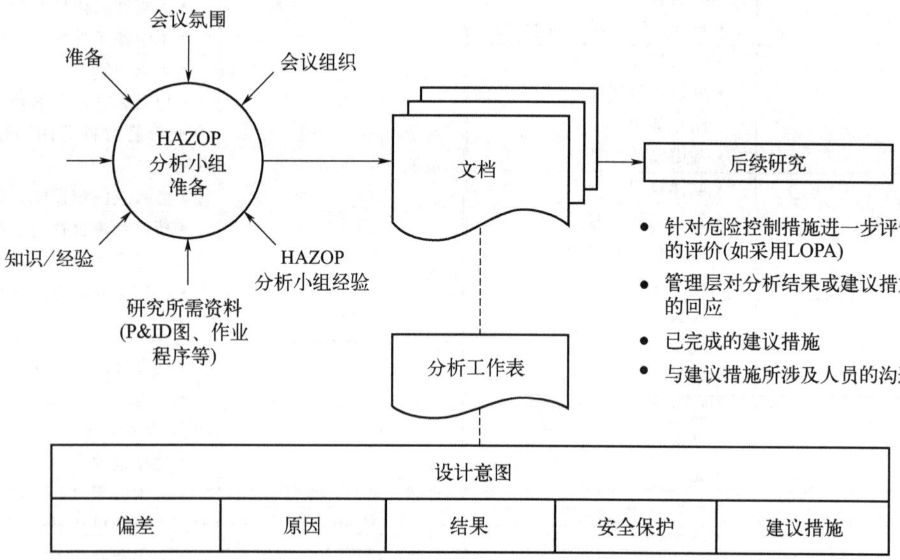


图6-1 HAZOP分析技术原理图（CCPS，2008）

HAZOP分析需要准确、最新的工艺管道和仪表流程图（Piping and Instrument Diagram，P&ID）或类似图纸，以及其他详细的工艺信息，如操作程序。HAZOP研究还需要大量的工艺、仪表和操作方面的知识，这些信息通常由这些领域的专家团队成员提供。HAZOP成功的关键是选择合适的分析小组负责人和合适的分析小组成员。训练有素、经验丰富的领导是高效、高质量HAZOP的重要组成部分。大型复杂工艺的HAZOP团队可能由五到七人组成，他们具有以下各种经验：设计、工程、操作维护等。一名小组成员领导分析工作，另一名成员（记录员）通常记录小组讨论的结果。经验丰富的主持人有时也会担任记录员。

HAZOP分析是由分析小组采用结构化方式对流程或系统偏离设计意图情况所进行的审查。在分析过程中，多学科团队根据规定的引导词和分析小组的经验，按照一定的顺序有条不紊地对分析节点进行“头脑风暴”，采用引导词可确保能够系统、全面地识别可能的偏差。当偏差一旦被确定，就要进一步评价这些偏差产生的原因，以及其后果是否会对工厂/系统的安全和有效运行产生负面影响。HAZOP分析依赖于分析小组的想象力来尽可能发现偏离设计意图的可信原因。在实践中，有些偏差可能是明显的，例如由于泵的故障而导致冷却水循环中断；然而，更常见的是生产中存在着不明显的偏差，而HAZOP技术可以通过分析小组的不同专业人员之间的头脑风暴识别不明显的偏差。通过HAZOP分析，其输出的结果是由偏差表征的系统危险以及其相应的控制措施。HAZOP方法可概括如图6-2所示。

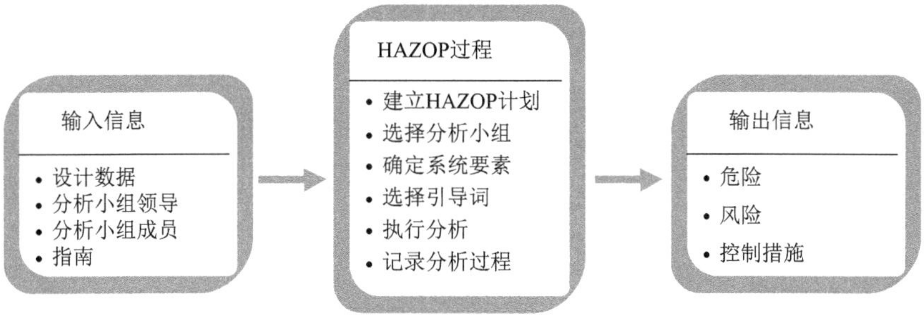


图6-2　HAZOP分析过程概要图（Ericson，2016）

## 二、分析流程

HAZOP通过辨识偏差从而识别相关的危险，继而可以分析其风险，以提出控制措施。HAZOP工作流程图见图6-3，其分析步骤如下所述。

（1）确定系统、熟悉系统，了解系统的定义、范围、边界条件以及其寿命和生命周期中所处的阶段，明确系统的威胁目标。熟悉系统的设计和操作。

（2）建立HAZOP计划，明确分析的目的、分析过程、时间安排，以及设计分析工作表，建立风险矩阵并确定可接受的风险程度，对系统进行适当的划分，确定分析的节点。确定风险等级判定标准。

（3）建立分析小组，选择分析小组负责人及成员，明确他们的责任。确保小组成员能够熟悉所涉及的各个专业。

（4）收集资料，获取尽可能充分的资料，包括有关法规、规范、标准、功能区划图、管线图以及有关设计的相关数据，包括工艺参数指标值等。

（5）选择研究节点，运用引导词对其每一个参数进行偏差辨识。在步骤（5）～（7）中，应当识别完参数的所有偏差后，再转入下一个参数。同样，当一个节点所有的参数都分析完成后，再转入下一个节点。

（6）分析每一个偏差可能造成的后果。

（7）按步骤（2）规定的风险矩阵进行风险评估。

（8）根据风险评估结果决定风险可否接受，如果风险不可接受，则提出风险的控制措施，控制措施的选择依据第三章第四节“事故风险控制”所列出的优先顺序进行。

（9）提出风险控制措施后要对系统重新进行评估，以确定采用控制措施过程中是否又出现了新的危险，如真的出现新的危险且其风险程度不可接受，则还需重新确定控制措施并重新评估。

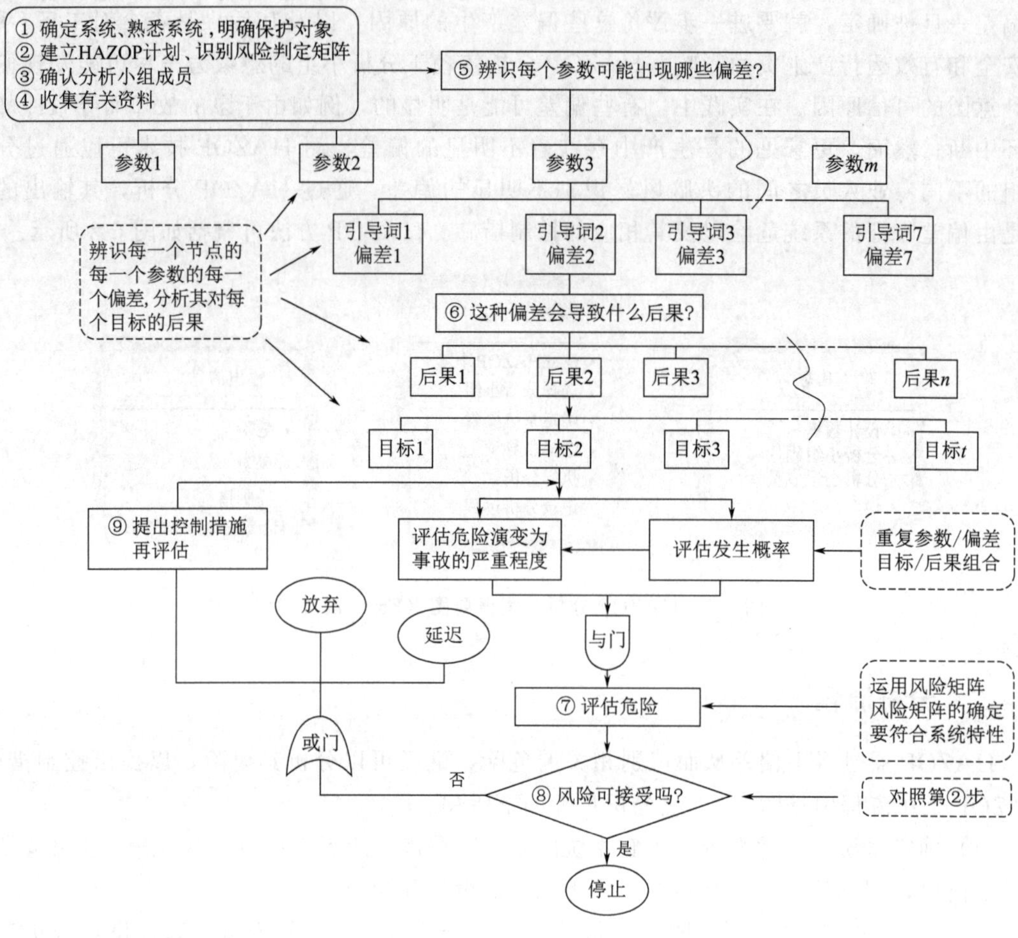


图 6-3 HAZOP 流程图（樊运晓、罗云，2009）

（10）最后将分析结果形成文件，通常以工作表体现，在此基础上形成 HAZOP 报告。

# 第三节 危险与可操作性研究工作表

HAZOP 是针对工艺过程所进行的一种精细的危险分析，如同 PHA 和 FMEA 分析一样，其分析结果也常常以工作表的形式体现。表 6-5 是一种典型的 HAZOP 工作表，表 6-6 是另一种形式的 HAZOP 工作表。尽管 HAZOP 工作表形式并不十分严格，但通常包括以下信息。

（1）要分析的条目。

（2）引导词。

（3）有关的工艺参数。

（4）偏差。

（5）偏差产生的原因。

（6）偏差产生的结果。

（7）风险评估。

（8）建议控制措施。

**表 6-5 典型的 HAZOP 工作表**

| 危险与可操作性研究工作表 | | | | | | | | | | |
|---|---|---|---|---|---|---|---|---|---|---|
| 序号 | 条目 | 功能/作用 | 参数 | 引导词 | 结果 | 原因 | 危险 | 风险 | 控制措施 | 备注 |
| ① | ② | ③ | ④ | ⑤ | ⑥ | ⑦ | ⑧ | ⑨ | ⑩ | ⑪ |

HAZOP 填写内容解释如下所述。

① 序号：该栏目填写的序号是为了便于后续的检索和管理。

② 条目：该栏目指所要分析的过程、元件及其功能。

③ 功能/作用：该栏目填写上一栏所列“条目”的功能或作用，从这里可以了解设计上对操作的要求。

④ 参数：该栏目填写要分析的工艺参数。

⑤ 引导词：该栏目填写需要分析的引导词。

⑥ 后果：该栏目填写由偏差导致的、对系统的直接影响。

⑦ 原因：该栏目填写导致某项特定偏差的所有潜在的原因。原因可能包括多方面，任何可能出现的原因都应填写。

⑧ 危险：该栏目填写由特定的偏差或其结果导致的危险。有时偏差与危险没有非常严格的区别，在 HAZOP 中，辨识出偏差，其实在一定程度上就已经识别了危险。同样应记住：记录下所有的危险，即使以后的分析可以证明所列出的危险并不是危险的。

⑨ 风险：该栏目填写定性描述已辨识的危险及其演变为事故的发生概率与严重程度，风险等级可依据事先设定的风险矩阵确定。

⑩ 控制措施：该栏目填写根据 HAZOP 分析所能提供的控制措施。

⑪ 备注：该栏目填写任何需要注明的内容。

**表 6-6 HAZOP 工作表示例**

| 分析人员：<br>会议日期： | | 危险与可操作性研究工作表 | | | 图纸号：<br>版本号： | |
|---|---|---|---|---|---|---|
| 序号 | 偏差 | 原因 | 后果 | 安全保护 | 控制措施 | 备注 |
| 分析节点或操作步骤说明、确定设计工艺指标 | | | | | | |
| | | | | | | |

# 第四节 危险与可操作性研究举例

## 一、反应器输送系统危险与可操作性研究分析

图 6-4 输送系统中，原料 A 和原料 B 分别用泵送入反应器，经过化学反应生成产品。

假定原料 B 的成分大于原料 A 的成分就会发生爆炸反应。现在取原料 A 的泵吸入口到反应器的入口一段管线（图 6-4 用虚线括起来的部分）作为分析节点，工艺参数为流量，该部分的设计要求是要按规定的流量输送原料 A。对该节点进行 HAZOP 分析，用引导词提问后得出表 6-7。

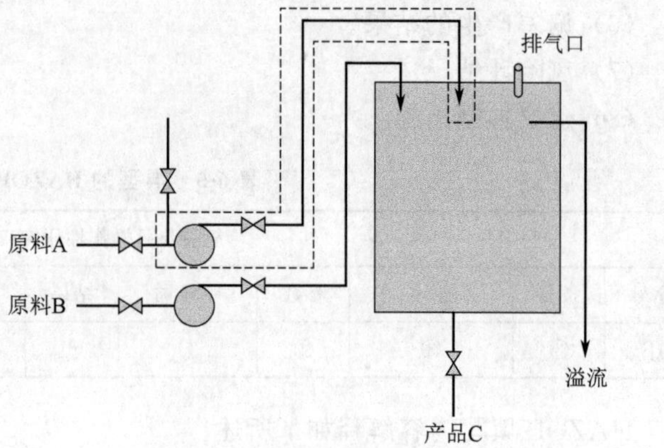


图 6-4 反应器输送系统

**表 6-7 反应器输送系统危险与可操作性研究工作表**

| 引导词 | 偏　差 | 可能的原因 | 对系统造成的影响 |
|---|---|---|---|
| 空白 | 未按设计要求输送原料 A | 1. 原料 A 的储槽是空的<br>2. 泵发生故障<br>3. 管线破裂<br>4. 阀门关闭 | 反应器内 B 的浓度大会发生爆炸性反应 |
| 多 | 输送了过量的原料 A | 1. 泵流量过大<br>2. 阀门开度过大<br>3. A 储槽的压力过高 | 1. 反应器内 A 的量过剩可能对工艺造成影响<br>2. 反应器发生溢流可能引起灾害 |
| 少 | 输送原料 A 的量过少 | 1. 阀门部分关闭<br>2. 管线部分堵塞<br>3. 泵的性能下降 | 与“空白”的情况相同 |
| 以及 | 输送原料的同时，发生了质的变化 | 1. 从泵吸入口阀门流进别的物质<br>2. 管线和泵内发生相的变化 | 可能生成危险性混合物，引发火灾、静电释放或腐蚀等 |
| 部分 | 输送原料的量只达到设备要求的一部分 | 1. 原料中 A 的成分不足<br>2. 输送到其他反应器去 | 对 A 成分不足和对其他反应器的影响都要进行评价 |
| 反向 | 原料 A 的输送方向变反 | 反应器满了，压力上升，向管线和泵逆流 | 原料 A 向外泄漏，应了解其危险性 |
| 异常 | 发生了和输送原料 A 的设计要求完全不同的事件 | 1. 输送了与原料 A 不同的原料<br>2. 原料输向了别的地方<br>3. 管内原料 A 凝固了 | 1. 应了解有无反应<br>2. 应了解别的地方可能发生的结果 |

## 二、 DAP 反应系统危险与可操作性研究分析

第五章采用 FMEA 法对 DAP 反应系统的 B 阀门进行了分析，这里仍以 DAP 反应生成过程为例，用 HAZOP 方法对危险情况进行分析。反应生成过程示意图见图 6-5。先以连接 DAP 反应器的磷酸溶液进料管线进行分析。

首先选择分析节点，先分析连接 DAP 反应器的磷酸溶液进料管线。其设计工艺指标为：磷酸以某规定流量进入 DAP 反应器。如果引导词为“空白”，工艺参数为“流量”，则偏差即为“空白＋流量＝无流量”。

再分析磷酸溶液进料管线“无流量”的原因，则为以下几点。

（1）磷酸储槽无原料。

（2）流量指示器、控制器因故障而错误显示流量。

（3）操作人员将流量控制器设置过低。

（4）磷酸流量控制阀因故障关闭。

（5）管道堵塞。

（6）管道泄漏或破裂。

根据进料管线“无流量”的原因，分析其可能产生的后果如下，通常这些后果是“无流量”直接导致的最坏的后果，不考虑其在设计或管理中已经采取的安全保护措施。

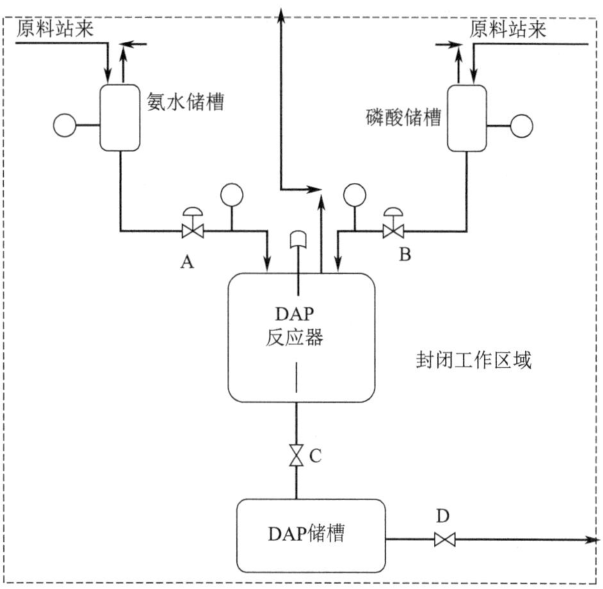

图 6-5　DAP 反应生成过程示意图（廖学品，2000）

（1）反应器中氨过量。

（2）未反应的氨进入 DAP 储槽。

（3）未反应的氨从 DAP 储槽中逸出到封闭的工作区域。

（4）损失 DAP 产品。

分析系统在设计或管理中已经采取的安全保护措施，针对可能出现的“无流量”，系统在管理中已采取的安全保护为“定期维护阀门”。在分析中发现仅仅采取这一措施还不够，进一步提出建议措施如下，当然建议措施的提出应依据第一章第四节危险控制的优先顺序。

（1）考虑使用 DAP 封闭储槽，并连接洗涤系统。

（2）考虑安装当进入反应器的磷酸流量低时报警或停车系统。

（3）保证定时检查和维护阀门 B。

在对引导词“无”进行分析之后，选择其他引导词和工艺参数“流量”继续进行分析，每条分析都记录在工作表上，直至所有的有意义的引导词都进行分析之后，再分析下一个参数。每个参数都分析之后，再转入下一个节点。表 6-8～表 6-12 为该反应其他节点部分偏差 HAZOP 分析工作表。

**表 6-8　液氨储槽高液位偏差 HAZOP 分析工作表（部分）（廖学品，2000）**

| 分析人员：HAZOP 分析小组<br>会议日期：1999-10-10 | | | | 图纸号：97-0BP-57100<br>版本号：3 | |
|---|---|---|---|---|---|
| 序号 | 偏差 | 原因 | 后果 | 安全保护 | 建议措施 |
| 1.0 容器——液氨储槽；在环境温度和压力下进料 | | | | | |
| 1.1 | 高液位 | 1. 氨站来液氨量太大，液氨储槽无足够容积<br>2. 氨储槽液位指示器因故障显示液位低 | 氨可能释放到大气中 | 1. 储槽上装有液位显示器<br>2. 氨储槽上装有安全阀 | 1. 检查氨站来液氨量以保证液氨储槽有足够容积<br>2. 考虑将安全阀排出的氨气送入洗涤器<br>3. 考虑在氨储槽上安装独立的高液位报警器 |

**表 6-9 氨送入 DAP 反应器的管线高流量偏差 HAZOP 分析工作表（部分）**

| 分析人员：HAZOP 分析小组<br>会议日期：1999-10-10 | | | | 图纸号：97-0BP-57100<br>版本号：3 | |
|---|---|---|---|---|---|
| 序号 | 偏差 | 原因 | 后果 | 安全保护 | 建议措施 |
| 2.0 管线——氨送入 DAP 反应器的管线；进入反应器的氨流量为 $x$ kmol/h，压力 $z$ Pa | | | | | |
| 2.1 | 高流量 | 1. 氨进料管线上的控制阀 A 故障打开<br>2. 流量指示器因故障显示流量低<br>3. 操作人员设置的氨流量太高 | 未反应的氨带到 DAP 储槽并释放到工作区域 | 定时维护阀门 A、氨检测器和报警器 | 1. 考虑增加液氨进入反应器流量高时的报警、停车系统<br>2. 确定定时维护和检查阀门 A<br>3. 在工作区域确保通风良好，或者使用封闭的 DAP 储槽 |

**表 6-10 磷酸溶液储槽磷酸浓度低偏差 HAZOP 分析工作表（部分）**

| 分析人员：HAZOP 分析小组<br>会议日期：1999-10-10 | | | | 图纸号：97-0BP-57100<br>版本号：3 | |
|---|---|---|---|---|---|
| 序号 | 偏差 | 原因 | 后果 | 安全保护 | 建议措施 |
| 3.0 容器——磷酸溶液储槽；酸在环境温度和压力下进料 | | | | | |
| 3.7 | 磷酸浓度低 | 1. 供应商供给的浓度低<br>2. 送入进料储槽的磷酸有误 | 未反应的氨进入 DAP 储槽并释放到封闭工作区域 | 1. 磷酸卸料和输送规程<br>2. 氨检测器和报警器 | 1. 保证实施物料的处理和接收规程<br>2. 在操作之前分析储槽中磷酸浓度<br>3. 保证封闭工作区域通风良好或使用封闭的 DAP 储槽 |

**表 6-11 磷酸送入 DAP 反应器的管线低、无流量偏差 HAZOP 分析工作表（部分）**

| 分析人员：HAZOP 分析小组<br>会议日期：1999-10-10 | | | | 图纸号：97-0BP-57100<br>版本号：3 | |
|---|---|---|---|---|---|
| 序号 | 偏差 | 原因 | 后果 | 安全保护 | 建议措施 |
| 4.0 管线——磷酸送入 DAP 反应器的管线；进入反应器的氨流量为 $x$ kmol/h，压力 $y$ Pa | | | | | |
| 4.2 | 低、无流量 | 1. 磷酸储槽中无原料流量<br>2. 指示器因故障显示流量高<br>3. 操作人员设置的磷酸流量太低<br>4. 磷酸进料管线上的控制阀门 B 因故障关闭<br>5. 管道堵塞、泄漏或破坏 | 未反应的氨带到 DAP 储槽并释放到工作区域 | 定时维护阀门 B、氨检测器和报警器 | 1. 考虑增加磷酸进入反应器流量低时的报警、停车系统<br>2. 保证定时维护和检查阀门 B<br>3. 在工作区域确保通风良好，或者使用封闭的 DAP 储槽 |

表 6-12 DAP 反应器无搅拌偏差 HAZOP 分析工作表（部分）

| 分析人员：HAZOP 分析小组<br>会议日期：1999-10-10 | | | | 图纸号：97-0BP-57100<br>版本号：3 | |
|---|---|---|---|---|---|
| 序号 | 偏差 | 原因 | 后果 | 安全保护 | 建议措施 |
| 5.0 容器——DAP 反应器；反应温度 $x$℃，压力 $y$Pa | | | | | |
| 5.10 | 无搅拌 | 1. 搅拌器电动机故障<br>2. 搅拌器机械连接故障<br>3. 操作人员未启动搅拌器 | 未反应的氨进入 DAP 储槽并释放到封闭工作区域 | 氨检测器和报警器 | 1. 考虑增加反应器无搅拌时的报警、停车系统<br>2. 保证封闭工作区域通风良好或使用封闭的 DAP 储槽 |

## 三、蒸汽锅炉系统危险与可操作性研究分析

图 6-6 是某蒸汽锅炉系统示意图。在该系统中，水箱的水被输送到三个锅炉中，为了保证有两台锅炉同时工作，系统进行了冗余设计。泵把水箱里的水抽送到阀门，阀门的开与关是电机驱动的。一台计算机控制监测泵、阀门和锅炉，它们的供电来自同一电源。请用 HAZOP 方法对该系统进行分析。

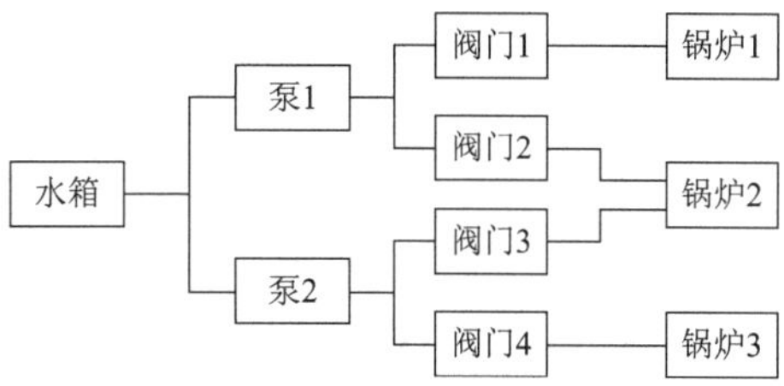

图 6-6 某蒸汽锅炉系统示意图（Ericson，2016）

通过分析系统，了解相关参数，可进行 HAZOP 分析的参数涉及水流、压力、温度、电流和蒸汽等。表 6-13 是对系统进行 HAZOP 分析所得到的部分工作表。

表 6-13 某蒸汽锅炉系统 HAZOP 分析工作表（部分）（Ericson，2016）

| 危险与可操作性研究工作表 | | | | | | | | | | |
|---|---|---|---|---|---|---|---|---|---|---|
| 序号 | 条目 | 功能/作用 | 参数 | 引导词 | 结果 | 原因 | 危险 | 风险 | 建议措施 | 备注 |
| 1 | 管线 | 输送水流 | 流体 | 空白 | 水源浪费，系统失效，设备损坏 | 管线漏了，管线破裂 | 锅炉损坏 | 2D | | |
| 2 | | | | 过多 | 压力过大，管线破裂 | 系统中没有压力释放阀 | 锅炉损坏 | 2C | 增加压力释放阀 | |
| 3 | | | | 过少 | 没有足够的水输送到锅炉 | 管线漏了，管线破裂 | 锅炉损坏 | 2D | | |
| 4 | 供电 | 对泵、阀门和锅炉供电 | 电流 | 空白 | 无法驱动各元件 | 电路破坏，安全保护装置断开 | 系统无法工作 | 2D | 提供应急备用电源 | |
| 5 | | | | 过高 | 安全保护装置断开 | 电流或电压突然增加 | 系统无法工作 | 2C | 提供故障检测和隔离设施 | |
| 6 | | | | 过低 | 驱动各元件电力不够 | 电路故障 | 设备损坏 | 2C | 提供应急备用电源 | |

## 第五节　危险与可操作性研究案例研究

假设某汽车加油站拟开发为柴油驱动汽车加油的新业务，该加油站现已完成相关的设计，并且进行了预先危险分析。PHA 分析结果显示应进一步检测如下情形的安全性：当前来加油的汽车司机，选定加油站后，作为一名未受过专门训练的人员，如何在保证安全的前提下，以最快的速度将柴油由选定油泵处输送到油箱。输送量可以是选定的体积、金额或油箱的容量，油箱加满后可手动或自动切断输油。

针对上述问题，各学习小组同学以组为单位，选择周边的加油站进行调研，了解汽车加油的操作程序，获取加油站布局信息（包括入口和出口通道、油泵数量、间距长度及位置等）、泵位占用情况、燃料特性及消防措施等，以柴油从泵位至汽车油箱输送管为节点，对其进行 HAZOP 分析。

## 第六节　危险与可操作性研究适用说明

### 一、适用条件

HAZOP 法是对系统中的某个节点或某项操作通过找偏差的方法辨识危险以提出控制措施的分析方法，它适用范围较为广泛，可对任何类型的系统或设备进行分析，当然也可分析系统、子系统、单元直至元器件的层次。这种方法还可对环境、软件程序以及人因失误等进行分析。HAZOP 方法既可以应用于设计阶段，还可用于现役生产装置的检查，适用范围较为广泛。尽管它是从化工行业发展起来的，但现已广泛应用于核工业、石油行业、铁路系统等。

### 二、优点

HAZOP 是一种简便易行而又十分严谨的分析方法，通过细致的分析可以提供严格的分析结果。这种分析方法是对照工艺参数的指标值寻找偏差，因而分析结果较为准确，而且系统参数要求越严格，分析越有意义。同时 HAZOP 是一个靠分析小组头脑风暴的过程，分析结果凝聚着集体的智慧。

目前国内外已开发了一些 HAZOP 分析软件，有助于分析小组提高分析效率。

### 三、使用局限性

HAZOP 分析方法与 FMEA 相同，在分析过程中只能关注单个节点、单个偏差，无法辨识系统元件间作用而引起的危险。尽管分析时依据引导词分析可以有序，但也容易使分析小组疏忽了引导词以外可能出现的危险。另外，这种分析方法较为耗费时间，通常和其他方法结合使用。

## 四、注意事项

进行 HAZOP 分析时，要组成分析小组，由设计、操作和安全等方面的人员参加，以 3～5 人自始至终参加分析为宜。参加人员要有实践经验，并具备有关安全法规、工艺等方面的知识，特别是小组负责人在 HAZOP 分析方面一定要有经验，当遇到具体问题时能够迅速做出决策。

分析过程中，在小组成员对分析对象还不太明了之前，负责人不要急于用引导词，而应经过讨论使大家清楚了危险所在以及改进的方法后，再使用引导词列表。

表格完成后，小组成员要反复审阅，进行讨论以评价改进措施。一般采取修改或部分修改设计，或者是改变或部分改变操作条件。对于危险性特别大的可能结果，可采用其他方法进一步分析。

可操作性研究的表格是非常重要的技术档案，应加以妥善保存。

## 复习思考题

1. 试解释系统参数、工艺指标、引导词和偏差的概念。
2. 如何进行危险与可操作研究分析，请阐述其分析流程。
3. 危险与可操作研究是如何进行危险辨识的？
4. 危险与可操作研究能得到什么结果？
5. 危险与可操作研究工作表中“安全保护”的含义是什么？
6. 请分析危险与可操作研究的适用条件。
7. 试阐述如何组织开展危险与可操作研究工作。

## 拓展阅读


[1] 刘丽. 石油化工装置全生命周期 HAZOP 分析研究 [J]. 化工安全与环境，2023，36（11）：68-71，88.

[2] 余岚，任静，史云飞，等. 基于 HAZOP 的某联合站油气储运工艺系统危险性分析 [J]. 陇东学院学报，2023，34（5）：52-56.

[3] 邓紫意，何中其. 基于 HAZOP-偏离度的 TATB 自动化压装成型风险评估 [J]. 兵器装备工程学报，2023，44（8）：1-7.

[4] 王一昊，张毅，凌晓东，等. HAZOP 方法在氢气压缩机风险分析中的应用 [J]. 辽宁化工，2023，52（5）：669-671，677. DOI：10. 14029/j. cnki. issn1004-0935. 2023. 05. 030

[5] 熊亮，纪钦洪，丁一，等. 水电解制氢装置 HAZOP 分析应用研究 [J]. 工业安全与环保，2023，49（3）：59-62.

[6] 赵媛. 危险与可操作性分析在冶金企业风险辨识中的应用 [J]. 河北冶金，2023（2）：81-86. DOI：10. 13630/j. cnki. 13-1172. 2023. 0216

[7] 胡佳煜. 液氯汽化装置的危险与可操作性分析（HAZOP）应用研究与优化 [J]. 化工设计通讯，2023，49（2）：80-82，94.

[8] 姜璐，李志宏. 基于 HAZOP 的燃气用聚乙烯管制造过程风险分析 [J]. 中国特种设备安全，2022，38（12）：78-84.

[9] 陈明磊，尚凤琴，闫波，等．HAZOP在黑索今热压煮洗工序中的应用［J］．兵工自动化，2022，41（12）：106-108，121.

[10] 李翠芳．液氨储罐泄漏HAZOP分析［J］．现代职业安全，2022（10）：39-41.

[11] 王一昊，张毅，凌晓东．HAZOP分析在污水处理系统中的应用［J］．山东化工，2022，51（19）：200-203．DOI：10．19319/j．cnki．issn．1008-021x．2022．19．042

[12] 孙倩．HAZOP分析方法在碳酸乙烯酯生产装置上的应用［J］．化工安全与环境，2022，35（37）：2-7.

[13] 朱旭营，施隋靖，朱明露．基于HAZOP的丙烷脱氢装置风险分析研究与应用［J］．仪器仪表标准化与计量，2022（4）：15-18.

[14] 冯国柱．危险与可操作性分析（HAZOP）在成品油管道站场风险识别中的应用［J］．石油库与加油站，2022，31（4）：10-13，51，4.

[15] 李坤，张蕊，孙建军，等．氨制冷系统节能与安全技术［J］．制冷学报，2022，43（4）：88-95.

[16] 胡婷，王义勇，何泉宗．基于HAZOP的某成品油储存企业工艺风险辨识［J］．广州化工，2022，50（8）：270-272.

[17] 曲顺利．化工侧线装置设计优化与HAZOP分析新方法［J］．现代化工，2021，41（11）：214-217．DOI：10．16606/j．cnki．issn0253-4320．2021．11．045

[18] 孟树森，郭旭，朱彬，等．HAZOP分析在LNG储罐工艺流程审查中的应用［J］．辽宁化工，2021，50（9）：1388-1390．DOI：10．14029/j．cnki．issn1004-0935．2021．09．030

[19] 刘芳，高文平．HAZOP分析在进口原油铁路专用线接卸设施改造项目的应用［J］．化工管理，2021（22）：184-186．DOI：10．19900/j．cnki．ISSN1008-4800．2021．22．084

[20] 陈倩，杨凯，马广泉．浅谈油库槽罐区安全仪表设计［J］．燃料与化工，2021，52（4）：40-43．DOI：10．16044/j．cnki．rlyhg．2021．04．012

[21] 袁照华．HAZOP分析技术在醇酸真空系统的应用［J］．现代职业安全，2021（7）：91-93.

[22] 王云峰，胡久韶，高振宇，等．HAZOP方法在液氢储供系统中的应用［J］．管道技术与设备，2021（3）：24-26，30.

[23] 曹伟华．HAZOP分析在危险废物废液罐区工艺设计中的应用［J］．广东化工，2021，48（9）：215-217.

[24] 陈静文．基于黄磷生产的定量HAZOP风险分析方法的研究［D］．昆明：昆明理工大学，2021．DOI：10．27200/d．cnki．gkmlu．2021．001417

[25] 张宇．HAZOP在盐穴地下储气库注气站的应用［J］．石化技术，2021，28（3）：101-102，108.

[26] 王博，李顺雨，王欢欢，等．自动开关井无人值守站的HAZOP分析［J］．云南化工，2021，48（3）：129-130.

[27] 孙先长，张成绩．基于HAZOP分析的某成品油库安全风险评估［J］．化工管理，2021（7）：117-119．DOI：10．19900/j．cnki．ISSN1008-4800．2021．07．058

[28] 郭丽杰，康建新．HAZOP分析方法在化工原理实验教学中的应用［J］．化工高等教育，2021，38（1）：83-87，117.

[29] 李少鹏，郭森荣，张力．甲醇制烯烃装置HAZOP研究实例分析［J］．石油化工安全环保技术，2021，37（1）：1-5，75.

[30] 陈明磊，秦亮，杨学斌，等．基于HAZOP的RDX氧化结晶工序风险分析［J］．工业安全与环保，2020，46（12）：11-13，60.

[31] 朱明露，刘瑶，曹蕊．HAZOP分析方法在山地管道泄压系统中的应用［J］．仪器仪表标准化与计量，2020（3）：23-26.

[32] 曹子剑．大型游乐设施的HAZOP与仿真分析研究［D］．济南：济南大学，2020．DOI：10．27166/d．cnki．gsdcc．2020．000024

[33] 李海峰，吕兴连，宗光喜. HAZOP 分析方法在聚醚装置聚合单元中的应用 [J]. 聚氨酯工业，2020，35 (2)：32-34.
[34] 贾国栋，张燕莉，薛新巧. HAZOP 法在 MTO 装置安全分析的应用 [J]. 广东化工，2019，46 (19)：167-168.
[35] 汤蒙菲，徐炀. 危险与可操作性分析在 LNG 加气站的应用 [J]. 煤气与热力，2019，39 (9)：36-40，46. DOI：10. 13608/j. cnki. 1000-4416. 2019. 09. 017
[36] 张亚伟. HAZOP 分析方法在双氧水化工生产装置中的应用 [J]. 化学工程与装备，2019 (9)：146-149. DOI：10. 19566/j. cnki. cn35-1285/tq. 2019. 09. 067
[37] 王金玉，陈雍. HAZOP 分析在化工开车过程的应用 [J]. 山东化工，2019，48 (15)：120-123. DOI：10. 19319/j. cnki. issn. 1008-021x. 2019. 15. 047
[38] 邹宇迪，周起龙. 基于 HAZOP 的空分装置危险性分析研究 [J]. 辽宁化工，2019，48 (7)：645-647，651. DOI：10. 14029/j. cnki. issn1004-0935. 2019. 07. 013
[39] 陈全，刘信君. 基于 HAZOP 分析法的煤矿作业人员不安全行为识别研究与应用 [J]. 煤矿安全，2019，50 (6)：297-300. DOI：10. 13347/j. cnki. mkaq. 2019. 06. 071
[40] 刘文斌，耿涛，许桂忠，等. HAZOP 分析方法在低温甲醇洗工艺中的应用 [J]. 大氮肥，2019，42 (2)：125-127，137.
[41] 杨柳. HAZOP 技术在精细化工装置中的应用 [J]. 仪器仪表标准化与计量，2018 (6)：33-35.
[42] 初立洋. HAZOP 分析在金刚石钻头生产中的应用实例 [J]. 石化技术，2018，25 (10)：178.
[43] 盛叶彬. HAZOP 分析在硫酸生产安全管理中的应用 [J]. 硫酸工业，2018 (9)：46-49.
[44] 王和琴，杨程，徐明，等. HAZOP 分析方法在硫黄回收装置的应用 [J]. 安全、健康和环境，2018，18 (9)：40-44.
[45] 于佳立，侯冬青，郭济尘. HAZOP 分析在东河天然气站的应用 [J]. 化工管理，2018 (24)：176.
[46] 胡海燕. 基于 HAZOP 的炼化装置供电系统安全评估方法 [J]. 安全、健康和环境，2018，18 (8)：34-38.
[47] 赵红燕. HAZOP 分析方法在石油化工装置上的应用及实例 [J]. 石油化工安全环保技术，2018，34 (3)：18-25，68.
[48] 曾淼洋，谢强，林琪. 危险与可操作性分析方法在裂解装置中的应用 [J]. 石油化工安全环保技术，2018，34 (3)：31-36，68-69.
[49] 冷悦山，苟东晓，苏宪章. HAZOP 分析方法在凝析油分离装置的应用 [J]. 劳动保护，2018 (6)：78-81.
[50] 曹子剑，曹树坤，张勇，等. 典型游乐设施大摆锤人因要素的 HAZOP 分析 [J]. 中国特种设备安全，2018，34 (5)：5-8.
[51] 莫志刚，骆汉宾. 基于 HAZOP 及 ALARP 的地铁信号系统安全评估 [J]. 机车电传动，2018 (3)：85-89，95. DOI：10. 13890/j. issn. 1000-128x. 2018. 03. 018
[52] 孟广明，张文祖. HAZOP 分析在安全检查中的应用 [J]. 化工管理，2018 (13)：81-82.
[53] 胡灯明. 危险与可操作性分析法在油气集输管道中的应用与分析 [J]. 石油工业技术监督，2018，34 (4)：46-49.
[54] 陈秋云，蒋佳，张家华. HAZOP 分析技术在聚丙烯装置的应用 [J]. 石油化工安全环保技术，2018，34 (2)：13-15，67.
[55] 陈全，闫小涛. HAZOP 在天然气轻烃回收一体化集成装置的应用 [J]. 天津理工大学学报，2018，34 (2)：59-64.
[56] 李玉冰. 大型原油储运项目设计阶段的 HAZOP 分析 [J]. 技术与市场，2018，25 (4)：78-79.
[57] 许平，陈全. HAZOP 分析在阿维菌素提取车间安全风险评估中的运用 [J]. 安全，2018，39 (4)：6-8，11.

[58] 高志国. 天然气大流量计量检定站 HAZOP 技术研究 [J]. 石油化工自动化，2018，54（1）：18-21，82.

[59] 朱波. Hazop 分析在惠州炼化分公司焦化联合装置技改项目中的应用与研究 [J]. 内蒙古石油化工，2017，43（Z1）：47-51.

[60] 王伟. 冷库制冷项目 HAZOP 分析 [J]. 新疆有色金属，2017，40（6）：79-82. DOI：10. 16206/j. cnki. 65-1136/tg. 2017. 06. 032

[61] 曹楷，叶义成，骆晶晶，等. 基于 HAZOP 的改性铵油炸药生产线风险分析 [J]. 工业安全与环保，2017，43（12）：5-8，45.

[62] 刘美静. HAZOP 在气体分馏装置中的应用 [D]. 天津：河北工业大学，2017.

[63] 王旭. HAZOP 分析方法及其在发电厂电气系统安全分析中的应用 [J]. 科技创新与应用，2017（29）：72-73.

[64] 宋蓉枫. HAZOP 在烷烃脱氢装置安全分析中的应用 [J]. 自动化与仪表，2017，32（9）：16-19. DOI：10. 19557/j. cnki. 1001-9944. 2017. 09. 004

[65] 谢绪扬. HAZOP 在苯储罐隐患分析中的应用 [J]. 安全、健康和环境，2017，17（8）：43-45.

[66] 尤燕妮，董国强，魏培，等. 基于 HAZOP 分析的煤制甲醇气化系统隐患排查管理 [J]. 工程技术研究，2017（5）：183-184. DOI：10. 19537/j. cnki. 2096-2789. 2017. 05. 085

[67] 郭丹. 高硫气田天然气脱硫单元危险可操作性分析 [J]. 山东化工，2017，46（9）：185-188，191. DOI：10. 19319/j. cnki. issn. 1008-021x. 2017. 09. 076

[68] 常勃. HAZOP 在加氢裂化装置的应用 [J]. 安全、健康和环境，2017，17（3）：35-38.

[69] 吴奇科，姚登凯，甘旭升，等. 基于 HAZOP 法的飞行冲突故障树的建立 [J]. 火力与指挥控制，2017，42（2）：124-129.

[70] 刘晓龙，史少帅，刘永强. HAZOP 分析技术在输气管道站场的应用 [J]. 安全、健康和环境，2017，17（2）：47-50.

[71] 张重德，刘富有. HAZOP 分析在海洋油气开发工程中的应用 [J]. 石油和化工设备，2017，20（1）：65-68.

[72] 陈劲，韩祥峰，周亚军. HAZOP 方法在柴油加氢改质装置中的应用 [J]. 安全、健康和环境，2017，17（1）：37-41.

[73] 孔祥龙. HAZOP 分析在 LNG/LCNG 加气站中的应用 [J]. 化工管理，2016（32）：99-100.

[74] 范子昌. HAZOP 在化工项目中的应用 [J]. 山东化工，2016，45（21）：104-107，111. DOI：10. 19319/j. cnki. issn. 1008-021x. 2016. 21. 041

[75] 桂阳，张明广，虞奇，等. 苯硝化工艺 HAZOP 分析的定量化研究 [J]. 工业安全与环保，2016，42（10）：44-46，63.

[76] 张超，许秋生，张立新，等. 硝盐工业生产装置技术改造中 HAZOP 与 LOPA 联合分析的研究与应用 [J]. 煤炭与化工，2016，39（10）：109-114，160. DOI：10. 19286/j. cnki. cci. 2016. 10. 035

[77] 戚雁俊. 危险化学品道路运输的 HAZOP 分析 [J]. 石油化工技术与经济，2016，32（5）：4-8.

[78] 徐欣，吴恢庆，周斌斌，等. 基于 HAZOP 和 QRA 的综合风险分析技术 [J]. 安全，2016，37（10）：8-11.

[79] 赵晓刚，郭湛，彭杨，等. 基于 HAZOP 的机场加油过程静电危险因素辨识 [J]. 重庆理工大学学报（自然科学版），2016，30（10）：129-134.

[80] 张景钢，安美秀. HAZOP 在煤矿安全评价中的应用研究 [J]. 矿业安全与环保，2016，43（5）：111-114.

[81] 邱星栋，黄坤，陈彰兵，等. 三甘醇脱水装置的 HAZOP 分析 [J]. 天然气工业，2016，36（9）：123-128.

[82] 曹喜文，张伟伟，时婷婷. HAZOP 分析结合 LOPA 分析方法在长输管道站场的应用研究 [J]. 当代化工，2016，45 (8)：1917-1920. DOI：10. 13840/j. cnki. cn21-1457/tq. 2016. 08. 079

[83] 鲁凤，王凯. HAZOP 在煤化工项目硫回收装置中的应用 [J]. 化肥工业，2016，43 (4)：67-70.

[84] 张淼，李云，李大江，等. 高硫精矿烟气制酸设备的 HAZOP 安全评价技术 [J]. 广东化工，2016，43 (14)：109-110.

[85] 孙东锋，刘辉. HAZOP 分析在甲醇储罐中的应用 [J]. 广州化工，2016，44 (14)：156-158.

[86] 廖思超，杨霞，周广文，等. 基于过程模拟的 HAZOP 量化分析 [J]. 计算机与应用化学，2016，33 (6)：670-674. DOI：10. 16866/j. com. app. chem201606009

[87] 王旭，徐青青，王大泉. 浅析 HAZOP 分析方法在催化裂化装置分馏系统的应用 [J]. 化工设计通讯，2016，42 (6)：78.

[88] 王永海. 基于 HAZOP 方法的甲烷化装置的安全分析 [D]. 北京：北京化工大学，2016.

[89] 马得华. HAZOP 分析在加氢裂化装置上的应用 [D]. 上海：上海师范大学，2016.

[90] 刘恒育，张东胜，程思闻，等. 集中供热系统 HAZOP 分析 [J]. 化工管理，2016 (13)：177-178.

[91] 马占伟，王晓猛，杜小丁，等. HAZOP 分析技术在催化裂化装置中的应用 [J]. 石油化工安全环保技术，2016，32 (2)：40-44，6.

[92] 安慧，王思桦，赵琦. 基于 HAZOP-LOPA 的水利工程空间冲突风险评价 [J]. 人民长江，2016，47 (7)：68-71. DOI：10. 16232/j. cnki. 1001-4179. 2016. 07. 015

[93] 姚媛，唐涛，吕继东，等. 基于 HAZOP 的列控系统安全分析与验证 [J]. 铁道通信信号，2016，52 (3)：50-53. DOI：10. 13879/j. issn1000-7458. 2016-03. 15564

[94] 张子敬. 基于 HAZOP 方法的原油库工艺安全分析 [D]. 大庆：东北石油大学，2016.

[95] 孙中华. 危险与可操作性研究技术在电厂运行分析中的运用 [J]. 山西电力，2016 (1)：49-51.

[96] 徐丽梅. HAZOP 在石油化工设计中的应用 [J]. 中国石油和化工标准与质量，2016，36 (2)：61-62.

[97] 边可，李学伟. 基于 HAZOP 的铁路危险货物运输安全预警 [J]. 大连交通大学学报，2015，36 (6)：93-98. DOI：10. 13291/j. cnki. djdxac. 2015. 06. 021

[98] 杨志宝. HAZOP 分析在异丁烯装置上的应用 [D]. 上海：上海师范大学，2015.

[99] 李雪. 苯乙烯装置的危险与可操作性（HAZOP）分析和改进 [D]. 大连：大连理工大学，2015.

[100] 张博文，王晓丽，关文玲. HAZOP 在钢铁企业安全风险分析中的应用 [J]. 现代职业安全，2015 (11)：86-88.

[101] 李旭成，郑小林，肖军，等. 三甘醇脱水装置运行常见问题分析及处理对策 [J]. 石油与天然气化工，2015，44 (5)：17-20，27.

[102] 贺建. 丙酮储罐的 HAZOP 分析及工艺设计 [J]. 山东化工，2015，44 (18)：157-159. DOI：10. 19319/j. cnki. issn. 1008-021x. 2015. 18. 065

[103] 鲍洁，贾波. HAZOP 分析在液氯气化工艺上的应用 [J]. 中国氯碱，2015 (9)：36-38.

[104] 杨金荣. 危险与可操作性（HAZOP）分析在甲烷化反应装置工艺危险分析中的应用 [J]. 化学工程与装备，2015 (8)：239-242.

[105] 巫良杰. HAZOP 分析在天然气开采中的应用——以某天然气井站为例 [J]. 内蒙古石油化工，2015，41 (13)：10-11.

[106] 边可，李学伟. 基于 HAZOP 的铁路危险货物运输风险因子分析 [J]. 物流技术，2015，34 (13)：13-15.

[107] 何照龙，俞文光，范争争，等. HAZOP 在氯化聚氯乙烯装置安全分析中的应用 [J]. 化工生产与技术，2015，22 (2)：34-37，13.

[108] 李宛桐，杨剑锋，刘文彬. HAZOP 在航煤加氢精制装置中的应用及问题 [J]. 化学工程师，2015，29 (4)：37-40. DOI：10. 16247/j. cnki. 23-1171/tq. 20150437

[109] 严天赐，曾琦．HAZOP 分析方法在煤制甲醇系统转化炉中的应用研究［J］．山西科技，2015，30（2）：53-56，59．

[110] 刘玉东．浅谈顺序控制工艺过程的 HAZOP 分析技术［J］．安全、健康和环境，2015，15（3）：42-45．

[111] 梁光川，何慧娟，何莎，等．HAZOP 技术在 CNG 储气井风险评价中的应用［J］．石油与天然气化工，2015，44（1）：99-102．

[112] 游海艇，于波涛．HAZOP 分析在催化裂化汽油反应系统的应用［J］．现代职业安全，2015（2）：94-97．

[113] 宋军，邓秀琼，纪红兵．有机过氧化物在生产、储运过程中的危险与可操作性分析［J］．中国安全生产科学技术，2015，11（1）：156-160．

[114] 林观炎，张佳军，乔建江，等．HAZOP 方法在对羟基苯甲醛车间火灾事故分析中的应用［J］．中国安全生产科学技术，2015，11（1）：166-172．

[115] 郭晟．运用 HAZOP 分析法评估干法乙炔装置的安全风险［J］．聚氯乙烯，2015，43（1）：42-44．

[116] 黄曙光，黄振国，王晨星．HAZOP 分析在大型散料搬运设备上的应用［J］．起重运输机械，2015（1）：11-13．

[117] 高艳霞，党文义，张广文．储罐工艺变更管理中的 HAZOP 应用［J］．安全、健康和环境，2015，15（1）：43-45．

[118] 韩启凤，谷红军．HAZOP 理论分析在分离器作业中的应用探讨［J］．安全，2015，36（1）：36-38．

[119] 酒江波，尹法波，牛慧晖．石油化工装置的 HAZOP 分析原则与应用［J］．石油化工安全环保技术，2014，30（6）：24-27，6．

[120] 成维松．滩海陆岸设施 HAZOP 分析的应用研究［J］．安全、健康和环境，2014，14（10）：44-47．

[121] 陈丽华，王勇．HAZOP 分析在炼油化工储运罐区中的应用研究［J］．甘肃科技纵横，2014，43（9）：29-32．

[122] 彭泓．天然气制氢装置危险与可操作性（HAZOP）分析评价［J］．科技与企业，2014（16）：355+357．DOI：10．13751/j．cnki．kjyqy．2014．16．333

[123] 徐景山，马玉华，武建民，等．HAZOP 分析法在天然气深冷处理装置上的应用［J］．石油化工安全环保技术，2014，30（4）：17-21，5．

[124] 周帅，施富强，柴俭．HAZOP-偏离度在铁路安全风险分析中的应用［J］．中国安全科学学报，2014，24（8）：92-96．DOI：10．16265/j．cnki．issn1003-3033．2014．08．016

[125] 陈巧，张启波．HAZOP 分析在天然气净化装置中的应用［J］．石油石化节能，2014，4（6）：48-51．

[126] 梅兵波．HAZOP 分析在聚酯装置设计中的应用［J］．合成纤维工业，2014，37（3）：61-63．

[127] 康建新，郭丽杰，高发明．基于过程模拟的气体分馏装置 HAZOP 分析［J］．燕山大学学报，2014，38（3）：277-282．

[128] 王龙，张巨伟，徐玉亮．基于未确知的化工系统 HAZOP 分析［J］．当代化工，2014，43（5）：761-763．DOI：10．13840/j．cnki．cn21-1457/tq．2014．05．013

[129] 陈超，肖虎，张凯，等．HAZOP 在油田基层班站风险防范中的应用［J］．河北企业，2014（5）：25-26．

[130] 许晶．基于案例的 HAZOP 专家系统研究与开发［D］．青岛：中国石油大学（华东），2014．

[131] 简力，庞勇．HAZOP 分析法在 SBS 生产装置中的应用［J］．化工设计，2014，24（2）：46-50，2．DOI：10．15910/j．cnki．1007-6247．2014．02．007

[132] 田水承，杜娇，田志辉．基于 HAZOP 法的太阳能电池厂危险有害因素辨识与分析［J］．安全与环

境工程，2014，21（2）：135-138，142. DOI：10. 13578/j. cnki. issn. 1671-1556. 2014. 02. 028

[133] 姚桂莹，冯斌，张雪. HAZOP分析技术在催化重整装置的应用[J]. 石油化工安全环保技术，2014，30（1）：17-22，6.

[134] 代国兴，石凤玉，刘大鹏，等. HAZOP分析在ABS装置的应用研究[J]. 化工管理，2014（6）：137.

[135] 徐鹏程，张鹏. 危险和可操作（HAZOP）分析在甲醇厂的应用[J]. 中国石油和化工标准与质量，2013，33（24）：44，58.

[136] 李环，韩松. 基于HAZOP分析法的钻井作业风险评估[J]. 重庆科技学院学报（自然科学版），2013，15（S1）：17-20. DOI：10. 19406/j. cnki. cqkjxyxbzkb. 2013. s1. 005

[137] 黄会伟，葛晓强，袁印实，等. HAZOP分析在酸性水汽提装置上的应用与研究[J]. 中国安全生产科学技术，2013，9（11）：147-152.

[138] 肖成侠，陈全. HAZOP在煤矿通风系统安全风险分析中的应用[J]. 中国安全生产科学技术，2013，9（11）：97-102.

[139] 黄会伟，舒小芹，史玉颖. 在役装置HAZOP的应用分析及问题探讨[J]. 中国安全生产科学技术，2013，9（9）：121-125.

[140] 李华，夏帆. HAZOP分析在化工装置安全管理中的应用[C]//中国化工学会. 2013中国化工学会年会论文集. 上海石化涤纶部，2013：1.

[141] 李娟，王传良，米鹏，等. 危险与可操作性分析方法在氯化法精制粗苯工艺中应用[J]. 山东化工，2013，42（9）：162-165. DOI：10. 19319/j. cnki. issn. 1008-021x. 2013. 09. 054

[142] 陈全，张丽婷. HAZOP-FTA综合分析方法在煤化工装置中的应用[J]. 中国安全生产科学技术，2013，9（7）：134-138.

[143] 张平，罗叶新. HAZOP分析在中亚天然气管道的应用[J]. 管道技术与设备，2013（4）：51-53.

[144] 李志国，熊良军. HAZOP分析方法在集输站库中的应用探讨[J]. 新疆石油天然气，2013，9（2）：100-104，1.

[145] 张长江. 催化重整装置的HAZOP应用[J]. 现代职业安全，2013（6）：84-85.

[146] 邓灿，石勇. HAZOP分析方法在加氢高压泵上的应用[J]. 广东化工，2013，40（10）：150-151.

[147] 付建民，王新生，徐长航，等. 操作规程HAZOP分析技术原理与应用分析[J]. 中国安全生产科学技术，2013，9（5）：111-116.

[148] 邹杰，张明时，张彦，等. 基于HAZOP方法的水煤浆气化工艺风险分析[J]. 煤化工，2013，41（2）：57-60.

[149] 姜清兆，殷志明，罗洪斌，等. 基于HAZOP的深水表层钻井风险分析[J]. 内蒙古石油化工，2013，39（7）：1-4.

[150] 耿秋丽，陈全. HAZOP在煤制甲醇系统中气化炉部分的应用分析[J]. 天津理工大学学报，2013，29（1）：61-64.

[151] 杨仕刚，王三明. 定量风险矩阵在HAZOP分析中的应用研究[J]. 煤炭技术，2013，32（1）：242-244.

[152] 卢跃刚. HAZOP分析在延迟焦化装置中的应用[D]. 上海：上海师范大学，2013.

[153] 章博，孙艺博，李山生，等. 基于Web的测井井控HAZOP分析技术[J]. 安全与环境学报，2012，12（6）：223-227.

[154] 周英建. HAZOP分析在高性能纤维项目设计中的应用[J]. 合成纤维工业，2012，35（5）：51-55.

[155] 王刚. HAZOP技术及其在恶臭气体处理装置的应用[J]. 中国安全生产科学技术，2012，8（S1）：61-65.

[156] 向武，刘仁国，张克跃．HAZOP 分析在甲基化工艺危险辨识中的应用［J］．化学与生物工程，2012，29（7）：78-80.

[157] 梁爽，孙文勇，姜拥军．HAZOP 分析方法在石油工业上游业务中的应用［J］．中国安全生产科学技术，2012，8（6）：152-157.

[158] 宋智博，王峰，王成硕．基于 HAZOP 分析的加氢装置工程设计方法［J］．中国安全生产科学技术，2012，8（6）：143-147.

[159] 孙艳丽，刘福树，王玉庆．无机盐在役生产装置 HAZOP 应用探讨［J］．无机盐工业，2012，44（6）：46-48，60.

[160] 郭丽杰，康建新．石化装置基于风险的 HAZOP 分析方法［J］．化学工程，2012，40（5）：70-74.

[161] 冷传斌．HAZOP 分析在新建炼厂酸性气处理装置中的应用［J］．石油化工安全环保技术，2012，28（1）：14-17，5.

[162] 宋媛玲，白改玲，周伟，等．HAZOP 分析方法在液化天然气接收站的应用［J］．化学工程，2012，40（2）：74-78.

[163] 刘卫国．危险及可操作性分析在 LNG 汽车加气站的应用［J］．安全、健康和环境，2012，12（2）：39-42.

[164] 任晓峰，孙慧，孙志鹏，等．用 HAZOP 分析治理天然气处理厂隐患［J］．油气田地面工程，2012，31（1）：56-58.

[165] 康建新，郭丽杰．在役柴油加氢装置 HAZOP 分析技术［J］．中国安全生产科学技术，2012，8（1）：143-148.

[166] 王婷，项小强，戴联双，等．输油气站场 HAZOP 分析方法及其应用［J］．天然气工业，2011，31（10）：97-100，126.

[167] 白永忠．HAZOP 技术在炼油火炬系统工艺危害分析中的应用［J］．中国安全生产科学技术，2011，7（10）：106-111.

[168] 曹涛，张华兵，周利剑，等．HAZOP 在油气管道站场风险分析中的应用实践［J］．中国安全生产科学技术，2011，7（10）：129-133.

[169] 韩文辉，于桂莲，张艳玲．HAZOP 分析法在炼油装置的应用［J］．劳动保护，2011（9）：88-90.

[170] 张悦，石超，方来华．基于 FMEA 和 HAZOP 的综合分析方法及应用研究［J］．中国安全生产科学技术，2011，7（7）：146-150.

[171] 李劲，陈赓良．对天然气净化厂 HAZOP 分析的认识［J］．石油与天然气化工，2011，40（3）：223-227，217.

[172] 张英太．危险与可操作性研究（HAZOP）在石化装置风险评估中的应用［D］．北京：北京化工大学，2011.

[173] 齐海桃，蒋军成．HAZOP 技术在氨合成塔危险辨识中的应用［J］．中国安全生产科学技术，2011，7（3）：104-108.

[174] 李秋萍，李秋娟．HAZOP 分析方法在油气管道系统中的应用研究［J］．石油化工安全环保技术，2011，27（1）：17-20，5.

[175] 李娜，刘春雨，王蓉，等．HAZOP 分析在海上生产平台的应用［J］．安全、健康和环境，2011，11（1）：44-47.

[176] 安改娣．危险与可操作性分析（HAZOP）在压缩机组中的应用［J］．广东化工，2010，37（12）：146-147.

[177] 赵庆贤，邵辉，葛秀坤，等．基于 HAZOP 方法的加氢工艺自动化安全控制［J］．中国安全生产科学技术，2010，6（6）：169-172.

[178] 李秋娟，余冬，史威，等．HAZOP 分析方法在油气管道系统中的应用研究［J］．中国仪器仪表，2010（11）：52-55.

［179］ 刘萍．中-亚天然气管道压气站 HAZOP 分析［J］．石油规划设计，2010，21（6）：35-38，54．
［180］ 邱鲁燕，杨锦，李韡，等．应用 HAZOP 方法分析硝基甲苯生产过程［J］．计算机与应用化学，2010，27（8）：1093-1095．DOI：10．16866/j．com．app．chem2010．08．024
［181］ 周荣义，李石林，刘何清．HAZOP 分析中 LOPA 的应用研究［J］．中国安全科学学报，2010，20（7）：76-81．DOI：10．16265/j．cnki．issn1003-3033．2010．07．008
［182］ 张志胜，杨洪兵．HAZOP 分析在西气东输管道工程中的应用［J］．现代职业安全，2010（6）：72-75．
［183］ 刘旭红．基于催化裂化装置的 HAZOP 分析量化研究［D］．青岛：中国石油大学，2009．
［184］ 丁伟俊，汪琦．一氧化碳装置危险性与可操作性（HAZOP）研究［J］．石油化工安全环保技术，2009，25（2）：34-37，69-70．
［185］ 魏刚，张守贵．HAZOP 分析法在硝基加氢生产苯胺反应过程的应用研究［J］．兰州石化职业技术学院学报，2008，8（4）：14-18．
［186］ 李映年，袁树海．浅析 HAZOP 分析在气田地面工程建设中的应用［J］．石油与天然气化工，2008（S1）：146-153，168．
［187］ 李少鹏．苯酐装置氧化反应器系统 HAZOP 分析［J］．石油化工安全环保技术，2007（6）：12-15，69．
［188］ 任启瑞．危险与可操作性分析在气田集输工程安全设计中的应用［J］．天然气工业，2007（3）：131-133，162．
［189］ 窦培举．海洋钻井平台 HAZOP 分析的研究［J］．中国海洋平台，2007（1）：43-46．
［190］ 姜巍巍，赵文芳，李奇，等．HAZOP 风险分析在环氧乙烷罐区的应用［J］．工业安全与环保，2007（2）：51-53．
［191］ 姜春明，姜巍巍，李奇，等．乙炔干燥变温吸附装置安全性分析与燃爆事故预防对策［J］．中国安全科学学报，2006（12）：109-116，170．DOI：10．16265/j．cnki．issn1003-3033．2006．12．020
［192］ 阎经纶，王金岩．HAZOP 在燕山石化 $12\times10^4$ t/a 聚丙烯装置改造中的应用［J］．安全、健康和环境，2006（5）：34-37．
［193］ 魏吴晋，林柏泉，翟成．使用 HAZOP 分析法对重大事故进行调查分析［J］．中国安全科学学报，2006（3）：119-123，147．DOI：10．16265/j．cnki．issn1003-3033．2006．03．023
［194］ 熊军，吴林，肖倩．HAZOP 分析在油气田开发生产中的应用探讨［J］．石油与天然气化工，2005（5）：423-425，340．
［195］ 姜春明，赵文芳，王春利，等．HAZOP 技术应用实例解析——烷基苯联合装置导热油加热系统 HAZOP 分析［J］．安全、健康和环境，2005（9）：9-12．
［196］ Vidmar P，Perkovič M．Safety assessment of crude oil tankers［J］．Safety Science，2018，105：178-191．
［197］ Vechgama W，Silva K，Pechrak A，et al．Application of hazard and operability technique to level 1 probabilistic safety assessment of Thai research reactor-1/modification 1：Internal events and human errors［J］．Progress in Nuclear Energy，2021，138：103838．
［198］ 刘自江，廖浩，邓媛．HAZOP 分析在集气场站的研究与应用［J］．中国科技纵横，2019（10）：145-146，148．
［199］ 马庆春，李海宽，曲文晶，等．球罐区危险与可操作性分析［C］．CIPC2011 中国国际石油天然气管道会议．2011．
［200］ 钟声，王丹．危险与可操作性分析（HAZOP）在加气站中的应用［C］．第四届化工行业危险分析与风险控制交流研讨会．2015．

# 参考文献

[1] Crawley F，Tyler B. HAZOP：Guide to Best Practice [M]. 3rd ed. Amsterdam：Elsevier，2015.

[2] Kletz T A. HAZOP & HAZAN：Identifying and Assessing Process Industry Hazards [M]. 4th ed. Rugby，UK：Institution of Chemical Engineers，1999.

[3] Bahr N J. System Safety Engineering and Risk Assessment：A Practical Approach [M]. 2nd ed. CRC Press Taylor & Francis Group，2015.

[4] Stephans R A. System Safety for the 21st Century：The Updated and Revised Edition of System Safety 2000 [M]. Hoboken：John Wiley & Sons，2004.

[5] Vincoli J W. Basic Guide to System Safety [M]. 3rd ed. Hoboken：John Wiley & Sons，2014.

[6] Rausand M，Stein H. Risk Assessment：Theory，Methods，and Applications [M]. 2nd ed. Hoboken：John Wiley & Sons，2020.

[7] 国家质量监督检验检疫总局，国家标准化管理委员会. 危险与可操作性分析（HAZOP 分析）应用指南：GB/T 35320—2017 [S]. 2017.

[8] IEC. Hazard and Operability Studies（HAZOP Studies）-Application Guide：IEC 61882—2001 [S]. 2001.

[9] IEC. Hazard and Operability Studies（HAZOP studies）-Application Guide：IEC 61882—2016 [S]. 2016.

[10] 国家安全生产监督管理总局. 危险与可操作性分析（HAZOP 分析）应用导则：AQ/T 3049—2013 [S]. 2013.

[11] CCPS. Guidelines for Hazard Evaluation Procedures [M]. 3th ed. Hoboken，NJ：John Wiley & Sons，2008.

[12] Hyatt N. Guidelines for Process Hazards Analysis：Hazards Identification & Risk Analysis [M]. Ontario：Dyadem Press，2003.

[13] 廖学品. 化工过程危险性分析 [M]. 北京：化学工业出版社，2000.

[14] Ericson C A. Hazard Analysis Techniques for System Safety [M]. 2nd ed. John Wiley & Sons，2016.

[15] 樊运晓，罗云. 系统安全工程 [M]. 北京：化学工业出版社，2009.

[16] 冯肇瑞，崔国璋. 安全系统工程 [M]. 北京：冶金工业出版社，1987.

[17] Ostrom L T，Wilhelmsen C A. Risk Assessment：Tools，Techniques，and Their Applications [M]. 2nd ed. Hoboken，NJ：John Wiley & Sons，2019.

[18] Nolan D P. Safety and Security Review for the Process Industries [M]. Oxford：Gulf Professional Publishing，2015.

[19] Popov G，Lyon B K，Hollcroft B D. Risk Assessment：A Practical Guide to Assessing Operational Risks [M]. Hoboken，NJ：John Wiley & Sons，2016.

[20] 罗云，周福宝，樊运晓，等. 注册安全工程师手册 [M]. 3 版. 北京：化学工业出版社，2020.

[21] Crawley F. A Guide to Hazard Identification Methods [M]. 2nd ed. Cambridge，MA：Elsevier，2020.

· 第七章 ·

# 事故树分析

事故树分析法（Fault Tree Analysis，FTA），又译为故障树分析法，是一种采用树形图方法确定不期望事件的根本原因和发生概率的系统分析方法，该方法具有严谨性和结构化的特点，可用于评价大型复杂动态系统以便于理解和防范可能发生的问题。系统分析人员通过事故树分析可了解导致不期望事件的原因事件的组合以及控制手段或方案。

1961 年，美国贝尔实验室的 H. A. 瓦特森（H. A. Watson）和 A. B. 莫恩斯（A. B. Mearns）在执行美国空军民兵导弹发射控制系统的安全研究项目时构思了事故树分析的概念和方法。之后，时任波音公司民兵导弹工程规划负责人的 D. 哈斯艾伦（D. Haasl）意识到了 FTA 具有作为整体系统安全工具的价值，于是带领团队把 FTA 应用到民兵导弹系统的整个规划中。民兵导弹规划使用 FTA 评估“无意的发射”和“无意的发动机点火”这些非期望事件，目的是定量地论证对这些潜在的灾难设计已经达到了可接受的风险水平。

波音商用飞机部看到了民兵导弹规划取得的成果后，立即开始在商用飞机设计过程中使用 FTA 方法。1965 年，波音公司和华盛顿大学发起赞助了第一届系统安全学术大会。在这次会议上，提交了第一批关于 FTA 的文章，标志着在世界范围内对于这一主题产生兴趣的开始。1966 年，波音公司开发出了计算机事故树模拟程序（Boeing Aerospace Corporation Simulation，BACSIM），为的是评估多阶段的事故树。

效仿航空业的开创性工作，核电企业也发现了 FTA 的作用和优势，开始在核电厂的设计和开发中使用这个工具。1974 年美国原子能委员会应用 FTA 对商用核电站的危险性进行评价，发表了著名的“拉氏报告”。事实上，核电行业中许多关键人物对发展事故树理论和算法及其计算机运算实现做出了贡献。与其他用户团体相比，核电行业对 FTA 的发展做出了更多的贡献，设计出了许多新的评估算法，设计并实现了相应算法的软件，例如 MOCUS、PREPP/KITT、SETS、FTAP、IMPORTANCE 和 COMCAN。

1981 年，哈斯艾伦组织美国核管理委员会（Nuclear Regulatory Commission，NRC）的工程师和科学家写出了《NUREG-0492 事故树手册》，成为关于 FTA 的第一本图书和非正式的 FTA 参考标准，虽然该手册最初为核电应用而编写，但它已经被广泛应用到各行各业，至今仍具有非常重要的参考价值；2002 年 NASA 出版的《航空应用中的事故树手册》是对 NUREG-0492 的补充，是事故树分析最好也是最完整的参考文献之一。

FTA 引起世界各国的关注，现已被广泛用到化工行业、汽车制造业、铁路运输业、运载火箭和宇宙飞船设计与制造、航空业以及机器人行业等。商用事故树的构建和评估软件也得以开发，该类软件能够在个人电脑上运行，为安全分析师提供了高度灵活的操作方式和实用的功能。1990 年 IEC 推出了《事故树分析（FTA）》（IEC 61025—1990）的标准，2006 年升级为 IEC 61025—2006。

我国从 1978 年开始，在航空、化工、核工业、冶金、机械等工业企业部门对这一方法进行了研究、应用。在生产安全领域，事故树分析法利用事故树模型系统地分析事故，定性和定量地确定事故风险，具有方法简便、形象直观、逻辑严谨的特点，还可借助计算机进行运算，是系统安全工程重要的分析方法之一。1985 年和 1987 年我国相继推出《故障树名词术语和符号》（GB/T 4888—1985）和《故障树分析程序》（GB/T 7829—1987）两项标准，2009 年，GB/T 4888—1985 升级为 GB/T 4888—2009。

# 第一节　事故树分析基本概念

## 一、树形图

树形图是图论中的概念。图就是由若干个点和线组成的图形。图中的点称为节点，线称为边或弧。用树形图描述一个系统时，节点表示某一具体事物，边或弧表示事物之间的特定关系。在图中，若任何两点之间至少有一条边相连，则这个图就是连通图。否则，就是不连通的。若图中始点与终点重合，则称之为圈，如图 7-1（a）所示，树形图就是无圈的连通图，如图 7-1（b）所示。

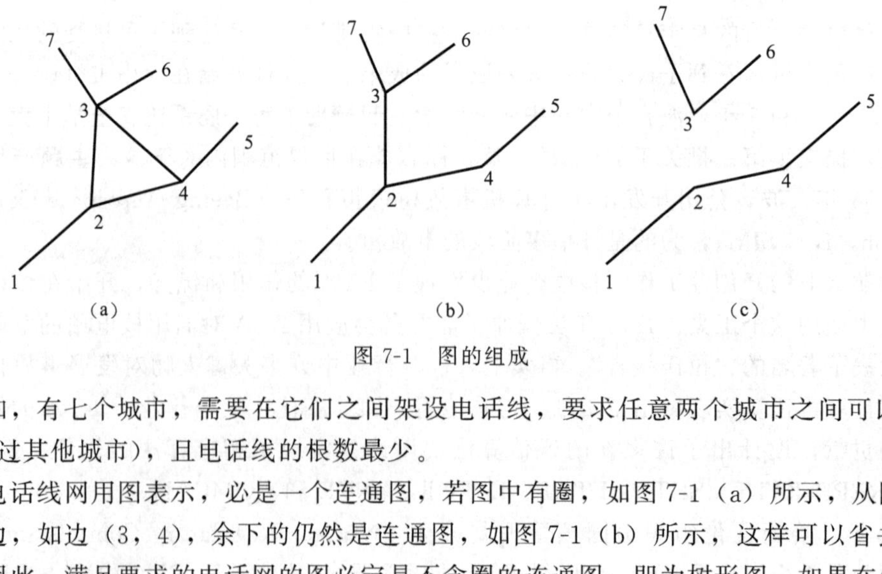


图 7-1　图的组成

例如，有七个城市，需要在它们之间架设电话线，要求任意两个城市之间可以通电话（允许经过其他城市），且电话线的根数最少。

把电话线网用图表示，必是一个连通图，若图中有圈，如图 7-1（a）所示，从圈中去掉任一条边，如边（3，4），余下的仍然是连通图，如图 7-1（b）所示，这样可以省去一根电话线，因此，满足要求的电话网的图必定是不含圈的连通图，即为树形图。如果在任意两个内节点之间去掉一个边，如边（2，3），则成为不连通图，如图 7-1（c）所示，该图不是树形图。

事故树，形似倒立着的树。树的“根部”顶点节点表示系统的某一个事故，树的“梢”底部节点表示事故发生的基本原因，树的“枝杈”中间节点表示由基本原因促成的事故结果，又是系统事故的中间原因；事故因果关系的不同性质用不同的逻辑门表示。这样画成的一个“树”，用来描述某种事故发生的因果关系，称之为事故树，即事故树是用逻辑符号和事件符号连接的树形图。

## 二、事件符号

在事故树分析中，各种非正常状态或不正常情况皆称事故事件，各种完好状态或正常情况皆称成功事件。两者均简称为事件。事故树中的每一个节点都表示一个事件。事件符号通常包括三大类，即基本事件、结果事件和特殊事件。

基本事件是事故树分析中仅导致其他事件发生的原因事件。基本事件位于事故树的底端，是某个逻辑门的输入事件而不是输出事件。基本事件在事故树形图中，基本原因事件（Primary Failure）用圆形符号表示，省略事件（二次事件，Secondary Failure）用菱形符号表示。

在事故树分析中，结果事件是由其他事件或事件组合所导致的事件，它总是位于逻辑门的输出端。用矩形符号表示结果事件。结果事件包括顶上事件和中间事件两类。顶上事件是事故树分析中所关心的结果事件，位于事故树的顶端，它是所讨论事故树中逻辑门的输出事件而不是输入事件。中间事件是导致顶上事件发生的原因事件，而且这种原因事件可以继续分析，即它们可以用其他的原因事件来描述。在事故树中，它既是某个逻辑门的输出事件，又是其他逻辑门的输入事件。它是位于底事件和顶上事件之间的结果事件。

特殊事件是指在事故树分析中需要表明其特殊性或引起注意的事件，包括正常事件（Normal Event）和条件事件（Condition Event）。正常事件又称开关事件，是在正常工作条件下必然发生或者必然不发生的事件，在事故树中用房形符号表示。条件事件是限定逻辑门开启的事件，用椭圆形符号表示。

各事件符号及事件描述见表 7-1。

**表 7-1　事故树分析事件符号及意义**

| 事件符号 | 事件名称 | 事件描述 |
|---|---|---|
| 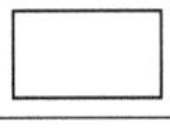 | 顶上事件/中间事件 | 需要进一步分析其原因的事件 |
| 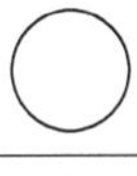 | 基本事件 | 在特定事故树分析中不需要进一步分析其原因的事件，通常为元件的失效，或失效事件 |
| 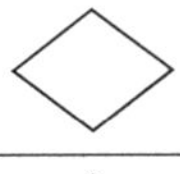 | 二次事件 | 原则上应进一步分析其原因但在该事故树分析中暂时不必或不能分析的事件，通常为导致元件失效的事件 |
| 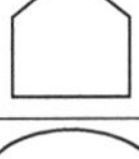 | 正常事件 | 正常工作条件下必然发生或必然不发生的事件 |
|  | 条件事件 | 在描述逻辑门时起作用的具体限制的特殊事件 |
|  | 转入事件/转出事件 | 表明某中间事件需转入他处分析或由某处转出进行再分析 |

## 三、逻辑门

逻辑门是连接各事件并表示其逻辑关系的符号，包括与门、或门、条件与门、条件或门、限制门、排斥或门、顺序与门、$n$ 中取 $m$ 表决门、矩阵门、非门等。这里用开关来说明逻辑门的含义。正确地选择逻辑门编制事故树是保证事故树分析正确的关键。本书所采用的符号是国际上统一的事故树分析逻辑符号。

1. 与门

与门符号如图 7-2 所示。与门可以连接数个输入事件 $E_1$、$E_2 \cdots E_n$ 和一个输出事件 E，表示仅当所有的输入事件都发生时，输出事件 E 才发生的逻辑关系。反之，当 $E_1$、$E_2 \cdots E_n$ 事件中有一个或一个以上事件不发生时，E 就不会发生。

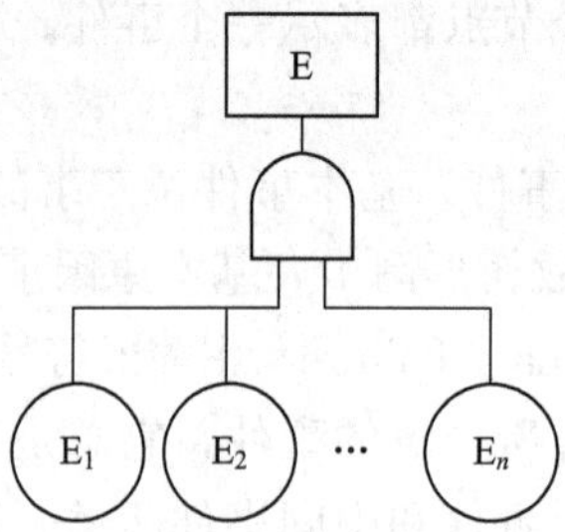

图 7-2 与门

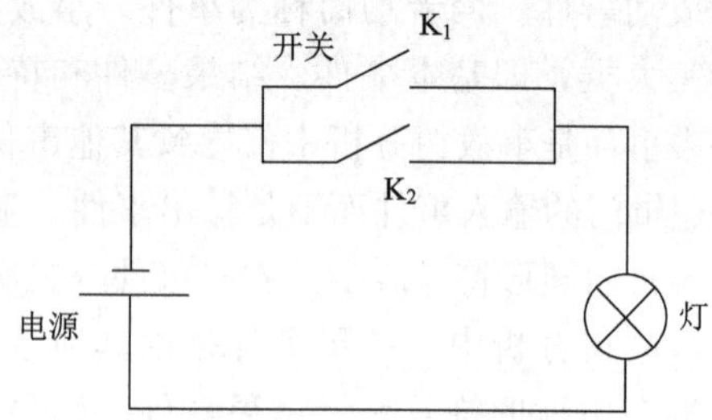

图 7-3 照明电路

如图 7-3 所示的一个电路图，若电源有电，电灯泡完好，导线、接点保持电路接通，而电灯不亮，这个故障只有当两个开关 $K_1$ 和 $K_2$ 同时出现故障时才会发生。

若以 $K_1$ 和 $K_2$ 分别表示开关 1 和开关 2 的故障状态为基本原因事件，用圆形符号表示，灯泡不亮为事故分析的结果事件，用矩形符号表示。那么，基本原因事件与其造成的结果事件的关系是逻辑“与”的关系，将其画成事故树，如图 7-4 所示。

2. 或门

或门符号如图 7-5 所示。或门可以连接数个输入事件 $E_1$、$E_2 \cdots E_n$ 和一个输出事件 E，表示只要有一个输入事件发生，输出事件就发生；反之，若输入事件全不发生，则输出事件肯定不发生。

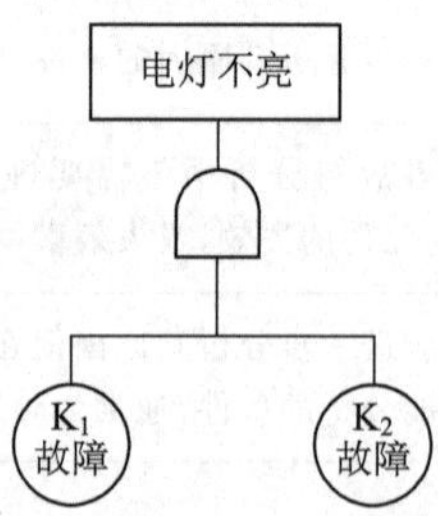

图 7-4 图 7-3 的事故树

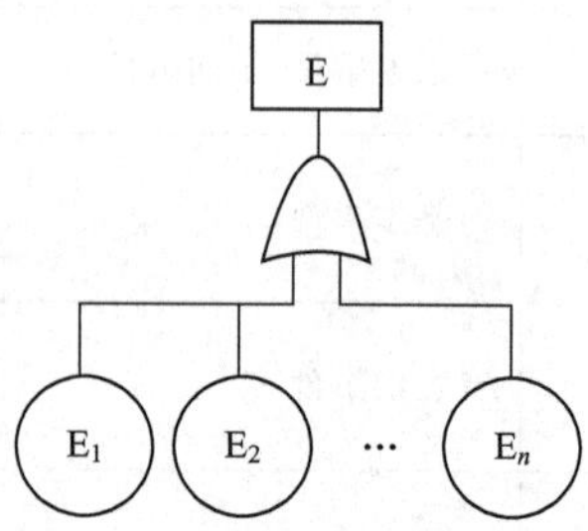

图 7-5 或门

如图 7-6 所示的一个电路，若电源有电，电灯泡完好，导线、接点保持电路接通，而电灯不亮，这个故障只要两个开关 $K_1$ 和 $K_2$ 有一个出现故障时便会发生。

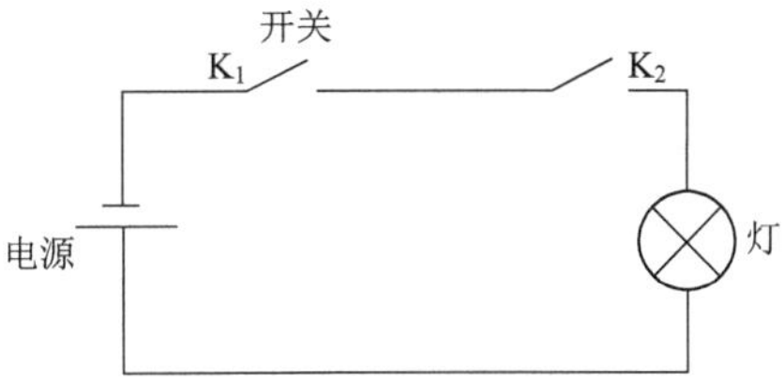

图 7-6　照明电路图

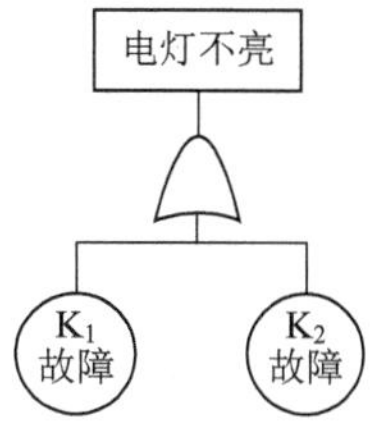

图 7-7　图 7-6 的事故树

这里仍以 $K_1$ 和 $K_2$ 分别表示开关 1 和开关 2 的故障状态，灯泡不亮是结果事件，则开关 1 和 2 的故障状态与灯泡不亮是逻辑“或”的关系，将其画成事故树，如图 7-7 所示。

3. 顺序与门

顺序与门表示其输出事件发生需要两个条件，其符号如图 7-8 所示。

（1）输入事件都发生。

（2）所有的输入事件中，位于左侧的事件先于右侧的事件发生。

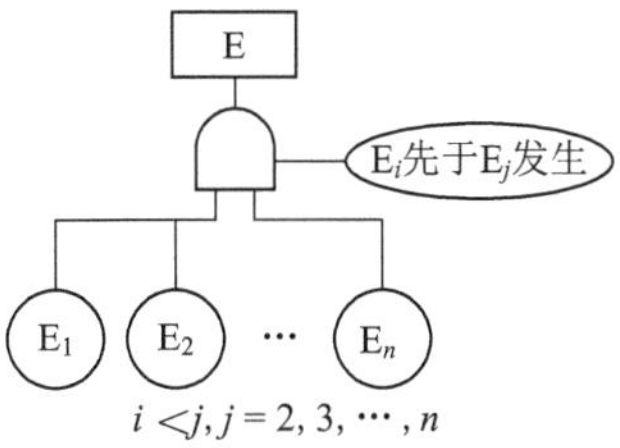

图 7-8　顺序与门

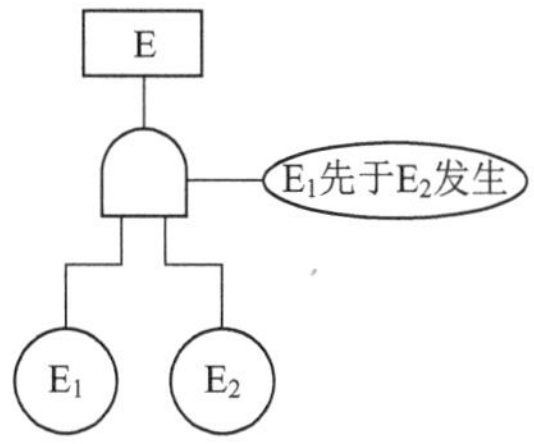

图 7-9　顺序与门实例

例如，有机溶剂与空气的“混合气体爆炸”事件 E 发生必须具备两个条件：①“混合气体浓度达到爆炸极限”事件 $E_1$ 与“现场有足够的瞬间引爆能量”事件 $E_2$ 都发生；②$E_1$ 先于 $E_2$ 发生。因为瞬间引爆能量不能积存，转瞬即逝，等能量消逝后，再有浓度超过爆炸极限的混合气体，也不会发生爆炸，各事件之间用顺序与门连接，如图 7-9 所示。

4. 表决门

表决门表示仅当 $n$ 个输入事件中有 $m$（$m \leqslant n$）个或 $m$ 个以上事件同时发生时，输出事件才发生，其符号如图 7-10 所示。与门是 $m=n$ 时的特殊表决门。

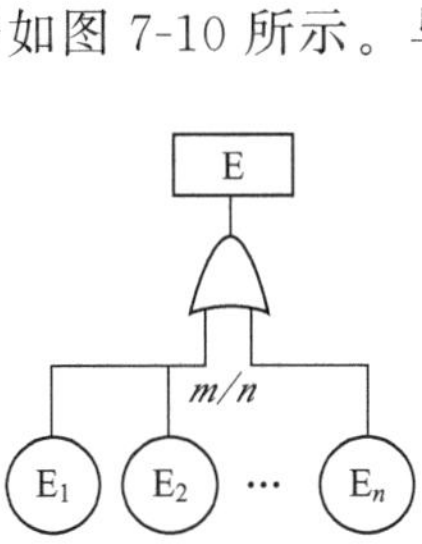

图 7-10　表决门

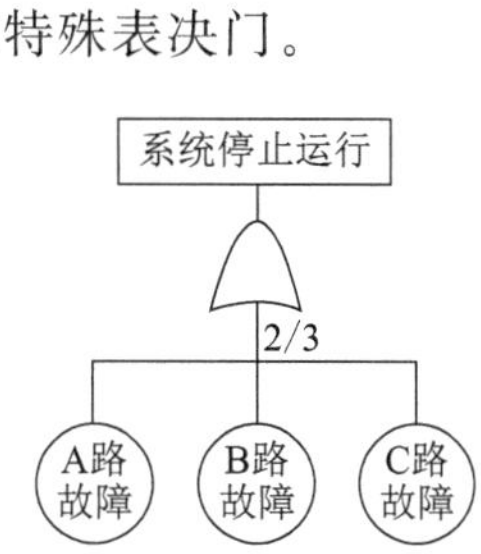

图 7-11　表决门实例

例如，某系统由 A、B、C 三路供电，其中有两路保持正常电压，供电系统就能正常运行。若三路中任意两路不能保持正常电压，则电路系统将出现故障，不能正常运行。用 2/3 表决门连接输入事件与输出事件，如图 7-11 所示。

5. 异或门

异或门又称排斥或门，表示仅当单个输入事件发生时，输出事件才发生。其符号如图

7-12 所示。

例如，双推进器运输艇不对称推进的原因只能是左推进器发生故障，或者是右推进器发生故障，两个推进器只要有一个发生故障，就会产生不对称推进，如图 7-13 所示。

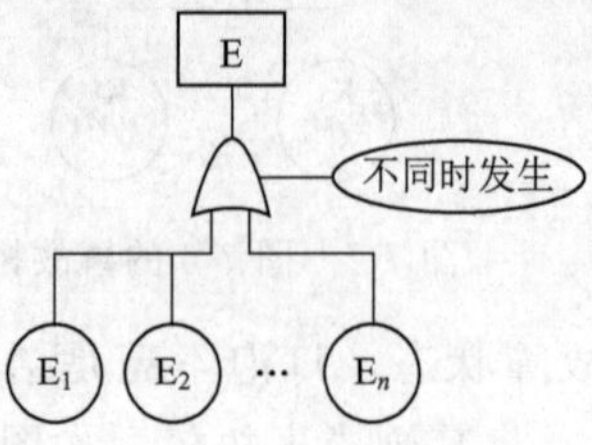

图 7-12　异或门

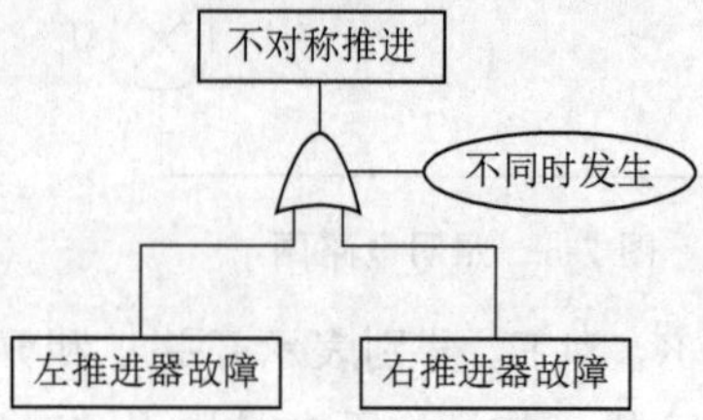

图 7-13　异或门实例

6. 禁门

禁门又称限制门，表示当输入事件 $E_i$ 发生，且满足条件 α 时，输出事件才发生，否则，输出事件不发生。这种门的特点是只有一个输入事件，其符号如图 7-14 所示。

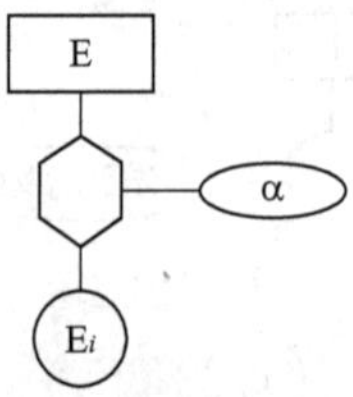

图 7-14　禁门

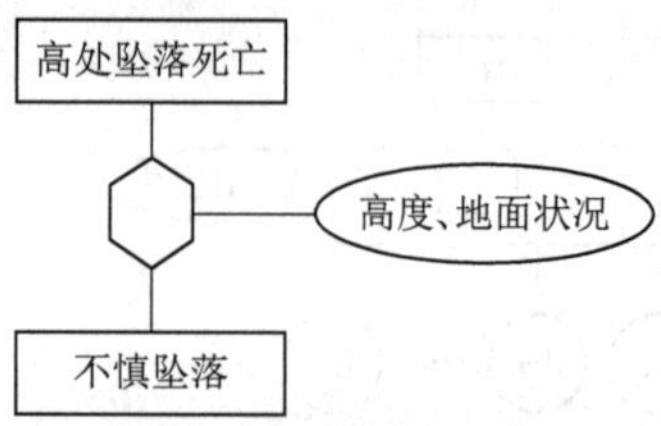

图 7-15　禁门实例

例如，某建筑工地工人“高处作业坠落死亡”的直接原因是不慎坠落，但坠落后能否造成死亡这个后果，则取决于坠落高度与落地处的地面状况等条件。这里只有一个输入事件，用限制门连接，其关系如图 7-15 所示。

7. 条件与门

条件与门表示输入事件不仅同时发生，且还必须满足条件 α，才会有输出事件发生，否则就不发生。α 是指输出事件发生的条件，其符号如图 7-16 所示。

例如，某系统发生低压触电死亡事故，其直接原因事件是：“人体接触带电体”“保护失效”和“抢救不力”。但这些直接原因事件同时发生也并不一定导致死亡事故发生，而死亡最终取决于通过心脏的电流 $I$ 与通过电流的时间 $t$ 的乘积 $It>50\text{mA}\cdot\text{s}$ 这个条件，画出事故树如图 7-17 所示。

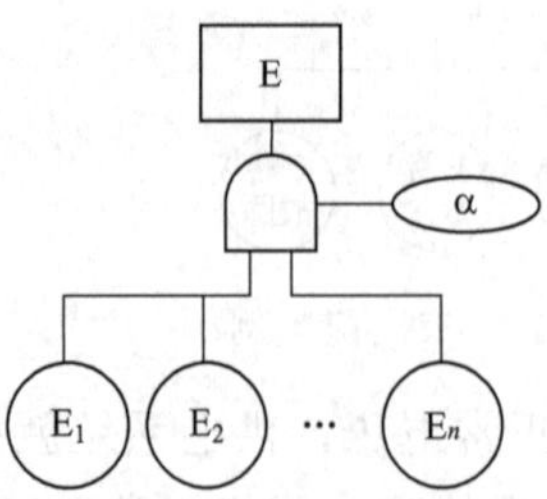

图 7-16　条件与门

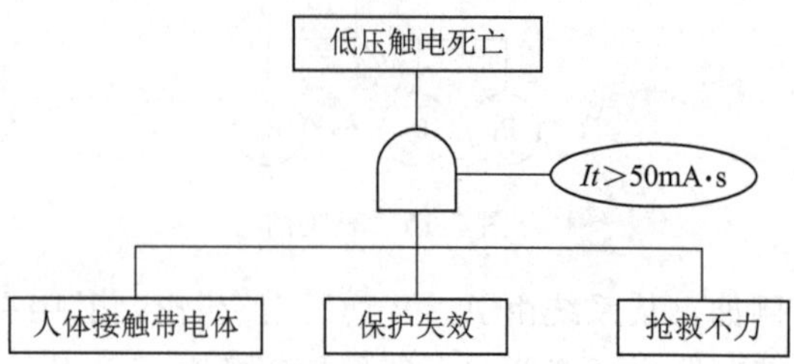

图 7-17　条件与门实例

8. 条件或门

条件或门表示输入事件中至少有一个发生，且在满足条件 α 的情况下，输出事件才发生。符号如图 7-18 所示。例如，造成“氧气瓶超压爆炸”的直接原因是：“在阳光下暴晒”和“接近火源”。二者之中只要有一个直接原因事件发生，都会使氧气瓶超压，但并不一定爆炸。只有“瓶内压力超过钢瓶允许压力”时，才发生爆炸，画出事故树如图 7-19 所示。

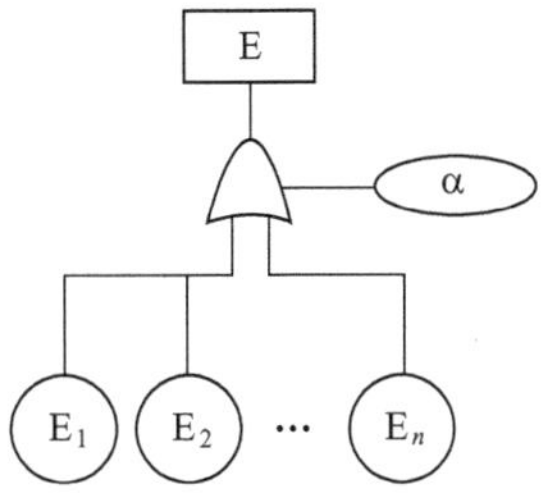


图 7-18　条件或门

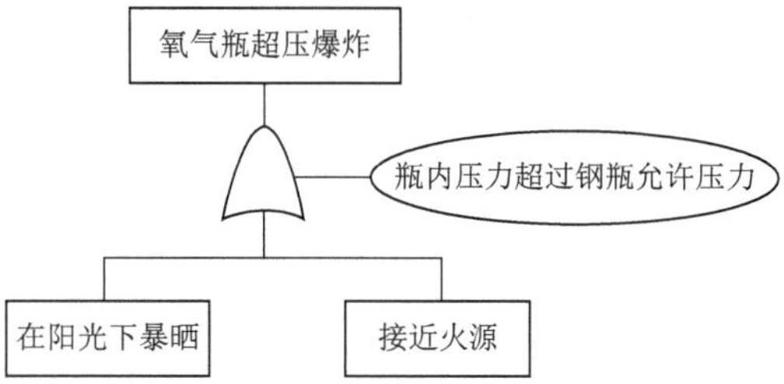


图 7-19　条件或门实例

## 四、转移符号

在编制事故树时，经常会遇到这样两种情况：其一是当树的一个分支再画下去时，将会重复另外一个分支的一部分；其二是在一页纸上画不下整个树形图而需要换页时，就需要有一种起指示作用的符号说明两部分之间的关系，即由何处转出，由何处转入，事故树的转移符号就起这种作用。图 7-20 所示是一对相同转移符号，用以指明相同子树的位置。图 7-20 中的（a）是转入符号，表示转入上面以字母数字为代号所指的子树；图 7-20 中的（b）是转出符号，表示以字母数字为代号表示的子树由此转出。

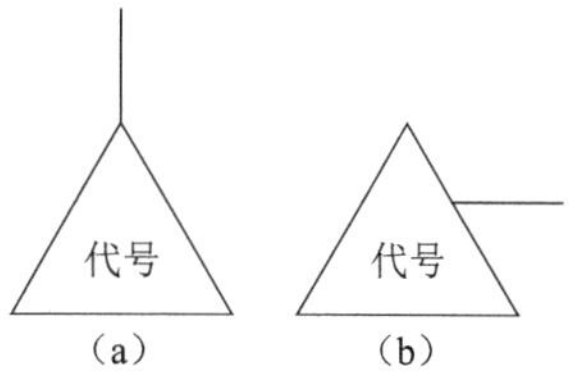


图 7-20　相同转移符号

1. 相同转移符号

例如，分析造船工人高空作业时坠落死亡事故。用事故树分析方法，画出事故树如图 7-21 所示。转出符号表示下面转到以 1 为代号所指的子树；转入符号表示由数字 1 的转出符号转到这里来，整个事故树见图 7-21 下图。

2. 相似转移符号

图 7-22 所示是一对相似转移符号，用以指明相似子树的位置。图 7-22（a）是相似转入符号，表示转入上面以字母数字为代号所指结构相似而事件标号不同的子树，不同的事件标号在三角形旁边注明。图 7-22（b）是相似转出符号，表示相似转入符号所指子树与此子树相似，但事件标号不同。例如，分析飞机不能正常飞行事故。用事故树分析方法画出事故树，如图 7-23 所示。图中有三个发动机，其结构完全相似。分析它们的故障，只需对三个发动机中任意一个画出故障分析子树进行分析和研究就行了。这里采用了相似转移符号。发动机故障子树 B 和 C 里面采用相似转向符号，表示下面转到以符号 A 为代码所示的子树；发动机故障子树 A 里面采用了相似转入符号，表示由代码 A 所指子树与该子树相似，但事件标号不同。发动机 A、B 和 C 的故障子树的事件标号分别为 1～5、6～10 和 11～15。

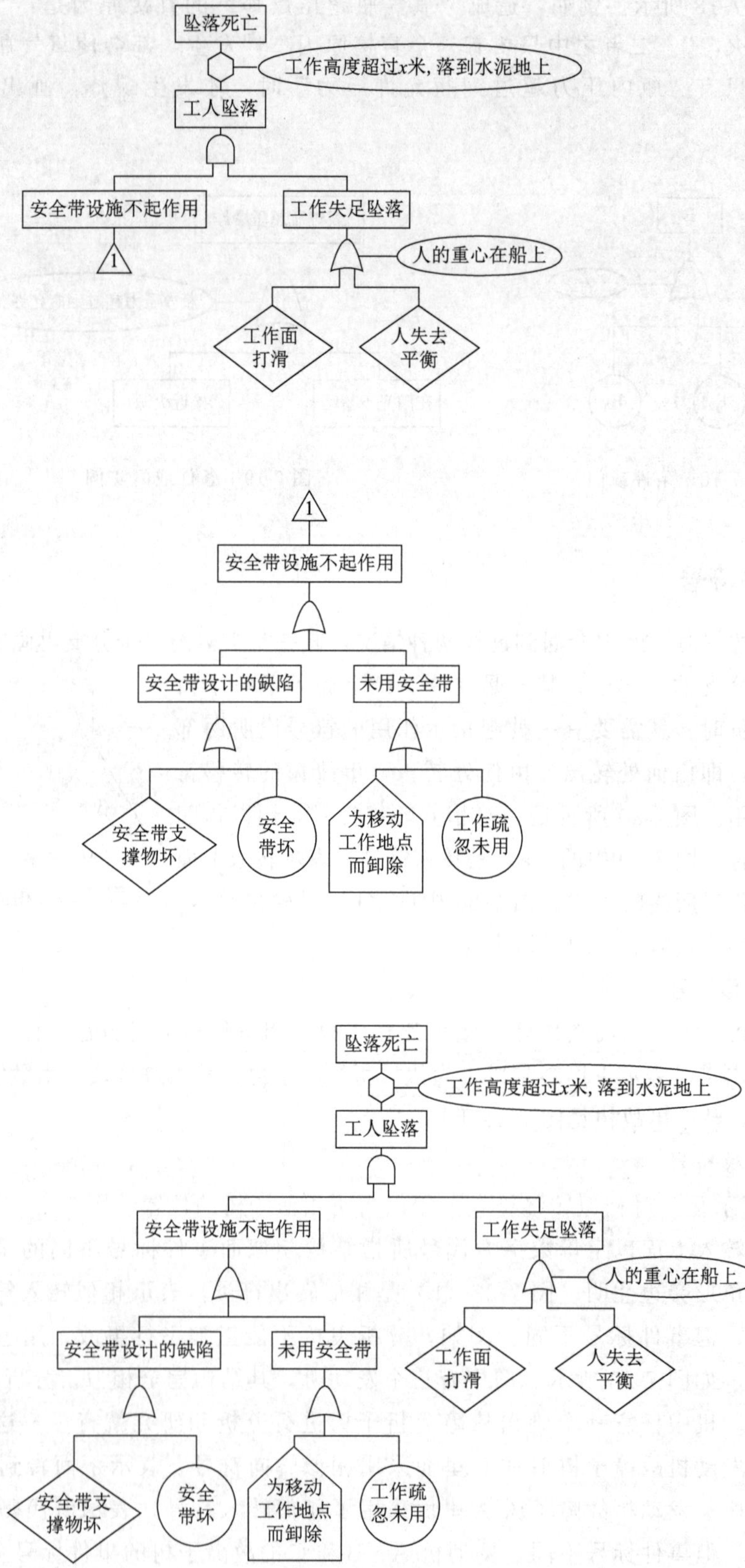


图 7-21 相同转移符号实例

## 五、割集

割集（Cut Set），亦称作截集或截止集，它是导致顶上事件发生的基本事件的集合。也就是说，在事故树中，一组基本事件发生能够造成顶上事件发生，这组基本事件就称为割集。

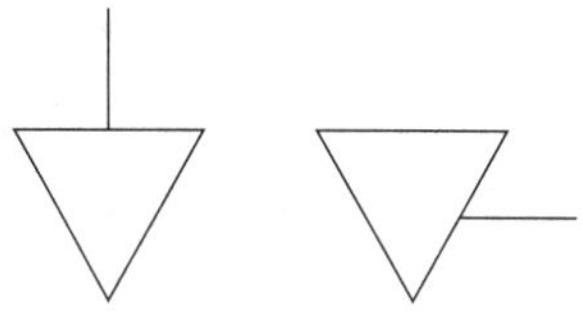

图 7-22　相似转移符号

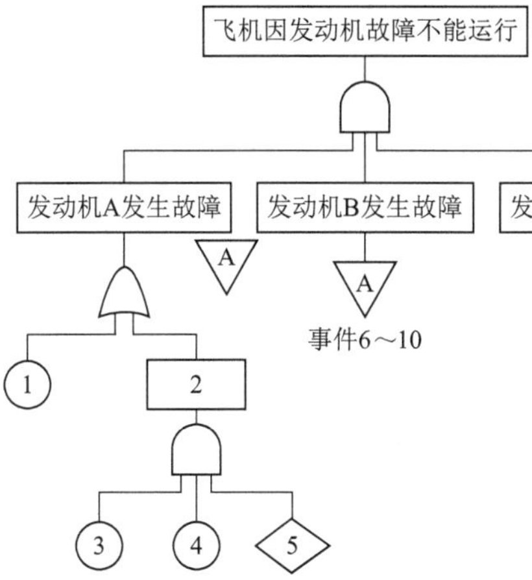

图 7-23　相似转移符号实例

事故树顶上事件发生与否是由构成事故树的各种基本事件的状态决定的。显然，所有基本事件都发生时，顶上事件肯定发生。然而，在大多数情况下，并不要求所有基本事件都发生时顶上事件才发生，而只要某些基本事件发生就可导致顶上事件发生。在事故树中，引起顶上事件发生的基本事件的集合，称为割集。同一个事故树中的割集一般不止一个，在这些割集中，凡不含其他割集的割集，叫作最小割集。换言之，如果割集中任意去掉一个基本事件后就不是割集，那么这样的割集就是最小割集。

割集是系统可靠性工程中的术语，在模拟系统可靠性的有向图中，能够造成系统失效的弧的集合称为割集。图 7-24 中节点 $A$ 称为源（或发点），$D$ 称为汇（或收点）。在有向图中，源与汇中任意作一条割线，使源发出的流不能到汇，即系统不能正常运行，而与这条割线相交的弧的集合就称为割集。例如，集合 $\{BC, AG, EF\}$ 和 $\{CD, FD\}$ 均为此有向图的割集。

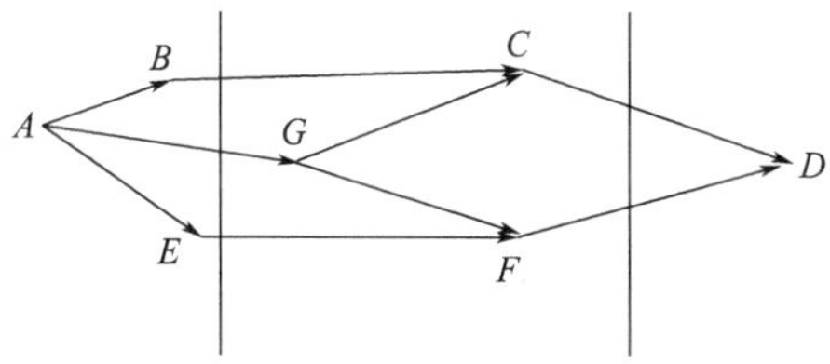

图 7-24　割集示意图

事故树分析中引入割集的概念，其物理意义与系统可靠性工程中的概念相同，均是造成事故的事件的集合。但在可靠性有向图中，弧是正常事件，而事故树中事件是故障（或缺陷）事件。故割集的求取方法有所不同。

最小割集就是导致顶上事件发生的最起码的基本事件的集合。研究最小割集，实际上是研究系统发生事故的规律和表现形式。

## 六、径集

径集（Path Set），也叫通集或路集。即如果事故树中某些基本事件不发生，则顶上事件就不发生，这些基本事件的集合称为径集。径集，也是系统可靠性工程的概念，它是研究保证系统正常运行需要哪些基本环节正常发挥作用的问题，即在系统可靠性有向图中，要想使汇得到流，能有几条通路的问题。

在事故树中，当所有基本事件都不发生时，顶上事件肯定不会发生。然而，顶上事件不发生常常并不要求所有基本事件都不发生，而只要求某些基本事件不发生时顶上事件就不会发生。这些不发生的基本事件的集合，称为径集。在同一事故树中，不包含其他径集的径集称为最小径集。换言之，如果径集中任意去掉一个基本事件后就不是径集，那么该径集是最小径集。最小径集就是顶上事件不发生所必需的最低限度的径集。

### 七、概率风险评估

概率风险评价（Probabilistic Risk Assessment，PRA）是对大型复杂系统采用综合的、逻辑的分析方法以辨识、评价系统的风险且以排列方式表达其结果。其目标在于采用定量的方法详细地辨识和评估事故情境。概率风险评估常常回答围绕如下 3 个问题。

（1）什么是可能的不期望结果？

（2）什么是相关的、根本的影响因素？

（3）相关的风险概率是多少？

## 第二节　事故树分析方法

事故树分析是根据系统可能发生的事故或已经发生的事故所提供的信息，去寻找与事故发生有关的原因，从而采取有效的防范措施，防止同类事故再次发生。事故树的分析方法通常包括事故树图的编制以及在此基础上的定性分析和定量分析。

### 一、方法概述

事故树（Fault Tree，FT），又称故障树，是采用逻辑门的符号图，对导致指定的不期望事件所包含的失效、故障、人为失误及正常事件的组合原因进行建模分析的树图。为了计算失效概率并给出系统重要性的度量，图形模型需要转变成数学模型。事故树分析方法（FTA）是识别潜在不期望事件根本原因并以逻辑图的形式对其建模的分析方法，是通过事故树的建树、分析以调查已发生事故或预测可能发生事故的根本原因（包括原因组合）及发生概率的系统分析技术。

当事故树构建完成时，就可对其进行评估以决定事故树的割集、径集和失效的概率。这里的割集是能够导致不期望的顶上事件（结果）发生的原因事件的组合。通常一个事故树会有许多不同的割集，每个割集都是引发顶上不期望事件发生的一种情形。径集是导致顶上事件不发生的原因事件的组合，类似地，一个事故树也常会有多个不同的径集，控制每个径集各原因事件的发生就形成一个阻止顶上事件发生的方案。事故树评估为支撑风险管理决策提供了必要的信息。事故树分析输入-输出概要图见图 7-25。

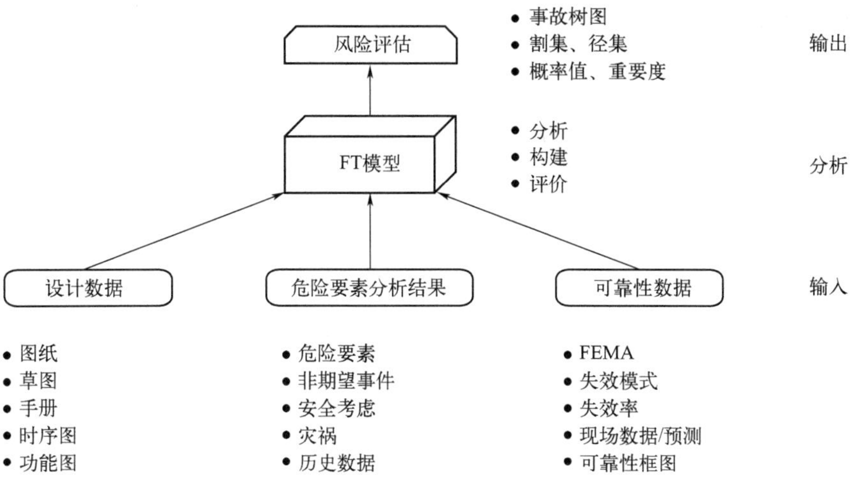


图 7-25 输入-输出概要图（刘卓军，2013）

## 二、分析流程

事故树图的编制是事故树分析的基础，它如同前面各章所介绍的分析方法一样，需要对拟研究的系统有着较好的掌握。事故树分析通常包括以下步骤。

1. 熟悉系统

对已经确定的系统要进行深入的调查研究，了解其构成、性能、操作、维修等情况，必要时根据系统的工艺、操作内容画出工艺流程图及布置图。这项工作是编制事故树的基础和依据。只有熟悉系统，才能作出切合实际的分析，否则，分析必然是闭门造车，不能反映系统的真实情况。熟悉系统的过程中，还应了解相关系统的各类事故，即收集、调查所分析系统过去、现在以及将来可能发生的事故，同时还要收集、调查本单位与外单位、国内与国外同类系统曾发生的所有事故。这项工作是全面掌握系统事故的基础和依据，有利于确定事故类型。

2. 确定顶上事件

就某系统而言，可能会发生多种事故，究竟以哪种事故作为事故树顶上事件，要根据事故调查和其他事故分析的结果，考虑事故发生的可能性与事故发生后对系统造成的危害程度两个参量，选择易于发生且后果严重的事故作为事故树分析的对象。当然，也常把不容易发生，但后果非常严重，以及后果虽不很严重，但极易发生的事故作为分析的对象。把这些事故作为事故树顶上事件进行分析，必然能取得事半功倍的效果。

3. 确定分析的边界

这一步需要描述系统的边界，包括系统内部和外部以及需求分析的边界。系统的基本配置必须明确并在分析过程中得到控制，目的是使得通过分析得到的结论有意义并且有效。此外，分析的限制或约束也需要明确。这些限制可能体现在资源上，如时间和资金投入，或者这些限制体现在希望的具体结果上。此外，还需进一步对分析的基本规则加以明确并建立文档，否则分析中途会因规则不清晰或被遗忘而影响 FTA 的可靠性。关于边界的考虑通常包括以下几方面。

（1）系统的性能：影响区域。

（2）分析范围：包括哪些子系统、组件等。

（3）系统运行模式：启动、关机、平稳状态等。

（4）系统在生命周期中所处的阶段。

（5）可用资源（即时间、资金、人力）。

（6）分析的详细程度或综合程度。

4. 构建事故树

一旦确定了顶上事件和分析的基本规则，就要构建事故树，即采取规定的符号，按照规定的逻辑关系，把事故树顶上事件与引起顶上事件的原因事件连接起来并绘制成不成圈的连通图；事故树构建是一个反复迭代的过程，其过程可通过图 7-26 来表达。

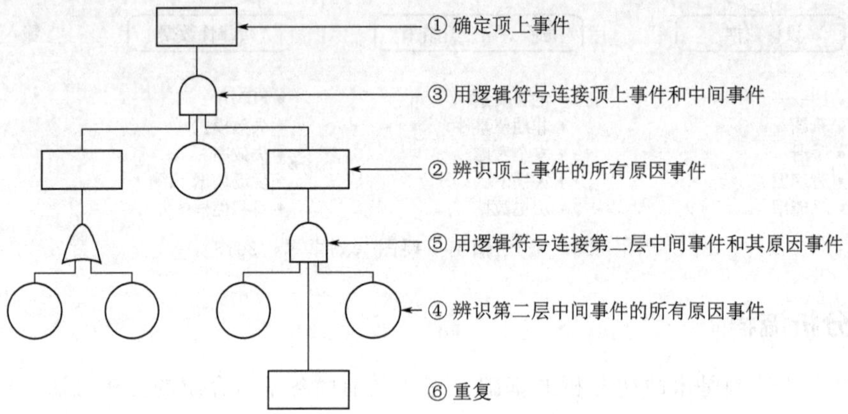


图 7-26　事故树编制方法图

5. 分析事故树

完成事故树构建后，就要执行对事故树的分析以确定分析的结果或重要性。事故树分析包括定性分析和定量分析两种方式。

定性分析是事故树分析的核心内容。其目的是分析某类事故的发生规律及特点，找出控制该事故的可行方案，并从事故树结构上分析各基本原因事件的重要程度，以便按轻重缓急分别采取对策。事故树定性分析主要内容有以下几方面。

（1）计算事故树的最小割集或最小径集。

（2）计算各基本事件的结构重要度。

（3）分析各事故类型的危险性，确定预防事故的安全保障措施。

定量分析是事故树分析的最终目的，但生产实践中常常因为基础数据难以获取而无法进行，定量分析内容包括以下几方面。

（1）确定引起事故发生的各基本原因事件的发生概率。

（2）计算事故树顶上事件发生的概率。

（3）计算基本原因事件的概率重要度和临界重要度。

根据定量分析的结果以及事故发生以后可能造成的危害，对系统进行风险分析，以确定安全投资方向。

6. 验证、完善事故树并对事故树分析建档

当完成了事故树的构建并执行了事故树的分析后，应对所有的结果进行检验以确保事故树分析的准确性。以下是验证事故树正确性的常用做法。

（1）检查每一个最小割集，确定它会导致不期望的顶上事件。

（2）通过人工或其他方式验算概率值，以判定分析结果的合理性。

（3）检查所有的逻辑门的类型，确定没有出现意外变更。

（4）审查基本事件故障率数据的准确性。

（5）请业务专家对事故树进行同行评议。

（6）检查所有重复发生事件的正确性。

（7）执行直觉检查，如果有感觉不对的地方就要把它记录下来，尝试用其他方法进行再查。

在事故树验证过程中，如果发现了任何错误，就有必要修改事故树。如果对系统结构做出了设计变更，也有必要修改事故树。如果对事故树做出任何改变，都应该将这些变更记录下来并建立文档。FTA 分析的一个重要方面是建立文档，而这一点常常被忽略。建议在 FTA 分析过程中设立正式的建档过程，文档至少应当包含以下内容。

（1）事故树结构。

（2）FTA 分析范围、边界和基本规则。

（3）事故树失效数据及来源。

（4）使用的设计数据（图纸、图纸编号、图片）。

（5）事故树验证结果。

（6）事故树评估结果。

（7）FTA 分析结论和建议。

# 第三节　事故树的构建

## 一、根本原因分析

任何事情的发生都有原因。根本原因分析（Root Cause Analysis，RCA）是识别导致不期望事件发生的最底层、最根本原因的一种结构化分析方法。该方法建立在因果关系的基础上，从不期望的事件或问题（结果）开始寻找导致问题最根本的影响因素（原因）。根本原因分析是从一组因果关系到下一组因果关系的迭代过程，一个特殊结果的原因成为下一个原因的结果。进行根本原因分析常需要问及“为什么”和“如果是……会是……”的这类问题。通常靠第一组发问并不能找到根本原因，往往需要连续发问，从一些重要的因果关系出发，一直进行到发现有用的结果为止。图 7-27 表示事故树某层的影响因子如何成为下一层的结果，图中无论是顶上事件还是中间事件，下层事件是上层结果事件的原因，而该事件自身的原因则由其下层事件来表征。

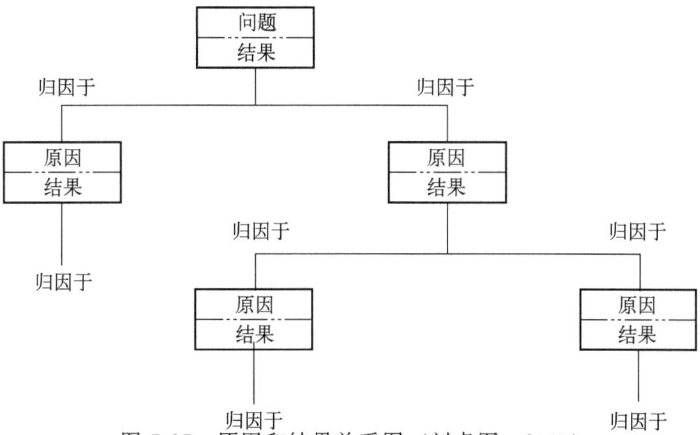


图 7-27　原因和结果关系图（刘卓军，2013）

根本原因分析通常是针对不期望事件发生后被动识别事件原因的过程。实践中也可以利用该方法在事件发生前主动地预见可能的事件原因。逻辑树形图是根本原因分析的有效方法。在这方面，FTA既是逻辑树分析工具，又是图表工具，能够有效地识别和连接因果关系，直到发现不期望事件的根本原因为止。

## 二、因果分析过程

事故树构建是一个迭代过程，从事故树的顶层不期望事件开始，逐层向下辨识其原因，直至事故树的所有分支。在每个分支节点采用同样的分析方式，首先辨识导致上层事件的所有原因事件，确定这些原因事件之间的逻辑关系，用逻辑门表达原因与结果之间的关系。因果分析过程中，对于每一个逻辑门必须回答“如何”和“是什么”的问题。图7-28是一个示例：对于事件X，需明确原因事件“是什么”？它们又是“如何”逻辑地组合在了一起？对于这些问题的回答即确定了输入事件和逻辑门的类型，逻辑门完成了上层事件（结果）和下层事件（原因）的连接。

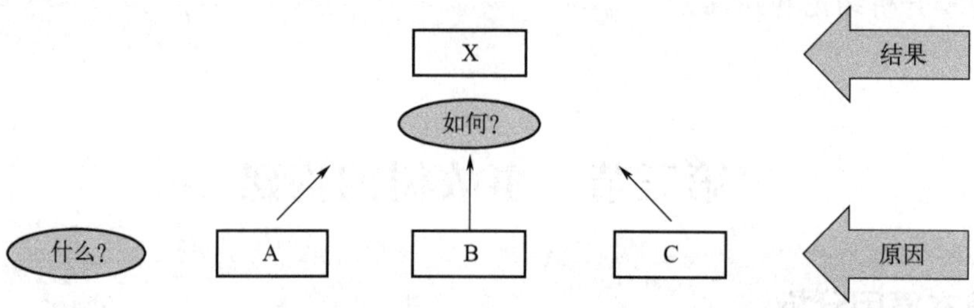


图7-28 事故树原因和结果的确定（刘卓军，2013）

在事故树的某一层，当对一个中间事件因果分析之后，逻辑门将上层事件（结果）和下层事件（原因）相连接，则分析转入该层的下一个中间事件，直至完成该层各中间事件的分析之后，再转入下一层中间事件的分析；实践中分析过程也可将某一中间事件一直向下分析直至为基本事件后，再转入下一个中间事件。当所有根本原因不再能向下一个层面分解时，则抵达了事故树的终点。

事故树结构类似于连接起来的链，这里原因事件（用字母C表示）以类似链的方式与结果事件（用字母E表示）相连，而FTA就寻找这个链中的薄弱环节。在事故树中，一个分析层面的原因变成了下一个分析层面的结果，如图7-29所示。

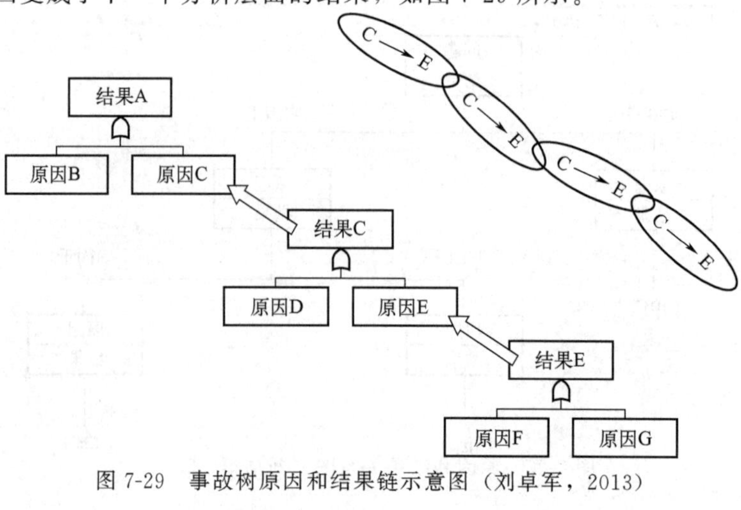


图7-29 事故树原因和结果链示意图（刘卓军，2013）

## 三、构建方法

在事故树的构建过程中，为了有效地表达逻辑门类型和逻辑门的输入事件，针对每一个中间事件，在向下分析并确定下层原因事件时，存在一种特殊的思考问题的流程。即对每个中间事件都要提出如下 3 个问题，将这组问题得到的信息组合起来才能确定逻辑门的类型，输入的原因因子也就识别出来了。

1. I-N-S 观点

这个观点包括要回答“什么是引发上层事件发生的直接原因事件（Immediate，I），且该原因事件是必要（Necessary，N）且充分（Sufficient，S）的”这类问题。

2. SS-SC 观点

SS-SC 概念旨在将拟分析的顶上事件或中间事件的失效类型分为两类，即“系统状态（State of System，SS）”失效类型或“元器件状态（State of Component，SC）”失效类型。如果事件的故障能够由构件或元器件的失效而引发，就将事件分类成 SC 故障事件。反之，就将其分类成 SS 故障事件。如果故障事件是 SC 类型的，事件就将由一个逻辑与门和多个输入事件表征，这些输入事件的表达由下面讨论的 P-S-C 逻辑确定。如果故障事件是 SS 类型的，将使用 I-N-S 逻辑对事件进一步分析，以决定相应的输入和逻辑门的类型。

3. P-S-C 观点

这个概念需要回答“什么是事件的基本的（Primary，P）、继发的（Secondary，S）和支配控制的（Command，C）失效原因（P-S-C）”这样的问题。对分析人员而言，将元器件失效分为这三类很有用，P-S-C 问题迫使分析人员聚焦到具体的影响因素。这个问题的合理性体现在每个元器件都有三种失效方式：基本的失效模式、继发的失效模式以及支配控制的失效模式。图 7-30 说明了这个概念，在事故树结构中系统要素可以细分成基本的、继发的和支配控制的原因。支配控制故障建立了必须要进一步分析的门事件。这个概念的好处是，如果 P-S-C 中的三个因素出现了两个及以上，就可自动地标识出逻辑或门的类型。

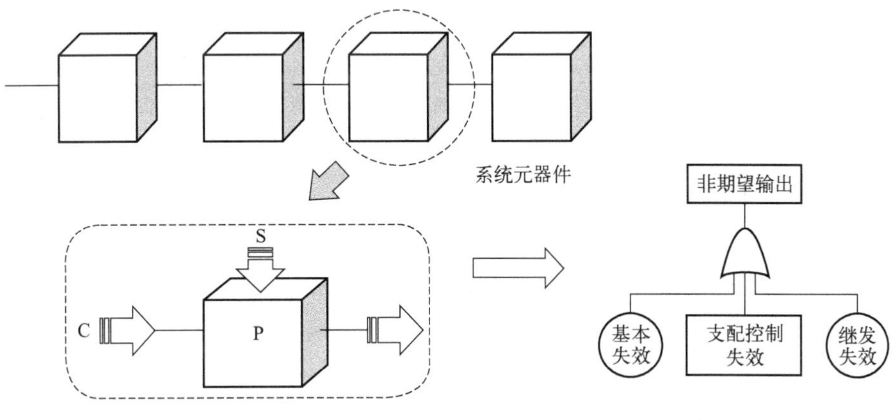


图 7-30　P-S-C 概念（刘卓军，2013）

基本失效是系统元器件在其合格的工作环境下产生的任何失效。例如，某压力容器设计的承载压力为 $P_0$，但该容器在某压力 $P \leqslant P_0$ 时由于焊接缺陷而导致容器破裂。基本失效仅仅是指识别出的能直接导致故障事件的内部构件失效。一个构件的失效被认为与其他任何构件的失效不相关（即是独立的）。

继发失效是指元器件在其未达到合格、标准的环境中所产生的失效，即在超出其设计条件下发生的失效，是作用在元器件上的外部力影响的结果。例如，某压力容器设计的最大承载压力为 $P_0$，但当压力在 $P \geqslant P_0$ 时产生破裂。分析继发失效事件需要全面了解影响系统构件的外部作用，例如过热、震动、电磁干扰等。一个元器件的失效可能与其他元器件的失效有关。这种类型的元器件失效可能归因于除了自身基本失效之外的其他原因。

前两种失效都是元器件本身的失效，支配命令失效与二者不同，是指元器件在错误的时间或错误的地点正常地工作。例如，子弹头列车中的防护装置由于上游设备过早或错误地发出信号而过早关闭。

## 四、构建原则

为保证系统的安全性，应该综合利用各种安全分析的资料。这些资料必须十分准确，并能及时被送到有关部门进行整理、储存和利用。储存时，应详细注明资料的来源、收集时间、适用的对象、范围及其可靠性。这个资料应包括事故树定性分析和定量分析的全部内容，可以作为安全性评价与安全设计的依据。事故树的编制过程，是一个严密的逻辑推理过程，应遵循以下规则。

1. 确定顶上事件应优先考虑风险大的事故事件

能否正确选择顶上事件，直接关系到分析的结果，它是事故树分析的关键。在系统危险分析的结果中，不希望发生的事件不止一个，每一个不希望发生的事件都可以作为顶上事件。但是，应当把易于发生且后果严重的事件优先作为分析的对象，即顶上事件。当然，也可把发生频率不高但后果严重以及后果虽不太严重但发生非常频繁的事故作为顶上事件。

2. 确定边界条件的规则

在确定了顶上事件之后，为了不致使事故树过于烦琐、庞大，应明确规定被分析系统与其他系统的界面，以及一些必要的、合理的假设条件。

3. 循序渐进的规则

事故树分析是一种演绎的方法，在确定了顶上事件后，要逐级展开。首先，分析顶上事件发生的直接原因，在这一级的逻辑门的全部输入事件已无遗漏地列出之后，再继续对这些输入事件的发生原因进行分析，直至列出引起顶上事件发生的全部基本原因事件为止。

4. 不允许门与门直接相连的规则

在编制事故树时，任何一个逻辑门的输出都必须有一个结果事件，不允许不经过结果事件而将门与门直接相连，如图 7-31 虚线所示部分。只有这样做，才能保证逻辑关系的准确性。

5. 给事故事件下定义的规则

只有明确地给出事故事件的定义及其发生条件，才能正确地确定事故事件发生的原因。给事故事件下定义，就是要用简单、明了的语句描述事故事件的内涵，即它是什么。

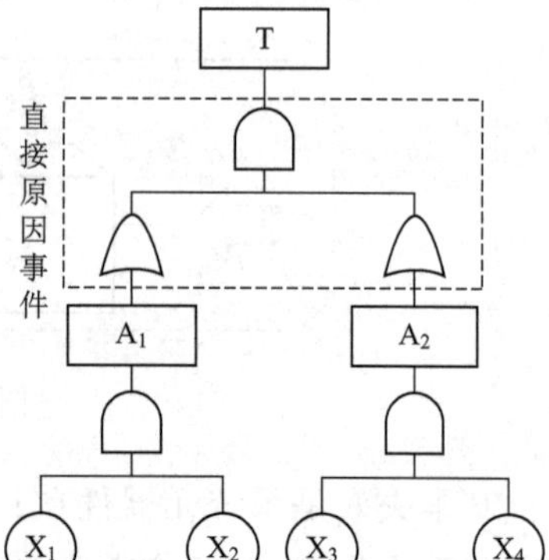


图 7-31 门与门相连的事故树

# 第四节 事故树编制方法举例

根据上述编制事故树的有关规则，下面列举典型例子说明编制事故树的方法。

## 一、“油库燃爆”事故树编制

油库燃烧并爆炸是经常发生的事故，作为一种特殊事故，这里将其作为事故树顶上事件并编制事故树。

把油库燃爆事故作为顶上事件，并把它画在事故树的最上一行，如图 7-32 所示。燃爆事故只有在“油气达到可燃浓度”与存在“火源”并且达到爆炸极限时才发生，因此，只有油气达到可燃浓度与存在火源两个因素同时出现，顶上事件才出现。所以，用“与门”把两者和顶上事件连接起来，将其写在事故树的第 2 行，“达到爆炸极限”可以作为“与门”的条件记入椭圆内，也可以作为原因事件写在第 2 行上。油气达到可燃浓度是由于“油气泄漏”和“库内通风不良”造成的，把它们写在第 3 行，并且用“与门”连接起来。火源是由于“明火”或“电火花”或“撞击火花”或“静电火花”或“雷击火化”造成的，把它们写在第 3 行，并用“或门”连接起来。油气泄漏是由于“油罐密封不良”或“油罐敞开”造成的，把它们写在第 4 行，并用“或门”连接起来。库内通风不良是由于“库内无排风设施”或“排风设备损坏”或“未定时排风”造成的，把它们写在第 4 行，并用“或门”连接起来。明火是由于“库内吸烟”或“危险区内动火”造成的，把它们写在第 4 行，并用“或门”连接起来。电火花是由于“电气设备不防爆”或“防爆电器损坏”造成的，把它们写在第 4 行，并用“或门”连接。撞击火花是由于“油筒撞击”或“用铁制工具作业”或“穿有铁钉的鞋作业”造成的，把它们写在第 4 行，并用“或门”连接。静电火花是由于“油罐静电放电”和“人体静电放电”造成的，把它们写在第 4 行，并用“或门”连接。雷击火花只有在“雷击”和“避雷器失效”两个因素一定同时出现时才产生，把它们写在第 4 行，并用“与门”连接起来。油罐静电放电是由于“静电积累”和“油罐接地不良”两个原因同时出现造成的，把它们写在第 5 行，并用“与门”连接起来。人体静电是由于“化纤品与人体摩擦”和“作业中与导体接近”同时出现造成的，把它们写在第 5 行，并用“与门”连接起来。避雷器失效是由于“未装避雷设施”或“避雷器出了故障”造成的，把它们写在第 5 行，并用“或门”连接起来。静电积累是由于“油液流速高”或“管壁粗糙”或“油液冲击金属容器”或“飞溅油液与空气摩擦”引起的，把它们写在第 6 行，并用“或门”连接起来。接地不良是由于“未装防静电接地装置”或“接地电阻不符要求”或“接地线损坏”引起的，把它们写在第 6 行，用“或门”连接起来。避雷器故障是由于“设计缺陷”或“防雷接地电阻超标”或“避雷设施损坏”造成的，把它们写在第 6 行，用“或门”连接起来。

为了不使树太复杂，树中引用了未探明事件：“作业中与导体接近（$X_{15}$）”“避雷器设计缺陷（$X_{24}$）”和“油罐密封不良（$X_9$），用菱形符号表示”。事故基本事件的含义见表 7-2。

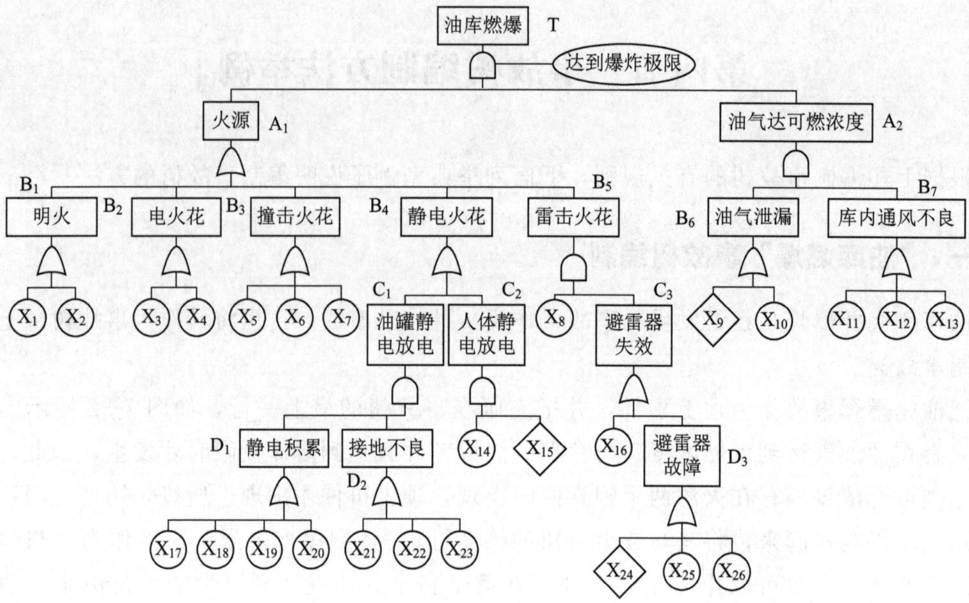


图 7-32　油库爆炸事故树（机械工业部生产管理局，1986）

**表 7-2　图 7-32 油库爆炸事故树基本事件含义说明**

| 基本事件 | 基本事件含义 | 基本事件 | 基本事件含义 |
|---|---|---|---|
| $X_1$ | 库内吸烟 | $X_{14}$ | 化纤品与人体摩擦 |
| $X_2$ | 危险区内动火 | $X_{15}$ | 作业中与导体接近 |
| $X_3$ | 电气设施不防爆 | $X_{16}$ | 未装避雷设施 |
| $X_4$ | 防爆电器损坏 | $X_{17}$ | 油液流速高 |
| $X_5$ | 油筒撞击 | $X_{18}$ | 管道内壁粗糙 |
| $X_6$ | 用铁制工具作业 | $X_{19}$ | 油液冲击金属容器 |
| $X_7$ | 穿有铁钉的鞋工作 | $X_{20}$ | 飞溅油液与空气摩擦 |
| $X_8$ | 雷击 | $X_{21}$ | 未设防静电接地装置 |
| $X_9$ | 油罐密封不良 | $X_{22}$ | 接地电阻不符要求 |
| $X_{10}$ | 油罐敞开 | $X_{23}$ | 接地线损坏 |
| $X_{11}$ | 无排风设施 | $X_{24}$ | 设计缺陷 |
| $X_{12}$ | 排风设施损坏 | $X_{25}$ | 防雷接地电阻超标 |
| $X_{13}$ | 未定时排风 | $X_{26}$ | 避雷设施损坏 |

## 二、“台灯不亮”事故树编制

在事故树编制过程中，分析顶上事件或中间事件的原因事件时要依据 I-N-S 观点辨识其最直接或最根本的原因。如“台灯不亮”最直接的原因就是与台灯相连的灯泡故障和对台灯的供电存在故障，因而得出其基本原因事件为“灯泡不亮”和“没有电流流过台灯”，两个原因事件间只要有一个发生就会导致“台灯不亮”事件的发生，因而选择“或门”连接。

分析“灯泡不亮”的原因事件时也一定要寻找其最直接的原因，即基本原因事件“灯泡烧坏了”或“没有装灯泡”，二者通过“或门”连接。

“没有电流流过台灯”是指台灯回路里没有电流经过，其产生原因可能是台灯的“开关没有打开”，也可能是台灯“没有插插座”，还可能是“墙上插座没电”，三者之间只有一个事件发生，“没有电流流过台灯”的事件就会发生，因而用“或门”符号连接。

“墙上插座没电”事件还可进一步分析其原因事件为“线路短路”“保险丝断了”和“家里电回路没电”等，用“或门”符号连接。“家里电回路没电”还可以再分析，只是在本事故树中不再做深入分析，故用菱形符号表示。事故树图见图7-33。

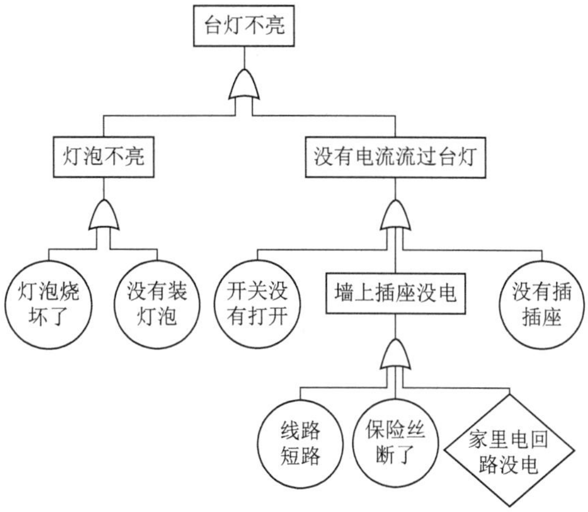


图7-33　“台灯不亮”事故树图
（樊运晓、罗云，2009）

## 三、“热交换器冷水供应不足”事故树编制

图7-34系统中的设备通过热交换器控制温度，储水池中的冷水通过定速泵抽出，经控制阀控制水量，由主冷却管进入热交换器，冷水通过热交换器带走热量并通过回流管流入储水池。当热交换器冷水供应不足时则设备有可能被烧坏，试以“热交换器冷水供应不足”作为顶上事件，用事故树方法分析其原因。

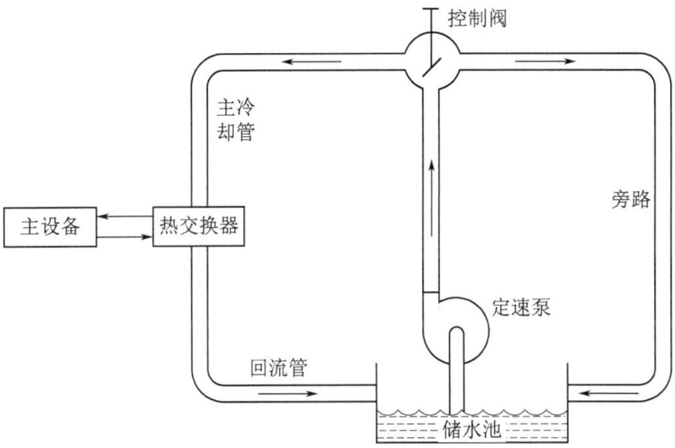


图7-34　主设备热交换器控温系统

“热交换器冷水供应不足”表明主冷却管中没有足够的冷水流经热交换器，其基本原因事件在于“主冷却管破裂”，或者主冷却管中冷水的源头控制阀处无足够的流量，用“控制阀无流量”表示。前者事件为基本事件，用圆形符号表示；后者需进一步分析，用矩形符号表示。二者间只要有一个事件发生，就会导致顶上事件的发生，因而用“或门”符号连接。

“控制阀无流量”的直接原因一与其自身有关，包括“控制阀破裂”或“控制阀堵塞”，另一原因则和与控制阀相连接的因素有关，即“无流量进入控制阀”。“控制阀破裂”是基本事件，用圆形符号表示；其他两个事件还需进一步分析，用矩形符号表示。三者间只要有一个事件发生，“控制阀无流量”就会发生，因而用“或门”符号连接。

“控制阀堵塞”的原因在于“进入控制阀冷却水内有杂物”或者因为“控制阀关在最小流量的位置以下”，二者都为中间事件，用“或门”连接。“进入控制阀冷却水内有杂物”是由于和控制阀相连的泵“因内部出现故障”，而且也只有在有故障的“泵的碎片进入控制阀”的条件下才会形成。因而“进入控制阀冷却水内有杂物”和“泵因内部出现故障”之间用“禁门”连接，条件事件为“泵的碎片进入控制阀”。“泵因内部出现故障”为二次事件，用菱形符号表示。“控制阀关在最小流量的位置以下”是由于关阀时出现故障，阀停留在全关的状态，且关阀时控制阀移动到最小位置时停止动作出现故障，二者间同时存在，会导致上层原因事件，因而用“与门”连接。“关阀时故障，阀停在全开位置”为二次事件，用菱形符号表示。

“无流量进入控制阀”的基本原因事件是与阀相连的“阀入口管道破裂”，用圆形符号表示，另一原因事件在于泵出口处的流量，即“泵出口处流量损失”，用矩形符号表示，二者间用“或门”连接。“泵出口处流量损失”与泵本身和与相连的因素有关，泵本身的故障包括“主泵故障”，用圆形符号表示，还有“泵的发动机本身故障”，因不作详细分析而用菱形符号表示。“无流量进入控制阀”还与泵入口处的流量有关，“泵入口处供水不足”也是导致上层事件的一个原因事件，彼此间用“或门”连接。

“泵入口处供水不足”与泵的入口本身有关，即“泵入口管破裂”，还和与其相连的因素有关，即“储水池中没有足够的水”，两事件均为基本事件，用圆形符号表示，它们之间用“或门”连接。

“热交换器冷水供应不足”事故树图见图 7-35。

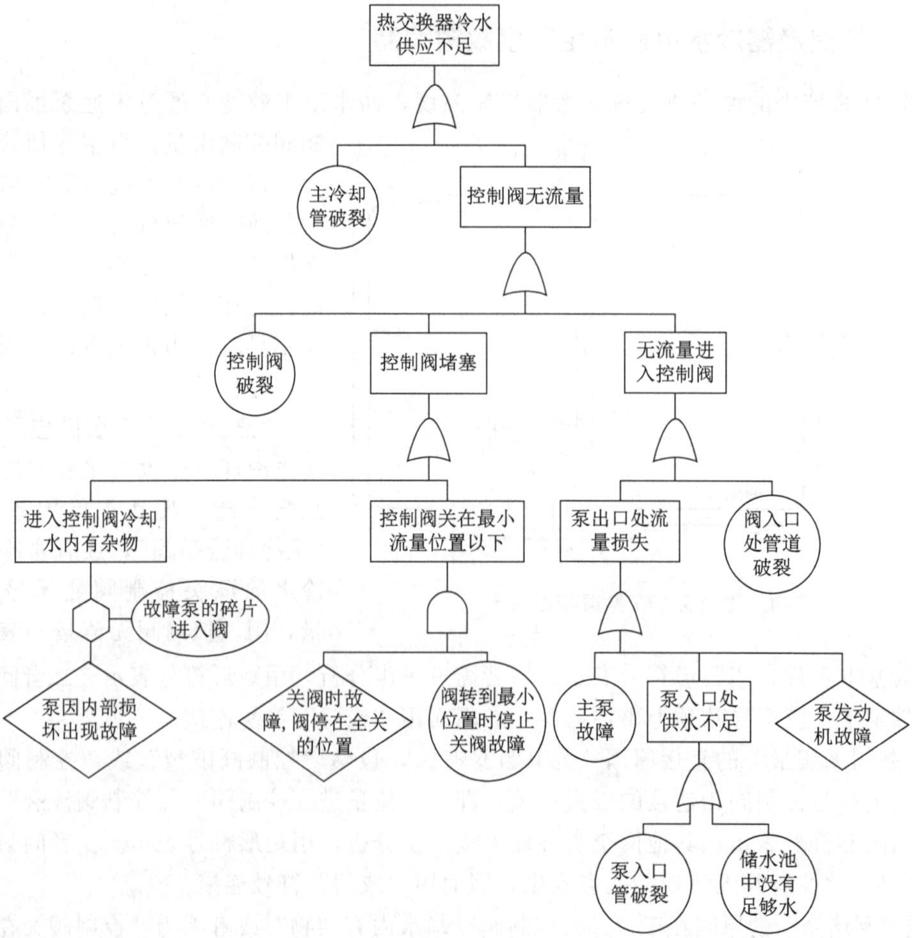


图 7-35 “热交换器冷水供应不足”事故树图（Burgess，1970）

## 四、“地下室溢水”事故树编制

某地下室可能出现溢水的现象，当地下室水位超过正常水位时，主泵被启动，开始抽水，主泵由公用电源提供电力；当主泵不能正常工作时，若注入的水位超过另一高水位时，备用泵被启动抽水，备用泵由电池供电。试用事故树分析法分析“地下室溢水”现象。地下室排水系统见图7-36。

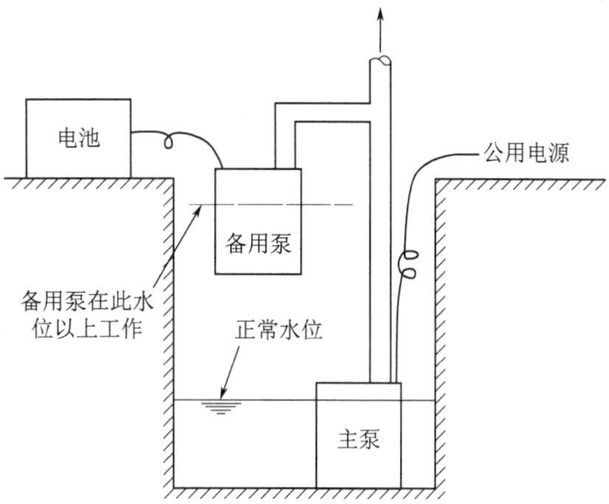

图 7-36 地下室排水系统

以“地下室溢水”作为顶上事件，“地下室溢水”的直接原因有两个，一是排水系统失效，另一原因则是地下室注入的水量超过它的排水能力，即“泵系统失效”和“进水速度超过泵排水力”，前者是中间事件，用矩形符号表示，后者是二次事件，用菱形符号表示，二者间只要有一件发生，则顶上事件发生，用“或门”连接。

“泵系统失效”的原因在于当地下室中“有水注入地下室”且两个泵都失效。三者间同时发生都会导致上层事件，用“与门”连接“有水注入地下室”“主泵失效”和“备用泵失效”。

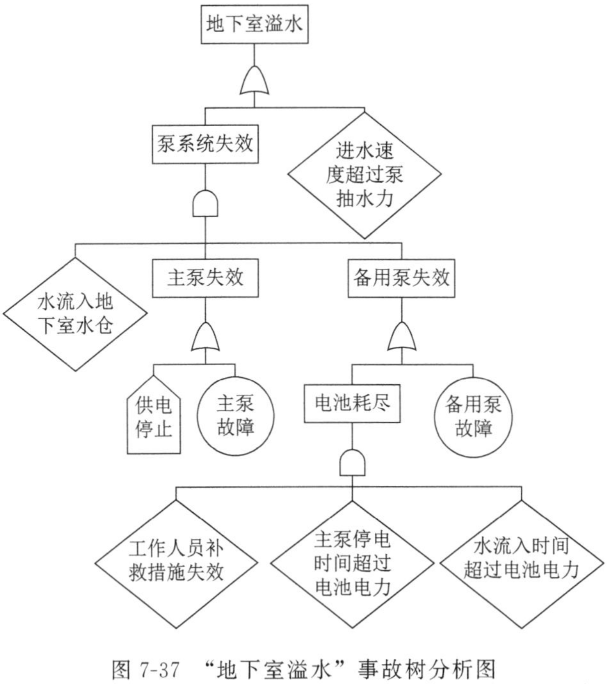

图 7-37 “地下室溢水”事故树分析图
(Ang & Tang，1984)

“主泵失效”的原因在于“泵本身故障”和“供电停止”，前者是基本事件，用圆形符号表示，后者是正常事件，用屋形符号表示，二者间用“或门”连接。“备用泵失效”的原因在于“备用泵本身故障”和“电池耗尽”，二者间用“或门”连接。“电池耗尽”的原因事件在于工作人员没有及时更换电池、水注入时间超过电池电力和主泵停电时间超过电池的电力，三者同时发生才会导致上层事件，用“与门”连接。事故树分析图见图7-37。

事故树定性分析，是根据事故树确定顶上事件发生的事故模式、原因及其对顶上事件的影响程度，为最经济、最有效地采取预防对策和控制措施，防止同类事故再发生提供科学依据。事故树编好之后，则要对其进行定性分析和定量分析，由于事故树是通过逻辑门连接各事件，其分析过程需要运用布尔代数的知识。

# 第五节　布尔代数基础

## 一、布尔代数的概念

设有一个非空集合 $B$，两个常集 $0$ 及 $1$（$0$、$1$ 属于 $B$），三种关于 $B$ 的运算（布尔加“+”、布尔积“·”及布尔补“$'$”），如对任意元素 $a$、$b$、$c$ 都有表 7-3 的 6 个基本定律，则称这样的代数系统（$B$，+，·，$'$，$0$，$1$）为布尔代数。并且称三种运算（+，·，$'$）为布尔运算，$B$ 为布尔集，$B$ 的集合元素为布尔元（变元），$a'$ 称为 $a$ 的布尔补，$a+b$ 称为变元 $a$ 与 $b$ 的布尔和，$a \cdot b$ 称为变元 $a$ 与 $b$ 的布尔积。$0$、$1$ 分别表示空集和全集。

表 7-3　布尔代数的基本定律

| 基本定律 | 相应公式 |
|---|---|
| 交换律 | $a+b=b+a$<br>$a \cdot b=b \cdot a$ |
| 结合律 | $a+(b+c)=(a+b)+c$<br>$a \cdot (b \cdot c)=(a \cdot b) \cdot c$ |
| 分配律 | $a \cdot (b+c)=(a \cdot b)+(a \cdot c)$<br>$a+(b \cdot c)=(a+b) \cdot (a+c)$ |
| 0-1 律 | $a+1=1$　$a+0=a$<br>$a \cdot 0=0$　$a \cdot 1=a$ |
| 吸收律 | $a+(a \cdot b)=a$<br>$a \cdot (a+b)=a$ |
| 互补律 | $a+a'=1$<br>$a \cdot a'=0$ |

## 二、布尔代数的性质

布尔代数具有以下基本性质。

（1）零元素 $0$、单位元素 $1$ 和 $a$ 的补 $a'$ 都是唯一的。

（2）对于集合 $B$ 中的每个元素 $a$，都有：

$$(a')'=a \text{（对和律）}$$

（3）零元素和单位元素是互补的，即：

$$0'=1$$

$$1'=0$$

（4）对于集合 $B$ 中的每一个元素 $a$ 都有：

$$a+a=a \text{（加法幂等律）}$$

$$a \cdot a=a \text{（乘法幂等律）}$$

（5）对于集合 $B$ 中的任意两个元素 $a$、$b$ 都有：

$$(a+b)'=a' \cdot b'\text{（德·摩根律）}$$
$$(a \cdot b)'=a'+b'\text{（德·摩根律）}$$

## 三、布尔代数运算

二值代数是布尔代数的一种特殊模型，代数中每个变元只取值 0 和 1，其布尔加法、乘法及补的运算分别定义如下：

$$0+0=0$$
$$1+1=1$$
$$0+1=1+0=1$$
$$0 \cdot 0=0$$
$$1 \cdot 1=1$$
$$0 \cdot 1=1 \cdot 0=0$$
$$0'=1$$
$$1'=0$$

布尔代数的运算在不引起混淆的情况下，可以省去乘号和括号，并规定按补、乘、加法的先后次序进行。用（+、·及 $'$）三种运算把集合 $B$ 的元素连接起来的算式称为布尔表达式。如果把布尔表达式中的字母看作是集合 $B$ 中取值的变元，那么以变元的每一组值代入表达式中都有确定 $B$ 的唯一值与之对应，则每个布尔表达式都确定一个 $B$ 取值的函数，称这个函数为布尔函数，并用 $f(x_1, x_2, x_3, \cdots, x_n)$ 表示具有 $n$ 个变元的布尔函数。

## 四、析取标准式与合取标准式

一个布尔函数可用不同的表达式来表达。根据布尔代数的性质，任何布尔函数 $f$ 都可以化为析取和合取两种标准形式。

1. 析取标准形式

如果将布尔函数化为式（7-1）的形式则称之为析取标准式，通过事故树函数的析取标准式可以确定其割集。

$$f=A_1+A_2+\cdots+A_n=\sum_{k=1}^{n} A_k \tag{7-1}$$

式中，$A_k(k=1, 2, \cdots, n)$ 是变元的积。

将布尔函数化成析取标准式的步骤如下。

（1）利用德·摩根律把括号外的求补符号直接加到变元上。

（2）利用对合律去掉双重求补符号。

（3）利用第一分配律去掉内含加号的括号。

例如：将布尔函数 $f=[x+z+(y+z)']'+yx$ 和 $f=(x'+y)(y'+z)xz'$ 化为析取标准式。

解：

$$\begin{aligned} f &=[x+z+(y+z)']'+yx \\ &=(x+z)'[(y+z)']'+yx \\ &=x'z'(y+z)+yx \\ &=x'z'y+x'z'z+yx \end{aligned}$$

$$
\begin{aligned}
&=xy+x'yz' \\
f&=(x'+y)(y'+z)xz' \\
&=x'y'xz'+yy'xz'+x'zxz'+yzxz' \\
&=0
\end{aligned}
$$

当然，以上两结果还可以根据布尔函数互补律进一步化简，但事故树分析中将事故树函数化为析取标准式的目的在于求出割集，事故树函数中不会存在某个事件和它的布尔补同时存在的现象。在事故树分析中，通过将布尔函数化为其析取标准式是求得事故树的割集的基本方法。

2. 合取标准形式

如果将布尔函数化为式（7-2）的形式则称之为合取标准式，通过事故树函数的合取标准式可以确定其径集。

$$f=A_1A_2\cdots A_n=\prod_{k=1}^{n}A_k \tag{7-2}$$

式中，$A_k(k=1，2，\cdots，n)$ 是变元的和。

将布尔函数化成合取标准式的步骤与化取析取标准式的步骤类似或对偶，步骤如下。

（1）利用德·摩根律把括号外的求补符号直接加到变元上。

（2）利用对合律去掉双重求补符号。

（3）利用第二分配律去掉内含乘号的括号。

例如：将布尔函数 $f=(x+y')'+x+y'+xz$ 和 $f=[(x+y)z'+x'y]'$ 化为合取标准式。

解：

$$
\begin{aligned}
f&=(x+y')'+x+y'+xz \\
&=x'y+x+y'+xz \\
&=(x'y+x+y'+x)(x'y+x+y'+z) \\
&=(x'+x+y'+x)(y+x+y'+x)(x'+x+y'+z)(y+x+y'+z) \\
f&=[(x+y)z'+x'y]' \\
&=[(x+y)z']'(x'y)' \\
&=[(x+y)'+z](x+y') \\
&=(x'y'+z)(x+y') \\
&=(x'+z)(y'+z)(x+y')
\end{aligned}
$$

同样，以上两结果还可以根据布尔函数互补律进一步化简，但事故树分析中将事故树函数化为合取标准式的目的在于求出径集，事故树函数中不会存在某个事件和它的布尔补同时存在的现象。在事故树分析中，通过将布尔函数化为其合取标准式是求得事故树的径集的基本方法。

## 第六节 事故树定性分析

事故树的定性分析是指根据已经建造的事故树，确定其最小割集，从而了解事故发生的可能性；确定其最小径集，从而确定控制事故发生的措施。在此基础上，定性了解各基本事件的结构重要度。

## 一、最小割集的确定

事故树分析中，最小割集和最小径集占有非常重要的地位。透彻掌握和灵活运用最小割集和最小径集，对定性分析和定量分析都起着重要的作用，对有效地、合理地控制顶上事件的发生也将提供极其重要的信息。最小割集是一个重要概念，计算最小割集是事故树定性分析的主要内容。

简单的事故树，可以直接观察出它的最小割集。但是，对于一般的事故树，就不易做到，对于含有数十个逻辑门，甚至上百个逻辑门的事故树，就更难了。这时，需要借助于某些算法，并应用计算机进行计算。最小割集的求取方法通常有五种，即行列法、结构法、质数代入法、矩阵法和布尔代数化简法。这里仅介绍常用的布尔代数法和行列法。

1. 布尔代数法

任何一个事故树都可以用布尔函数描述。化简布尔函数，求其最简析取标准式，则式中每个最小项所属变元构成的集合便是该布尔函数的最小割集。若最简析取标准式中含有 $m$ 个最小项，则该事故树有 $m$ 个最小割集。

用布尔代数法计算最小割集，通常分三个步骤进行，如下所述。

（1）建立事故树的布尔表达式，一般从事故树的第一层事件开始，用第二层事件去代替第一层事件，然后再用第三层事件去代替第二层事件，直至顶上事件被所有基本事件代替为止。

（2）将布尔表达式化为析取标准式。

（3）化析取标准式为最简析取标准式。

在析取标准式中，若最小项不包含重复的变元，且任意一个最小项不被其他最小项所包含，则称该析取标准式为最简析取标准式。

对于不很复杂的事故树，用手工计算也很简便。在上述替换的基础上，继续运用布尔代数的运算法则，将其展开、归并、化简，就可得到最小割集。以图 7-38 事故树为例说明。

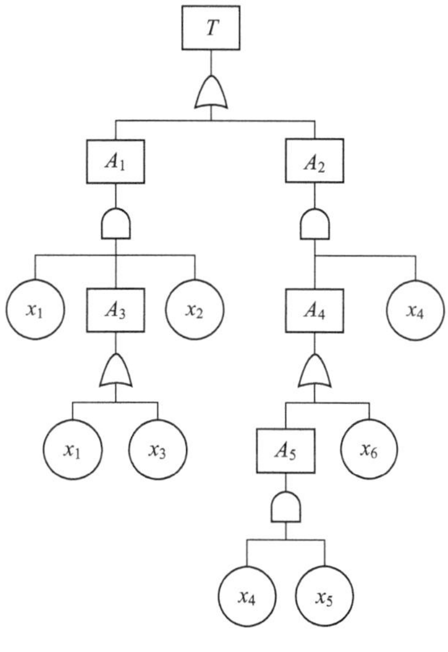

图 7-38 事故树图

依据图 7-38 建立事故树的布尔表达式并将其化为最简析取标准式，见式（7-3）。

$$\begin{aligned}T &= A_1 + A_2 \\ &= x_1 A_3 x_2 + x_4 A_4 \\ &= x_1(x_1 + x_3)x_2 + x_4(A_5 + x_6) \\ &= x_1(x_1 + x_3)x_2 + x_4(x_4 x_5 + x_6) \\ &= x_1 x_1 x_2 + x_1 x_3 x_2 + x_4 x_4 x_5 + x_4 x_6 \\ &= x_1 x_2 + x_1 x_3 x_2 + x_4 x_5 + x_4 x_6 \\ &= x_1 x_2 + x_4 x_5 + x_4 x_6\end{aligned} \tag{7-3}$$

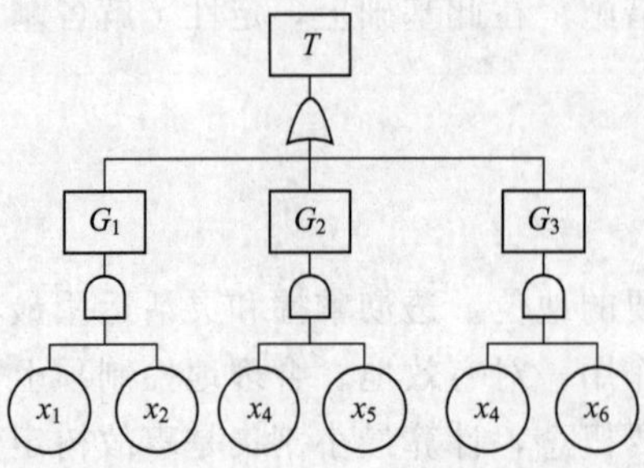


图 7-39 图 7-38 事故树最小割集等效图

由式（7-3）可得事故树的最小割集如下，其等效图见图 7-39。

$$G_1=\{x_1,x_2\}$$
$$G_2=\{x_4,x_5\}$$
$$G_3=\{x_4,x_6\}$$

2. 行列法

行列法这种方法是 1972 年 Fussel 提出的，所以又称 Fussel 法。其理论依据是：与门使割集容量（即割集内包含的基本事件的个数）增加，而不增加割集的数量；或门使割集的数量增加，而不增加割集的容量。求取割集具体步骤如下所述。

（1）首先从顶上事件开始，用下一层事件代替上一层事件，把与门连接事件横向写在一行内。

（2）把或门连接事件纵向写在若干行内（或门下有几个事件就写几行）。

（3）逐层向下，直至各基本事件，列出若干行，再用布尔代数化简，结果就得到若干个最小割集。

以图 7-38 事故树为例说明。

$$T\xrightarrow{\text{或门}}\begin{cases}A_1\\A_2\end{cases}$$

$A_1$、$A_2$ 与下一层事件 $A_3$、$A_4$、$x_1$、$x_2$、$x_4$ 间均用与门连接，故仍保持两行，用对应事件代替 $A_1$、$A_2$。

$$\begin{cases}A_1\xrightarrow{\text{与门}}x_1A_3x_2\xrightarrow{\text{或门}}\begin{cases}x_1x_1x_2\\x_1x_3x_2\end{cases}\\A_2\xrightarrow{\text{与门}}x_4A_4\xrightarrow{\text{或门}}\begin{cases}x_4A_5\xrightarrow{\text{与门}}x_4x_4x_5\\x_4x_6\end{cases}\end{cases}$$

同理，这样得到四组割集，但不是最小割集，根据布尔代数的运算定律不难求出最小割集。

$$\begin{cases}x_1x_1x_2\\x_1x_2x_3\\x_4x_4x_5\\x_4x_6\end{cases}\rightarrow\begin{cases}x_1x_2\\x_1x_2x_3\\x_4x_5\\x_4x_6\end{cases}\rightarrow\begin{cases}x_1x_2\\x_4x_5\\x_4x_6\end{cases}$$

$$G_1=\{x_1,\ x_2\}$$
$$G_2=\{x_4,\ x_5\}$$
$$G_3=\{x_4,\ x_6\}$$

根据最小割集的定义，任何一个割集都是顶上事件（事故）发生的一种形式，由此可以得到用最小割集表达的原事故树的等效图，该等效图包括由两层逻辑门连接三层事件，其中上层逻辑门为或门，下层逻辑门为与门。图 7-38 事故树最小割集等效图如图 7-39 所示。

## 二、最小径集的确定

在事故树定性分析和定量分析中，除最小割集外，经常应用的还有最小径集这一概念。其作用与最小割集一样重要，在某些具体条件下，应用最小径集进行事故树分析更为方便。

最小径集的求法也有多种，常用的是根据事故树求其对偶的成功树，成功树的最小割集即为事故树的最小径集。另一种方法是根据布尔函数的合取标准式来求最小径集。

1. 对偶事故树

有时为了更方便、更清楚地说明问题，经常用对偶事故树对系统进行分析。所谓对偶事故树，就是根据德·摩根律画出原事故树的对偶树，又称“成功树”。当然，事故树与成功树互为对偶树。

因为在与门连接输入事件和输出事件的情况下，只要有一个输入事件不发生，输出事件就不会发生，所以在成功树中用或门取代原来的与门连接。对于或门连接输入事件和输出事件的情况，则必须是所有输入事件均不发生，输出事件才不发生，所以，在成功树中以与门取代原来的或门连接，见图 7-40 和图 7-41。

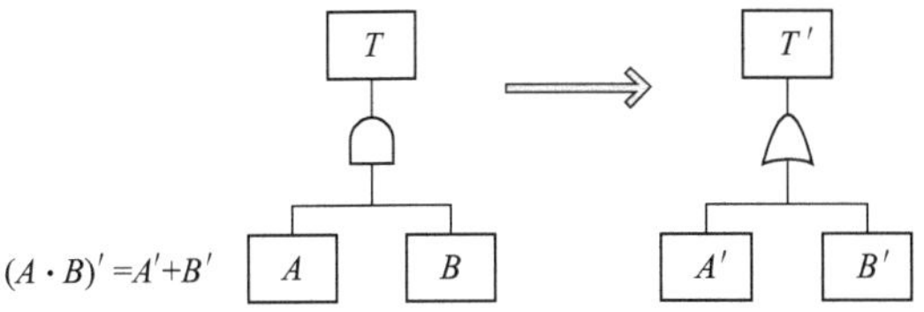


图 7-40　成功树与门的转换

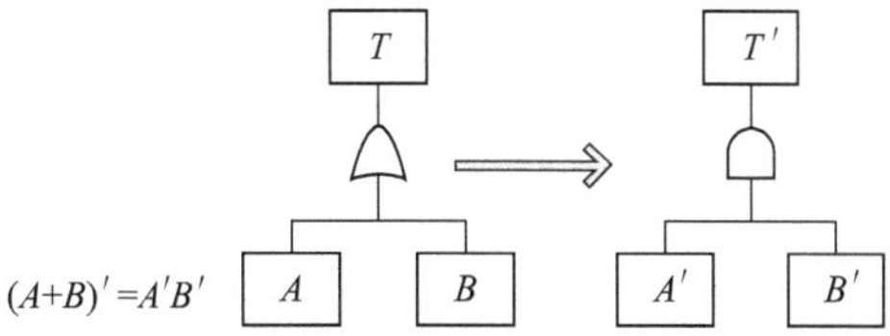


图 7-41　成功树或门的转换

将事故树变为成功树的方法是将原来事故树上的或门全部改换成与门，将全部与门改换成或门，并将全部事件符号加上“′”，变成它的补的形式。这样改变以后，就得到成功树。

根据对偶原理，成功树顶上事件发生，就是其对偶树（事故树）顶上事件不发生。因此，求事故树最小径集的方法如下所述。

首先将事故树变换成其成功树，然后求成功树的最小割集。求出的最小割集就是所示的事故树的最小径集。将图 7-38 事故树转换为成功树，见图 7-42。

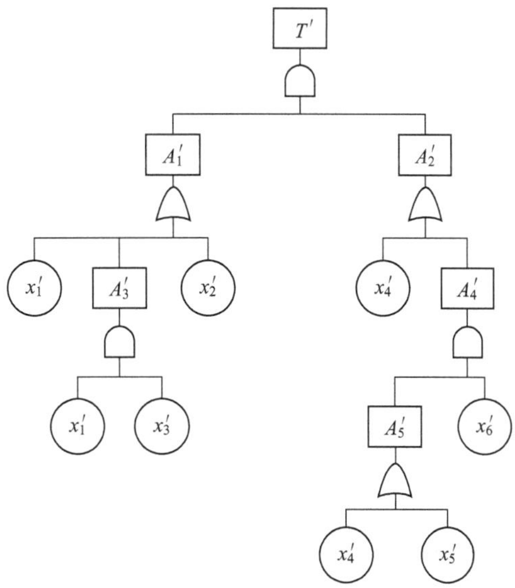


图 7-42　图 7-38 的成功树

求成功树最小割集，见式（7-4）。

$$
\begin{aligned}
T' &= A_1'A_2' \\
&= (x_1'+A_3'+x_2')(x_4'+A_4') \\
&= (x_1'+x_1'x_3'+x_2')(x_4'+A_5'x_6') \\
&= (x_1'+x_1'x_3'+x_2')[x_4'+(x_4'+x_5')x_6'] \\
&= (x_1'+x_1'x_3'+x_2')(x_4'+x_4'x_6'+x_5'x_6') \\
&= (x_1'+x_2')(x_4'+x_5'x_6') \\
&= x_1'x_4'+x_2'x_4'+x_1'x_5'x_6'+x_2'x_5'x_6'
\end{aligned}
\tag{7-4}
$$

成功树的最小割集有 4 个，即：（$x_1'$，$x_4'$），（$x_2'$，$x_4'$），（$x_1'$，$x_5'$，$x_6'$），（$x_2'$，$x_5'$，$x_6'$）。成功树的最小割集与事故树最小径集相对应，将式（7-4）等号两边分别求补，所得结

果即为事故树的最小径集，见式（7-5）。

$$T=(x_1+x_4)(x_2+x_4)(x_1+x_5+x_6)(x_2+x_5+x_6) \tag{7-5}$$

事故树最小径集为：

$$P_1=\{x_1,x_4\}$$
$$P_2=\{x_2,x_4\}$$
$$P_3=\{x_1,x_5,x_6\}$$
$$P_4=\{x_2,x_5,x_6\}$$

当事故树的最小径集确定后，也可通过最小径集表示事故树的等效图，该等效图也是通过两层逻辑门连接三层事件。与用最小割集表示的等效图所不同的是，用最小径集表示的等效图上层逻辑门为与门，下层逻辑门为或门。图 7-38 原事故树最小径集的等效图见图 7-43。

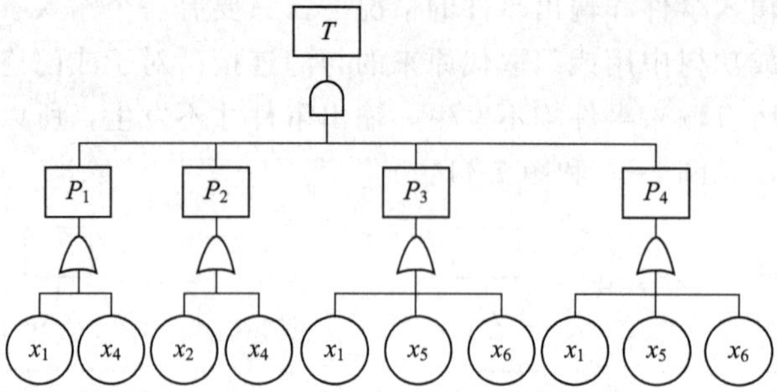


图 7-43 图 7-38 事故树最小径集等效图

2. 用布尔代数法直接求事故树最小径集

将事故树的布尔函数式化简成最简合取标准式，若事故树有 $m$ 个最大项，则该事故树便有 $m$ 个最小径集。这个算法的进行步骤与计算最小割集的方法相类似。对图 7-38 事故树的布尔函数求合取标准式，得：

$$\begin{aligned}
T &=A_1+A_2\\
&=x_1A_3x_2+x_4A_4\\
&=x_1(x_1+x_3)x_2+x_4(A_5+x_6)\\
&=x_1(x_1+x_3)x_2+x_4(x_4x_5+x_6)\\
&=x_1x_1x_2+x_1x_3x_2+x_4x_4x_5+x_4x_6\\
&=x_1x_2+x_1x_3x_2+x_4x_5+x_4x_6\\
&=x_1x_2+x_4x_5+x_4x_6\\
&=(x_1x_2+x_4x_5+x_4)(x_1x_2+x_4x_5+x_6)\\
&=(x_1x_2+x_4+x_5)(x_1x_2+x_4+x_4)(x_1x_2+x_6+x_5)(x_1x_2+x_6+x_4)\\
&=(x_1+x_4+x_5)(x_2+x_4+x_5)(x_1+x_4)(x_2+x_4)(x_1+x_6+x_5)\\
&\quad(x_2+x_6+x_5)(x_1+x_6+x_4)(x_2+x_6+x_4)
\end{aligned} \tag{7-6}$$

对式（7-6）求最简合取标准式，得式（7-7）：

$$\begin{aligned}
T &=(x_1+x_4+x_5)(x_2+x_4+x_5)(x_1+x_4)(x_2+x_4)(x_1+x_6+x_5)\\
&\quad(x_2+x_6+x_5)(x_1+x_6+x_4)(x_2+x_6+x_4)\\
&=(x_1+x_4)(x_2+x_4)(x_1+x_5+x_6)(x_2+x_5+x_6)
\end{aligned} \tag{7-7}$$

最简合取标准式有 4 个最简项，则图 7-38 事故树有 4 个最小径集，即：

$$P_1=\{x_1, x_4\}$$
$$P_2=\{x_2, x_4\}$$
$$P_3=\{x_1, x_5, x_6\}$$
$$P_4=\{x_2, x_5, x_6\}$$

## 三、基本事件的结构重要度分析

一个基本事件的发生对顶上事件发生的贡献称为重要度。重要度分析是各基本事件的发生对顶上事件的发生所产生影响的大小，是为人们提供修改系统信息的重要参考依据。常用的重要度分析有结构重要度分析、概率重要度分析和临界重要度分析。本节介绍结构重要度分析，第七节事故树的定量分析将介绍概率重要度分析和临界重要度分析。

结构重要度分析是从事故树结构上分析各基本事件的重要程度，即在不考虑各基本事件的发生概率，或者说假定各基本事件的发生概率都相等的情况下，分析各基本事件的发生对顶上事件发生所产生的影响程度。这是一种定性的重要度分析。在目前事故树分析基本数据欠缺的情况下，结构重要度分析显得十分重要。

结构重要度的求法包括结构重要度系数法和利用最小割集或最小径集判定重要度两种方法。前者精确、繁杂，后者简单但不精确。

1. 结构重要度系数法

根据结构函数的定义，基本事件 $i$ 和顶上事件 $\Phi$ 分别存在两种状态，即：

$$x_i=\begin{cases}1 & \text{基本事件发生}\\0 & \text{基本事件不发生}\end{cases} \quad 和\ \Phi(x)=\begin{cases}1 & \text{顶上事件发生}\\0 & \text{顶上事件不发生}\end{cases}$$

当 $x_i$ 的状态由 $0$ 变为 $1$，即由不发生变为发生时，则顶上事件的状态存在三种情况，即：

$$① \Phi(0_i, x)=0\rightarrow\Phi(1_i, x)=0$$
$$② \Phi(0_i, x)=1\rightarrow\Phi(1_i, x)=1$$
$$③ \Phi(0_i, x)=0\rightarrow\Phi(1_i, x)=1$$

其中第①、②两种情况表明顶上事件的状态不因 $x_i$ 的变化而变化，而第③种情况则不同，它表明由于 $x_i$ 的状态由不发生变为发生时，顶上事件的状态也由不发生而变为发生，说明 $x_i$ 对顶上事件有影响。这种情况出现得越多，说明 $x_i$ 越重要。

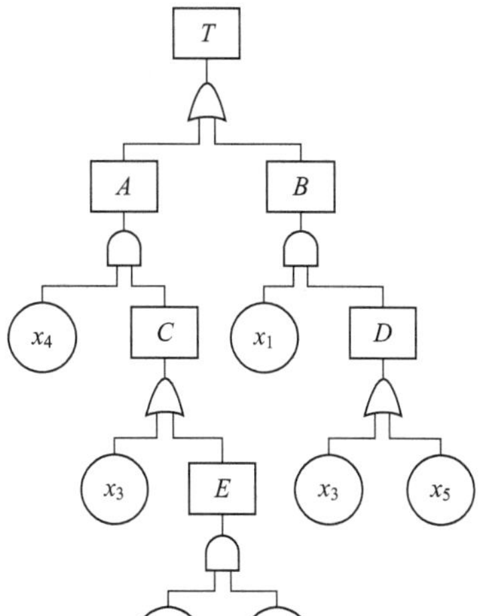

图 7-44　某事故树图

假设某事故树有 $n$ 个基本事件，我们知道，$n$ 个事件两种状态的组合共有 $2^n$ 个，$x_i$ 作为变化对象，保持不变的对照组有 $2^{n-1}$ 个。在这 $2^{n-1}$ 个对照组中出现多少次使顶上事件发生改变的现象，其结构重要度即为该次数与 $2^{n-1}$ 的比值［式 (7-8)］。即：

$$I_\phi(i)=\frac{1}{2^{n-1}}\sum\left[\Phi(1_i, x)-\Phi(0_i, x)\right] \quad (7\text{-}8)$$

其中 $I_\phi(i)$ 为第 $i$ 个基本事件的结构重要度。有时

简写为 $I(i)$。

以图 7-44 某事故树图为例，试分析各基本事件的结构重要度。

该事故树共有 5 个基本事件，其状态组合数为 $2^5$，列于表 7-4 中。对每个基本事件所对应的状态有 $2^4$ 种情况，表 7-4 从中间分为两部分，以 $x_1$ 为例，左半部分为基本事件 $x_1$ 为 0，即不发生；右半部分为基本事件 $x_1$ 为 1，其他条件不变，从表 7-4 中通过读数可以求出，当 $x_1$ 由 0 变为 1 时，$\phi(x)$ 由 0 变为 1 的情况有 7 次，代入式（7-8）中，则得：

$$I_\phi(1)=\frac{7}{16}$$

**表 7-4 图 7-44 事故树基本事件与顶上事件状态表**

| $x_1$ | $x_2$ | $x_3$ | $x_4$ | $x_5$ | $\phi(x)$ | $x_1$ | $x_2$ | $x_3$ | $x_4$ | $x_5$ | $\phi(x)$ |
|---|---|---|---|---|---|---|---|---|---|---|---|
| 0 | 0 | 0 | 0 | 0 | 0 | 1 | 0 | 0 | 0 | 0 | 0 |
| 0 | 0 | 0 | 0 | 1 | 0 | 1 | 0 | 0 | 0 | 1 | 1 |
| 0 | 0 | 0 | 1 | 0 | 0 | 1 | 0 | 0 | 1 | 0 | 0 |
| 0 | 0 | 0 | 1 | 1 | 0 | 1 | 0 | 0 | 1 | 1 | 1 |
| 0 | 0 | 1 | 0 | 0 | 0 | 1 | 0 | 1 | 0 | 0 | 1 |
| 0 | 0 | 1 | 0 | 1 | 0 | 1 | 0 | 1 | 0 | 1 | 1 |
| 0 | 0 | 1 | 1 | 0 | 1 | 1 | 0 | 1 | 1 | 0 | 1 |
| 0 | 0 | 1 | 1 | 1 | 1 | 1 | 0 | 1 | 1 | 1 | 1 |
| 0 | 1 | 0 | 0 | 0 | 0 | 1 | 1 | 0 | 0 | 0 | 0 |
| 0 | 1 | 0 | 0 | 1 | 0 | 1 | 1 | 0 | 0 | 1 | 1 |
| 0 | 1 | 0 | 1 | 0 | 0 | 1 | 1 | 0 | 1 | 0 | 0 |
| 0 | 1 | 0 | 1 | 1 | 1 | 1 | 1 | 0 | 1 | 1 | 1 |
| 0 | 1 | 1 | 0 | 0 | 0 | 1 | 1 | 1 | 0 | 0 | 1 |
| 0 | 1 | 1 | 0 | 1 | 0 | 1 | 1 | 1 | 0 | 1 | 1 |
| 0 | 1 | 1 | 1 | 0 | 1 | 1 | 1 | 1 | 1 | 0 | 1 |
| 0 | 1 | 1 | 1 | 1 | 1 | 1 | 1 | 1 | 1 | 1 | 1 |

若将表 7-4 按上下方向从中间分为两部分，上半部分为基本事件 $x_2$ 为 0 的情况，下半部分则为基本事件 $x_2$ 为 1 的情况，上下对照来看，当 $x_2$ 由 0 变为 1 时，$\phi(x)$ 由 0 变为 1 的情况有 1 次（见灰色部分），代入式（7-8）中，则得：

$$I_\phi(2)=\frac{1}{16}$$

同样的方法可求出其他基本事件的结构重要度为：

$$I_\phi(3)=\frac{7}{16}$$

$$I_\phi(4)=\frac{5}{16}$$

$$I_\phi(5)=\frac{5}{16}$$

则可得：

$$I_\phi(1)=I_\phi(3)>I_\phi(4)=I_\phi(5)>I_\phi(2)$$

2. 利用最小割集或最小径集判定重要度两种方法

运用结构重要度系数法确定结构重要度尽管计算较为精确，但如果基本事件较多时，则计算工作量非常大，因而常在定性分析确定了最小割集或最小径集的情况下根据最小割集或最小径集判断其重要度。判断原则如下所述。

(1) 由单个事件组成的最小割(径)集中，该基本事件结构重要度最大。

例如某事故树有 3 个最小割集，即 $G_1=\{x_1\}$、$G_2=\{x_2, x_3\}$、$G_3=\{x_4, x_5, x_6\}$，则：

$$I(1)>I(i) \quad i=2,3,4,5,6$$

(2) 仅在同一个最小割(径)集中出现的所有基本事件，而且在其他最小割(径)集中不再出现，则所有基本事件结构重要度相等。

例如某事故树有 3 个最小割集，即 $G_1=\{x_1\}$、$G_2=\{x_2,x_3\}$、$G_3=\{x_4,x_5,x_6\}$，则：

$$I(2)=I(3) \qquad I(4)=I(5)=I(6)$$

(3) 若最小割(径)集中包含的基本事件数目相等，则在不同的最小割(径)集中出现次数多者结构重要度大，出现次数少者结构重要度小，出现次数相等则结构重要度相同。

例如某事故树有 4 个最小割集，即 $G_1=\{x_1, x_2, x_3\}$、$G_2=\{x_1, x_3, x_5\}$、$G_3=\{x_1, x_5, x_6\}$、$G_4=\{x_1, x_4, x_7\}$，则：

$$I(1)>I(3)=I(5)>I(2)=I(4)=I(6)=I(7)$$

(4) 当事故树中最小割(径)集中所含基本事件数目不相同时，若某几个基本事件在不同的最小割(径)集中重复出现的次数相同，则在少事件的最小割(径)集中出现的基本事件结构重要度大。当事故树中最小割(径)集中所含基本事件数目不相同时，其他情况采用近似法。

一次近似法的计算公式为：

$$I_\phi(j)=\sum_{x_j\in G_r}\frac{1}{2^{n_j-1}}$$

式中，$n_j$ 为第 $j$ 个割集或径集中所出现的事件数。

二次近似法的计算公式为：

$$I_\phi(j)=1-\prod_{x_j\in G_r}\left(1-\frac{1}{2^{n_j-1}}\right)$$

例如已知某事故树 5 个最小径集分别为：$P_1=\{x_1, x_3\}$，$P_2=\{x_1, x_4\}$，$P_3=\{x_2, x_3, x_5\}$，$P_4=\{x_2, x_4, x_5\}$，$P_5=\{x_3, x_6, x_7\}$。试用近似法求 $x_3$ 结构重要度。

一次近似法：

$$I_\phi(3)=\frac{1}{2^{2-1}}+\frac{1}{2^{3-1}}+\frac{1}{2^{3-1}}=1$$

二次近似法：

$$I_\phi(3)=1-\left(1-\frac{1}{2^{2-1}}\right)\left(1-\frac{1}{2^{3-1}}\right)\left(1-\frac{1}{2^{3-1}}\right)=\frac{23}{32}$$

依据最小割集或最小径集，为了精确判断各基本事件的结构重要度，事件 $x_i$ 的相关割(径)集中，其他事件出现次数的总和称为该事件的相关出现次数，记为 $a_i$，其判断步骤如下所述。

(1) 确定各最小割(径)集的基本事件数量，即阶数 $r_j$。

（2）找出各基本事件出现的次数 $b_i$，并确定最大出现次数。

（3）找出单阶割（径）集中的基本事件，或 $b_i$ 值等于最小割（径）集数目 $G(P)$ 的基本事件，这些事件的结构重要度系数最大。

（4）找出同属一个或多个最小割（径）集中的事件，这些事件的结构重要度系数相同。

（5）找出同阶割（径）集中的基本事件，比较它们的出现次数，出现次数大的结构重要度大，并转至第（7）步；若出现次数相同，则转到第（6）步。

（6）判定这些事件的出现次数是否为最大出现次数，若是则结构重要度系数相同；否则相关出现次数小的，结构重要度系数大。

（7）找出属于低阶最小割（径）集中的事件 $x_t$，并与属于高阶最小割（径）集中的事件 $x_s$ 比较出现次数的大小。若 $b_t \geqslant b_s$，则 $x_t$ 结构重要度系数大，若 $b_t < b_s$，则转至第（8）步。

（8）求出这两事件相关割（径）集的阶数，并比较出现次数，重复第（7）步的判断，如仍需返回第（8）步，则转至第（9）步。

（9）根据一次或二次近似法最终判定这两事件结构重要度系数大小。

例如某事故树共有最小割集 41 个，最小径集 3 个，故按最小径集判别基本事件重要度顺序。最小径集为：$P_1=\{x_1, x_2, x_{10}, x_{11}, x_{12}\}$，$P_2=\{x_1, x_2, x_{10}, x_{13}, x_{14}, x_{15}, x_{16}, x_8, x_{12}\}$，$P_3=\{x_1, x_2, x_7, x_3, x_4, x_5, x_6, x_8, x_9\}$。

（1）最小径集的阶数为 $r(P_1)=5$，$r(P_2)=r(P_3)=9$。

（2）基本事件的出现次数和最大出现次数：

$$b_1=b_2=3$$

$$b_8=b_{10}=b_{12}=2$$

$$b_3=b_4=b_5=b_6=b_7=b_9=b_{11}=b_{13}=b_{14}=b_{15}=b_{16}=1$$

最大出现次数为 3。

（3）因为 $b_1=b_2=3=P$（最小径集的数目），根据步骤（3）可知 $I_\phi(1)=I_\phi(2)$ 最大。

（4）因为 $x_3$、$x_4$、$x_5$、$x_6$、$x_7$、$x_9$ 同属 $P_3$ 且出现次数为 1，则根据步骤（4）：

$$I_\phi(3)=I_\phi(4)=I_\phi(5)=I_\phi(6)=I_\phi(7)=I_\phi(9)$$

同理：

$$I_\phi(13)=I_\phi(14)=I_\phi(15)=I_\phi(16)$$

$$I_\phi(10)=I_\phi(12)$$

（5）$x_8$、$x_{13}$、$x_3$ 所在相关径集的阶数相同，但 $x_8$ 出现的次数大，由步骤（5）：

$$I_\phi(8)>I_\phi(3)=I_\phi(4)=I_\phi(5)=I_\phi(6)=I_\phi(7)=I_\phi(9)$$

同理：

$$I_\phi(8)>I_\phi(13)=I_\phi(14)=I_\phi(15)=I_\phi(16)$$

（6）$x_{13}$、$x_3$ 的相关径集阶数相同，且 $b_3=b_{13}=1$，小于最大出现次数，按照步骤（6）求二者的相关出现次数：

$$a_3=b_1+b_2+b_4+b_5+b_6+b_7+b_8+b_9=13$$

$$a_{13}=b_1+b_2+b_{10}+b_{14}+b_{15}+b_{16}+b_8+b_{12}=15$$

则：

$$I_\phi(3)>I_\phi(13)$$

（7）$b_{11}=b_3=b_{13}=1$ 且 $x_{11}$ 所属径集阶数低，由步骤（5）：

$$I_\phi(11)>I_\phi(3)>I_\phi(13)$$
$$I_\phi(10)=I_\phi(12)>I_\phi(8)$$

同理，基于以上的分析可得：

$$I_\phi(1)=I_\phi(2)>I_\phi(10)=I_\phi(12)>I_\phi(11)$$
$$I_\phi(8)>I_\phi(3)=I_\phi(4)=I_\phi(5)=I_\phi(6)=I_\phi(7)=I_\phi(9)>I_\phi(13)=I_\phi(14)=I_\phi(15)=I_\phi(16)$$

(8) 根据一次或二次近似法最终判定这两事件结构重要度系数大小。

一次近似法：

$$I_\phi(11)=\frac{1}{2^4}$$

$$I_\phi(8)=\frac{1}{2^8}+\frac{1}{2^8}=\frac{1}{2^7}$$

二次近似法：

$$I_\phi(11)=1-\left(1-\frac{1}{2^4}\right)=\frac{1}{2^4}$$

$$I_\phi(8)=1-\left(1-\frac{1}{2^8}\right)\left(1-\frac{1}{2^8}\right)=\frac{511}{2^{16}}$$

得：

$$\begin{aligned}I_\phi(1)=I_\phi(2)&>I_\phi(10)=I_\phi(12)>I_\phi(11)>I_\phi(8)\\&>I_\phi(3)=I_\phi(4)=I_\phi(5)=I_\phi(6)=I_\phi(7)=I_\phi(9)\\&>I_\phi(13)=I_\phi(14)=I_\phi(15)=I_\phi(16)\end{aligned}$$

## 四、最小割集和最小径集在事故树中所起的作用

总的来说，最小割集和最小径集在事故树分析中起着极其重要的作用，其中，尤以最小割集最为突出。透彻掌握和灵活运用最小割集和最小径集能使事故树分析达到事半功倍的效果，并为有效地控制和降低事故率提供重要的依据。最小割集和最小径集的主要作用如下所述。

1. 最小割集表示系统的危险性

求出最小割集可以掌握事故发生的各种可能，了解系统危险性的程度，为事故调查和事故预防提供指导。最小割集的定义表示，每个最小割集都是顶上事件发生的一种可能，即表示哪些故障和差错同时发生时顶上事件就发生。事故树中有几个最小割集，顶上事件发生就有几种可能。最小割集越多，系统越危险。另外，掌握了最小割集，实际上就掌握了顶上事件发生的各种可能。这对我们掌握事故的发生规律，调查某一事故的发生原因都是有益的。也就是说，一旦事故发生，就可以排除那些非本次事故的割集，而最终找到本次事故割集，这就是造成本次事故的原因事件的组合。

例如，前面求过事故树的最小割集，它们是：$\{x_1, x_2\}$，$\{x_4, x_5\}$，$\{x_4, x_6\}$。绘出了事故树等效图就直观明了地指出了，造成顶上事件（事故）发生的可能性共有三种：或 $x_1$、$x_2$ 同时发生；或 $x_4$、$x_5$ 同时发生；或 $x_4$、$x_6$ 同时发生。如果有类似系统相比较，则可根据最小割集的多少，区分出系统的优劣。

2. 最小径集表示系统的安全性

求出最小径集可以了解，要使事故不发生，有几种可能的预防方案，并掌握系统的安全性如何，为控制事故提供依据。最小径集的定义表明，一个最小径集中的基本事件都不发生就可使顶上事件不发生。事故树中最小径集越多，系统越安全。求出最小径集，就可了解到控制住哪几个基本事件（某一个最小径集）并使其不发生，就可以控制顶上事件，阻止顶上事件的发生；有几个最小径集就有几种阻止顶上事件发生的方案。例如，前面事故树共有四个最小径集：$\{x_1, x_4\}$，$\{x_2 x_4\}$，$\{x_1, x_5, x_6\}$，$\{x_2, x_5, x_6\}$。从事故树最小径集等效图（用最小径集表示）的结构也可看出，只要与门下的任一个最小径集 $P_i$ 不发生，顶上事件就绝不会发生，假如通过采取某些措施，彻底消除 $x_1$、$x_4$ 发生的可能性，这种事故就不会发生，至于其他基本事件，均可置之不理。当然，也可选择其他最小径集采取措施，其效果一样。

# 第七节　事故树的定量分析

事故树定量分析的任务是在求出各基本事件发生概率的情况下，计算或估算系统顶上事件发生的概率以及系统的有关可靠性特性，并以此为依据，综合考虑事故（顶上事件）的损失严重程度，并可与预定的目标进行比较。如果得到的结果超过了允许目标，则必须采取相应的改进措施，使其降至允许值以下。在进行定量分析时，应满足几个条件。

（1）各基本事件的故障参数或故障率已知，而且数据可靠，否则计算结果误差大。

（2）事故树中应充分包括主要故障模式。

（3）对全部事件用布尔代数做出正确的描述，另外，一般还要做如下 3 点假设：

① 基本事件之间是相互独立的；

② 基本事件和顶上事件都只有两种状态，即发生或不发生（正常或故障）；

③ 一般情况下，故障分布都假设为指数分布。

进行定量分析的方法很多，本书只介绍几种常用的方法，而且以举例形式说明这些方法的计算过程，不在数学上做过多的证明。

## 一、结构函数

1. 结构函数的定义

若事故树有 $n$ 个互不相同的基本事件，每个基本事件只有发生和不发生两种状态，且分别用数值 1 和 0 表示。因此，基本事件 $i$ 的状态可记为：

$$x_i=\begin{cases}1 & \text{基本事件发生}\\0 & \text{基本事件不发生}\end{cases}\qquad i=1, 2, \cdots, n$$

同样，事故树的顶上事件的状态，也只有发生与不发生两种可能，用变量 $\Phi$ 表示，则有：

$$\Phi(x)=\begin{cases}1 & \text{顶上事件发生}\\0 & \text{顶上事件不发生}\end{cases}$$

因为顶上事件的状态 $\Phi$ 完全取决于基本事件 $i$ 的状态变量 $x_i$（$i=1$，2，…，$n$），所以 $\Phi$ 是 $x$ 的函数，即 $\Phi=\Phi(x)$。

2. 结构函数的性质

结构函数 $\Phi(x)$ 具有如下性质。

当事故树中基本事件都发生时，顶上事件必然发生；当所有基本事件都不发生时，顶上事件必然不发生。

当除基本事件 $i$ 以外的其他基本事件固定为某一状态，基本事件 $i$ 由不发生转变为发生时，顶上事件可能维持不发生状态，也可能由不发生转变为发生状态。

由任意事故树描述的系统状态，可以将全部基本事件做成用“或”门联结的事故树表示系统的最劣状态（顶上事件最易发生）；可以将全部基本事件做成用“与”门联结的事故树表示系统的最佳状态（顶上事件最难发生）。

## 二、基本事件的发生概率

事故树定量分析，首先是在求出各基本事件发生概率的情况下，计算顶上事件的发生概率，这样我们就可以根据所取得的结果与预定的目标值进行比较。如果超出了目标值，就应采取必要的系统改进措施，使其降至目标值以下。如果事故的发生概率及其造成的损失为社会所认可，则不必投入更多的人力和物力进一步治理。

基本事件的发生概率，即事件的失效概率（Failure Probabilities of Events）。标准《事故树分析》（IEC 61025—2006）中提出，当事件的发生符合泊松分布，失效率（Failure Rate）为常数时，事故树分析可以使用事件失效率（Failure Rate）代替失效概率；也可以针对不同的基本事件，在事故树建树时混合采用事件失效率和失效概率对它们赋值，只需在计算顶上事件发生概率时，将失效率转化为相应的失效概率即可。

无论失效率或失效概率，都属于可靠性理论的范畴，需要通过可靠性理论及预测技术，以及实际测试或现场使用数据等手段去获得。最早的可靠性定义是由美国电子设备可靠性咨询组（Advisory Group on Reliability of Electronic Equipment，AGREE）在 1957 年的报告中提出的，1966 年美国军标 MIL-STD-721B 定义可靠性为：产品在规定的条件下和规定的时间内完成规定功能的能力，这一定义为其他许多国家的标准所引证。我国的《可靠性基本名词术语及定义》（GB 3187—1982）给出的可靠性定义与此相同，该标准于 1994 年和 2008 年被《可靠性、维修性术语》（GB/T 3187—1994）和《电工术语　可信性与服务质量》（GB/T 2900.13—2008）相继替代，2016 年《电工术语 可信性》（GB/T 2900.99—2016）又部分代替了 GB/T 2900.13—2008，标准是针对《国际电工词汇-第 192 部分：可信性（International Electrotechnical Vocabulary-Part 192：Dependability）》（IEC 60050-192）标准等同引进，它规定了包括电工技术应用在内的可信性方面所有领域的通用术语。针对 IEC 60050-192 标准中一些特征变量需要用数学方法表达的问题，2016 年国际电子技术委员会发布了标准《可靠性、可用性、维修性和维修保障术语的数学表达（Mathematical Expressions for Reliability，Availability，Maintainability and Maintenance Support Terms）》（IEC 61703），为一些参数的量化测量与计算提供了实践性指导。围绕基本事件的发生概率这一概念，本节首先应考虑的是产品或机械设备元器件的故障概率，即产品的失效概率，这里用尽可能简洁的方式给出相关的定义和计算方法，如有需要深入探究的同学，可进一步查阅可靠性理论知识及上述标准。下一小节将介绍人因失误概率。

1. 产品的可靠性

产品（Item）是考虑的对象，可以是单个部件、元件、器件、功能单元、设备、子系统或系统，可以由硬件、软件、人员组成，或其任意组合。产品分为不可修复产品（Non-Repairable Item）和可修复产品（Repairable Item）。产品的状态分为可用状态（Up State）和不可用状态（Down State）。产品的可靠性（Reliability）是指产品在给定条件、给定的时间区间内，能无失效地执行规定要求的能力。其中，持续时间区间可用与产品相关的、适合的计量单位表示，如日历时间、工作周期、行程等。

2. 产品的失效与故障

失效（Failure）是指产品执行给定要求能力的丧失。故障（Fault）是指产品由于内在状况而无能力执行规定的要求。产品的失效会导致其故障，而产品的故障则源于其本身的失效，或者因其设计、制造或维修等生命周期早期阶段出现的缺陷造成的。

3. 产品的可靠度、失效概率及其估算值

产品的可靠性用可靠度（Reliability）测量，可靠度是指产品在给定的条件下在时间区间（$t_1$，$t_2$）内按要求执行的概率，它是关于时间的函数，当 $t_1=0$ 和 $t_2=t$ 时，则 $R$（0，$t$）可表示为 $R=R$（$t$），称为产品的可靠度函数。就概率的分布而言，它又称为可靠度分布函数，且是累积分布函数，表示在给定的条件和给定的时间内，无故障地执行给定要求的产品占全部产品（累积起来）的百分率。因此 $R(t)$ 的取值范围是：

$$0 \leqslant R(t) \leqslant 1$$

与可靠度相对应的是不可靠度（Unreliability），表示产品在给定的条件下和给定的时间内不能完成给定要求的概率，又称为失效概率（Probability of Failure），记为 $F$。失效概率 $F$ 也是时间 $t$ 的函数，故又称为失效概率函数或不可靠度函数，并记为 $F(t)$，它也是累积分布函数，故又称为累积失效概率。它与可靠度呈互补关系，即：

$$R(t)+F(t)=1$$

$$F(t)=1-R(t)$$

可靠度与不可靠度都是对某一时间而言，若所指时间不同，则同一产品的可靠度值也就不同。设有 $n$ 个产品，在其开始工作（$t=0$）时，$n$ 个产品都是好的，故失效产品数量 $n(t)=n(0)=0$，$R(t)=R(0)=1$，$F(t)=F(0)=0$；随着工作时间的增加，失效产品的数量不断增多，可靠度就相应地降低。当产品的工作时间趋向于无穷大时，所有产品无论寿命多长，最后终究会失效，因此，$n(t)=n(\infty)=n$，$R(t)=R(\infty)=0$，$F(t)=F(\infty)=1$。即可靠度函数 $R(t)$ 在 $[0, +\infty]$ 时间区间内为递减函数，而失效概率函数 $F(t)$ 在 $[0, +\infty]$ 时间区间内为递增函数，如图 7-45 所示。

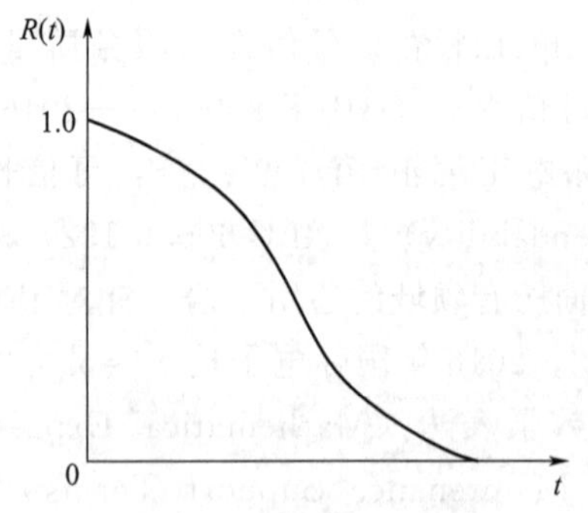


图 7-45 可靠度分布函数

可靠度理论上的值称为可靠度真值，它完全由产品失效的数学模型所决定。该值虽然是客观存在的，但实际上却是未知的，其主要应用在理论研究方面。在实际工作中，人们只能获得有限样本的观测数据，经过一定的统计计算求得真值的估计值，该值称为可靠度的估计值。

（1）对于 $n$ 个不可修复的产品，可靠度与失效概率的估计值公式即：

$$\hat{R}(t)=\frac{n_s(t)}{n} \quad \hat{F}(t)=\frac{n-n_s(t)}{n}$$

式中，$n_s(t)$ 为 $t$ 时刻未发生失效且能完成给定要求的产品数目；$n$ 为在（0，$t$）区间投入工作的产品数目，相当于 $n_s(0)$。

（2）对于 $n$ 个可修复的产品，在给定的时间区间（$t_1, t_2$）的可靠度与失效概率估计值公式即：

$$\hat{R}(t_1,t_2)=\frac{n_s(t_1,t_2)}{n} \quad \hat{F}(t_1,t_2)=\frac{n-n_s(t_1,t_2)}{n}$$

式中，$n_s(t_1,t_2)$ 为在 $t_1$ 时刻未发生失效且能完成给定要求，并在给定的时间区间（$t_1, t_2$）内未发生失效的产品数目。

4. 产品的失效率

失效率（Failure Rate），又称瞬时失效率（Instantaneous Failure Rate），是指工作到某时刻尚未发生失效的产品，在该时刻后单位时间内发生失效的概率，记作 $\lambda(t)$，其含义为：假定在时间区间（$0,t$）内未发生失效，当 $\Delta t$ 趋于零时，不可修复产品在时间区间（$t$，$t+\Delta t$）内发生失效的条件概率除以区间长度 $\Delta t$ 比值的极限（如果存在），即式（7-9）：

$$\lambda(t)=\lim_{\Delta t\to 0}\frac{1}{\Delta t}\times\frac{F(t+\Delta t)-F(t)}{R(t)}=\lim_{\Delta t\to 0}\frac{1}{\Delta t}\times\frac{R(t)-R(t+\Delta t)}{R(t)}=\frac{f(t)}{R(t)} \tag{7-9}$$

式中，$F(t)$ 和 $f(t)$ 分别为累积失效概率函数和失效概率密度函数。对 $F(t)$ 求关于时间的导数，则得到失效概率密度函数（Failure Density Function of the Operating Times to Failure）$f(t)$，即式（7-10）：

$$f(t)=\frac{dF(t)}{dt}=-\frac{dR(t)}{dt} \tag{7-10}$$

失效率常用的单位是%/h、%/kh 或 Fit（菲特）等。其中，菲特是失效率的基本单位，用 Fit 表示，$1\text{Fit}=10^{-9}\text{h}^{-1}$，表示 1000 个产品工作 1Mh 后，只有 1 个失效。

如果可以获得有限样本的观测数据，经过一定的统计计算求得失效率的估计值。假设 $n$ 个产品，在 $t$ 时刻瞬时失效率的估计值公式即：

$$\hat{\lambda}(t)=\frac{n_s(t+\Delta t)-n_s(t)}{n\Delta t}$$

式中，$n_s(t)$ 为 $t$ 时刻未发生失效且能完成给定要求的产品数目；$n$ 为在（0，$t$）区间投入工作的产品数目，相当于 $n_s$（0）；$n_s(t+\Delta t)-n_s(t)$ 为在时间区间［$t$，$t+\Delta t$］内发生失效的产品数目。

表 7-5 是我国早年的一些失效率数据举例。

**表 7-5　失效率数据举例（机械工业部生产管理局，1986）**

| 项　目 | 失效率/$h^{-1}$ | |
|---|---|---|
| | 观测值 | 建议值 |
| 机械杠杆、链条、托架等 | $10^{-9}\sim10^{-6}$ | $10^{-6}$ |
| 电阻、电容、线圈等 | $10^{-9}\sim10^{-6}$ | $10^{-6}$ |
| 固体晶体管、半导体 | $10^{-9}\sim10^{-6}$ | $10^{-6}$ |

续表

| 项目 | 失效率/$h^{-1}$ | |
|---|---|---|
| | 观测值 | 建议值 |
| 电气连接<br>焊接<br>螺接 | $10^{-9}\sim10^{-7}$<br>$10^{-6}\sim10^{-4}$ | $10^{-8}$<br>$10^{-5}$ |
| 电子管 | $10^{-6}\sim10^{-4}$ | $10^{-5}$ |
| 热电偶 | | $10^{-6}$ |
| 三角皮带 | $10^{-5}\sim10^{-4}$ | $10^{-4}$ |
| 摩擦制动器 | $10^{-5}\sim10^{-4}$ | $10^{-4}$ |
| 管路 | | |
| 焊接连接破裂 | | $10^{-9}$ |
| 法兰连接爆裂 | | $10^{-7}$ |
| 螺口连接破裂 | | $10^{-5}$ |
| 胀接破裂 | | $10^{-5}$ |
| 冷标准容器破裂 | | $10^{-9}$ |
| 电动(气动)调节阀等 | $10^{-7}\sim10^{-4}$ | $10^{-5}$ |
| 继电器、开关等 | $10^{-7}\sim10^{-4}$ | $10^{-5}$ |
| 断路ID(自动防止故障) | $10^{-6}\sim10^{-5}$ | $10^{-5}$ |
| 配电变压器 | $10^{-8}\sim10^{-5}$ | $10^{-5}$ |
| 安全阀(自动防止故障) | | $10^{-6}$ |
| 安全阀(每次过压) | | $10^{-4}$ |
| 仪表传感器 | $10^{-7}\sim10^{-4}$ | $10^{-5}$ |
| 仪表指示器、记录器、控制器等 | | |
| 气动 | $10^{-5}\sim10^{-3}$ | $10^{-4}$ |
| 电动 | $10^{-6}\sim10^{-4}$ | $10^{-5}$ |
| 人对重复刺激响应的失误 | $10^{-3}\sim10^{-2}$ | $10^{-2}$ |
| 离心泵、压缩机、循环机 | $10^{-6}\sim10^{-3}$ | $10^{-4}$ |
| 蒸汽透平 | $10^{-6}\sim10^{-3}$ | $10^{-4}$ |
| 电动机、发电机 | $10^{-6}\sim10^{-3}$ | $10^{-4}$ |
| 往复泵、比例泵 | $10^{-5}\sim10^{-3}$ | $10^{-5}$ |
| 内燃机(汽油机) | $10^{-4}\sim10^{-3}$ | $10^{-4}$ |
| 内燃机(柴油机) | $10^{-5}\sim10^{-3}$ | $10^{-4}$ |

值得说明的是，现在有许多产品元件失效率数据库，这些数据库通过失效事件的记录、专家判断及实验室测试等多种方法提供了单个元器件失效率的预测值。许多情形下产品的失效率是在实验室条件下获得的，在实际应用时，还必须考虑比实验室恶劣的现场条件，适当选择严重系数 $k$ 对失效率数据进行修正，表 7-6 给出严重系数 $k$ 值举例。假设产品在实验室条件下测出的失效率为 $\lambda_0$，实际失效率为 $\lambda$，则：

$$\lambda=k\lambda_0$$

表 7-6 严重系数 $k$ 值举例（机械工业部生产管理局，1986）

| 使用场所 | $k$ | 使用场所 | $k$ |
|---|---|---|---|
| 实验室 | 1 | 火箭试验台 | 60 |
| 普通室内 | 1.1～10 | 飞机 | 80～150 |
| 船舶 | 10～18 | 火箭 | 400～1000 |
| 铁路车辆，牵引式公共汽车 | 18～30 | | |

5. 产品可靠度、失效概率与失效率之间的关系

将式（7-10）代入式（7-9）可得：

$$\lambda(t)=\frac{f(t)}{R(t)}=-\frac{\mathrm{d}R(t)/\mathrm{d}t}{R(t)}=-\frac{\mathrm{d}\ln R(t)}{\mathrm{d}t}$$

$$R(t)=\exp\left[-\int_0^t \lambda(t)\mathrm{d}t\right]$$

即可靠度函数 $R(t)$ 是把 $\lambda(t)$ 由 0 至 $t$ 进行积分之后作为指数的指数型函数。

失效率函数有三种类型，即随时间的增长而增长、随时间的增长而下降以及与时间无关而保持一定恒值。当 $\lambda(t)$ 保持恒值，即 $\lambda(t)=\lambda$ 时，则：

$$R(t)=\mathrm{e}^{-\lambda t}$$

$$F(t)=1-\mathrm{e}^{-\lambda t} \tag{7-11}$$

式中，$t$ 为产品运行时间。

如果把式（7-11）中的 $\mathrm{e}^{-\lambda t}$ 按无穷级数展开，略去后面的高阶无穷小，则可近似为：

$$F(t)=\lambda t \tag{7-12}$$

随着可靠性与系统安全学科的发展，人们在收集和处理可靠性数据方面投入了巨大的精力，广泛建立了元器件失效率数据库，提供了不同元器件恒定（Constant）失效率的估计值，有些数据库还给出了元器件失效模式分布情况及相应的失效率信息。表 7-7 是当前常用的可靠性数据库，在事故树分析时可根据基本事件的属性选择适当的数据库获取相关的基础数据。

表 7-7 当前常用的可靠性数据库（Rausand & Haugen，2020）

| 数据库信息 | 数据库说明 |
|---|---|
| 过程设备可靠性数据库（Process Equipment Reliability Database，PERD） | 由 AIChE 的化工过程安全中心运营，包含工艺设备的可靠性数据 |
| 电子零件可靠性数据（Electronic Parts Reliability Data，EPRD） | 这本超过 2000 页的手册提供了集成电路、半导体、电阻、电容器和电感/变压器等的失效率估计值 |
| 非电子部件可靠性数据（Nonelectronic Parts Reliability Data，NPRD） | 这本大约 1000 页的手册提供了包括机械、机电、电子零件和组件等在内的各种组件类型的失效率 |
| MIL-HDBK-217F-1991，电子设备的可靠性预测（Reliability Prediction of Electronic Equipment） | 该手册提供了电子系统中如集成电路、晶体管、二极管、电阻、电容器、继电器、开关和连接器等各种类型的失效率估计值，这些数据基于受控环境压力下的实验室测试所得，反映了初始失效（Primary Failures）数据 |
| 海上和陆上可靠性数据（Offshore and Onshore Reliability Data，OREDA） | 此数据基于多个地理区域相关设施数据的收集，为海上石油和天然气设施中使用的组件和系统提供关于机械、电气设备、机械设备、控制和安全设备以及海底设备的可靠性数据 |

续表

| 数据库信息 | 数据库说明 |
| --- | --- |
| 控制和安全系统的可靠性数据(Reliability Data for Control and Safety Systems) | 这是一本基于 IEC 61508—2010 标准和 OREDA 的数据，由挪威研究组织 SINTEF 开发的数据手册，该手册提供安全仪表系统的可靠性评估 |
| 安全设备可靠性手册(Safety Equipment Reliability Handbook,SERH) | 该手册涵盖了安全仪表系统的可靠性数据。手册由 exida.com 编写，共计三卷，内容分别是传感器、逻辑控制器和接口模块、执行器 |
| IEEE 标准 500 | 该手册数据来自核电站，是基于现场数据通过德尔菲法获得的，手册提供了各种电气、电子、传感和机械部件的失效率估计值，手册里的数据较为陈旧 |
| 欧洲工业可靠性数据(European Industry Reliability Data,EIReDA) | 该数据库为法国电力公司(EDF)运营的核电站中的部件提供了故障率估计。EIReDA PC 是 EIReDA 数据库的计算机版本。其中的数据涉及核电站的电气、机械和机电设备 |
| 可靠性和可用性数据系统(Reliability and Availability Data System,RADS) | 该系统是由美国核管理委员会开发的，提供一般性评估和具体工厂评估所需的可靠性和可用性数据，并支持概率风险分析及风险知情监管等方面的应用；另外通过该系统可获得沸水反应堆和压水堆中高危系统的主要部件的数据 |

注：根据本章参考文献［29］，有补充修改。

## 三、人因失误概率

针对事故树基本事件的发生概率，除了涉及产品的失效概率以外，还应考虑人因失误（Human Error）的发生概率。人员参与了技术系统全生命周期大部分的活动，常言道“人非圣贤，孰能无过”。与产品的可靠性相比较，人因可靠性（Human Reliability Analysis，HRA）的研究更为复杂。与产品失效概率的介绍相似，本节旨在介绍人因失误的概率的确定，因而亦尽可能采用简洁的方式给出相关的定义和数据的获取途径。

1. 人因可靠性分析

人因可靠性分析起源于 20 世纪 50 年代前期，最早为人们所知的工作是美国桑迪亚国家实验室（Sandia National Laboratory）关于复杂武器系统中人因失误对军队系统及装备可靠性的定量影响。人因可靠性分析是将人员视为复杂人机系统中的一个组成要素，通过系统地辨识与评价操作人员、维护人员和系统中其他人员可能造成的错误，从而达到预测、减少和预防人因失误的目的。其分析过程包括以下步骤。

（1）确定由于人因失误可能导致事故或运营问题的关键操作是什么。

（2）分析相关任务并对其分解，细化到子任务或任务步骤。

（3）确定潜在的人因失误模式，并尽可能地判定出错误原因和影响人员执行的因素（Performance-Influencing Factor，PIF）或形成人员执行的因素（Performance-Shaping Factors，PSF）。

（4）确定每种人因失误模式和整个任务的人因失误概率（Human Error Probability，HEP）。

2. 人因失误

人因失误是指在人机系统环境中，由于人的行为结果偏离了预定目标或超出了可接受的界限，从而导致任务未能按计划完成或产生了不良影响。早期人因失误常见的类型包括如下几种情况。

（1）忘记做某项工作。

（2）做错了某项工作。

（3）采取了不应采取的工作步骤。

（4）没按程序完成某项工作。

（5）没在预定时间内完成某项工作。

之后，随着人因失误研究的深入，产生了多种不同的分类方式，但目前还没有一个被普遍接受的分类法。常见的人因失误分类法主要包括如下3种。

（1）1983年，J. 拉氏姆逊（J. Rasmussen）提出的基于技能、规则和知识（Skill-，Rule-，and Knowledge-Based Behavior，SRK）的人因失误分类。

（2）1983年，斯温（Swain）和古特曼（Gutmann）提出的遗漏型和执行型（Omission and Commission）错误。

（3）1990年，J. 瑞森（J. Reason）提出的失误、疏忽、差错和违章分类模型（The Slip，Lapse，Mistake，and Violation Classification）。

3. 人因失误概率

人因失误概率是指人员在执行给定任务时出现失误的概率。通常通过专家估计、基于PSF参照以及基于观察数据推算获得。由于人因失误的影响因素复杂，许多学者基于不同的视角开展了研究。1962年，斯温在主题为“人因失误的量化”的第6届人因因素学会年会上报告了人因失误率预测技术（Technique for Human Error Rate Prediction，THERP），该方法成为人因可靠性定量评价中开展最早、使用最广泛的方法。最初THERP方法的分析步骤如下。

（1）调查被分析者的操作程序。

（2）把整个程序分成各个操作步骤。

（3）把操作步骤再分成单个动作。

（4）根据经验或实验得出每个动作的可靠度（举例见表7-8）。

**表7-8 人的行为可靠度举例**

| 行为类型 | 可靠度 | 行为类型 | 可靠度 |
| --- | --- | --- | --- |
| 阅读技术说明书 | 0.9918 | 分析锈蚀和腐蚀 | 0.9963 |
| 读取时间(扫描记录仪) | 0.9921 | 安装O形环状物 | 0.9965 |
| 读电流计和流量计 | 0.9945 | 阅读记录 | 0.9966 |
| 分析缓变电压和电流 | 0.9955 | 分析凹陷、裂纹 | 0.9967 |
| 确定多位置电气开关的位置 | 0.9959 | 读压力计 | 0.9969 |
| 在因素位置上标注符号 | 0.9958 | 分析防护罩的老化 | 0.9969 |
| 安装安全锁线 | 0.9961 | 固定螺母、螺钉和销子 | 0.9990 |
| 分析真空管失真 | 0.9961 | 使用垫圈胶合剂 | 0.9971 |
| 安装鱼形夹 | 0.9961 | 连接电缆(安装螺钉) | 0.9972 |
| 安装垫圈 | 0.9962 | | |

（5）求出各个动作的可靠度之积，得到每个操作步骤的可靠度。如果各个动作中有相容

事件，则按条件概率计算。

（6）求出各操作步骤可靠度之积，得到整个程序的可靠度。

（7）求出整个程序的不可靠度（用 1 减去可靠度），便得到 FTA 所需要的人因失误概率。

人的失误概率受多种因素的影响，如作业的紧迫程度、单调性、人的不安全感、心理状态和生理状况以及周围环境因素等。因此，仍然需要有修正系数 $k$ 修正人的失误概率。就某一动作而言，其可靠度 $R$ 为：

$$R=R_1R_2R_3$$

式中，$R_1$ 为与输入有关的可靠度，如声、光信号传入人的眼、耳等；$R_2$ 为与判断有关的可靠度，如信号传入大脑并进行判断；$R_3$ 为与输出有关的可靠度，如根据判断作出反应。

$R_1$、$R_2$、$R_3$ 的参考值见表 7-9。

**表 7-9 $R_1$、$R_2$、$R_3$ 参考值**

| 类别 | 说明 | $R_1$ | $R_2$ | $R_3$ |
|---|---|---|---|---|
| 简单 | 变量不超过几个，人机工程学上考虑全面 | 0.9995～0.9999 | 0.9990 | 0.9995～0.9999 |
| 一般 | 变量不超过十个 | 0.9990～0.9995 | 0.9950 | 0.9990～0.9995 |
| 复杂 | 变量超过十个，人机工程学上考虑不全面 | 0.9900～0.9990 | 0.9900 | 0.9900～0.9990 |

由于受作业条件、作业者自身因素及作业环境的影响，基本可靠度还会降低。因此，还需要用修正系数 $k$ 加以修正（表 7-10），从而得到作业者单个动作的失误概率为：

$$q=k(1-R)$$

式中，$k=abcde$；$a$ 为作业时间系数；$b$ 为操作频率系数；$c$ 为危险状况系数；$d$ 为心理、生理条件系数；$e$ 为环境条件系数。

**表 7-10 *abcde* 取值范围**

| 符号 | 项目 | 内容 | 取值范围 |
|---|---|---|---|
| $a$ | 作业时间 | 有充足的多余时间 | 1.0 |
| | | 没有充足的多余时间 | 1.0～3.0 |
| | | 完全没有多余时间 | 3.0～10.0 |
| $b$ | 操作频率 | 频率适当 | 1.0 |
| | | 连续操作 | 1.0～3.0 |
| | | 很少操作 | 3.0～10.0 |
| $c$ | 危险状况 | 即使误操作也安全 | 1.0 |
| | | 误操作时危险性大 | 1.0～3.0 |
| | | 误操作时产生严重的灾害后果 | 3.0～10.0 |
| $d$ | 生理、心理条件 | 教育训练，健康状况、疲劳、愿望等综合条件较好 | 1.0 |
| | | 综合条件不好 | 1.0～3.0 |
| | | 综合条件很差 | 3.0～10.0 |
| $e$ | 环境条件 | 综合条件较好 | 1.0 |
| | | 综合条件不好 | 1.0～3.0 |
| | | 综合条件很差 | 3.0～10.0 |

1963 年，桑迪亚实验室应用 THERP 推出了人因失误量化的基本方法；整个 20 世纪 60 年代，斯温和他的同事们一直致力于为桑迪亚人因失误概率库收集人为绩效数据，并于 1983 年推出了著名的《NUREG/CR-1278：以核电站应用为重点的人类可靠性分析手册-最终报告》，该报告使用 THERP 量化了人因失误概率，提供了 27 个表格，共分为 7 个部分，具体如下。

（1）表 20-1 和表 20-2 为粗值筛选表，用于对不需要深入量化的人因失误赋值。

（2）表 20-3 和表 20-4 为短时间内产生报警数目与操作人员判断系统状态失误的关系。

（3）表 20-5～表 20-8 是针对无书面程序书的各种情况，评估人员忽略某些步骤的可能性，在量化维修、测试的人因失误时使用。

（4）表 20-9～表 20-14 为操作失误率的相关表格。

（5）表 20-15～表 20-19 为 PSF 的选择依据和相关性度量。

（6）表 20-20 和表 20-21 为不确定性判定边界的判断依据及度量。

（7）表 20-22～表 20-27 为动作相关性表格。

4. 人因失误概率数据库

随着人因可靠性研究的深入，有关人因失误的数据库相继建立，这些数据库分为两大类，第一类为有关人因失误的数据库，第二类为特定领域人因失误概率的数据库，可为事故分析提供基础数据。表 7-11 为当前常用的相关数据库信息。

**表 7-11 当前常用人因失误概率数据库信息**

| 数据库信息 | 数据库说明 |
| --- | --- |
| 计算机化的操作员可靠性和错误数据库（The Computerized Operator Reliability and Error Database，CORE-DATA） | 该数据库由英国伯明翰大学建立，涵盖了核能、化学和近海石油领域的人因失误数据。CORE-DATA 数据源包括事件和事故报告数据、来自培训和实验模拟的模拟器数据、实验数据和专家判断数据 |
| 人类绩效评估系统（Human Performance Evaluation System，HPES） | 由佐治亚州亚特兰大核能运行研究所建立 |
| 以核电站应用为重点的人类可靠性分析手册（Handbook of Human Reliability Analysis） | 该手册提供了 27 个人因可靠性分析表 |
| 人为失误评估和减少技术（Human Error Assessment and Reduction Technique，HEART） | 该数据库包含一个通用 HEP 表，以及 PSF 和根据具体应用调整 HEP 的程序 |
| 实用人因可靠性评估指南（A Guide to Practical Human Reliability Assessment）附录Ⅱ | 该附录列出了来自通用来源、运行工厂、人机工程学实验和模拟器的 HEP 数据 |
| 人因可靠性和安全分析数据手册（Human Reliability & Safety Analysis Data Handbook） | 该手册对与人因可靠性数据有关的挑战和问题进行了深入讨论，并介绍了一些数据 |

注：根据本章参考文献［29］，有补充修改。

## 四、顶上事件发生概率的计算

在求得各基本事件的发生概率，弄清了各基本事件之间的关系后，就可以着手计算顶上事件的发生概率。如果各基本事件相互独立，则顶上事件的发生概率有以下几种算法。

1. 状态枚举算法

设某一事故树，有 $n$ 个基本事件，这 $n$ 个基本事件的两种状态的组合数为 $2^n$ 个。根据事故树模型的结构分析可知，所谓顶上事件的发生概率，是指结构函数 $\phi(x)=1$ 的概率。因此，顶上事件的发生概率 $g$ 可定义为式（7-13）。

$$g(q)=\sum_{p=1}^{2^n}\phi_p(x)\prod_{i=1}^{n}q_i{}^{x_i}(1-q_i)^{1-x_i} \tag{7-13}$$

式中，$g(q)$ 为顶上事件的发生概率；$p$ 为基本事件状态组合符号；$\phi_p(x)$ 为组合为 $p$ 时的结构函数值，$\phi_p(x)=\begin{cases}1 & 顶上事件发生\\0 & 顶上事件不发生\end{cases}$ $(x=x_1, x_2, \cdots x_n)$；$q$ 为第 $i$ 个基本事件的发生概率；$\prod\limits_{i=1}^{n}$ 为连乘符号，这里为求 $n$ 个基本事件状态组合的概率积；$x_i$ 为基本事件 $i$ 的状态，$x=\begin{cases}1 & 第\ i\ 个基本事件发生\\0 & 第\ i\ 个基本事件不发生\end{cases}$。

对上式进行剖析可看出，在 $n$ 个基本事件两种状态的所有组合中，有的不能使顶上事件发生，即 $\phi_p(x)=0$，说明该组合对顶上事件的发生概率不产生影响。而有些组合能使顶上事件发生，即 $\phi_p(x)=1$，说明这种组合对顶上事件的发生概率产生了影响。因此，在用此式计算时，只需考虑使 $\phi_p(x)=1$ 的所有状态组合。

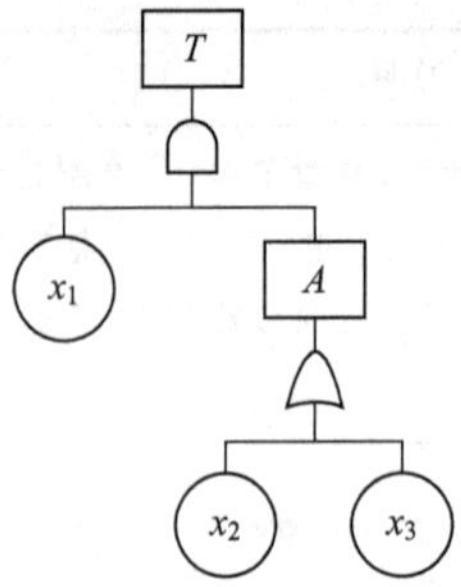


图 7-46　事故树示意图

用上式计算时，应先列出基本事件的状态值表，再根据事故树的结构求得结构函数 $\phi_p(x)$ 值，并填入状态值表中，最后求出使 $\phi_p(x)=1$ 的各基本事件对应状态的概率积之代数和，即为顶上事件的发生概率。

图 7-46 中的事故树，含有 3 个基本事件 $x_1$、$x_2$、$x_3$，已知各基本事件相互独立，发生概率都为 0.1，则可由式（7-9）计算顶上事件的发生概率。

由表可知，使 $\phi(x)=1$ 的基本事件的状态组合有三个，将表中数据代入式（7-9）中，可得：

$$\begin{aligned}g(q)&=\sum_{p=1}^{2^n}\phi p(x)\prod_{i=1}^{n}q_i^{x_i}(1-q_i)^{1-x_i}\\&=1\times q_1^1(1-q_1)^{1-1}q_2^0(1-q_2)^{1-0}q_3^1(1-q_3)^{1-1}+\\&\quad 1\times q_1^1(1-q_1)^{1-1}q_2^1(1-q_2)^{1-1}q_3{}^0(1-q_3)^{1-0}+\\&\quad 1\times q_1^1(1-q_1)^{1-1}q_2^1(1-q_2)^{1-1}q_3{}^1(1-q_3)^{1-1}\\&=q_1(1-q_2)q_3+q_1q_2(1-q_3)+q_1q_2q_3\\&=0.1\times0.9\times0.1+0.1\times0.1\times0.9+0.1\times0.1\times0.1\\&=0.019\end{aligned}$$

另外，还可将第一种状态组合所对应的 $g_p(q)$ 和 $g_p$ 列入表 7-12 中，可由表直接求得顶上事件的发生概率。

表 7-12 基本事件与顶上事件状态值表

| $x_1$、$x_2$、$x_3$ 状态值 | $\phi(x)$ | $g_p(q)$表达式 | $g_p$ 值 |
|---|---|---|---|
| 0,0,0 | 0 | 0 | 0 |
| 0,0,1 | 0 | 0 | 0 |
| 0,1,0 | 0 | 0 | 0 |
| 0,1,1 | 0 | 0 | 0 |
| 1,0,0 | 0 | 0 | 0 |
| 1,0,1 | 1 | $q_1(1-q_2)q_3$ | 0.009 |
| 1,1,0 | 1 | $q_1q_2(1-q_3)$ | 0.009 |
| 1,1,1 | 1 | $q_1q_2q_3$ | 0.001 |
| $G(q)$ | | | 0.019 |

2. 最小割集法

如前所述，事故树可以用其最小割集等效图来表示。这时，顶上事件可用最小割集的并集表示。

与门的结构函数为：

$$\Phi(x)=\bigcap_{i=1}^{n}x_i=\prod_{i=1}^{n}x_i$$

或门的结构函数为：

$$\Phi(x)=\bigcup_{i=1}^{n}x_i=1-\prod_{i=1}^{n}(1-x_i)$$

设某事故树有 $k$ 个最小割集 $G_1$，$G_2$，…，$G_k$，则顶上事件的表达式为：

$$\Phi(x)=G_1\cup G_2\cup\cdots\cup G_k$$

即：

$$\Phi(x)=\bigcup_{i=1}^{k}G_r=\bigcup_{i=1}^{k}\bigcap_{x_i\in G_r}x_i$$

事故树的最小割集中彼此间没有重复事件时，顶上事件的发生概率的计算公式为式（7-14）。

$$g=\bigcup_{i=1}^{k}\prod_{x_i\in G_r}q_i=\coprod_{i=1}^{k}\prod_{x_i\in G_r}q_i \tag{7-14}$$

式中，$i$ 为基本事件的序数；$r$ 为最小割集的序数；$k$ 为最小割集的个数；$x_i$ 为第 $i$ 个基本事件属于第 $r$ 个最小割集。

例如某事故树最小割集为 $\{x_1, x_2\}$，$\{x_3, x_4\}$，$\{x_5, x_6\}$，其发生概率为 $q_1$、$q_2$、$q_3$、$q_4$、$q_5$ 和 $q_6$，求顶上事件发生概率。

事故树的最小割集中彼此间没有重复事件，依据式（7-14）得：

$$g=\bigcup_{i=1}^{k}\prod_{x_i\in G_r}q_i=\coprod_{i=1}^{k}\prod_{x_i\in G_r}q_i$$

$$=1-(1-q_1q_2)(1-q_3q_4)(1-q_5q_6)$$

若事故树中各割集中有重复基本事件时将上式展开，用布尔代数消除每个概率积中的重复事件，则为式（7-15）。

$$g=\sum_{r=1}^{k}\prod_{x_i\in G_r}q_i-\sum_{1\leqslant r\leqslant s\leqslant k}\prod_{x_i\in G_r\cup G_s}q_i+\sum_{1\leqslant r\leqslant s\leqslant t\leqslant k}\prod_{x_i\in G_r\cup G_s\cup G_t}q_i+\cdots+(-1)^{k-1}\prod_{\substack{r=1\\x_i\in G_r}}^{k}q_i \tag{7-15}$$

式中，$k$ 为最小割集的个数；$r$、$s$、$t$ 为最小割集的序数，$r<s<t<k$；$\sum\limits_{r=1}^{k}\prod\limits_{x_i\in G_r}q_i$ 为每个最小割集中的基本事件的概率之积的代数和；$\sum\limits_{1\leqslant r\leqslant s\leqslant k}\prod\limits_{x_i\in G_r\cup G_s}q_i$ 为属于任意两个最小割集并事件中的基本事件之概率积的代数和；$\sum\limits_{1\leqslant r\leqslant s\leqslant t\leqslant k}\prod\limits_{x_i\in G_r\cup G_s\cup G_t}q_i$ 为属于任意三个最小割集并事件中的基本事件之概率积的代数和；$\prod\limits_{\substack{r=1\\x_i\in G_r}}^{k}q_i$ 为 $k$ 个最小割集中基本事件的概率积；$x_i\in G_r$ 为 $i$ 事件属于 $r$ 最小割集；$x_i\in G_r\cup G_s$ 为 $i$ 事件属于 $r$ 最小割集或 $s$ 最小割集。

例如某事故树最小割集为 $\{x_1, x_2\}$，$\{x_1, x_3\}$，$\{x_2, x_4, x_5\}$，其发生概率为 $q_1=0.01$，$q_2=0.02$，$q_3=0.03$，$q_4=0.04$，$q_5=0.05$，求顶上事件发生概率。

因为各最小割集中有重复事件出现，根据式（7-15）得：

$$\begin{aligned}g&=\sum_{r=1}^{k}\prod_{x_i\in G_r}q_i-\sum_{1\leqslant r\leqslant s\leqslant k}\prod_{x_i\in G_r\cup G_s}q_i+\sum_{1\leqslant r\leqslant s\leqslant t\leqslant k}\prod_{x_i\in G_r\cup G_s\cup G_t}q_i+\cdots+(-1)^{k-1}\prod_{\substack{r=1\\x_i\in G_r}}^{k}q_i\\&=(q_1q_2+q_1q_3+q_2q_4q_5)-(q_1q_2q_3+q_1q_2q_4q_5+q_1q_2q_3q_4q_5)+q_1q_2q_3q_4q_5\\&=q_1q_2+q_1q_3+q_2q_4q_5-q_1q_2q_3-q_1q_2q_4q_5\\&=0.0005336\end{aligned}$$

3. 最小径集法

根据最小径集与最小割集的对偶性，利用最小径集也可以求出顶上事件的发生概率。当最小径集中彼此没有重复的基本事件时，顶上事件的发生概率按式（7-16）计算。

$$g=\prod_{r=1}^{l}\prod_{x_i\in P_r}q_i=\prod_{r=1}^{l}\left[1-\prod_{x_i\in P_r}(1-q_i)\right] \tag{7-16}$$

例如某事故树最小径集为 $\{x_1, x_2, x_3\}$，$\{x_4, x_5\}$，$\{x_6, x_7\}$，其发生概率为 $q_1$、$q_2$、$q_3$、$q_4$、$q_4$、$q_6$、$q_7$，求顶上事件发生概率。

因为各最小径集中没有重复事件出现，根据式（7-16）得：

$$\begin{aligned}g&=\prod_{r=1}^{l}\prod_{x_i\in P_r}q_i=\prod_{r=1}^{l}\left[1-\prod_{x_i\in P_r}(1-q_i)\right]\\&=[1-(1-q_1)(1-q_2)(1-q_3)][1-(1-q_4)(1-q_5)][1-(1-q_6)(1-q_7)]\end{aligned}$$

当各最小径集彼此有重复事件时，则需去掉重复计算的内容，顶上事件发生概率按式（7-17）计算。

$$g=1-\sum_{r=1}^{l}\prod_{x_i\in P_r}(1-q_i)+\sum_{1\leqslant r\leqslant s\leqslant l}\prod_{x_i\in P_r\cup P_s}(1-q_i)-\sum_{1\leqslant r\leqslant s\leqslant t\leqslant l}\prod_{x_i\in P_r\cup P_s\cup P_t}(1-q_i)+$$

$$\cdots+(-1)^{l}\prod_{\substack{r=1\\x_i\in P_r}}^{l}(1-q_i) \tag{7-17}$$

式中，$l$ 为最小径集数；$r$、$s$、$t$ 为最小径集序数，$r<s<t<l$；$\sum\limits_{r=1}^{l}\prod\limits_{x_i\in P_r}(1-q_i)$ 为每个最小径集中基本事件不发生的概率之积的代数和；$\sum\limits_{1\leqslant r\leqslant s\leqslant l}\prod\limits_{x_i\in P_r\cup P_s}(1-q_i)$ 为属于任意两个最小径集的并事件中的基本事件不发生概率之积的代数和；$\sum\limits_{1\leqslant r\leqslant s\leqslant t\leqslant l}\prod\limits_{x_i\in P_r\cup P_s\cup P_t}(1-q_i)$ 为属于任意三个最小径集的并事件中的基本事件不发生概率之积的代数和；$\prod\limits_{\substack{r=1\\x_i\in P_r}}^{l}(1-q_i)$ 为全部基本事件不发生的概率之积；$x_i\in P_r$ 为 $i$ 事件属于最小径集 $P_r$；$x_i\in P_r\cup P_s$ 为 $i$ 事件或属于最小径集 $P_r$ 或属于最小径集 $P_s$；$x_i\in P_r\cup P_s\cup P_t$ 为 $i$ 事件或属于最小径集 $P_r$ 或属于最小径集 $P_s$ 或属于最小径集 $P_t$；$(1-q_i)$ 为 $i$ 事件不发生的概率。

例如某事故树最小径集为 $\{x_1, x_4\}$，$\{x_2, x_3\}$，$\{x_1, x_5\}$，其发生概率为 $q_1=0.01$，$q_2=0.02$，$q_3=0.03$，$q_4=0.04$，$q_5=0.05$，求顶上事件发生概率。

因为各最小径集中有重复事件出现，根据式（7-17）得：

$$
\begin{aligned}
g &=1-\sum_{r=1}^{l}\prod_{x_i\in P_r}(1-q_i)+\sum_{1\leqslant r\leqslant s\leqslant l}\prod_{x_i\in P_r\cup P_s}(1-q_i)-\sum_{1\leqslant r\leqslant s\leqslant t\leqslant l}\prod_{x_i\in P_r\cup P_s\cup P_t}(1-q_i)+\\
&\quad\cdots+(-1)^{l}\prod_{\substack{r=1\\x_i\in P_r}}^{l}(1-q_i)\\
&=1-[(1-q_1)(1-q_4)+(1-q_2)(1-q_3)+(1-q_1)(1-q_5)]+\\
&\quad[(1-q_1)(1-q_2)(1-q_3)(1-q_4)+(1-q_1)(1-q_4)(1-q_5)+\\
&\quad(1-q_1)(1-q_2)(1-q_3)(1-q_5)]-(1-q_1)(1-q_2)(1-q_3)(1-q_4)(1-q_5)\\
&=0.000591812
\end{aligned}
$$

在上述三种顶事件发生概率的精确算法中，后两种比较简单。但从后两种方法的计算项数看，最小割集法中的和差项数为 $2^n-1$，最小径集法中的和差项数为 $2^n$，最小割集和最小径集数 $k$、$l$ 的增大都会使计算量显著增加。因此，选择计算方法时，原则上是最小割集少的，最好选用最小割集法；最小径集少的，则最好选用最小径集法。一般事故树的最小割集数量都比较多，而最小径集数量较少，所以最小径集法的实际使用价值更大些。但在基本事件发生概率非常小的情况下，由于计算机有效位有限，采用最小径集法可能会因减少位数而失去有效数字，结果会出现较大的误差，对此，应引起足够重视。

4. 顶上事件发生概率的近似计算

在系统的基本事件很多，并且由此而产生的最小割集和最小径集的数量也非常庞大的情况下，计算这类复杂系统的顶上事件发生概率时，因为计算时间和计算机存储容量的限制，采用精确计算方法往往很困难。加之，在没有数据库的条件下，设备的故障率、人的失误概率均难以得到准确的数值，计算时多凭经验取值。这样，即便采取了精确算法，也会因凭经验取值的不准确而降低精确算法的意义。因此，实际计算中多采用近似算法。近似算法有好多种，现介绍以下几种。

(1) 首项近似法　根据最小割集计算顶上事件发生概率的式 (7-15)：

$$g=\sum_{r=1}^{k}\prod_{x_i\in G_r}q_i-\sum_{1\leqslant r\leqslant s\leqslant k}\prod_{x_i\in G_r\cup G_s}q_i+\sum_{1\leqslant r\leqslant s\leqslant t\leqslant k}\prod_{x_i\in G_r\cup G_s\cup G_t}q_i+\cdots+(-1)^{k-1}\prod_{\substack{r=1\\x_i\in G_r}}^{k}q_i$$

设：

$$\sum_{r=1}^{k}\prod_{x_i\in G_r}q_i=F_1$$

$$\sum_{1\leqslant r\leqslant s\leqslant k}\prod_{x_i\in G_r\cup G_s}q_i=F_2$$

$$\sum_{1\leqslant r\leqslant s\leqslant t\leqslant k}\prod_{x_i\in G_r\cup G_s\cup G_t}q_i=F_3$$

则：

$$\prod_{\substack{r=1\\x_i\in G_r}}^{k}q_i=F_k$$

原式可写为：

$$g=F_1-F_2+F_3-\cdots+(-1)^{k-1}F_k$$

这样，可逐次求 $F_1$、$F_2$ 的值，当认为满足计算精度时，就可停止计算。一般情况下，$F_1\geqslant F_2$，$F_2\geqslant F_3$，在近似过程中往往求出 $F_1$ 就能满足要求，其余均忽略不计，即：

$$g\approx F_1=\sum_{r=1}^{k}\prod_{x_i\in G_r}q_i \tag{7-18}$$

也就是说，顶上事件的发生概率近似等于所有最小割集发生概率的代数和。这种近似算法称为首项近似法。

(2) 平均近似法　有时为了使近似值更接近精确值，对顶上事件发生概率，取首项与第二项之半的差作为近似值，即：

$$g\approx F_1-\frac{1}{2}F_2 \tag{7-19}$$

在利用式 (7-15) 计算顶上事件发生概率过程中，可以得到一系列判别式：

$$g\leqslant F_1$$

$$g\geqslant F_1-F_2$$

$$g\leqslant F_1-F_2+F_3$$

由此可求出任意精度的近似区间：

$$F_1\geqslant g\geqslant F_1-F_2$$

$$F_1-F_2+F_3\geqslant g\geqslant F_1-F_2$$

这样经过上下限的计算，便能得出精确的概率值，一般采用 $g=F_1-\frac{1}{2}F_2$ 就可以得到较为精确的近似值。这种方法称为平均近似法。

(3) 独立近似法　这种近似方法的实质是：尽管事故树各最小割集（或最小径集）中彼此有共同事件，但均认为是无共同事件的，即认为各最小割集（或最小径集）都是彼此独立的。均用下列两公式计算顶上事件发生概率。

$$g\approx\coprod_{i=1}^{k}\prod_{x_i\in G_r}q_i$$

$$g \approx \prod_{r=1}^{l} \coprod_{x_i \in P_r} q_i$$

## 五、化相交集合为不交集合理论在事故树分析中的应用

事故树分析中，往往各独立的基本事件彼此是相交集合，而且各最小割集彼此也是相交集合。求解相交集合的概率运算过程不仅非常烦琐，而且还存在消去相同因子的问题。如将化交集为不交集的方法引入事故树分析，化相交集合为不交集合（互不相容集合），就可减少顶上事件发生概率的计算量。同时，可以排除用最小割集或最小径集计算时出现的 $q_i q_i \neq q_i^2$ 的问题，给手工求解和计算机编程序计算顶上事件的发生概率提供方便。

化相交集合为不交集合的依据是布尔代数的如下运算定律：

$$A+B=A+A'B$$

$$A'+B'=A'+AB'$$

$$AA'=0$$

$$(A')'=A$$

$$(AB)'=A'+B'$$

$$(A+B)'=A'B'$$

对于独立事件、相容事件，$A+B$ 和 $A'+B'$ 均为相交集合，而 $A+A'B$ 和 $A'+AB'$ 则变为不交集合。

同理可得：

$$A+B+C=A+A'B+A'B'C$$

$$A+B+\cdots+M+N=A+A'B+A'B'C+\cdots+A'B'\cdots M'N \qquad (7\text{-}20)$$

例如某事故树三个最小割集（$x_1$，$x_2$，$x_4$）、（$x_1$，$x_3$，$x_4$）和（$x_2$，$x_3$，$x_4$）中有重复事件，利用化相交集合为不交集合理论对其化简。

$$\begin{aligned}
T &= x_1x_2x_4 + x_1x_3x_4 + x_2x_3x_4 \\
&= x_1x_2x_4 + (x_1x_2x_4)'x_1x_3x_4 + (x_1x_2x_4)'(x_1x_3x_4)'x_2x_3x_4 \\
&= x_1x_2x_4 + (x_1'+x_2'+x_4')x_1x_3x_4 + (x_1'+x_2'+x_4')(x_1'+x_3'+x_4')x_2x_3x_4 \\
&= x_1x_2x_4 + (x_1'+x_1x_2'+x_1x_2x_4')x_1x_3x_4 + (x_1'+x_1x_2'+x_1x_2x_4') \\
&\quad (x_1'+x_1x_3'+x_1x_3x_4')x_2x_3x_4 \\
&= x_1x_2x_4 + x_1x_2'x_3x_4 + (x_1'+x_1x_2'x_3'+x_1x_2'x_3x_4'+x_1x_2x_3'x_4'+x_1x_2x_3x_4')x_2x_3x_4 \\
&= x_1x_2x_4 + x_1x_2'x_3x_4 + x_1'x_2x_3x_4
\end{aligned}$$

## 六、基本事件的概率重要度和临界重要度分析

1. 基本事件的概率重要度

事故树的基本事件的重要度，仅仅以结构重要度评价是不够的，因为结构重要度只是分析各基本事件的重要程度。换言之，它是在忽略各基本事件自身发生概率的情况下分析各基本事件的重要程度。因此，用结构重要度评价基本事件的重要度，往往与实际重要程度有一定的差距。所以在分析各基本事件的重要度时，必须考虑各基本事件发生概率的变化对顶上

事件发生概率的影响，即要对事故树进行定量的概率重要度分析。

利用顶上事件发生概率函数是一个关于基本事件发生概率的多重线性函数这一性质，只要对自变量 $q_i$ 求一次偏导，就可以得到该基本事件的概率重要度系数，即顶上事件发生概率对基本事件 $i$ 发生概率的变化率。

$$I_g(i)=\frac{\partial g}{\partial q_i} \tag{7-21}$$

$I_g(i)$ 表示第 $i$ 个基本事件的概率重要度系数。

例如事故树的最小割集为 $(x_1,x_3)$，$(x_3,x_4)$，$(x_1,x_5)$，$(x_2,x_4,x_5)$，各基本事件发生概率分别为 $q_1=q_2=0.02$，$q_3=q_4=0.03$，$q_5=0.025$，求各基本事件概率重要度系数。

(1) 求顶上事件的概率函数

$$\begin{aligned}g&=q_{G_1}+q_{G_2}+q_{G_3}+q_{G_4}-(q_{G_1}q_{G_2}+q_{G_1}q_{G_3}+q_{G_1}q_{G_4}+q_{G_2}q_{G_3}+q_{G_2}q_{G_4}+q_{G_3}q_{G_4})+\\&\quad(q_{G_1}q_{G_2}q_{G_3}+q_{G_1}q_{G_2}q_{G_4}+q_{G_2}q_{G_3}q_{G_4}+q_{G_1}q_{G_3}q_{G_4})-q_{G_1}q_{G_2}q_{G_3}q_{G_4}\\&=q_1q_3+q_3q_4+q_1q_5+q_2q_4q_5-(q_1q_3q_4+q_1q_3q_5+q_1q_2q_3q_4q_5+q_1q_3q_4q_5+\\&\quad q_2q_3q_4q_5+q_1q_2q_4q_5)+(q_1q_3q_4q_5+q_1q_2q_3q_4q_5+\\&\quad q_1q_2q_3q_4q_5+q_1q_2q_3q_4q_5)-q_1q_2q_3q_4q_5\\&=q_1q_3+q_3q_4+q_1q_5+q_2q_4q_5-q_1q_3q_4-q_1q_3q_5-q_2q_3q_4q_5-q_1q_2q_4q_5+q_1q_2q_3q_4q_5\end{aligned}$$

(2) 求各基本事件的概率重要度

$$I_g(1)=\frac{\partial g}{\partial q_1}=q_3+q_5-q_3q_4-q_3q_5-q_2q_4q_5+q_2q_3q_4q_5=0.0533$$

$$I_g(2)=\frac{\partial g}{\partial q_2}=q_4q_5-q_1q_4q_5-q_3q_4q_5+q_1q_3q_4q_5=0.0007$$

$$I_g(3)=\frac{\partial g}{\partial q_3}=q_1+q_4-q_1q_4-q_1q_5-q_2q_4q_5+q_1q_2q_4q_5=0.0489$$

$$I_g(4)=\frac{\partial g}{\partial q_4}=q_3+q_2q_5-q_1q_3-q_1q_2q_5-q_2q_3q_5+q_1q_2q_3q_5=0.0298753$$

$$I_g(5)=\frac{\partial g}{\partial q_5}=q_1+q_2q_4-q_1q_3-q_1q_2q_4-q_2q_3q_4+q_1q_2q_3q_4=0.01997036$$

(3) 各基本事件概率重要度排序结果

$$I_g(1)>I_g(3)>I_g(4)>I_g(5)>I_g(2)$$

若所有基本事件发生概率都等于 0.5 时，概率重要度系数等于结构重要度系数，利用这一点，可以用量化手段求得结构重要度系数。

$$I_g(1)=\frac{\partial g}{\partial q_1}=q_3+q_5-q_3q_4-q_3q_5-q_2q_4q_5+q_2q_3q_4q_5=\frac{7}{16}$$

$$I_g(2)=\frac{\partial g}{\partial q_2}=q_4q_5-q_1q_4q_5-q_3q_4q_5+q_1q_3q_4q_5=\frac{1}{16}$$

$$I_g(3)=\frac{\partial g}{\partial q_3}=q_1+q_4-q_1q_4-q_1q_5-q_2q_4q_5+q_1q_2q_4q_5=\frac{7}{16}$$

$$I_g(4)=\frac{\partial g}{\partial q_4}=q_3+q_2q_5-q_1q_3-q_1q_2q_5-q_2q_3q_5+q_1q_2q_3q_5=\frac{5}{16}$$

$$I_g(5)=\frac{\partial g}{\partial q_5}=q_1+q_2q_4-q_1q_3-q_1q_2q_4-q_2q_3q_4+q_1q_2q_3q_4=\frac{5}{16}$$

2. 基本事件的临界重要度

基本事件的概率重要度系数，只反映了基本事件发生概率改变 $\Delta q$ 与顶上事件发生变化 $\Delta g$ 之间的关系，并未反映基本事件本身的发生概率对顶上事件发生概率的影响。当各基本事件发生概率不等时，如果将各基本事件发生概率都改变 $\Delta q$，则对发生概率大的事件进行这样的改变就比发生概率小的事件来得容易。因此，用基本事件发生概率的变化率（$\Delta q_i/q_i$）与顶上事件发生概率的变化率（$\Delta g/g$）比值来确定事件 $I$ 的重要程度更有实际意义。这个比值称为临界重要度系数。即：

$$I_G(i)=\frac{\partial \ln g}{\partial \ln q_i}=\frac{\partial g}{g}\bigg/\frac{\partial q_i}{q_i}=\frac{q_i}{g}I_g(i) \tag{7-22}$$

$I_G(i)$ 表示第 $i$ 个基本事件的临界重要度系数。求上述事故树的临界重要度系数：

$$G=q_1q_3+q_3q_4+q_1q_5+q_2q_4q_5-q_1q_3q_4-q_1q_3q_5-q_2q_3q_4q_5-q_1q_2q_4q_5+q_1q_2q_3q_4q_5$$
$$=0.001981259$$

$$I_g(1)=0.0533 \quad I_g(2)=0.0007 \quad I_g(3)=0.0489$$
$$I_g(4)=0.0298753 \quad I_g(5)=0.01997036$$

$$I_G(1)=\frac{q_1}{g}I_g(1)=\frac{0.02}{0.001981259}\times 0.0533=0.53804172$$

$$I_G(2)=\frac{q_2}{g}I_g(2)=\frac{0.02}{0.001981259}\times 0.0007=0.007066$$

$$I_G(3)=\frac{q_3}{g}I_g(3)=\frac{0.03}{0.001981259}\times 0.0489=0.740438$$

$$I_G(4)=\frac{q_4}{g}I_g(4)=\frac{0.03}{0.001981259}\times 0.0298753=0.45236842$$

$$I_G(5)=\frac{q_5}{g}I_g(5)=\frac{0.025}{0.001981259}\times 0.01997036=0.25199078$$

各基本事件临界重要度系数排序结果为：

$$I_G(3)>I_G(1)>I_G(4)>I_G(5)>I_G(2)$$

三种重要度系数中，结构重要度系数是从事故树结构上反映基本事件的重要程度；概率重要度系数是反映基本事件发生概率的增减对顶上事件发生概率影响的敏感程度；临界重要度系数是从敏感度和自身发生概率大小的双重角度，反映基本事件的重要程度。实际应用时，一方面可依据这三种重要度系数的大小，安排采取措施的优先次序；另一方面，也可以按三种重要度系数的顺序，分别编制安全检查表，用检查的手段控制事故因素，防止同类事故发生。三种检查表中，临界重要度分析所产生的检查表更能指导实际。

## 第八节 事故树分析案例研究

海上油井中产出的油井液是碳氢化合物的混合物，由于在地层里油、气、水是共生的，又由于油气生成条件各异，油田开采出的原油组分并不相同。为了处理、储存和输送油井产出的油、气、水混合物，需要将其按液体和气体分开，并将水从原油中脱除。前者称油气分离，后者为原油脱水。图 7-47 是油气分离器的示意图，由井口输入的油气混合物在此将气液两相一次分开，单一相态的液体从下出口输出，气体则从上出口输出。如果气体出口管道发生了堵塞，分离器中的压力将会迅速升高，可能导致重大事故。为了防止压力过高，系统设有以下三重保护。

（1）在混合物入口管道上，安装有 2 个串联的过程关闭阀（Process Shutdown Valve）PSD1 和 PSD2，它们是故障-安全关闭阀门，通过液压或气动压力保持打开状态。分离器中安装有 2 个压力开关 PS1 和 PS2。如果分离器中的压力上升超过设定值，压力开关向逻辑单元（Logic Unit）LU 发送信号。如果逻辑单元接收到至少一个压力开关发送的信号，则会向 2 个 PSD 阀门发出关闭信号。

（2）分离器上安装了 2 个压力安全阀（Pressure Safety Valve）PSV1 和 PSV2，它们装有弹簧制动器，可调节至预设压力。当分离器中的压力超过设定的压力时，PSV1 和 PSV2 打开并释放气体送火炬燃烧。

（3）分离器顶部安装的爆破片（Rupture Disc）RD，是分离器的最后一道安全屏障。如果其他安全保护失效，爆破片将打开，气体将从分离器顶部释放，避免分离器破裂或爆炸，但释放的气体会污染工作区域。

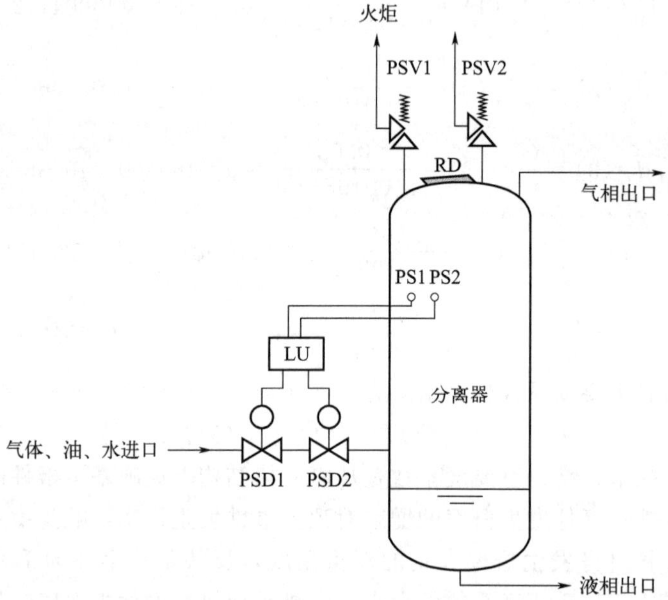


图 7-47 油气分离器示意图（Rausand，2021）

试基于上述条件，以“分离器超压”为顶上事件进行事故树分析，假设分离器中液位正常，不考虑液体出口管路。

## 第九节 事故树分析的适用性说明

### 一、适用条件

事故树分析是确定导致某项不希望发生事件的根本原因及其发生概率的安全分析技术，

为了了解和阻止大型复杂系统的潜在问题，通常采用该方法进行分析。这种分析方法是一种逻辑推导性方法，由一个简单的不希望发生的顶上事件推导出底部所有可能的原因，这种方法易于操作、易于理解，分析结果也很直观。

事故树分析可以基于系统的各个层次，对系统、子系统、组件、程序、工作环境等都可采用这种分析方法。事故树分析方法的应用具有两个突出的方面：一方面是在系统设计、研发阶段主动分析可以预测和阻止未来可能出现的问题；另一方面则是在事故发生后可被动找出事故的致因。因而事故树分析涵盖了系统生命周期从设计早期阶段至使用维护各个阶段，且适用领域非常广泛，如航天、采矿、化工、医疗等行业。

在事故树分析方法的学习过程中多采用简单的系统，但应用时，随着系统复杂性的增加，在分析时对拟研究系统相关方面知识的要求和对事故树分析技术的要求都有着明显的增加，该方法的学习虽不难，但生产实践中能真正地用好却并不简单。

有些行业应用事故树分析是为了求得一个量化的结果，目前有多种软件可以计算顶上事件发生概率及相关重要度。因此，事故树分析方法作为一种危险分析方法，它不仅可以提供定性的风险评估，还可以提供定量的风险评估。

## 二、优点

事故树分析具有如下的优点。

（1）事故树分析法可以对复杂系统中组合的故障或缺陷的发生概率进行分析，这是前面几种分析方法所不具备的。

（2）事故树分析方法可以辨识和评估单个事件的故障和多个原因产生的故障。

（3）事故树最小割集可以确定导致事故发生的最基本原因，最小径集可以确定避免事故发生的最根本的手段，因而可以指导决策者进行风险决策。

## 三、使用局限性

事故树分析的局限性如下所述。

（1）事故树分析强调对单个不希望发生事件的分析，对于复杂系统，其不希望发生事件有多个，因而需要进行多次分析。

（2）事故树分析可进行定量分析，需要大量的时间和丰富的信息资源，但众多行业中，复杂系统各基本事件发生概率难以获取，因而定量分析很难真正实现。当基本事件发生概率不够准确时，顶上事件的发生概率结果没有真正的意义。

（3）事故树分析时各逻辑门下的事件或条件彼此间是相互独立的，它们是导致逻辑门上中间事件的直接原因，如果某个逻辑门下的原因事件没有充分辨识出来，则事故树分析是有缺陷的。

## 四、注意事项

在运用事故树分析时，应注意避免如下的问题。

（1）没有充分理解系统的设计与操作。

（2）没有分析透彻某一中间事件的所有的原因事件。

（3）没有明确各原因事件的逻辑关系。

（4）在基本事件或中间事件没有用简明、准确的语言表达事件的内容。

## 复习思考题

1. 请理解逻辑符号的含义及其表达式。
2. 请解释割集、最小割集、径集及最小径集的含义。
3. 试说明事故树的建树原则及事故树分析的流程。
4. 事故树如何进行危险辨识？
5. 事故树分析如何进行定性分析？如何进行定量分析？
6. 简述事故树分析的适用条件。
7. 试说明如何将事故树分析与 FMEA 或 PHA 方法结合使用。
8. 与其他危险分析方法相比较，事故树分析方法有哪些优势？又有哪些缺点？
9. 选择近期发生的一起事故，试用事故树分析方法对其进行分析。

## 拓展阅读


[1] 董润强，邱建国．基于 FTA 的大学体育教学伤害事故致因研究——以鲁东大学为例 [J]．枣庄学院学报，2023，40（5）：107-112，125.

[2] 战友，张峰硕．基于事故树法的石墨园区尾矿库溃坝风险评价研究 [J]．环境工程，2023，41（S2）：779-782.

[3] Gabriela F，Honorato M O D，Juliana M A D. Performance evaluation of the 3d printing system through fault tree analysis method（FTAM） [J]. Journal of Building Pathology and Rehabilitation，2023，8（2）.

[4] 张亚娟，王彬文，吴敬涛，等．服役飞机极端环境应力事故树分析方法 [J]．应用力学学报，2023，40（1）：34-39.

[5] 刘家亮，郭翠静，汪奂伶．基于火灾事故树模型的储能锂离子电池安全性检测方法与验证 [J]．储能科学与技术，2023，12（5）：1695-1704．DOI：10．19799/j．cnki．2095-4239．2023．0039

[6] 于健，吴傲庭，李争，等．基于事故树模型的混合动力机车火灾危险性分析 [J]．铁道机车与动车，2023（1）：1-4，13，61.

[7] 王俊波，梅欢．基于事故树理论的煤矿瓦斯爆炸事故原因分析和对策研究 [J]．当代化工研究，2022（15）：111-113.

[8] 王创业，李柯，郑懿，等．基于 FTA-BN 的应急救援直升机事故致因分析 [J]．武汉理工大学学报（信息与管理工程版），2022，44（2）：212-219，251.

[9] 王勇．基于事故树分析法的广州港引航安全研究 [J]．天津航海，2022（1）：19-21.

[10] 周洪文，冯鑫淼．基于事故树的施工伤亡事故分析 [J]．江西建材，2022（2）：235-236，239.

[11] 牛肖铮，赵迎青．露天矿山边坡失稳事故树分析 [J]．云南冶金，2021，50（4）：5-9.

[12] Ahn Y J，Yu Y U，Kim J M. Accident cause factor of fires and explosions in tankers using fault tree analysis [J]. Journal of Marine Science and Engineering，2021，9（8）：844-844.

[13] 张玉涛，何宁辉，吕锡胜，等．事故树在城镇燃气储配厂安全评估中的应用 [J]．石油化工安全环保技术，2021，37（3）：17-20，5-6.

[14] 刘妍妍，徐捷．基于事故树分析的棉花仓储保管火灾防治关键环节辨识研究 [J]．中国棉花加工，2021（2）：25-30.

[15] 台德清. 浅谈事故树在铁路调车脱轨事故分析中的应用 [J]. 铁道运输与经济，2021，43 (3)：117-121，134. DOI：10. 16668/j. cnki. issn. 1003-1421. 2021. 03. 18

[16] 王起，邹见宾. 用事故树分析乳化器燃烧爆炸事故及安全对策 [J]. 煤矿爆破，2021，39 (1)：9-13，22.

[17] 王莉莉，朱敏. 基于事故树的空中交通管制员情景意识分析 [J]. 安全与环境学报，2021，21 (1)：249-256. DOI：10. 13637/j. issn. 1009-6094. 2019. 0794

[18] 余瑾，邬元豪，姚斌. 基于事故树分析法的气膜式储煤棚消防安全风险分析 [J]. 工业安全与环保，2021，47 (1)：54-57，98.

[19] 刘贵文，王倩，汪熹子，等. 基于事故树分析法的城中村改造中土地权属变更风险研究——以 T 市城中村改造为例 [J]. 中国土地科学，2020，34 (7)：52-60.

[20] 岳克明，刘珊，杨华. 基于事故树分析法的变压器起重作业安全技术分析 [J]. 山西电力，2020 (3)：70-72.

[21] 牛公却尚. 基于 FTA 的煤矿瓦斯防控在高瓦斯隧道中的应用 [J]. 铁道建筑技术，2020 (6)：31-35.

[22] 刘录翔，高永海，蒋宏伟，等. 智能井系统井喷失控风险事故树分析 [J]. 钻采工艺，2020，43 (3)：13-16，1-2.

[23] 杨志强. 基于事故树的山西省矿井透水事故分析 [J]. 陕西煤炭，2020，39 (3)：92-94，127.

[24] 曹孝平. 事故树分析法在有限空间中毒窒息事故风险分析中的应用 [J]. 现代职业安全，2020 (3)：77-79.

[25] 张鹏，范潮海，陈祥苏. 油气集输站场个人风险矩阵叠加分析 [J]. 中国安全科学学报，2020，30 (3)：129-136. DOI：10. 16265/j. cnki. issn1003-3033. 2020. 03. 020

[26] 张玉涛，林国铖，李亚清. 基于事故树-风险矩阵法的脱硫工艺中毒窒息事故风险评估 [J]. 西安科技大学学报，2020，40 (1)：40-48. DOI：10. 13800/j. cnki. xakjdxxb. 2020. 0106

[27] 胡业林，翟凯迪，郑晓亮. 基于事故树分析法的电网安全评估 [J]. 电子世界，2020 (1)：29-31. DOI：10. 19353/j. cnki. dzsj. 2020. 01. 010

[28] 张小娟. 基于事故树分析的高校学生宿舍火灾规律探索及预防 [J]. 智能城市，2019，5 (18)：85-87. DOI：10. 19301/j. cnki. zncs. 2019. 18. 044

[29] 朱吕晨曦，朱媛媛，查玉，等. 受限空间中毒窒息事故的分析与预防 [J]. 中国新技术新产品，2019 (17)：144-145. DOI：10. 13612/j. cnki. cntp. 2019. 17. 081

[30] 韩万东，田仙宝. 基于 FTA 法的露天矿半连续采煤系统可靠性研究 [J]. 现代矿业，2019，35 (8)：181-184.

[31] 顾天鸿，吴世迪. 基于事故树的铁路编组站脱轨事故及防范措施 [J]. 山东交通学院学报，2019，27 (2)：38-43，69.

[32] 应凌云，张雷，吴启绵. 汽车加油加气站雷电灾害事故树分析与防护 [J]. 化工设计通讯，2019，45 (6)：151-152.

[33] 王燕，尹盼盼，沈梦露. 基于事故树的铁路客运站火灾风险因素分析 [J]. 中国安全科学学报，2019，29 (S1)：44-47. DOI：10. 16265/j. cnki. issn1003-3033. 2019. S1. 009

[34] Kang J，Sun L，Soares G C. Fault tree analysis of floating offshore wind turbines [J]. Renewable Energy，2019，133：1455-1467.

[35] 李思琪，伦艺宁，刘一凡，等. 基于事故树分析法的营运客车翻车事故分析 [J]. 价值工程，2019，38 (9)：63-65. DOI：10. 14018/j. cnki. cn13-1085/n. 2019. 09. 022

[36] 郭林宁，侯克鹏，冯兴隆，等. FTA 在井下泥石流分析中的应用 [J]. 中国水运（下半月），2019，19 (2)：233-234.

[37] 彭飞，石娜丽. 基于事故树对某高校学生宿舍进行火灾隐患分析 [J]. 吉林化工学院学报，2019，

36 (1)：43-47. DOI：10. 16039/j. cnki. cn22-1249. 2019. 01. 009
[38] 魏庆朝，潘姿华，初智杰，等. 事故树分析法在中低速磁浮交通运营事故分析中的应用 [J]. 城市轨道交通研究，2019，22 (1)：25-29. DOI：10. 16037/j. 1007-869x. 2019. 01. 006
[39] 石磊，王锋. 基于事故树分析法的我国马拉松大众选手猝死风险研究 [J]. 南京师大学报（自然科学版），2018，41 (4)：140-146.
[40] 曾志雄，邹炽导，吕恩利，等. 基于 FTA 模型的荔枝冷藏运输环节风险分析 [J]. 包装工程，2018，39 (17)：84-89. DOI：10. 19554/j. cnki. 1001-3563. 2018. 17. 014
[41] 赵丹，何中其，胡毅亭. 基于事故树对炸药压装工艺爆炸事故的成因分析 [J]. 安全与环境工程，2018，25 (4)：130-133. DOI：10. 13578/j. cnki. issn. 1671-1556. 2018. 04. 022
[42] 刘上，刘春，吴先勤，等. 基于事故树-层次分析法对中小学校园踩踏事故致因的研究 [J]. 安全与环境工程，2018，25 (4)：139-145. DOI：10. 13578/j. cnki. issn. 1671-1556. 2018. 04. 024
[43] 何众颖，艾万政，刘虎. 基于事故树的港口水域船舶通航风险致因分析 [J]. 浙江海洋大学学报（自然科学版），2018，37 (4)：350-355.
[44] 董海佩，程贵海，牛虎，等. 基于事故树分析法的控制爆破危害影响研究 [J]. 爆破，2018，35 (2)：151-154，176.
[45] 柴乃杰，张梦，鲍学英，等. 基于事故树模型的地铁施工地表坍塌事故分析 [J]. 铁道标准设计，2018，62 (6)：114-119. DOI：10. 13238/j. issn. 1004-2954. 201707180005
[46] 刘小娣，钱勇生，曾俊伟，等. 事故树在路怒症分析中的应用 [J]. 城市交通，2018，16 (3)：33-38. DOI：10. 13813/j. cn11-5141/u. 2018. 0007
[47] 赵自豪. 煤焦油加工厂冷却器泄露事故树分析 [J]. 矿业工程研究，2018，33 (1)：45-48. DOI：10. 13582/j. cnki. 1674-5876. 2018. 01. 009
[48] 黄沛丰，刘家亮，金翼，等. 基于火三角模型的锂离子电池火灾事故树分析 [J]. 安全与环境学报，2018，18 (1)：66-69. DOI：10. 13637/j. issn. 1009-6094. 2018. 01. 013
[49] 刘刚. 煤矿瓦斯事故的事故树分析研究 [J]. 山东煤炭科技，2018 (1)：112-113，116.
[50] 李曙光，焦帅朋，张金山，等. 井下爆破作业安全管理事故树分析 [J]. 煤炭技术，2018，37 (1)：337-338. DOI：10. 13301/j. cnki. ct. 2018. 01. 126
[51] 王颂，张品，王雨枫. 基于事故树分析法的建筑施工安全评价研究 [J]. 信阳师范学院学报（自然科学版），2018，31 (1)：140-144.
[52] 陈日辉，闫文静. 酒精罐区的火灾爆炸事故树分析及预防措施 [J]. 安全与环境学报，2017，17 (6)：2055-2059. DOI：10. 13637/j. issn. 1009-6094. 2017. 06. 003
[53] 黄卫清，徐平如，钱宇. 基于事故树方法的城市灰霾的致因机理分析：以天津市为例 [J]. 化工学报，2018，69 (3)：982-991，1252.
[54] 朱守胜，毛群，曹红艳，等. 基于事故统计的营运客车坠车事故树分析 [J]. 公路与汽运，2017 (5)：41-46.
[55] 王伟欣. 事故树分析在电梯检测中的应用 [J]. 中国新技术新产品，2017 (16)：147-148. DOI：10. 13612/j. cnki. cntp. 2017. 16. 093
[56] 梁峻欣，易文星，周旭升. 运用故障树分析（FTA）游乐设施安全压杠失效的危险性 [J]. 安全，2017，38 (8)：7-10.
[57] 谭钦文，辛保泉，许晴，等. 复杂系统事故树“与或门”简易展开模型及应用 [J]. 辽宁工程技术大学学报（自然科学版），2017，36 (6)：586-592.
[58] 高飞，刘俊学，安德宇. 某机载导弹电源组件点火控制功能 FTA 分析 [J]. 科技创新与应用，2017 (15)：43-44.
[59] 毕代友. 建筑外墙外保温体系质量控制研究 [D]. 哈尔滨：哈尔滨工程大学，2017.
[60] 尹晓庆，叶厚元. 大型活动拥挤踩踏事件的事故树分析及其防控措施 [J]. 安全与环境工程，2017，

24 (2): 126-131. DOI: 10. 13578/j. cnki. issn. 1671-1556. 2017. 02. 021

[61] 刘敬辉. 基于 FTA-AHP 的铁路安全风险综合评估方法 [J]. 中国铁道科学，2017，38 (2): 138-144.

[62] 董红娟，王岩，张金山，等. 煤矿采场冒顶片帮事故树分析 [J]. 煤炭技术，2017，36 (3): 183-184. DOI: 10. 13301/j. cnki. ct. 2017. 03. 068

[63] 王小辉，游革新. 电镀车间的 FTA 危险性评价实施 [J]. 电镀与涂饰，2017，36 (4): 211-215. DOI: 10. 19289/j. 1004-227x. 2017. 04. 007

[64] 尚前明，曹玉佩，梁峥. 基于事故树分析法的“东方之星”翻沉事故研究 [J]. 中国修船，2017，30 (1): 23-27. DOI: 10. 13352/j. issn. 1001-8328. 2017. 01. 009

[65] 李梓源，王海亮，张旭阳，等. 小径距浅埋隧道塌方成因事故树分析 [J]. 安全与环境工程，2017，24 (1): 158-161. DOI: 10. 13578/j. cnki. issn. 1671-1556. 2017. 01. 027

[66] 张伟光，高兴勇，张玉令，等. FTA 在某引信故障模式分析中的应用 [J]. 弹箭与制导学报，2016，36 (6): 67-70. DOI: 10. 15892/j. cnki. djzdxb. 2016. 06. 017

[67] 杜保平. 煤矿瓦斯超限事故树分析 [J]. 煤矿现代化，2016 (6): 33-35. DOI: 10. 13606/j. cnki. 37-1205/td. 2016. 06. 013

[68] 于秋，张勤彬，李晓泉，等. 用事故树分析法研究爆破作业中的安全问题 [J]. 山西建筑，2016，42 (32): 232-234. DOI: 10. 13719/j. cnki. cn14-1279/tu. 2016. 32. 128

[69] 马丽，熊霖. 事故树分析法在脚手架坍塌事故中的应用 [J]. 建筑安全，2016，31 (10): 62-64.

[70] 曾金龙. 基于事故树分析法的学生宿舍火灾事故分析 [J]. 安全，2016，37 (9): 64-66.

[71] 陈卫东，张昌卫，琚选择，等. 水下生产系统管汇的故障树分析 [J]. 哈尔滨工程大学学报，2016，37 (8): 1022-1026.

[72] 韩梅. 建筑施工高处坠落事故分析 [J]. 价值工程，2016，35 (6): 51-52. DOI: 10. 14018/j. cnki. cn13-1085/n. 2016. 06. 017

[73] 李勤华，孙欣，石磊，等. 高校危险品库房安全管理事故树分析法研究 [J]. 实验室研究与探索，2016，35 (2): 309-312.

[74] 李倓. 基于事故树分析法的企业消防安全风险分析 [J]. 价值工程，2016，35 (3): 56-58. DOI: 10. 14018/j. cnki. cn13-1085/n. 2016. 03. 023

[75] 杨英杰. 基于事故树的铁路调车作业安全风险程度研究 [J]. 上海铁道科技，2015 (4): 102-104.

[76] 赵磊，聂建伟. 事故树分析法在煤矿水害防治工作中的应用 [J]. 能源技术与管理，2015，40 (5): 65-67.

[77] 秦华，邵舒羽，杨云，等. FTA 方法在汽车油耗分析中的应用 [J]. 北京交通大学学报，2015，39 (4): 29-32.

[78] 杨瑞波. 事故树分析法在电力事故分析中的应用 [J]. 云南电力技术，2015，43 (4): 52-55.

[79] 李卫东. 基于故障树分析的油库火灾爆炸研究 [J]. 当代化工，2015，44 (7): 1609-1611. DOI: 10. 13840/j. cnki. cn21-1457/tq. 2015. 07. 048

[80] 白日. FTA 分析法在森林割草机上的应用 [J]. 林业机械与木工设备，2015，43 (6): 42-43. DOI: 10. 13279/j. cnki. fmwe. 2015. 0108

[81] 陈述，望运龙. 基于事故树分析的脚手架作业安全评价 [J]. 工业安全与环保，2015，41 (5): 82-85.

[82] 刘业娇，刘红，田志超，等. 应用事故树分析矿井通风系统不可靠问题 [J]. 矿业安全与环保，2015，42 (2): 116-120，124.

[83] 孙玉杰，刘莎莎. 长途汽车客运站火灾人员伤亡事故树分析 [J]. 公路与汽运，2015 (2): 79-82.

[84] 吴成伟，付杰. 基于事故树分析法的公路隧道防火救灾对策分析 [J]. 浙江交通职业技术学院学报，2015，16 (1): 1-4.

[85] 张钦礼，吴立宏，卞继伟．充填管道堵塞的事故树分析［J］．金属矿山，2015（1）：145-148.

[86] 曹蓓，于航，孙佳，等．基于事故树分析法的发动机空中停车人为差错研究［J］．安全与环境学报，2014，14（6）：15-18．DOI：10．13637/j．issn．1009-6094．2014．06．005

[87] 杨成和，方宁，左宇军，等．事故树分析法在盲炮事故原因中的应用研究［J］．山西建筑，2014，40（31）：256-257．DOI：10．13719/j．cnki．cn14-1279/tu．2014．31．141

[88] 王新明．基于事故树分析法的空管中人的因素所导致的不安全事件研究［J］．中国民用航空，2014（11）：81-83.

[89] 吴芳，肖雄，吴汉斌，等．事故树分析法在高处施工人员坠落事故中的应用［J］．四川建筑科学研究，2014，40（2）：354-357.

[90] 王文才，贺龙，刘博海，等．尾矿库溃坝危险性的事故树分析［J］．现代矿业，2014，30（3）：100-102.

[91] 苗香溢．装载机试车伤人事故树分析［J］．安全，2014，35（2）：21-23.

[92] 王涵，王笑静．轻质油品储罐火灾爆炸的事故树分析［J］．炼油技术与工程，2014，44（2）：60-64.

[93] 王大庆，张鹏，郭龑，等．考虑相关性时LNG储罐泄漏模糊事故树定量分析［J］．中国安全科学学报，2014，24（1）：96-102．DOI：10．16265/j．cnki．issn1003-3033．2014．01．004

[94] 冯涛．事故树分析法在调压站事故原因分析的应用［J］．煤气与热力，2014，34（1）：9-11．DOI：10．13608/j．cnki．1000-4416．2014．01．016

[95] 原晓波，张志杰，王静滨，等．基于FTA的某高炮稳定跟踪器的故障模式分析［J］．火力与指挥控制，2013，38（9）：163-165.

[96] 崔维贤．基于事故树分析法的城市轨道交通列车车门夹人拖行事故分析［J］．城市轨道交通研究，2013，16（9）：91-94．DOI：10．16037/j．1007-869x．2013．09．043

[97] 王文斌，苏宏升．基于FMEA和FTA的ZPW-2000A轨道电路可靠性分析［J］．计算机工程与应用，2013，49（21）：245-249.

[98] 周绍杰．油库储油罐火灾爆炸事故树分析［J］．哈尔滨理工大学学报，2013，18（3）：26-31．DOI：10．15938/j．jhust．2013．03．009

[99] 梁强，司悦彤，侯克鹏，等．尾矿库溃坝的事故树分析［J］．黄金，2013，34（6）：68-70.

[100] 徐小马，张海波．煤矿瓦斯爆炸事故树分析［J］．科技信息，2013（15）：413-414.

[101] 盖雨聆，马欣然．事故树分析法在起重脱钩事故中的应用［J］．起重运输机械，2013（4）：78-80.

[102] 田乾，陈平，石莹，等．基于故障树的锅炉汽包可靠性分析［J］．化工机械，2013，40（2）：166-169，175.

[103] 牛世峰，郑永雄，冯萨丹，等．基于事故树的公路路段交通安全评价方法［J］．重庆交通大学学报（自然科学版），2013，32（1）：87-90.

[104] 王双校，刘旭亮，贾立超，等．事故树分析方法（FTA）在大宗特气管理中的应用研究［J］．低温与特气，2012，30（5）：40-43.

[105] 秦毅，杨胜强，严家程，等．煤炭自然发火事故树分析及预防［J］．中国安全生产科学技术，2012，8（8）：198-204.

[106] 何长春．建筑施工现场火灾的事故树分析法［J］．内江科技，2012，33（8）：59-60.

[107] 陈锦标，陈婷婷，应士君，等．基于事故树分析的深水工作船作业安全管理［J］．中国航海，2012，35（2）：45-49.

[108] 张晨，姜杰，石宁，等．聚乙烯醇罐区火灾爆炸事故树分析［J］．中国安全生产科学技术，2012，8（4）：116-121.

[109] 吴立云，孔静，王文辉．基于FTA的基层干部心理问题探因［J］．河南理工大学学报（社会科学版），2012，13（2）：194-199．DOI：10．16698/j．hpu（social．sciences）．1673-9779．2012．

02. 012

[110] 何权富．活动板房火灾事故的事故树分析［J］．安全与环境工程，2012，19（2）：122-124.

[111] 杨艳丽，任伟，李新，等．校园踩踏事件事故树分析［J］．安全与环境工程，2012，19（2）：125-127，131.

[112] 郝彩霞，许彦，龚声武．事故树分析法在LPG储罐火灾爆炸事故中的应用［J］．中国安全生产科学技术，2012，8（1）：154-159.

[113] 熊俊杰，景国勋．基于事故树的矿井冲击地压事故研究［J］．黄金，2011，32（10）：35-37.

[114] 张村峰，卞奇侃，蒋军成．基于“事故树-层次分析法”的高校学生宿舍火灾风险分析［J］．中国安全生产科学技术，2011，7（10）：100-105.

[115] 杨波，徐姣，倪晓阳．高速公路隧道交通安全事故树分析［J］．安全与环境工程，2011，18（3）：59-63.

[116] 胡玉娟，钱伟．基于FTA法的电动车火灾事故的分析［J］．防灾科技学院学报，2011，13（1）：23-26.

[117] 卢亿．地铁火灾的事故树分析［J］．城市轨道交通研究，2011，14（2）：95-97，102．DOI：10.16037/j. 1007-869x. 2011. 02. 024

[118] 臧艳彬，王瑞和，张锐，等．基于事故树的钻柱失效分析方法［J］．石油学报，2011，32（1）：171-176.

[119] 谢尚，孙建华，姜天文，等．事故树定量分析法在煤矿中的应用［J］．北京联合大学学报（自然科学版），2010，24（4）：56-59．DOI：10. 16255/j. cnki. ldxbz. 2010. 04. 001

[120] 姚杰，任玉清，李玉伟．基于事故树分析的海上交通事故的研究［J］．大连海洋大学学报，2010，25（4）：348-352．DOI：10. 16535/j. cnki. dlhyxb. 2010. 04. 001

[121] 李红民．FTA在高层建筑防火安全管理中的运用［J］．中国安全生产科学技术，2010，6（4）：153-156.

[122] 王文才，张世明，周连春，等．大型露天金属矿爆破的事故树分析［J］．金属矿山，2010（4）：163-166.

[123] 王文才，岑旺，巴蕾．矿山冒顶片帮灾害事故树分析［J］．金属矿山，2010（3）：142-144.

[124] 袁智，汪海阁，王海强，等．基于事故树分析的钻井井漏事故危险评价研究［J］．中国安全科学学报，2010，20（3）：107-112．DOI：10. 16265/j. cnki. issn1003-3033. 2010. 03. 002

[125] 王勇，陈全，黄文栋．环氧乙烷储罐区火灾爆炸事故树分析［J］．天津理工大学学报，2010，26（1）：75-77.

[126] 张悦，景国勋，马树宝．模糊事故树在分析氯乙烯单体槽爆炸风险中的应用［J］．中国安全科学学报，2009，19（11）：89-94．DOI：10. 16265/j. cnki. issn1003-3033. 2009. 11. 027

[127] 孟昭君，李希建，李国祯．事故树分析法在发耳煤矿安全评价中的应用［J］．煤炭技术，2009，28（10）：66-69.

[128] 张飞，周连春，王文才，等．煤矿火灾的事故树分析［J］．煤炭工程，2009（6）：69-71.

[129] 郭一冰，张建国．事故树法在环境风险评价中的应用［J］．环境保护与循环经济，2009，29（3）：33-35.

[130] 张建．FTA分析方法在基坑工程中的应用研究［J］．铁道建筑，2009（2）：74-76.

[131] 王长申，孙亚军，杭远．基于事故树分析的煤矿潜在突水危险评价研究［J］．岩石力学与工程学报，2009，28（2）：298-305.

[132] 万健，林文剑．谈事故树分析法在建筑施工安全评价中的应用［J］．山西建筑，2008（17）：11-12.

[133] 张光剑，戴晓江，李伟．大型宾馆火灾事故树分析［J］．安全与环境工程，2007（4）：83-85.

[134] 于庭安，戴兴国．LNG储罐火灾和爆炸事故树分析［J］．中国安全科学学报，2007（8）：110-114，

177. DOI：10. 16265/j. cnki. issn1003-3033. 2007. 08. 013

[135] 柳卫东，徐颖强，高西亚. 基于故障树的汽车制动系故障分析 [J]. 机械设计与制造，2007 (6)：118-120.

[136] 袁丽丽，李孜军，贺兵红. 粮食粉尘爆炸事故树分析 [J]. 工业安全与环保，2007 (5)：53-55，44.

[137] 赵新颖，李自力，王春涛. 石油储罐火灾爆炸事故树分析 [J]. 油气储运，2007 (1)：37-40，63+8-9.

[138] 李广涛，黄德镛，丁军明. FTA 在斜井跑车事故分析中的应用 [J]. 矿业工程，2006 (6)：61-63.

[139] 阳富强，吴超，张进春. 事故树分析法在预防自动取款机犯罪活动中的应用 [J]. 中国安全科学学报，2006 (10)：126-130，145. DOI：10. 16265/j. cnki. issn1003-3033. 2006. 10. 022

[140] 康钦容，唐建新，张卫中，等. 事故树分析法在白皎煤矿煤与瓦斯突出安全评价中的应用 [J]. 矿业安全与环保，2006 (3)：83-85.

[141] 倪晓阳，周刚. 长输油气管道裂纹缺陷事故树模型的建立 [J]. 地质科技情报，2005 (S1)：51-54.

[142] 伍爱友，王从陆，肖国清. 事故树分析方法在建筑物火灾人员伤亡中的应用 [J]. 中国安全科学学报，2005 (5)：92-95. DOI：10. 16265/j. cnki. issn1003-3033. 2005. 05. 022

[143] 周国强，齐长祥. 石油钻井钢丝绳的事故树分析法 [J]. 石油机械，1992 (6)：38-41，6.

# 参考文献

[1] Roland H E，Moriarty B. System Safety Engineering and Management [M]. 2nd ed. New York：John Wiley & Sons，1990.

[2] Bahr N J. System Safety Engineering and Risk Assessment：A Practical Approach [M]. 2nd ed. CRC Press Taylor & Francis Group，2015.

[3] Stephans R A. System Safety for the 21st Century：The Updated and Revised Edition of System Safety 2000 [M]. Hoboken：John Wiley & Sons，2004.

[4] Vincoli J W. Basic Guide to System Safety [M]. 3rd ed. Hoboken：John Wiley & Sons，2014.

[5] CCPS. Guidelines for Hazard Evaluation Procedures [M]. 3th ed. Hoboken，NJ：John Wiley & Sons，2008.

[6] Ericson C A. Hazard Analysis Techniques for System Safety [M]. 2nd ed. John Wiley & Sons，2016.

[7] U. S. NRC. Reactor Safety Study：An Assessment of Accident Risks in U. S. Commercial Nuclear Power Plants：WASH-1400 (NUREG-75/014) [R]. Washington，DC：U. S. Nuclear Regulatory Commission，1975.

[8] U. S. NRC. Fault Tree Handbook：NUREG-0492 [R]. Washington，DC：U. S. Nuclear Regulatory Commission，1981.

[9] Stamatelatos M，Vesely W，Dugan J，et al. Fault Tree Handbook with Aerospace Applications [M]. Washington，DC：NASA，2002.

[10] IEC. Fault Tree Analysis (FTA)：IEC 61025—2006 [S]. 2006.

[11] 机械工业部生产管理局. 事故树分析与应用 [M]. 北京：机械工业出版社，1986.

[12] 冯肇瑞，崔国璋. 安全系统工程 [M]. 北京：冶金工业出版社，1987.

[13] 张景林，崔国璋. 安全系统工程 [M]. 北京：煤炭工业出版社，2002.

[14] 汪元辉. 安全系统工程 [M]. 天津：天津大学出版社，1999.

[15] 罗云，周福宝，樊运晓，等. 注册安全工程师手册 [M]. 3 版. 北京：化学工业出版社，2020.

[16] 国家质量监督检验检疫总局，国家标准化管理委员会. 故障树名词术语和符号：GB/T 4888—2009 [S]. 2009.

[17] Breneman J E，Sahay C，Lewis E E. Introduction to Reliability Engineering [M]. 3rd ed. Hoboken，NJ：John Wiley & Sons，2022.

[18] Ostrom L T，Wilhelmsen C A. Risk Assessment：Tools，Techniques，and Their Applications [M]. 2nd ed. Hoboken，NJ：John Wiley & Sons，2019.

[19] 埃里克森. 故障树分析读本 [M]. 刘卓军，译. 北卡罗来纳州夏洛特：CreateSpace Inc.，2013.

[20] Clemens P L. Fault Tree Analysis (Lecture Presentation) [Z]. 4th ed. Tullahoma：Sverdrup Technology. Inc.，2002.

[21] 樊运晓，罗云. 系统安全工程 [M]. 北京：化学工业出版社，2009.

[22] Burgess J A. Spotting trouble before it happens [J]. Machine Design，1970，42 (23)：150-155.

[23] Ang A H S，Tang W H. Probability Concepts in Engineering Planning and Design (vol. 2) [M]. New York：Wiley，1984.

[24] 国家技术监督局. 可靠性、维修性术语：GB/T 3187—1994 [S]. 1994.

[25] 国家质量监督检验检疫总局，国家标准化管理委员会. 电工术语 可信性与服务质量：GB/T 2900.13—2008 [S]. 2008.

[26] 国家市场监督管理总局，国家标准化管理委员会. 电工术语 可信性：GB/T 2900.99—2016 [S]. 2016.

[27] IEC. International Electrotechnical Vocabulary Part 192：Dependability：IEC 60050-192 [S]. 2015.

[28] IEC. Mathematical Expressions for Reliability，Availability，Maintainability and Maintenance Support Terms：IEC 61703—2016 [S]. 2016.

[29] Rausand M，Stein H. Risk Assessment：Theory，Methods，and Applications [M]. 2nd ed. Hoboken：John Wiley & Sons，2020.

[30] Swain A D，Guttmann H. Handbook of Human Reliability Analysis with Emphasis on Nuclear Power Plant Applications：NUREG/CR-1278 [R]. Washington，DC：U. S. Nuclear Regulatory Commission，1983.

[31] Rausand M，Barros A，Hoyland A. System Reliability Theory：Models，Statistical Methods，and Applications [M]. 3rd ed. Hoboken，NJ：John Wiley & Sons，2021.

[32] Ostrom L T，Wilhelmsen C A. Risk Assessment：Tools，Techniques，and Their Applications [M]. 2nd ed. Hoboken，NJ：John Wiley & Sons，2019.

[33] Popov G，Lyon B K，Hollcroft B D. Risk Assessment：A Practical Guide to Assessing Operational Risks [M]. Hoboken，NJ：John Wiley & Sons，2016.

[34] Crawley F. A Guide to Hazard Identification Methods [M]. 2nd ed. Cambridge，MA：Elsevier，2020.

[35] Clemens P L，Simmons R J. System Safety and Risk Management：NIOSH Instructional Module [M]. Cincinnati：U. S. Department of Health and Human Services，1998.

# ·第八章·

# 事件树分析

事件树分析（Event Tree Analysis，ETA）是依据决策论对某一问题初始事件的后续过程依次采用两元决策以确定事故状况的一种分析方法，它是系统安全工程的重要分析方法之一。事件树分析方法的产生与发展源于美国商用核电站风险评价（WASH-1400）研究。1974 年，WASH-1400 小组在运用事故树分析方法对核电进行概要性风险评估时，他们意识到事故树分析法非常繁杂，于是创造了更倾向于采用决策性框图分析的事件树分析法。这种方法现已成为许多国家的标准化的分析方法。2010 年，IEC 推出了《可信性分析技术：事件树分析（ETA）》（IEC 62502—2010），2018 年，我国质监总局和国标委对该标准等同采用，推出 GB/T 37080—2018。

## 第一节　事件树基本概念

### 一、事故情境

事故情境（Accident Scenario）是指最终导致事故的一系列事件。该序列事件通常起始于初始事件，后续的一个或多个中间事件，最终导致不希望发生的事件或状态。回答“什么可能出错？”是梳理事故情境的技巧。图 8-1 是事故情境的示意图。

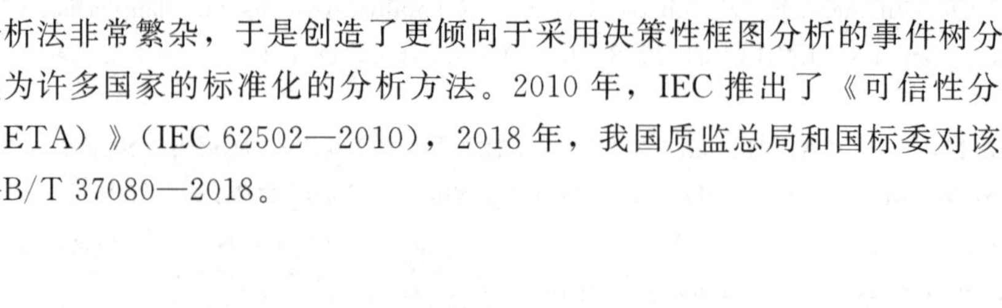


图 8-1　事故情境示意图（Ericson，2016）

## 二、初始事件

初始事件（Initiating Event）是指导致故障或不希望事件的系列事件的起始事件。初始事件是否会导致事故，取决于系统设计时针对危险的控制措施是否正常起到作用。通常，事件树中的初始事件分为以下 4 类。

（1）某设备的故障或不安全状况。

（2）人因失误。

（3）公用设施故障。

（4）外部事件（如飓风或地震）。

## 三、中间事件

中间事件（Intermediate Event）又叫环节事件，是初始事件与最终结果之间的事件。中间事件是系统设计时阻止初始事件演变为事故的安全控制措施，有些参考书也称其为屏障（Barriers）。如果它正常发挥作用，则会阻止事故情境的发生；如果它控制失效，则事故情境沿着图 8-1 转向下一环节。

事实上，为减少潜在的意外或不希望的事件后果，系统在设计时通常都设有多个防护屏障作为预防或控制措施。随着保护屏障功能的不同，意外事件或故障的传播路径则会有所不同，因此结果也会有所不同。在事件树分析中，保护屏障常以消极的方式描述，即屏障不起作用。生产实践中常见的保护屏障通常分为如下几类，但因情境不同，它们可能会存在一些功能的重叠。

（1）自动检测装置：如火灾探测器。

（2）安全设施：如喷淋系统。

（3）预防系统：耐火低烟（FRLS）/低烟零卤（LSZH）电缆。

（4）报警系统：警报。

（5）预防/程序系统：工厂安全连锁装置。

（6）员工行为：人工干预。

（7）缓解控制：修正控制。

## 四、概率风险评估

概率风险评估（Probabilistic Risk Assessment，PRA）是对大型复杂系统采用综合的、逻辑的分析方法辨识、评价系统的风险且以排列方式表达其结果。其目标在于采用定量的方法详细地辨识和评估事故情境。概率风险评价中的风险常基于以下三点。

（1）事故情境：什么出现了错误？

（2）情境频率：它容易发生吗？

（3）情境结果：它的后果是什么？

## 五、事件树

事件树（Event Tree）是基于二进制逻辑，采用逻辑图形的方式，识别和量化从初始事件开始，经过中间事件等因故障或失效而产生（或可能产生）的多结果事故情境。事件树概念见图 8-2。

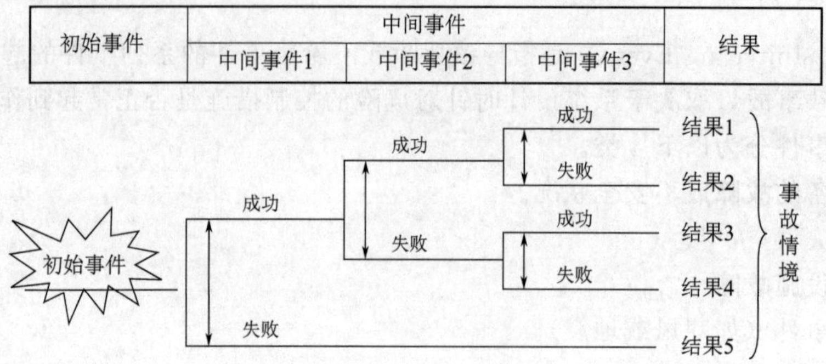


图 8-2　事件树概念

# 第二节　事件树分析方法

## 一、方法概述

事件树分析的理论基础是系统工程的决策论。所谓决策，就是为解决当前或未来可能发生的问题，选择最佳方案的一种过程。以往，人们的决策往往凭经验和主观判断，而决策论则是在做某项工作或从事某项工程之前，通过分析、评价各种可能的结果，权衡利弊，根据科学的判断和预测做出最佳决策的一种系统方法论。

决策论中的一种决策方法是用决策树进行决策的，而事件树分析则是从决策树引申而来的一种辨识和评估潜在事故情境各中间事件的分析方法，该方法概要图见图 8-3。事件树分析方法需要分析人员掌握详细的设计信息，确定初始事件，设计事件树结构，推导事故情境。一旦事件树结构建立起来，则应尽可能获取事件的发生概率，注意“成功”与“失败”的概率和等于 1。

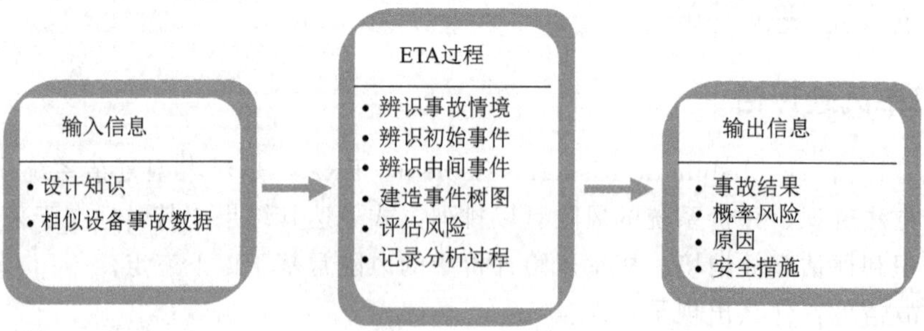


图 8-3　事件树分析概要图（Ericson，2016）

## 二、分析流程

事件树的分析步骤如下所述，分析流程图见图 8-4。

(1) 确定系统、熟悉系统：确定分析目的，明确系统、子系统的边界范围以及各部件的相互关系；列出所有可能的相关初始事件。

(2) 辨识初始事件：初始事件是事件树中在一定条件下造成事故后果的最初原因事件，如着火、过马路、系统故障、设备失效、人员误操作或工艺过程异常。通常以分析人员最感兴趣的异常事件作为初始事件。

(3) 辨识中间事件：辨识在系统设计中为避免初始事件发生而设置的安全防护措施，如烟感、火灾报警器等。

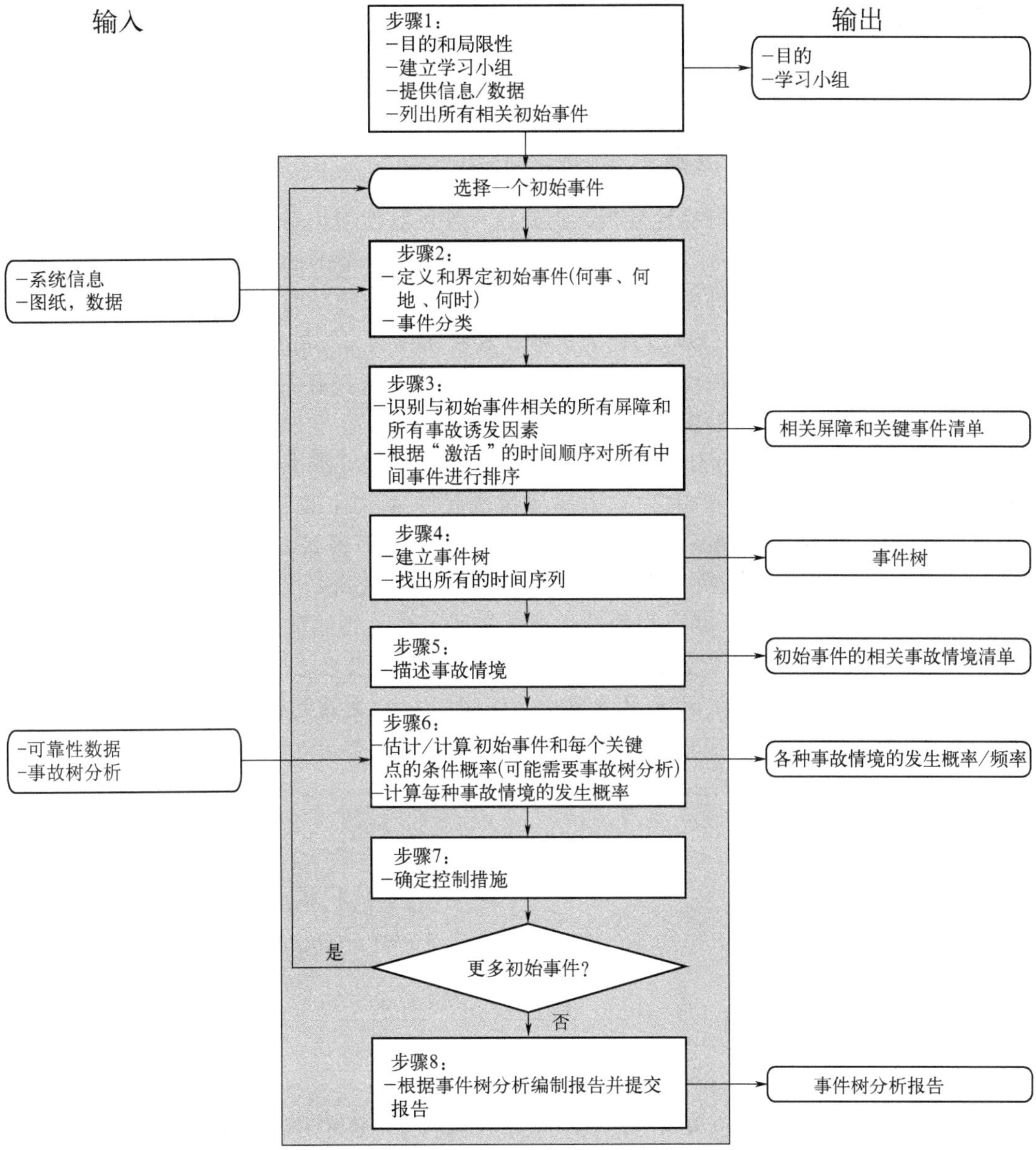


图 8-4 事件树分析流程图 (Rausand & Haugen, 2020, 有修改)

(4) 建造事件树图：把初始事件写在最左边，各个环节事件按顺序写在右面；从初始事件画一条水平线到第一个环节事件，在水平线末端画一垂直线段，线段上端表示成功，下端表示失败；再从垂直线段两端分别向右画水平线到下个环节事件，同样用垂直线段表示成功与失败两种状态；依此类推，直到最后一个环节事件为止。如果某一环节事件不需要往下分析，则水平线延伸下去，不发生分支。

（5）描述事故情境：通过进行系统评估和危险分析以辨识系统在设计中存在的危险和事故情境，如火灾导致的损失、过马路出现的交通事故。

（6）获取各事件失败概率并评估风险：获取或计算初始事件和中间事件在事件树框图的发生概率，该数据可通过事故树分析方法获得；评估风险，计算事件树每一分支的概率以求总概率。

（7）控制措施：如果某分支风险不可接受，则需提出改进措施。

（8）生成报告：将完整的事件树分析报告记录在分析表格中，并及时更新信息。

## 三、元件事件树分析过程

事件树分析最初来源于可靠性分析，它是用元件可靠性表示系统可靠性的系统分析方法之一。系统中的每个元件，都存在具有与不具有某种规定功能的两种可能。元件正常，则说明其具有某种规定功能；元件失效，则说明其不具有某种规定功能。人们把元件正常状态记为成功，其状态值为 1；把失效状态记为失败，其状态值为 0。按照系统的构成状况和顺序分析各元件成功、失败的两种可能，将成功作为上分支，失败作为下分支，不断延续分析，直至最后一个元件，最后就形成一个水平放置的树形图。

例如，有一泵 A 和两个阀门 B、C 串联的物料输送系统，如图 8-5 所示。物料沿箭头方向按顺序经过泵 A、阀门 B 和阀门 C。组成系统的元件 A、B、C 都有正常和失效两种状态。根据系统实际构成情况，当泵 A 接到启动信号后，可能有两种状态：正常启动并开始运行；失效，不能输送物料。将正常作为上分支，失效作为下分支。三元素两状态的组合应为 $2^3=8$ 种系统状态。实际上，事件树的结构则是按照系统的具体情况作出的。因此，阀门 B 的正常与失效只接在泵 A 正常状态的分支上。泵 A 处于失效状态，系统就呈失效状态，阀门 B 和 C 对此结果没有影响，不再延续分析。而阀门 B 的失效同样能导致系统失效，不再继续分析阀门 C 的状态。从而只分析 B 正常时 C 的两种状态，这样，就形成了这个物料输送系统的事件树，如图 8-6 所示。

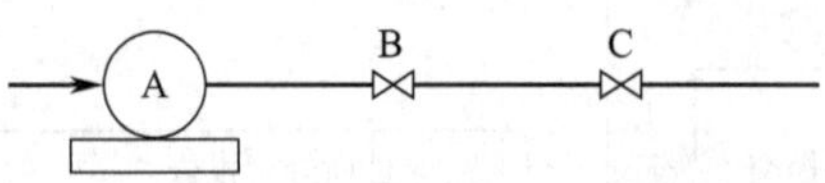


图 8-5　串联物料输送系统示意图

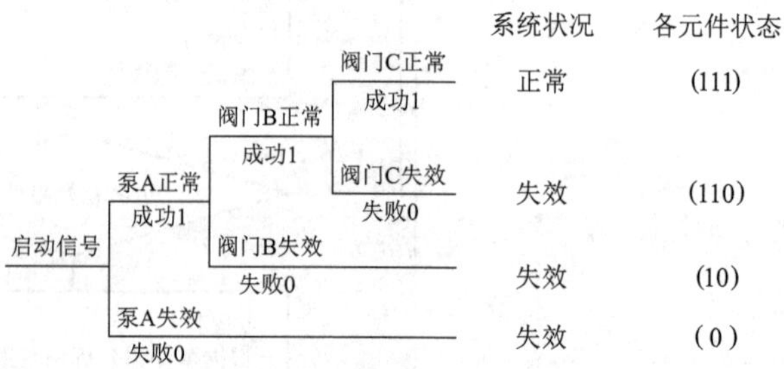


图 8-6　串联物料输送系统的事件树

从事件树中看出，只有泵 A 和阀门 B、C 均处于正常状态（111）时，系统才能正常运行，而其他三种情况（110）、（10）、（0），均是系统失效状态。

若各个元件的可靠度是已知的，就可根据元件可靠度求取系统可靠度。例如，泵 A 的可靠度为 $R_A$，阀门 B、C 的可靠度分别为 $R_B$ 和 $R_C$，则系统可靠度 $R_S$ 为泵 A 和阀门 B、C

均处于正常状态，即（111）时的概率。

$$R_S=R_A R_B R_C$$

如果改变一下图 8-5 物料输送系统的结构，将串联阀门 B、C 改为并联，将阀门 C 作为备用阀。当 B 失效时，C 开始工作。其系统流程图如图 8-7 所示。这样，变更后系统的事件树则如图 8-8 所示。

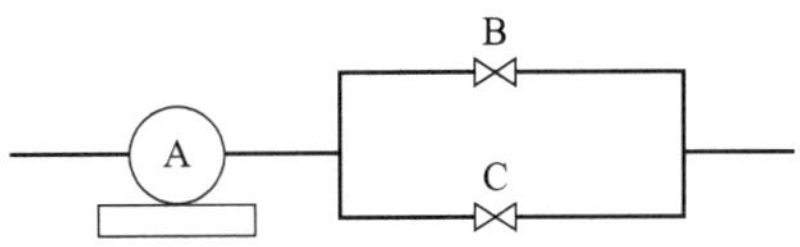


图 8-7　并联物料输送系统示意图

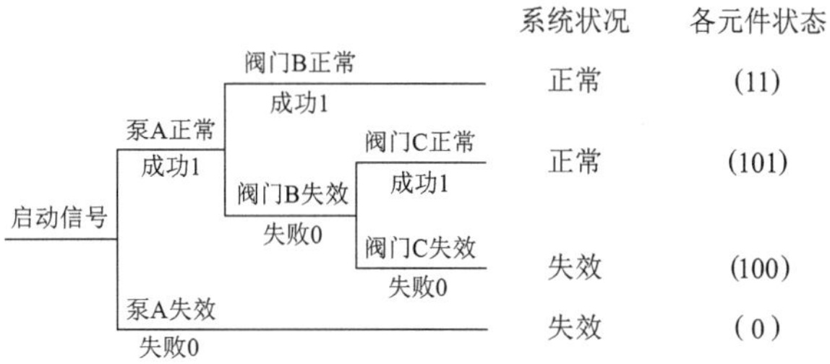


图 8-8　并联物料输送系统的事件树

从图 8-8 事件树看出，各元件状态组合为（11）和（101）时，系统处于正常状态。其余两种情况，系统处于失效状态。这样，就可以从上述结果求得阀门并联系统的可靠度。

$$R_S=R_A R_B+R_A(1-R_B)R_C$$

显然，阀门并联的系统可靠度比阀门串联的系统大得多。

这就是用元件可靠性表示系统可靠性的系统分析方法及其应用情况。

## 四、事件树分析过程示例

行人过马路，就某一段马路而言，可能有车来往，也可能无车通行。当无车时过马路，当然会顺利通过。若有车，则看你是在车前通过还是在车后通过。若在车辆通过后过马路，当然也会顺利通过。若在车前过，则看你是否有充足的时间，如果有，则不会出现车祸，但却很冒险；如果没有，则看司机是否采取紧急制动或避让措施。若未采取则必然会发生撞人事故，导致人员伤亡；若采取措施，则取决于制动或避让是否奏效。奏效，则人幸免于难；失败，则必造成人员伤亡。其事件树如图 8-9 所示。

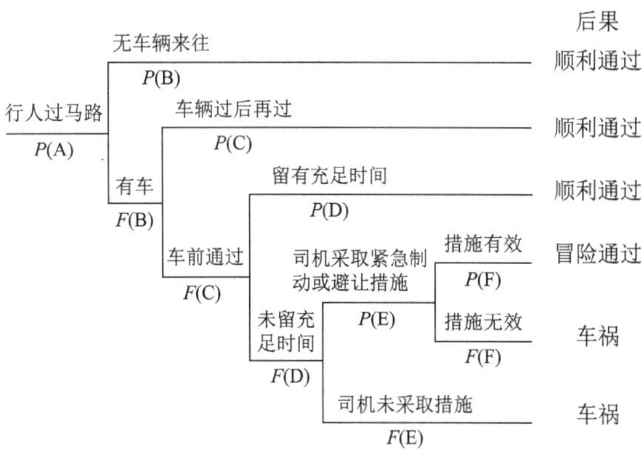


图 8-9　行人过马路事件树分析图

这是一个以行人、司机、车辆、马路为分析对象的综合系统。它是以行人过马路为初始事件，经过对五个环节事件的分析判断，而得出六种结果：其中四种为我们希望得到的结果，两种是我们不希望的结果。

在此事件树分析中，分析结果有利于以下几方面。

（1）能够指出如何才能不发生事故，以对员工进行直观的安全教育。

行人过马路要确保不发生事故，可以遵循如下四种途径。

① 当这段马路上无车辆来往时过马路最安全。因为这时过马路的路线不会和行车路线

交叉，没有和车辆相撞的机会。就是说，过马路不宜操之过急，在马路边稍等一下便可以完全避免事故的发生。

② 当马路上有车时，等到车辆过后再横穿马路仍能保证安全。

③ 如果在车辆行驶前方过马路，则必须保证有充足的时间。这就要求准确判断车辆行驶速度以及自己的步行速度和能力，也要考虑行走过程会不会发生意外，如滑倒、绊倒等。

④ 如果没有充足的时间，则只能靠司机是否采取制动和避让措施以及这些措施是否奏效。

从前三种途径来看，是否发生事故操控在行人手里。第四种途径则是一种冒险，完全依赖司机的谨慎行车和车辆的性能，实际这是最不可取的。鉴于仍有些行人愿意冒险，司机在行车时必须保持高度警惕，随时注意路面情况的变化，保持车辆刹车系统的灵敏可靠，掌握避让的技能。

(2) 能够指出消除事故的根本措施，改进系统的安全状况。

从事件树可以看出，当行人和车辆形成时间和空间交叉时就会发生事故。

从第一种安全途径看出，在马路上没有车辆来往时过马路最安全。这在暂时的情况下可能存在，若在行车高峰时根本不存在。要想创造这种条件，只能另辟行车路线或人行通道。城市中建造的过街天桥和人行地下通道，就是为了避免人与车辆空间交叉而采取的措施。第二种途径，实际是避免人与车辆的时间交叉。例如，某些繁华区十字路口设置的行人交通指挥灯，就是采取的这种措施，它使行人和车辆错开使用马路的时间。

(3) 从宏观角度分析系统可能发生的事故，掌握系统中事故发生的规律。

从事件树分析可以看到事故发生发展的全部动态过程（而事故树分析则仅限于事故的瞬间静态分析），它从宏观角度分析系统可能会发生哪些事故（而事故树分析则是从微观角度分析系统中一种事故），因而能全面掌握系统中各种事故的发生规律。从行人过马路事件树可以看出，事故是沿着两条路线发展形成的结果。其一是，过马路—有车—车前过—没留充足的时间—司机未采取紧急措施。其二是，过马路—有车—车前过—没留充足的时间—司机采取的紧急措施失效。这就形象直观地反映了事故发生发展的整个过程。也说明了，假如这些环节事件全部失败就会发生事故。但是，这些环节事件中如果有一个环节不失败，则不会形成事故。因此，我们说任何一起事故发生，都是若干起环节事件连续失败形成的。它是一个连续过程，这种连续过程可称其为事故链。这些事故链相当于骨牌理论中若干直立的骨牌串，前一个骨牌倒下，就可引起后面一连串骨牌的倒下。但是，如果从中抽掉某个骨牌，就可避免其后面的骨牌相继倒下的情形，抽掉的骨牌即为阻止事故发生的控制手段。

(4) 可以找出最严重的事故后果，为确定后续顶上事件分析提供依据。

事故树分析确定顶上事件需要两个参数，即事故损失的严重度（每次事故损失的价值）和单位时间损失的次数，从而求出损失率（或风险率）的大小，即单位时间损失的价值。针对初始事件“行人过马路”，估计一个单位时间过马路的次数，对各环节事件给出成功或失败的可能性（即发生概率），即能很容易地求出各种后果事件单位时间发生的次数。如果能够估计各种后果事件损失价值的多少，就可以得到每种事故情况的损失率。

## 五、事件树分析工作表

为了清晰表达事件树的分析过程，通常以工作表形式表达事件树的初始事件和中间事件的发展过程及相应的结果；当需要定量分析时，还需要写出各事件的概率。事件树工作表与事件树图相对应，如图 8-10 所示。事件树工作表应包括如下信息。

（1）初始事件。

（2）中间事件。

（3）结果。

（4）各事件概率。

| 初始事件 | 中间事件 | | | 结果 | 概率 |
|---|---|---|---|---|---|
| | 中间事件1 | 中间事件2 | 中间事件3 | | |

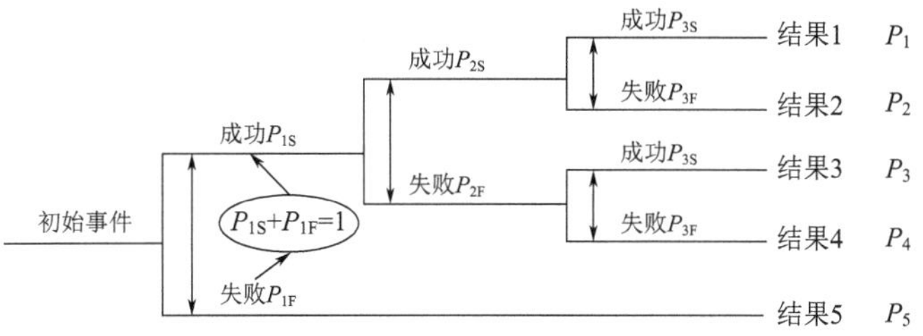


图 8-10　事件树工作表与事件树图

## 第三节　事件树分析举例

任何事故都是一个多环节事件发展变化过程的结果，因此，事件树分析也称为事故过程分析。瞬间造成的事故后果，往往是多环节事件失败而酿成的，所以，这种宏观地分析事故的发展过程，对掌握事故规律、控制事故发生是非常有益的。

事件树分析的实质，是利用逻辑思维的形式，分析事故形成过程。将本章第二节介绍的系统可靠性分析方法应用于事故分析，就是安全管理所需要的事件树分析。所不同的是，前者是以硬件系统为分析对象，分析其正常与失效两种状态；而后者是以人、物、环境系统为分析对象，分析其成功与失败的两种情况，对事物发展的各个环节事件给以肯定或否定的判断，从而得到各种不同的结果。

### 一、某压力容器压力升高事件树分析

某压力容器采用冷却水控制内部压力的升高，当冷却水控制失效时会导致容器的压力升高，可能引发事故发生；压力容器在设计时往往增加多重保护措施。该压力容器设有四重安全保护措施，依次如下。

（1）设备控制系统：当设备控制系统感知到冷却水控制失效时则启动响应，采取纠正措施；如该重保护措施失效，则启动第二重措施。

（2）操作人员响应：当操作人员意识到压力容器处于高压的情形，且设备控制系统未能正常响应时，则采取纠正措施；如果该重保护措施失效，则启动第三重措施。

（3）自锁：当前两重保护措施失效时，安全仪表系统会触发自锁。但当该重保护措施失效时，则启动第四重措施。

（4）压力阀释放压力。

当容器的压力升高时，事件树工作表及事件树图见图 8-11，可以看出，当四重保护均失效时，则会出现压力容器破裂的结果。

| 初始事件 | 中间事件 | | | | 结果 |
|---|---|---|---|---|---|
| 容器压力升高 | 设备控制系统响应 | 操作人员响应 | 自锁 | 压力阀释放压力 | |

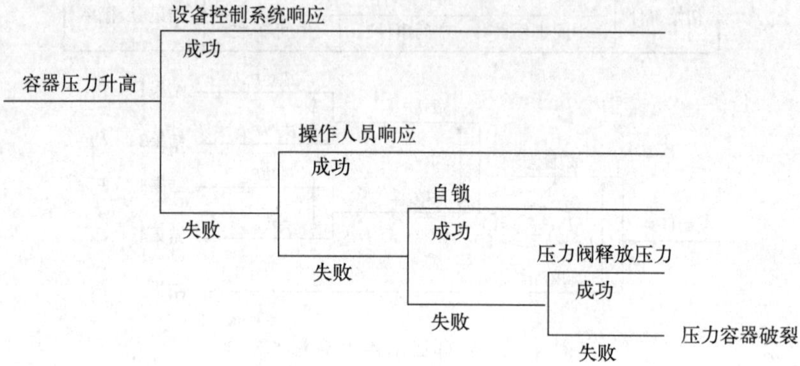


图 8-11 某压力容器压力升高时事件树工作表及事件树图

## 二、某反应系统无冷水事件树分析

某反应系统是放热的，为此在反应器的夹套内通入冷冻盐水以移走反应热。如果冷冻盐水流量减少，会致使反应器温度升高，反应速度加快，进而可能反应失控。该系统在反应器上安装有温度测量控制系统，并与冷冻盐水入口阀门连接，能够根据温度控制冷冻盐水流量。同时安装超温报警仪，当温度超过规定值时自动报警，以便操作者及时采取措施。反应程序见图 8-12。

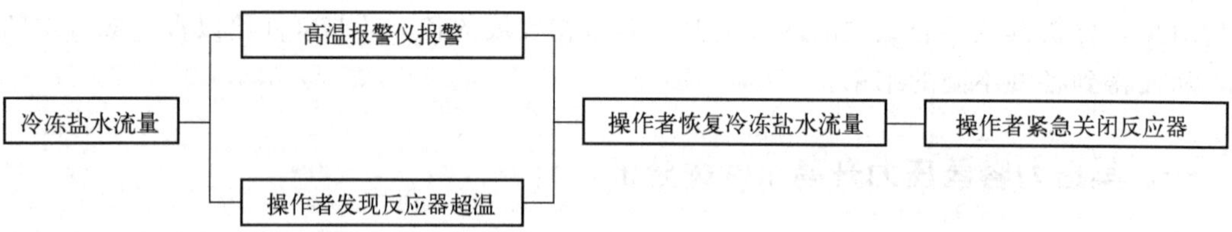


图 8-12 某反应器冷冻系统示意图

以冷冻盐水流量减少作为初始事件，高温报警仪报警、操作者发现反应器超温、操作者恢复冷冻盐水流量和操作者紧急关闭反应器作为后续事件。事件树分析工作表及事件树图见图 8-13。

| 初始事件 | 中间事件 | | | | 结果 |
|---|---|---|---|---|---|
| 反应器无冷却水 | 高温报警仪报警 | 操作者发现反应器超温 | 操作者恢复冷冻盐水流量 | 操作者紧急关闭反应器 | |

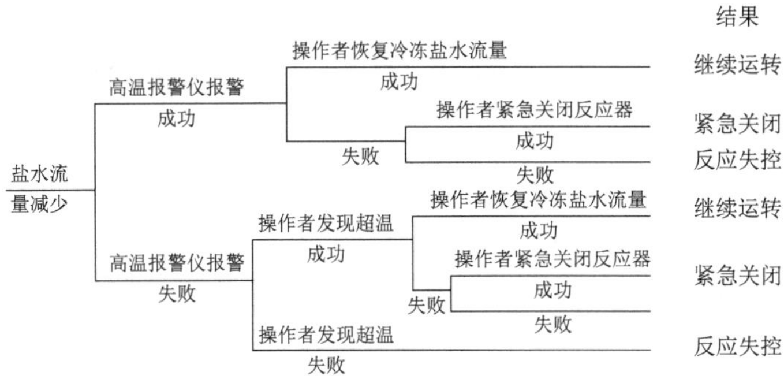


图 8-13　某反应系统无冷却水事件树分析工作表及事件树图（廖学品，2000）

## 三、排水系统事件树分析

某地下操作室设有如图 8-14 所示的排水控制系统，以保护操作室不会被水淹。当操作室涌水时，升高的水位使浮控开关（S）上升，使供电回路闭合，泵（P）则从断开状态开始启动抽水。如果泵出现故障，喇叭（K）广播提醒操作人员用桶（B）手动排水。假设系统始终供电，只分析元件 S、P、K 和 B，且在操作人员用桶排水时只考虑人的错误，试用事件树分析排水过程。

该系统初始事件是水位上升，该系统结构框图见图 8-15，其事故情境图及分析结果见图 8-16。如果知道各中间事件的发生概率，则可计算出排水成功的概率。

$$P_S=1-P_S-P_KP_P+P_KP_P\ P_S-P_BP_P+P_BP_P\ P_S+P_BP_KP_P-P_BP_KP_P\ P_S$$

$$P_F=P_S+P_KP_P-P_KP_P\ P_S+P_BP_P-P_BP_P\ P_S-P_BP_KP_P+P_BP_KP_P\ P_S$$

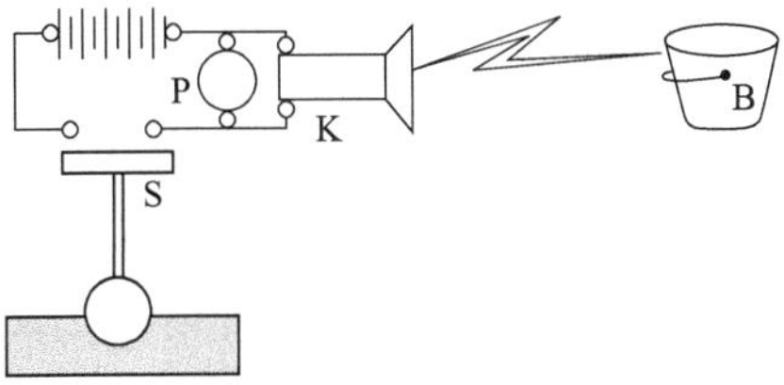


图 8-14　排水控制系统

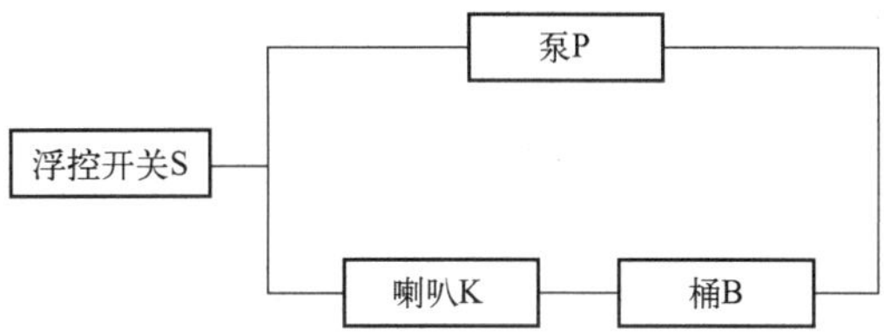


图 8-15　排水控制系统结构框图

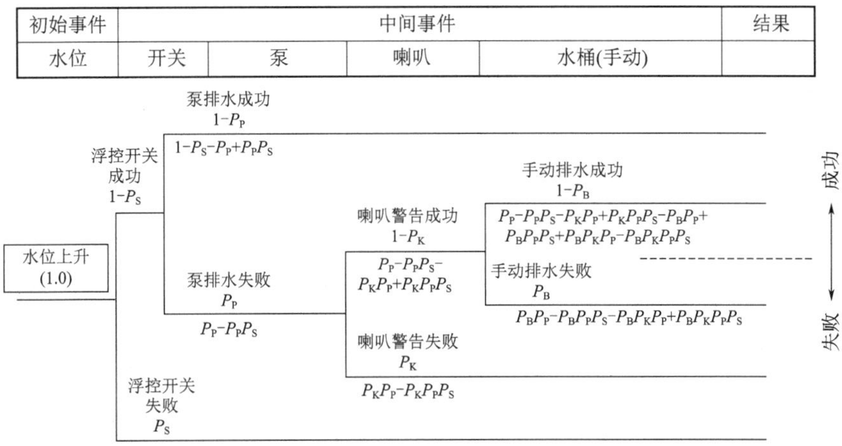


图 8-16　排水控制系统事件树分析工作表及事件树图

# 第四节　事件树分析案例研究

第七章第八节事故树分析案例研究介绍了分离器及其三重安全保护系统（图 7-47），在生产过程中，三重保护的启动压力如图 8-17 所示。当气相出口管道堵塞时，每一重保护功能是否正常工作，会导致分离器出现不同的后果，请以“气体出口管道堵塞”为初始事件，确定中间事件并进行事件树分析。

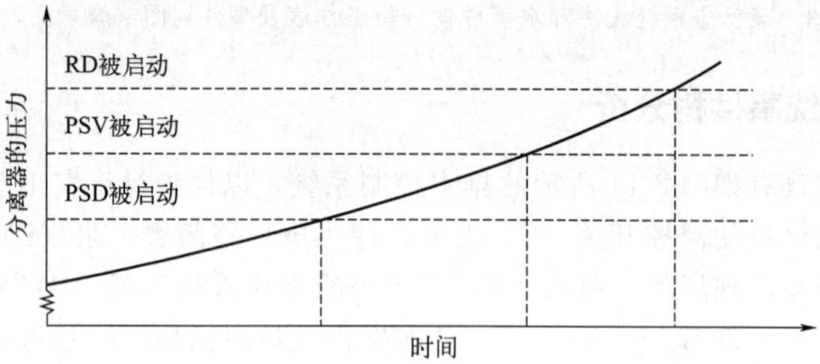


图 8-17　图 7-47 油气分离器三重保护启动压力（Rausand & Haugen，2020）

# 第五节　事件树适用性说明

## 一、适用条件

事件树分析是要找出由初始事件可能导致的各种结果。通过建造事件树辨识由初始事件引发的事故情境，这个过程是危险辨识的过程。根据分析得到的结果，可以定性地评估系统的风险；如果能确定各中间事件的发生概率，则可对其进行定量的风险评估。因此，事件树分析既可以定性分析，也可以定量分析。

事件树分析在产品生命周期早期阶段不太适用，其可以用来分析整个系统，也可用来分析子系统，还可以分析环境因素和人因因素。定量评价需要分析人员对整个系统有着较为深刻的认识，特别是每个中间事件发生概率的确定需要分析人员通过事故树分析方法计算。

## 二、优点

事件树分析具有如下的优点。

（1）事件树分析是一种严谨的、通过计算进行安全分析的方法，可以评估系统中相关联的危险或失效。

（2）事件树分析过程中能识别和评估潜在的单点故障、系统脆弱环节和对策建议的合理性，因而能够指导后续的风险控制和资源部署。

（3）事件树分析可以辨识和跟踪系统失效的传播路径，分析过程较为直观，便于直接看出导致事故的原因，也可以诊断危险控制应对措施的有效性。

（4）事件树分析可广泛应用于不同层次的设计中，还可辨识软件、硬件以及环境与人员相互作用产生的危险。

## 三、局限性

事件树分析的局限性如下。

（1）一个事件树分析只能有一个初始事件，因而当有多个初始事件时，这种方法则不适合分析。

（2）事件树的初始事件往往是由分析人员预测的，而非危险分析中揭示的结果，因而在建树过程中容易忽略系统中一些不太重要的事件的影响。

（3）尽管事件树分析过程中能够揭示系统的多种失效途径，但如果不进行额外深入的分析，可能难以区分与特定途径相关的损失程度。

（4）事件树要求每一个中间事件的结果“黑白分明”，而实践中有些事件的结果呈“灰色”。与事故树分析相似，事件树中各中间事件成功或失败的概率并不容易准确获取。另外，这种方法要求分析人员经过培训，并具备一定的分析经验。

## 四、注意事项

某些系统的环节事件含有两种以上状态，如脚手架护身栏的高度有正常、高、低三种状态，化学反应系统的反应温度也有正常、高、低三种状态等。对于这种情况，应尽量归纳为两种状态，以符合事件树分析的规律。但是，为了详细分析事故的规律和分析的方便，可以将两态事件变为多态事件。因为多态事件状态之间仍是互相排斥的，所以，可以把事件树的两分支变为多分支，而不改变事件树分析的结果。事件树分析应注意避免以下两个问题。

（1）没有辨识合适的初始事件。

（2）没有理清楚中间事件。

# 复习思考题

1. 请解释事故情境、初始事件及中间事件的含义。
2. 试说明事件树分析的流程，并与事故树分析的流程进行比较。
3. 事件树分析如何进行危险辨识？
4. 事件树分析如何进行定性分析？如何进行定量分析？
5. 简述事件树分析的适用条件。
6. 事件树分析适合分析时间序列的事件吗？
7. 比较事故树分析与事件树分析对数据要求的差异性。

# 拓展阅读

[1] 闻英男. 基于事件树的高层建筑火灾风险评估［J］. 中国人民警察大学学报，2022，38（12）：39-43.

[2] 孙东亮，李子杰. 典型自然灾害引发常压储罐破坏的定量风险评估［J］. 安全与环境学报，2022，22

(3)：1178-1186. DOI：10. 13637/j. issn. 1009-6094. 2020. 1734

[3] Tomasz Z. Conventional event tree analysis on emergency release of liquefied natural gas [J]. International Journal of Environmental Research and Public Health，2022，19 (5)：2961-2961.

[4] 李晓宇，李明，高扬，等. 采用事件树方法对列车意外闯入作业地点的风险分析 [J]. 铁道技术监督，2021，49 (7)：35-38.

[5] 王进飞. 有限空间作业安全保障措施事件树分析 [J]. 职业卫生与应急救援，2021，39 (2)：215-218. DOI：10. 16369/j. oher. issn. 1007-1326. 2021. 02. 020

[6] 赵云，任光辉，郑树桐. 基于事件树的高校实验室用电安全分析与管理 [J]. 科技与创新，2021 (5)：123-124，130. DOI：10. 15913/j. cnki. kjycx. 2021. 05. 049

[7] 林友. 矿山斜井跑车伤害事故事件树分析改进研究 [J]. 云南冶金，2021，50 (1)：5-8.

[8] 杜晓芳. 事件树法在煤矿防爆无轨胶轮车事故分析中的应用 [J]. 内蒙古煤炭经济，2021 (2)：173-174. DOI：10. 13487/j. cnki. imce. 019312

[9] 杨鹏，喻宏，胡文军. 池式钠冷快堆放射性释放风险概率安全评价事件树分析 [J]. 原子能科学技术，2020，54 (7)：1228-1234.

[10] 范永维，于贵，廖昕，等. 基于模糊数的事件树法在寒区隧道冻害风险分析中的应用 [J]. 安全与环境工程，2018，25 (6)：146-151. DOI：10. 13578/j. cnki. issn. 1671-1556. 2018. 06. 023

[11] Vidmar P，Perkovič M. Safety assessment of crude oil tankers [J]. Safety Science，2018，105：178-191.

[12] 马云歌. 事件树分析法在烟叶工作站火灾隐患消除中的应用 [J]. 科技经济导刊，2018 (4)：2.

[13] 姜峰，胥朝波. 基于事件树和 ALOHA 软件的 CNG 加气站储气井泄漏燃烧爆炸事故后果分析 [J]. 安全与环境工程，2018，25 (3)：141-144. DOI：10. 13578/j. cnki. issn. 1671-1556. 2018. 03. 023

[14] 韩佳琪，郑彬，轩辕诗浩，等. 基于事件树的外卖食品安全分析与管理 [J]. 食品安全导刊，2018 (15)：156. DOI：10. 16043/j. cnki. cfs. 2018. 15. 122

[15] 李锐，周自力，王建强，等. 雷达航迹与飞行计划自动相关的 ETA 和 FMEA 分析 [J]. 控制工程，2017，24 (6)：1277-1281. DOI：10. 14107/j. cnki. kzgc. 160167

[16] 宋光明，廖宇强，欧志杰，等. 基于事件树分析法的爆破作业安全管理规范体系 [J]. 工程爆破，2017，23 (1)：39-45，76.

[17] 王彦富，李玉莲，张彪，等. 基于逻辑树和贝叶斯网络的海洋平台火灾概率分析 [J]. 安全与环境学报，2016，16 (5)：66-72. DOI：10. 13637/j. issn. 1009-6094. 2016. 05. 013

[18] 郭璇，吴文辉，肖治庭. 基于事件树和 PRA 的民航机场恐怖袭击风险评估模型 [J]. 计算机应用研究，2017，34 (6)：1809-1811.

[19] 李成，吴谦，苑晓荣. 基于事件树的深水钻井呼吸效应识别研究 [J]. 石油工业技术监督，2016，32 (7)：60-62.

[20] 郑凯雷，沈增波. 模糊事件树分析方法及其在船舶工程风险分析中的应用研究 [J]. 工业设计，2016 (5)：173-174.

[21] 魏碧波. 事件树分析法在钻探施工安全管理中的应用 [J]. 山西建筑，2015，41 (28)：241-243. DOI：10. 13719/j. cnki. cn14-1279/tu. 2015. 28. 135

[22] 胡圣武，王育红. 基于事件树和模糊理论的 GIS 动态地质灾害评估 [J]. 武汉大学学报（信息科学版），2015，40 (7)：983-989. DOI：10. 13203/j. whugis20130473

[23] 谭钦文，苗东涛，刘建平，等. 基于可靠性理论的事件树分析方法研究 [J]. 中国安全生产科学技术，2015，11 (6)：75-81.

[24] 孙清娟，胡圣武，郝亚东，等. 基于事件树分析的 GIS 地质灾害动态评估 [J]. 地域研究与开发，2015，34 (3)：151-155.

[25] 王丽学，何亚，赵宁，等. 基于事件树法的小型震损水库群溃坝风险分析及应用 [J]. 水电能源科学，2015，33 (3)：42-44+13.

[26] 张兆宁，梁玉文，高俊英，等. 自由飞行下基于事件树的碰撞风险评估模型 [J]. 科学技术与工程，2015，15 (2)：304-308.

[27] 赵志垒，张闯. 基于事件树方法的 LNG 船舶碰撞事故安全评估 [J]. 大连海事大学学报，2014，40 (3)：45-48. DOI：10. 16411/j. cnki. issn1006-7736. 2014. 03. 008

[28] 王大庆，张鹏. 油气输送管线失效后果模糊事件树分析 [J]. 安全与环境学报，2014，14 (3)：88-92. DOI：10. 13637/j. issn. 1009-6094. 2014. 03. 021

[29] 徐泽中，包旭利，刘尧飞，等. 事件树分析法在应对淘宝网促销交易高峰期间的应用及思考 [J]. 中国金融电脑，2014 (3)：58-62.

[30] 钮云龙，刘义保，王爱星，等. 事件树分析法在压水堆核电站失水事故中的研究 [J]. 能源与环境，2013 (5)：21-23.

[31] 董建良，吴欢强，傅琼华. 基于事件树分析法的大坝可能破坏模式分析 [J]. 人民长江，2013，44 (17)：72-75，113. DOI：10. 16232/j. cnki. 1001-4179. 2013. 17. 030

[32] 包丽雅. 基于事件树的石油储罐区火灾风险的定量评估 [J]. 防灾科技学院学报，2013，15 (1)：82-87.

[33] 李雨霏. 用事件树分析法透析轨道交通事故机理——由上海十号线事故引发的探究 [J]. 西部交通科技，2012 (2)：55-57，84. DOI：10. 13282/j. cnki. wccst. 2012. 02. 001

[34] 邢辉，吕安勤，周尊山，等. 基于事件树分析的沉船碍航概率风险评估 [J]. 大连海事大学学报，2012，38 (1)：29-32，36. DOI：10. 16411/j. cnki. issn1006-7736. 2012. 01. 009

[35] 罗彦斌，陈建勋，王梦恕，等. 基于事件树理论的既有隧道冻害等级划分体系 [J]. 长安大学学报 (自然科学版)，2011，31 (6)：60-65. DOI：10. 19721/j. cnki. 1671-8879. 2011. 06. 012

[36] 李珂，王治永. 用事件树分析煤矿井下瓦斯事故 [J]. 能源技术与管理，2011 (3)：110-111.

[37] 王智源，来国伟，王峰，等. 基于事件树分析法的油库作业安全风险评估研究 [J]. 石油库与加油站，2010，19 (5)：31-35，48.

[38] 吴立荣，程卫民，吕大炜，等. 煤矿坠仓事故原因动态分析与防治对策 [J]. 山东科技大学学报 (自然科学版)，2009，28 (6)：56-59. DOI：10. 16452/j. cnki. sdkjzk. 2009. 06. 011

[39] 仲伟瑞. 基于 ETA 的油库作业安全风险评估研究 [J]. 物流科技，2009，32 (12)：128-130.

[40] 袁杰，申世飞，疏学明. 基于事件树风险分析的火灾保险费率厘定研究 [J]. 安全与环境学报，2009，9 (4)：157-160.

[41] 黄小美，李百战，彭世尼，等. 基于事件树的天然气管道风险定量分析 [J]. 煤气与热力，2009，29 (4)：42-46.

[42] 任威，刘新建，苑仁民，等. 事件树分析在船舶机舱火灾预防中的应用探讨 [J]. 中国海事，2008 (10)：57-59.

[43] 杨珺珺. 事件树分析法评价消防系统地震灾害风险 [J]. 河北理工大学学报 (自然科学版)，2008 (3)：101-104.

[44] 杨珺珺. 事件树分析法评估建筑物地震灾害风险 [J]. 自然灾害学报，2008 (4)：147-151.

[45] 郑荣跃，简小生，俞凯磊，等. 基于事件树分析法的大跨斜拉桥施工事故分析 [J]. 工程力学，2008 (S1)：203-208.

[46] 刘新建，杨鹍鹏，程向新，等. 基于 ETA 的客滚船车辆舱火灾原因和控制分析 [J]. 航海技术，2008 (1)：24-26.

[47] 李华敏. 基于事件树法的高校学生宿舍电器火灾分析 [J]. 中国西部科技，2008 (1)：62-63，50.

[48] 闵苹，童节娟. 时间事件树在高温气冷模块反应堆示范电站设计阶段的应用 [J]. 原子能科学技术，2007 (6)：641-643.

[49] 简小生，郑荣跃，俞凯磊. 基于改进型事件树分析法的桥梁事故分析［J］. 宁波大学学报（理工版），2007（1）：94-98.
[50] 沈全华，陈力生. 模糊事件树在船用堆事故分析中的应用研究［J］. 中国修船，2006（6）：43-45.
[51] 幸福堂，张引弟，向晓东. 工业管网水系统事件树探析［J］. 武汉科技大学学报（自然科学版），2006（5）：506-509.
[52] 李永明，杨平，任丽. 事件树分析法定量分析闸门事故的频率［J］. 黑龙江水利科技，2006（4）：66. DOI：10. 14122/j. cnki. hskj. 2006. 04. 035
[53] 贾超，李新群. 高坝风险分析的事件树法［J］. 水力发电，2006（8）：71-74.
[54] 解家毕，孙东亚. 事件树法原理及其在堤坝风险分析中的应用［J］. 中国水利水电科学研究院学报，2006（2）：133-137. DOI：10. 13244/j. cnki. jiwhr. 2006. 02. 011
[55] 江标远. 应用事件树分析法，加强采面顶板管理［J］. 安全与健康，2002（19）：43-45.
[56] 陈刚，张圣坤. 船舶搁浅概率的模糊事件树分析［J］. 上海交通大学学报，2002（1）：112-116. DOI：10. 16183/j. cnki. jsjtu. 2002. 01. 029
[57] 臧希年. 主蒸汽管道破裂叠加蒸汽发生器传热管破裂事件树分析［J］. 核动力工程，2000（2）：152-156.
[58] 郜玲，周永久. 事件树分析方法的应用［J］. 兵工安全技术，1996（6）：39-40.
[59] 符文琛，那家佑. 事件树分析在安全上的应用［J］. 铁道劳动安全卫生与环保，1995（2）：123-124. DOI：10. 16374/j. cnki. issn2095-1671. 1995. 02. 013

# 参考文献

[1] Roland H E，Moriarty B. System Safety Engineering and Management［M］. 2nd ed. New York：John Wiley & Sons，1990.
[2] Bahr N J. System Safety Engineering and Risk Assessment：A Practical Approach［M］. 2nd ed. CRC Press Taylor & Francis Group，2015.
[3] Stephans R A. System Safety for the 21st Century：The Updated and Revised Edition of System Safety 2000［M］. Hoboken：John Wiley & Sons，2004.
[4] Sutton I. Process Risk and Reliability Management［M］. 2nd ed. Oxford：Gulf Professional Publishing，2015.
[5] CCPS. Guidelines for Hazard Evaluation Procedures［M］. 3th ed. Hoboken，NJ：John Wiley & Sons，2008.
[6] Ericson C A. Hazard Analysis Techniques for System Safety［M］. 2nd ed. John Wiley & Sons，2016.
[7] U. S. NRC. Reactor Safety Study：An Assessment of Accident Risks in U. S. Commercial Nuclear Power Plants：WASH-1400（NUREG-75/014）［R］. Washington，DC：U. S. Nuclear Regulatory Commission，1975.
[8] IEC. Analysis Techniques for Dependability-Event Tree Analysis（ETA）：IEC 62502—2010［S］. 2010.
[9] 国家市场监督管理总局，国家标准化管理委员会. 可信性分析技术 事件树分析（ETA）：GB/T 37080—2018［S］. 2018.
[10] Rausand M，Stein H. Risk Assessment：Theory，Methods，and Applications［M］. 2nd ed. Hoboken：John Wiley & Sons，2020.
[11] 冯肇瑞，崔国璋. 安全系统工程［M］. 北京：冶金工业出版社，1987.
[12] 张景林，崔国璋. 安全系统工程［M］. 北京：煤炭工业出版社，2002.

[13] 汪元辉. 安全系统工程 [M]. 天津：天津大学出版社，1999.

[14] 罗云，周福宝，樊运晓，等. 注册安全工程师手册 [M]. 3 版. 北京：化学工业出版社，2020.

[15] Sutton I. Event Tree Analysis. [EB/OL]. (2015-08-09) [2025-07-23]. https：//www. youtube. com/watch? v=GpHOBWncePE.

[16] 廖学品. 化工过程危险性分析 [M]. 北京：化学工业出版社，2000.

[17] Clemens P L，Simmons R J. System Safety and Risk Management：NIOSH Instructional Module [M]. Cincinnati：U. S. Department of Health and Human Services，1998.

[18] Clemens P L. Event Tree Analysis (Lecture Presentation) [Z]. 2nd ed. Tullahoma：Sverdrup Technology，Inc.，2002.

[19] Ostrom L T，Wilhelmsen C A. Risk Assessment：Tools，Techniques，and Their Applications [M]. 2nd ed. Hoboken，NJ：John Wiley & Sons，2019.

[20] P Popov G，Lyon B K，Hollcroft B D. Risk Assessment：A Practical Guide to Assessing Operational Risks [M]. Hoboken，NJ：John Wiley & Sons，2016.

[21] Crawley F. A Guide to Hazard Identification Methods [M]. 2nd ed. Cambridge，MA：Elsevier，2020.

[22] Hyatt N. Guidelines for Process Hazards Analysis：Hazards Identification & Risk Analysis [M]. Ontario：Dyadem Press，2003.

· 第九章 ·

# 其他危险分析方法

如前所述，生产实践中危险分析的方法多达几十种，但每一种方法都有其适用性，有的强调产品生命周期的不同阶段，有的强调生产领域或行业特点，前面几章所介绍的方法在各个行业有着广泛的适用性，本章所介绍的几种方法在生产领域也有着较好的应用。

## 第一节　安全检查表

### 一、安全检查表方法概述

安全检查表（Safety CheckList，SCL）是进行安全检查，发现潜在危险，督促各项安全法规、制度、标准实施的一个较为有效的工具。20 世纪 30 年代，国外就采用了安全检查表，该方法至今仍然是系统安全工程中最基础也是最广泛使用的一种定性分析方法。一些成熟的安全表通常作为危险辨识的对照依据，生产中也常常通过安全检查表的编制过程辨识特定的危险，安全检查表采用系统工程的观点，进行全面的科学分析，明确检查项目和各方责任，使检查工作做到尽量避免遗漏和不流于形式。安全检查表实际上是一份实施安全检查和诊断的项目明细表，安全检查结果的备忘录还可作为检查的依据。

### 二、安全检查表的编制

安全检查表的编制过程如图 9-1 所示，首先要熟悉系统，将系统功能进行划分，确定要检查范围，然后确定检查内容。安全检查表以工作表形式体现分析结果，表 9-1 是一个安全检查表的格式示例，安全检查表形式不拘一格。检查内容的确定即为危险辨识的过程，对检查结果进行统计分析，可以对检查对象的安全状况作出一个粗略的定性评价。

图 9-1 安全检查表编制过程

为了使检查表在内容上能结合实际、突出重点、简明易行、符合安全要求，进行编制时通常应考虑如下四点。

(1) 组成由安全专业人员、生产技术人员、有经验的岗位操作工人参加的三结合编制团队，集中讨论、集思广益、共同编写。

(2) 以国家、部门、行业、企业所颁发的有关安全法令、规章、制度、规程以及标准、手册等作为依据。例如，编制生产装置的检查表，要以该产品的设计规范为依据，对检查中涉及的控制指标应规定出安全的临界值等。

(3) 依据科学技术的发展和实践经验的总结，列举所有存在于系统中的不安全因素。

(4) 收集同类或类似系统的事故教训和安全科学技术情报，了解多方面的信息，掌握安全动态。

**表 9-1 安全检查表格式示例**

__________安全检查表
检查人：______ 时间：______

| 序号 | 检查内容 | 标准和要求 | 检查结果 | 检查人建议 | 处理结果 |
| --- | --- | --- | --- | --- | --- |
| | | | | | |

## 三、安全检查表举例

1. 高空作业安全检查表实例

人体坠落是建筑业发生严重意外的主要成因之一。每年都有一些工人从高处坠落而死亡或严重受伤。要防止或减少这类意外，建筑公司可以委派工地主管及班组长定期进行工地检查，以确保各项安全措施及设备均达到安全要求。表 9-2 是中国香港职业安全健康局设计的一份建筑业高空工作的安全检查表样本，它可以作为工地自我检查的参考，当然使用者也可以因工地特殊情况而对样本检查项目进行更改或补充。

**表 9-2 高空作业安全检查表**

机构名称： 日期：
工作地点：
检查员姓名： 时间：

| 项 目 | 妥善 | 须改善 | 须即时改善 | 不适用 | 备注 |
| --- | --- | --- | --- | --- | --- |
| 1. 棚架 | | | | | |
| ① 棚架的搭建、加建或更改过程是否由受过训练及具备足够经验人士在合资格人士直接监督下进行？ | □ | □ | □ | □ | |

续表

| 项目 | 妥善 | 须改善 | 须即时改善 | 不适用 | 备注 |
|---|---|---|---|---|---|
| 1. 棚架 | | | | | |
| ② 棚架是否有效地向纵、横及对角稳定系紧以防止塌下？ | ☐ | ☐ | ☐ | ☐ | |
| ③ 棚架是否搭建于适当地面或地基上？ | ☐ | ☐ | ☐ | ☐ | |
| ④ 是否为使用棚架的人士提供安全进出途径？ | ☐ | ☐ | ☐ | ☐ | |
| ⑤ 棚架是否由合资格人士在使用前和最少每十四天内检查一次及将结果填报于法定表格内？ | ☐ | ☐ | ☐ | ☐ | |
| ⑥ 棚架是否在经过扩建或更改后，或暴露在恶劣天气情况后，再由合资格人士检查及将结果填报于法定表格内？ | ☐ | ☐ | ☐ | ☐ | |
| ⑦ 塔式通架的高度与最小底边长度比率是否符合安全要求(室内限于3.5，室外限于3)？ | ☐ | ☐ | ☐ | ☐ | |
| ⑧ 流动式塔式通架脚部之滑轮是否装上紧锁系统及保持良好效能？ | ☐ | ☐ | ☐ | ☐ | |
| 2. 工作台 | | | | | |
| ① 工作台的木板或夹板是否结构良好及有足够厚度？ | ☐ | ☐ | ☐ | ☐ | |
| ② 工作台的木板或夹板是否紧密地铺上？ | ☐ | ☐ | ☐ | ☐ | |
| ③ 工作台的木板或夹板是否排列妥当？ | ☐ | ☐ | ☐ | ☐ | |
| ④ 工作台上的物料是否平均分布及没有超荷？ | ☐ | ☐ | ☐ | ☐ | |
| ⑤ 高于2米的工作台，是否每边均有适当围栏和踢脚板？ | ☐ | ☐ | ☐ | ☐ | |
| ⑥ 工作台是否有足够宽度让行人及物料通过？ | ☐ | ☐ | ☐ | ☐ | |
| 3. 楼边、电梯边、电梯槽口及楼面洞口 | | | | | |
| ① 高于2米的楼边、梯边、电梯槽口或其他危险地方是否设有适当的围栏和踢脚板？ | ☐ | ☐ | ☐ | ☐ | |
| ② 围栏是否有足够强度及系稳在坚固的楼面或地台上，以防止人体坠落？ | ☐ | ☐ | ☐ | ☐ | |
| ③ 所有楼面洞口、地洞或其他危险地方是否设有适当构造的覆盖物，并稳固于正确位置上？ | ☐ | ☐ | ☐ | ☐ | |
| ④ 该等覆盖物是否以粗体字清晰地标明，以显示其用途？ | ☐ | ☐ | ☐ | ☐ | |
| 4. 梯子 | | | | | |
| ① 梯子是否只用在不能搭建棚架的工作地方？ | ☐ | ☐ | ☐ | | |
| ② 所有梯子部分例如梯边、梯级及防滑梯脚蹬是否结构良好？ | ☐ | ☐ | ☐ | | |
| ③ 所有梯子顶部是否系稳或若切实不可行时，有没有在靠近梯子的底部予以稳固？ | ☐ | ☐ | ☐ | | |
| ④ 所有梯子是否竖立于平稳且稳固的立足处？ | ☐ | ☐ | ☐ | | |
| ⑤ 所有梯子是否高于其顶部落脚点最少1米？ | ☐ | ☐ | ☐ | | |
| 5. 防止人体坠落措施 | | | | | |
| ① 在不能搭建安全工作台的情况下，是否有提供适当的安全网、安全带或其他类似设备以防止任何人士因坠落而受伤？ | ☐ | ☐ | ☐ | | |

续表

| 项　　目 | 妥善 | 须改善 | 须即时改善 | 不适用 | 备注 |
|---|---|---|---|---|---|
| 5. 防止人体坠落措施 | | | | | |
| ② 若利用安全带，是否有提供适当的牢固点例如独立救生网及适当的装配？ | □ | □ | □ | | |
| ③ 所有安全网及安全带等，是否均维修妥当？ | □ | □ | □ | | |
| ④ 有没有确保安全装置接近建筑物？ | □ | □ | □ | | |
| ⑤ 在安装安全网时，是否确保网身没有过度拉近而略为下垂？ | □ | □ | □ | | |
| 6. 防止物料坠落措施 | | | | | |
| ① 是否已采取所需的预防措施，以防止工人遭坠落的物料或物体所击中？ | □ | □ | □ | | |
| ② 是否采取步骤以防止棚架物料、工具或其他物料从高度掷下、倾倒或投下？ | □ | □ | □ | | |
| ③ 是否利用起重机械或起重装置，以安全的方式妥善地卸降棚架物料、工具或其他物料？ | □ | □ | □ | | |
| ④ 是否采取所需的预防措施，以保护在工地工作的工人，使其免受坠落或横飞的碎料所伤？ | □ | □ | □ | | |
| 7. 其他事项 | | | | | |
| 检查员签名：<br>时间： | | | | | |

2. 手持灭火器安全检查表实例

表 9-3 为手持灭火器安全检查表实例。

**表 9-3 手持灭火器安全检查表**

手持灭火器安全检查表

检查人：______ 时间：______

| 序号 | 检 查 内 容 | 检查结果 |
|---|---|---|
| 1 | 灭火器的数量足够吗？ | |
| 2 | 灭火器的放置地点能使任何人都能马上看到和拿到吗？ | |
| 3 | 通往灭火器的通道畅通无阻吗？ | |
| 4 | 每个灭火器都有有效的检查标志吗？ | |
| 5 | 灭火器类型对所要扑灭的火灾适用吗？ | |
| 6 | 大家都熟悉灭火器的操作吗？ | |
| 7 | 是否已用其他灭火器取代了四氯化碳灭火器？ | |
| 8 | 在规定的地点都配备了灭火器吗？ | |
| 9 | 灭火药剂容易冻的灭火器采取了防冻措施吗？ | |
| 10 | 能保证用过的或损坏的灭火器及时更换吗？ | |
| 11 | 每个人都知道自己工作区域内的灭火器在什么地点吗？ | |
| 12 | 汽车库内有必备的灭火器吗？ | |

3. 矿山安全检查表实例

表 9-4 为矿山安全检查表实例。

**表 9-4 矿山安全检查表**

矿山安全检查表

检查人：______ 时间：______

| 序号 | 检查内容 | 检查结果 | 备注 |
|---|---|---|---|
| 1 | 各车间是否有专人值班？ | | |
| 2 | 安全机构、安全人员是否按规定配置？ | | |
| 3 | 各工种是否有安全操作规程？ | | |
| 4 | 特殊工种是否实行了操作票制度？ | | |
| 5 | 新工人上岗前是否进行了三级安全教育？ | | |
| 6 | 前次查出的隐患是否整改了？ | | |
| 7 | 提升运输设施是否完好、无隐患？ | | |
| 8 | 电机车架空线是否符合规定要求？ | | |
| 9 | 电气线路是否完好？闸刀有无缺盖、裸露现象？ | | |
| 10 | 电气设备保护接零、接地是否完好？ | | |
| 11 | 供配电是否符合安全要求？ | | |
| 12 | 电气线路、设备是否定期检查维修？ | | |
| 13 | 空压机、乙炔发生器是否按要求设置？ | | |
| 14 | 乙炔发生器的操作是否符合安全要求？ | | |
| 15 | 工作场地(巷道)工作面、坑、池、沟等是否加盖或护栏？ | | |
| 16 | 照明、电话、信号是否完好？ | | |
| 17 | 通风系统是否完好？ | | |
| 18 | 局部通风设施是否起作用？ | | |
| 19 | 井下作业点空气粉尘浓度是否达标？ | | |
| 20 | 有毒、有害物质、水、气是否进行处理？ | | |
| 21 | 噪声、振动是否采取控制措施？ | | |
| 22 | 炸药库炸药存放是否符合规程要求？ | | |
| 23 | 天井、溜井和漏斗器处是否有标志、照明、格筛、护栏或盖板？ | | |
| 24 | 井巷、井筒支护是否完好？有无地压应力集中？ | | |
| 25 | 井巷危岩、悬岩是否及时观察和处理？ | | |
| 26 | 井下泵房是否能及时排泄地下涌水？ | | |
| 27 | 有无地面防水设施？ | | |
| 28 | 安全出口在应急时是否有效？ | | |
| 29 | 是否有有效措施防止自然火灾和内因火灾？ | | |
| 30 | 是否配置安全防火设施？ | | |
| 31 | 爆破作业后是否按规定时间进入现场？ | | |
| 32 | 是否有应急、救护、消防等措施计划？ | | |

## 四、安全检查表适用性说明

安全检查表适用于产品、系统生命周期的各个阶段，适用范围涉及生产、工艺、规程、管理等各个方面，该分析方法列出的检查内容的过程，即为危险辨识的过程。

该分析方法适用范围较为广泛，分析的精确度却较低，生产中的安全检查表需要在实践中不断修改完善。

# 第二节　故障假设分析

## 一、故障假设分析方法概述

故障假设分析（What-IF Analysis，WIA）方法是对工艺过程或操作的创造性分析方法，这种分析方法可辨识检查设计、安装、技改或操作过程中可能产生的危险，危险分析人员在分析会上围绕分析人员所确定的安全分析项目对工艺过程或操作进行分析，鼓励每个分析人员对假定的故障问题发表不同的看法，分析的结果通常以工作表的形式体现。

故障假设分析与检查表相似，旨在对生产系统进行检查，但该方法在进行危险辨识时常采用一种固定的模式进行提问，假设某处出现故障后的情况，即“如果出现了……问题会发生什么情况”。分析小组在提出这样的问题后，便着手分析危险导致的后果，梳理已采用的安全措施，进而明确还应补充的措施等。当然也可通过第三章第四节的风险矩阵进行风险评估。

## 二、故障假设分析过程

故障假设分析过程如图 9-2 所示，与其他方法相同，分析步骤如下所述。

（1）首先要熟悉系统，确定要分析的范围，然后提出要分析的问题。

（2）分析的过程仍旧采用头脑风暴的过程，分析中应确定假设出现某故障时其可能导致的最坏的后果，列出所有的后果。

（3）检查和分析系统在设计初始时针对该故障已经采取的安全保护措施，判断其是否能够真正阻止危险或将风险降低到可接受的水平。

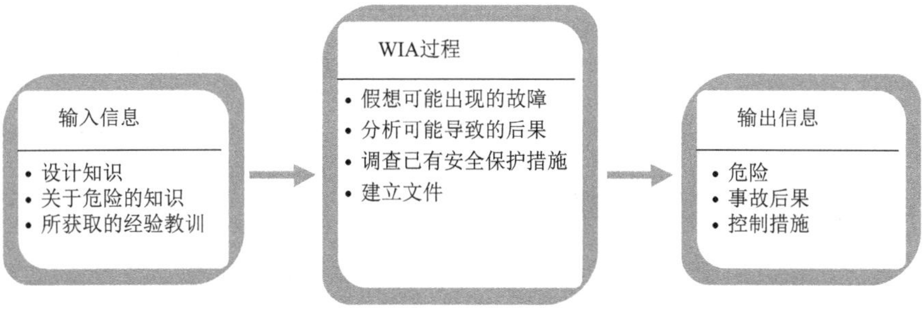


图 9-2　故障假设分析过程

（4）若上一步不足以保证生产安全，则需确定进一步的控制措施。

故障假设分析结果仍以工作表表达。表 9-5 是一个故障假设分析工作表的格式示例，工作表形式不拘一格。

**表 9-5 故障假设分析工作表格式示例**

| 问题<br>（如果……将发生什么情况） | 后果 | 已有安全保护 | 建议 |
|---|---|---|---|
| | | | |

## 三、故障假设分析举例

仍以第五章、第六章 DAP 反应系统的实例为背景，见图 6-5，分析以下的问题。

（1）进料不是磷酸而是其他物质。

（2）磷酸浓度太低。

（3）磷酸中含有其他物质。

（4）阀门 B 关闭或堵塞。

（5）进入反应器中氨的比例太高。

故障假设分析结果见表 9-6。

**表 9-6 DAP 反应系统故障假设分析表（廖学品，2000）**

| 问题<br>（如果……将发生什么情况） | 后果 | 已有安全保护 | 建议 |
|---|---|---|---|
| 进料不是磷酸而是其他物质 | 其他物质与磷酸或氨反应可能产生危险，或产品不符合质量要求 | 供应商可靠；<br>装置物料的管理规程 | 保证物料管理规程得以严格执行 |
| 磷酸浓度太低 | 未反应的氨带到 DAP 储槽并释放到工作区域 | 供应商可靠；<br>氨检测器和报警器 | 在送入储槽之前分析磷酸的浓度 |
| 磷酸中含有其他物质 | 磷酸中的杂质与氨反应可能带来危险，或产品不符合质量要求 | 供应商可靠；<br>装置物料的管理规程 | 保证物料管理规程得以严格执行 |
| 阀门 B 关闭或堵塞 | 未反应的氨带到 DAP 储槽并释放到工作区域 | 定时维修；<br>氨检测器和报警器；<br>磷酸管线上有流量器 | 通过阀门 B 的流量较低时阀门 A 报警或关闭 |
| 进入反应器的氨比例太高 | 未反应的氨带到 DAP 储槽并释放到工作区域 | 氨水管线上有流量显示器、氨检测器和报警器 | 通过阀门 A 的流量较低时阀门 A 报警或关闭 |

## 四、故障假设分析适用性说明

故障假设分析法可用于设备设计和操作的各个方面（如建筑物、动力系统、原料、产品、储存、物料的处理、装置环境、操作规程、管理规程、装置的安全保卫等）。

安全检查表分析是建立在分析人员的经验之上的，如果分析人员对某过程缺乏经验，安全检查表分析就不能完整地对过程的设计、操作规程等进行安全性分析，就需要更为通用的分析方法，而故障假设分析可以利用分析组的创造性和经验最大程度地考虑到可能的事故情况；另一方面故障假设分析没有其他更规范的分析方法（如 HAZOP、FMEA）详细、系统和完整，使用安全检查表可以弥补它的不足。在生产中，如能将安全检查表与故障假设两种分析方法组合起来，则能够发挥各自的优点（故障假设分析的创造性和基于经验的安全检查表分析的完整性），弥补各自单独使用时的不足。

# 第三节 因果分析法

## 一、因果分析法方法概述

第七章和第八章分别介绍了事故树分析和事件树分析，两者是截然不同的两种分析方法。前者是从结果事件不断向前深入探究其原因事件，后者则是基于一个初始事件不断向后探究其可能导致的结果。两者各有优点，也都存在不足之处。为了充分发挥各自之长，尽量弥补各自之短，20 世纪 70 年代为了对斯堪的纳维亚地区一些国家的核电站进行可靠性分析和风险分析，丹麦 RISO 国家实验室推出了将两者结合的分析方法，即因果分析法（Cause-Consequence Analysis，CCA）。

## 二、因果分析法基本概念

1. 原因

因果分析法原因部分是指系统所要面临的希望发生和不希望发生的事件或条件，不希望发生的事件通常为事故树顶上事件，而且可以求出其发生概率。

2. 结果

结果所体现的是进行中间事件的控制措施的成功与失败的状态，可以获得每个中间事件的成功或失败概率数据。

3. 因果图基本符号

因果分析法是事故树分析与事件树分析的结合，因而其分析中涉及的根本概念如初始事件、中间事件、事故情境等，与第八章第一节事件树基本概念的含义相同，逻辑符号的含义同第七章第一节的相关定义。因果分析法是通过因果图来确定的，因果图基本符号见表 9-7。

表 9-7 因果图基本符号

| 符号 | 名称 | 作 用 |
| --- | --- | --- |
| [初始事件] | 初始事件 | 引发系列中间事件，最终导致事故的独立事件 |
| [功能 / 是 \| 否] | 中间事件（双向框） | 表示元件或子系统所行使的某项功能事件，通常指安全防护措施，它的功能可能成功，用“是”表示，也可能失败，用“否”表示。“是”与“否”两种状态的概率和为 1 |

续表

| 符号 | 名称 | 作　用 |
|---|---|---|
| 〈结果〉 | 结果 | 从初始事件经历中间事件后的结果 |
| FT-n ⟶ | 事故树指针 | 指向引发初始事件或中间事件的事故树分析，这些事故树分析可以辨识事件失效原因，还可以进行概率计算 |
|  | 或门 | 必要时连接初始事件和/或双向框的逻辑符号，表示至少一个输入事件发生就会产生输出事件 |
|  | 与门 | 必要时连接初始事件和/或双向框的逻辑符号，表示所有的输入事件发生产生输出事件 |

## 三、因果分析法分析过程

进行因果分析时，其基础是辨识所形成事故情境，这一点与事件树分析相似，是从某一初始事件起做出事件树图，这一过程中如何挖掘中间事件很重要，一定要将初始事件可能导致的各种中间事件写清楚，判断这些作为阻止事故发生的安全控制措施或手段是否防范有效。与事件树图的发展自左向右不同，因果分析中的事件发展过程自上向下表达。因果分析还将事件树的初因事件和失败的中间事件作为顶上事件，采用事故树分析方法做出事故树图，以辨识事件产生的原因。其分析过程如图 9-3 所示。

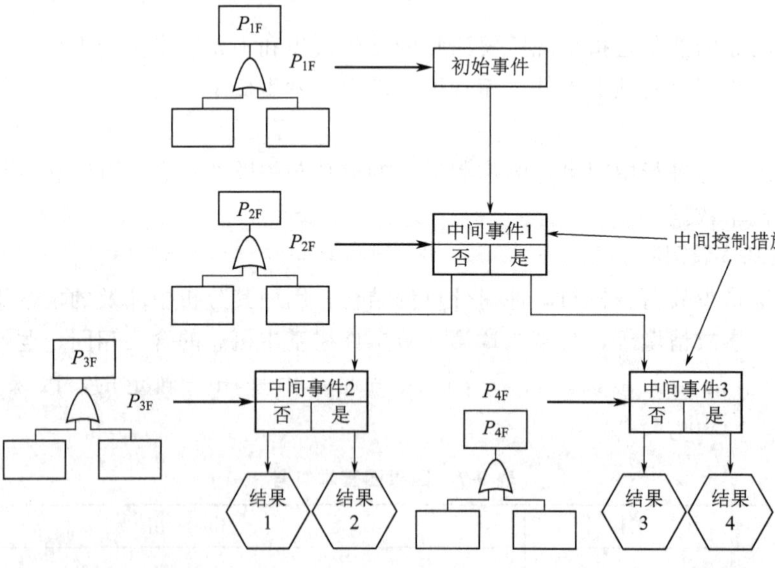


图 9-3　因果分析过程图（Ericson，2016）

因果分析步骤如下所述。

（1）确定及熟悉系统：明确系统、子系统的边界范围以及各部件的相互关系。

（2）辨识事故情境：通过进行系统评估和危险分析以辨识系统设计中存在的危险和事故

情境，如火灾导致的损失、过马路出现的交通事故。

（3）辨识初始事件：初始事件是事件树中在一定条件下造成事故后果的最初原因事件，如着火、过马路、系统故障、设备失效、人员误操作或工艺过程异常。

（4）辨识中间事件：辨识在系统设计中为避免初始事件发生而设置的安全防护措施，如烟感、火灾报警器等。

（5）建造因果图：从初始事件分析中间事件，直至完成每个事件的结果；对初始事件和中间事件的失败环节进行事故树分析。

（6）获取各事件失败概率：获取或计算初始事件和中间事件在事件树框图的发生概率，该数据可通过事故树分析方法获得。

（7）评估风险：计算事件树每一分支的概率以求总概率。

（8）控制措施：如果某分支风险不可接受，则需提出改进措施，并对危险进行跟踪。

（9）建立文档，保存数据。

为了更好地理解因果分析法的过程，如同事件树分析方法的学习过程一样，先来了解元件的因果分析过程。图 9-4 是一个三元件的并联系统，只要有一个元件正常工作，系统就能正常工作，以对系统“启动供电”作为初始事件，则其因果分析图如图 9-5 所示，若元件的失效概率分别为 $P_{AF}$、$P_{BF}$、$P_{CF}$，可以计算系统失效的概率 $P_F$ 为：

$$P_F = P_{AF} P_{BF} P_{CF}$$

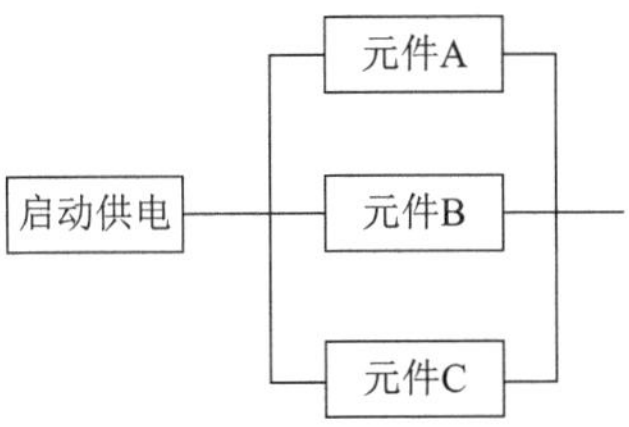


图 9-4 三元件并联系统图

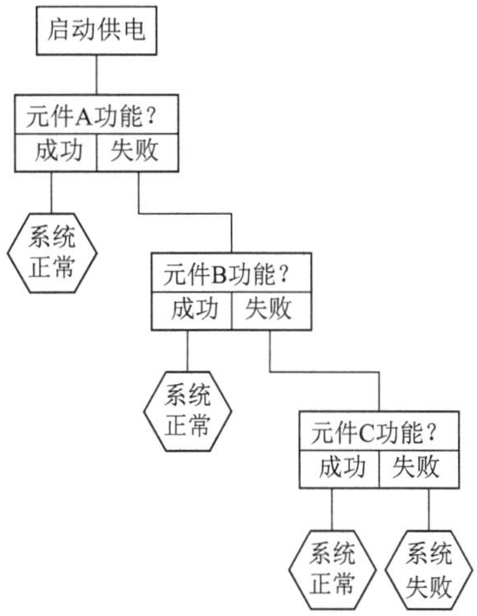


图 9-5 三元件并联系统的因果分析图

## 四、因果分析法举例

1. 复印室火灾事故因果分析

复印机的工作原理是通过给滚筒加热，以把墨粉固定在复印纸上。滚筒的热度是由自动调温器控制的，为防止温度过高时对滚筒的损坏，故在滚筒上安装了过热自动断电保护装置，某一复印室状态如下所示，且已知自动调温器和过热断电器的概率。

（1）复印机旁边经常堆放一些易燃物质，失控的热滚筒有可能点燃这些物质。

（2）复印室装有热感应自动喷淋系统。

（3）员工经常到复印室里，他可以启动火灾应急报警装置。

（4）报警后，消防队进行灭火。

对复印室火灾事故进行因果分析，初始事件为滚筒过热，其中间事件相应为周围是否有易燃物质、热感应探测器（自动喷淋系统）及应急响应系统的工作情况，每一个中间事件都是针对火灾的防范措施，其对火灾应对结果有两种情况，即应对成功或应对失败。对每一种情况进行事件树分析，得到图 9-6 右半部分。对每一个失败情况进一步采用事故树法分析其产生原因，得到图 9-6 左半部分。若已知初始事件和每个中间事件控制失败时的概率，则可确定不同结果的发生概率。见图中数据，其中 $P_0$、$P_1$、$P_2$、$P_3$ 是初始事件和环节事件的发生概率。

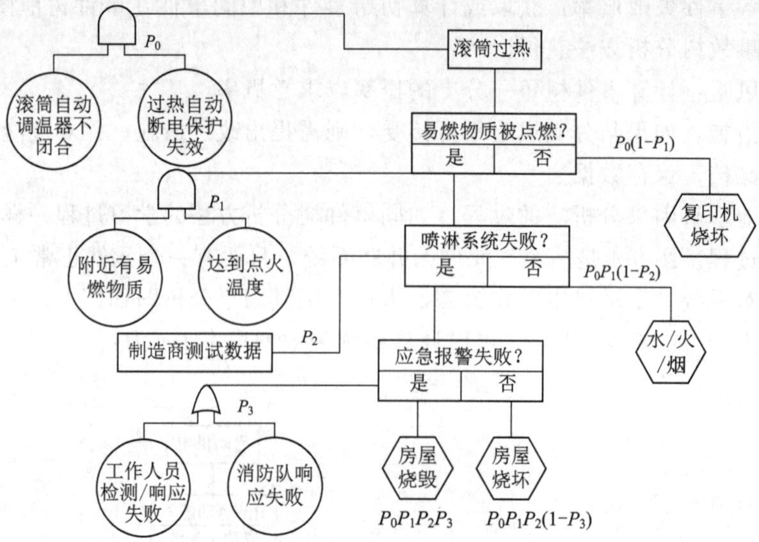


图 9-6　复印室火灾事故因果分析图

（Clemens，2002，有修改）

2. 某工厂电机过热因果分析

某工厂电机过热有可能引发火灾，工厂在设计时为减少火灾的发生，要求操作人员发现火灾苗头时立刻手动灭火，另外还有烟感自动启动喷淋系统，除此之外系统设有报警装置。以电机过热作为初始事件，其中间事件依次为火灾发生、操作人员手动灭火、启动喷淋系统和报警。图 9-7 为电机过热的因果图。

电机过热经分析可能引起 5 种结果，见图 9-7 中的六边形所示，以下分别用 $G_1$～$G_5$ 表示。关于各种结果的损失，经分析如表 9-8 所示。

**表 9-8　电机过热各种后果的损失**

| 后果 | 直接损失①/美元 | 结果描述 | 停工损失②/美元 | 总损失/美元 |
|---|---|---|---|---|
| $G_1$ | $10^3$ | 停产 2h | $2\times10^3$ | $3\times10^3$ |
| $G_2$ | $1.5\times10^4$ | 停产 24h | $24\times10^3$ | $3.9\times10^4$ |
| $G_3$ | $10^6$ | 停产 1 个月 | $744\times10^3$ | $1.744\times10^6$ |
| $G_4$ | $10^7$ | 无限期停产 | $10^7$ | $2\times10^7$ |
| $G_5$ | $4\times10^7$ | 无限期停产 | $10^7$ | $5\times10^7$ |

① 直接损失是指直接烧坏及损坏造成的财产损失。而对于 $G_5$，还包括人员伤亡产生的抚恤费。

② 停工损失是指每停工 1h 估计损失 1000 美元，$G_1$ 停工 2h，$G_2$ 停工 1 天，$G_3$ 停工 1 个月，按 31 天算，$G_4$、$G_5$ 均无限期停工，其损失约为 $10^7$ 美元。

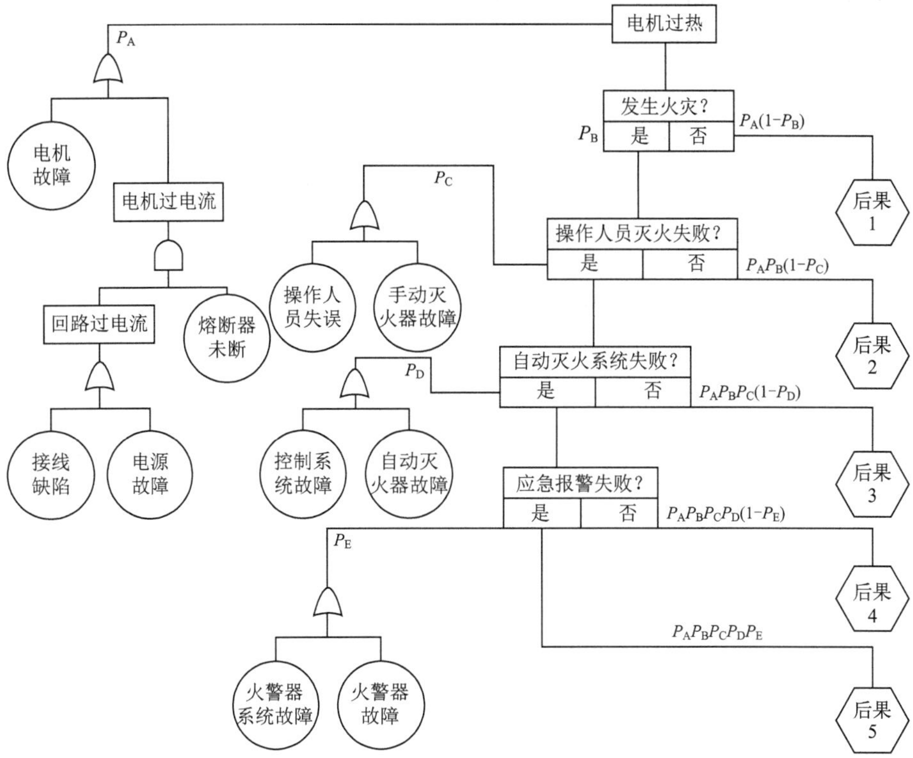


图 9-7　电机过热的因果图（罗云，等，2004）

事件的发生可以用失效率（失效频率）或失效概率来定量表示。设备失效通常用频率表示，而保护动作或装置的失效则用失效概率表示。保护装置通常会出现不明显的故障，因此需要定期进行验证测试。这种装置的失效数据既可按要求以失效概率的形式提供，也可以失效频率的形式提供，二者之间的关系为：

$$P=\frac{\lambda\tau}{2} \tag{9-1}$$

式中，$P$ 是故障概率；$\lambda$ 是失效率；$\tau$ 是验证测试间隔。

为计算初因事件和各失败的环节事件的发生概率，给出下列有关参数，见表 9-9。

**表 9-9　各事件的有关参数**

| 事件 | 有关参数 |
|---|---|
| $A$ | $A$ 发生概率 $P(A)=0.088(6\text{ 个月})^{-1}$（电机大修周期为 6 个月） |
| $B$ | 起火概率 $P(B)=0.02$（过热条件下） |
| $C$ | 操作人员失误概率 $P(X_5)=0.1$<br>手动灭火器故障 $X_6, \lambda_6=10^{-4}\text{h}^{-1}, \tau_6=730\text{h}$ |
| $D$ | 自动灭火控制系统故障 $X_7, \lambda_7=10^{-5}\text{h}^{-1}, \tau_7=4380\text{h}$<br>自动灭火器故障 $X_8, \lambda_8=10^{-5}\text{h}^{-1}, \tau_8=4380\text{h}$ |
| $E$ | 火警器控制系统故障 $X_9, \lambda_9=5\times10^{-5}\text{h}^{-1}, \tau_9=2190\text{h}$<br>火警器故障 $X_{10}, \lambda_{10}=10^{-5}\text{h}^{-1}, \tau_{10}=2190\text{h}$ |

注：$\lambda$ 是失效率，$\lambda_6$ 为手动灭火器的失效率，$\tau$ 是验证测试间隔，如 $\tau_6$ 为手动灭火器的试验周期。

根据表 9-8 的数据，可以计算各后果事件的发生概率。

(1) 后果事件 $G_1$ 的发生概率为式 (9-2)：

$$P(G_1)=P(A)[1-P(B)] \tag{9-2}$$

将 $P(A)$ 和 $P(B)$ 值代入式 (9-2)，得：

$$\begin{aligned}P(G_1)&=P(A)[1-P(B)]\\&=0.088\times(1-0.02)\\&=0.086(6\text{ 个月})^{-1}\end{aligned}$$

即，6 个月内电机过热但未起火的可能性为 0.086。

(2) 后果事件 $G_2$ 的发生概率为式 (9-3)：

$$P(G_2)=P(A)P(B)[1-P(C)] \tag{9-3}$$

其中，$C$ 事件的发生概率为式 (9-4)：

$$\begin{aligned}P(C)&=P(X_5+X_6)\\&=P(X_5)+P(X_6)-P(X_5)P(X_6)\end{aligned} \tag{9-4}$$

已知，$P(X_5)=0.1$，$P(X_6)$ 是手动灭火器故障概率。表 9-8 给出了手动灭火器的试验周期为 730h，将数据代入式 (9-1)，则 $P(X_6)$ 发生概率为：

$$P(X_6)=\frac{\lambda_6\tau_6}{2}=\frac{10^{-4}\times730}{2}=0.0365$$

将 $P(X_6)$ 代入式 (9-4) 得：

$$\begin{aligned}P(C)&=P(X_5)+P(X_6)-P(X_5)P(X_6)\\&=0.1+0.0365-0.1\times0.0365\\&=0.13285\end{aligned}$$

将 $P(C)$ 代入式 (9-3) 得：

$$\begin{aligned}P(G_2)&=P(A)P(B)[1-P(C)]\\&=0.088\times0.02\times(1-0.13285)\\&=0.001526184(6\text{ 个月})^{-1}\end{aligned}$$

(3) 后果事件 $G_3$ 的发生概率为式 (9-5)：

$$P(G_3)=P(A)P(B)P(C)[1-P(D)] \tag{9-5}$$

$D$ 事件发生概率为 $P(D)$，可以仿照上述 $P(C)$ 的处理方法。

自动灭火控制系统发生概率 $P(X_7)$ 为：

$$P(X_7)=\frac{\lambda_7\tau_7}{2}=\frac{10^{-5}\times4380}{2}=0.0219$$

同理得自动灭火器发生概率 $P(X_8)$ 为：

$$P(X_8)=\frac{\lambda_8\tau_8}{2}=\frac{10^{-5}\times4380}{2}=0.0219$$

于是得 $P(D)$ 为：

$$\begin{aligned}P(D)&=P(X_7)+P(X_8)-P(X_7)P(X_8)\\&=0.0219+0.0219-0.0219\times0.0219\\&=0.04332039\end{aligned}$$

分别将 $P(A)$、$P(B)$、$P(C)$ 和 $P(D)$ 值代入式 (9-5) 得 $P(G_3)$ 为：

$$P(G_3)=P(A)P(B)P(C)[1-P(D)]$$
$$=0.088\times0.02\times0.13285\times(1-0.04332039)$$
$$=0.000223686(6\ 个月)^{-1}$$

（4）后果事件 $G_4$ 的发生概率为式（9-6）：

$$P(G_4)=P(A)P(B)P(C)P(D)[1-P(E)] \tag{9-6}$$

其中 $P(E)$ 为：

$$P(E)=P(X_9)+P(X_{10})-P(X_9)P(X_{10}) \tag{9-7}$$

求 $X_9$ 的发生概率为：

$$P(X_9)=\frac{\lambda_9\tau_9}{2}=\frac{5\times10^{-5}\times2190}{2}=0.05475$$

求 $X_{10}$ 的发生概率为：

$$P(X_{10})=\frac{\lambda_{10}\tau_{10}}{2}=\frac{10^{-5}\times2190}{2}=0.01095$$

将 $X_9$ 和 $X_{10}$ 的发生概率值代入式（9-7），得 $P(E)$ 值为：

$$P(E)=P(X_9)+P(X_{10})-P(X_9)P(X_{10})$$
$$=0.05475+0.01095-0.05475\times0.01095=0.065100488$$

分别将 $P(A)$、$P(B)$、$P(C)$、$P(D)$ 和 $P(E)$ 的值代入式（9-6）得 $P(G_4)$ 为：

$$P(G_4)=P(A)P(B)P(C)P(D)[1-P(E)]$$
$$=0.088\times0.02\times0.13285\times0.04332039\times(1-0.065100488)$$
$$=0.000009469(6\ 个月)^{-1}$$

（5）后果事件 $G_5$ 的发生概率为式（9-8），并将各值代入得：

$$P(G_5)=P(A)P(B)P(C)P(D)P(E) \tag{9-8}$$
$$=0.088\times0.02\times0.13285\times0.04332039\times0.065100488$$
$$=0.000000659(6\ 个月)^{-1}$$

各种后果事件的发生概率和损失大小均已知道，便可求 $i$ 后果事件的风险率（或称损失率）：

$$R_i=P_iS_i$$

于是，可得到各种后果事件的发生概率、损失大小和风险率表，见表 9-10。

**表 9-10 各种后果事件的发生概率、损失大小和风险率**

| 后果事件 $G_i$ | 损失大小 $S_i$/美元 | 发生概率 $P_i/(6\ 个月)^{-1}$ | 风险率 $R_i$/(美元/6 个月) |
|---|---|---|---|
| $G_1$ | $3\times10^3$ | 0.086 | 258 |
| $G_2$ | $3.9\times10^4$ | 0.001526184 | 59.52 |
| $G_3$ | $1.744\times10^6$ | 0.000223686 | 390.11 |
| $G_4$ | $2\times10^7$ | 0.000009469 | 189.38 |
| $G_5$ | $5\times10^7$ | 0.000000659 | 32.95 |
| 累计 | | | 929.96 美元/6 个月＝1859.92 美元/年 |

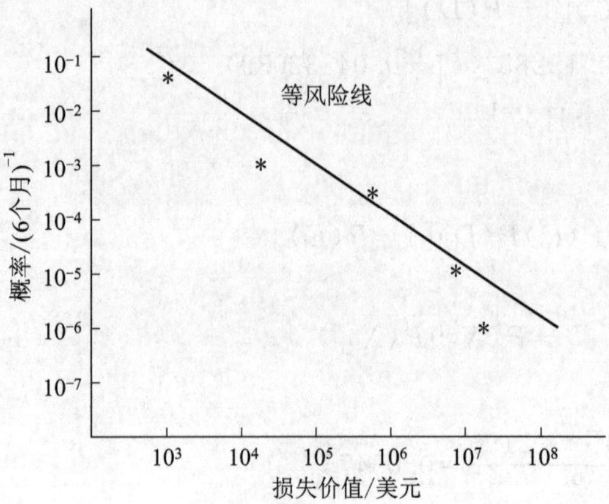


图 9-8 电机过热的风险评价曲线

按表 9-9 中数据可画出电机过热各种后果的风险评价图，见图 9-8。

这个图是英国教授法默（Farmer）最早提出的，因此这个图又称为法默风险评价图。图中斜线表示风险率为 300 美元/6 个月的等风险线。如果设计要求所有后果事件均不得超过这个风险率，那么，这个系统除 $G_3$ 以外都达到了安全要求，不需再调整。而对于 $G_3$，则应对有关安全设施或系统本身重新进行安全性和可靠性分析，提出相应措施，使其降至 300 美元/6 个月以下。如果从整体考虑，各后果事件的风险率总和不超过 1000 美元/6 个月为允许的风险率的话，亦可认为此系统及其安全设施是可以接受的，或称其为安全的。

## 五、因果分析法适用性说明

1. 适用条件

因果分析的目的是辨识某一初始事件可能导致的各种结果，通常始于一个意外事件而以不希望的结果结束。这种分析方法可以提供一个概率计算。它适用于系统、子系统以及组件各个层面的分析，在概念设计阶段、详细设计阶段都有着较好的适用性。这种方法在产品生命周期运用得越早，越有利于提出有效的控制措施。

采用因果分析法时，需要分析人员对研究对象有着较为深刻的理解，这样易于确定初始事件以及相对应的中间事件，也便于确定各种结果。由于因果分析是基于事故树和事件树的分析方法，因而也要求分析人员对事件树和事故树分析方法有着较好的掌握。特别是当系统复杂时，这方面的要求也就越高。

因果分析法可定性地确定由初始事件引发的各种结果，从而在管理上为确定控制提供依据，还可通过概率风险评估手段确定各种结果的发生概率，在管理和设计修改方面都很有参考价值。

2. 优点

因果分析的优点在于以下几点。

（1）这种分析方法不仅仅限于某个故障的最坏结果，因而能较为客观地对初始事件的发生发展进行评估。

（2）这种分析方法可以对多层面、相互作用的子系统共同存在的缺陷进行评估。

（3）事件发生发展明晰，分析图十分直观。

（4）可以评估单个事件潜在的结果，了解整个系统的脆弱环节以及如何采取安全控制措施，其分析结果可进一步指导风险决策。

（5）这种分析方法可通过计算机实现，可大大减少分析时的工作量。

3. 局限性

因果分析法的局限性在于以下几点。

（1）这种分析方法是针对一个初始事件的分析，因而对一个复杂系统则需要进行多个分析。

(2) 需要分析人员对初始事件可能发生的事情有着较好的掌握。

(3) 许多中间事件的发生概率并不容易求出。

(4) 后果的严重度的确定往往依据分析人员的经验判断，具有主观性。

4. 注意事项

当初次运用因果分析时应避免如下三个问题。

(1) 没有辨识合理的初始事件。

(2) 没有辨识所有有关的中间事件。

(3) 没有建立正确的因果分析图。

## 复习思考题

1. 了解安全检查表和故障假设分析两种方法的分析过程。
2. 理解安全检查表和故障假设分析两种方法的适用条件。
3. 请掌握因果图的基本符号。
4. 试说明因果分析法的流程并与事故树分析、事件树分析的流程进行比较。
5. 因果分析法如何进行危险辨识和危险控制？
6. 简述因果分析法的适用条件。
7. 试编制学生宿舍火灾防范安全检查表。

## 参考文献


[1] 冯肇瑞，崔国璋. 安全系统工程 [M]. 北京：冶金工业出版社，1987.

[2] 张景林，崔国璋. 安全系统工程 [M]. 北京：煤炭工业出版社，2002.

[3] 汪元辉. 安全系统工程 [M]. 天津：天津大学出版社，1999.

[4] 罗云，周福宝，樊运晓，等. 注册安全工程师手册 [M]. 3 版. 北京：化学工业出版社，2020.

[5] CCPS. Guidelines for Hazard Evaluation Procedures [M]. 3th ed. Hoboken, NJ: John Wiley & Sons, 2008.

[6] 廖学品. 化工过程危险性分析 [M]. 北京：化学工业出版社，2000.

[7] Bahr N J. System Safety Engineering and Risk Assessment: A Practical Approach [M]. 2nd ed. CRC Press Taylor & Francis Group, 2015.

[8] Clemens P L, Simmons R J. System Safety and Risk Management: NIOSH Instructional Module [M]. Cincinnati: U. S. Department of Health and Human Services, 1998.

[9] Ericson C A. Hazard Analysis Techniques for System Safety [M]. 2nd ed. John Wiley & Sons, 2016.

[10] Clemens P L. Cause-Consequence Analysis (Lecture Presentation) [Z]. 3rd ed. Tullahoma: Sverdrup Technology, Inc., 2002.

[11] Hyatt N. Guidelines for Process Hazards Analysis: Hazards Identification & Risk Analysis [M]. Ontario: Dyadem Press, 2003.

# · 第十章 ·

# 其他事故风险评价方法

本书第一章给出了事故风险的定义，第三章介绍了事故风险的评价流程。风险评价的发展历程与可靠性评价的历程紧密相关，最早的风险评价可追溯到20世纪30年代。1921年奈特（Knight）在《风险、不确定性和利益》一书中定义风险为可测量的不确定性；之后，随着系统安全学科的产生与发展，事故风险评价日益受到关注，PHA、FMEA、HAZOP等方法相继推出。进入70年代，风险评价由定性转入定量，其中最为重要的成就是“核反应堆安全研究（NUREG-75/014 1975）”，该研究相继开发了多种新的风险评价方法，如韦塞利（Vesely）提出的“动力树理论”（KITT）和弗莱明（Fleming）的共因故障的模型等。与此同时，美国核管理委员会NRC在风险评价的发展中发挥了积极的作用，1981年出版的《事故树手册》（NUREG-0492）和《PRA程序指南：核电厂概率风险评估绩效指南》（NUREG/CR-2300）被视为是事故风险评价的重要文献。随后，事故风险评价在化工生产、基础设施建设等领域均有着重要的发展。

关于风险评估应该如何进行以及应该进行到什么程度，并没有绝对的规则。美国NASA的PRA指南提供了一些有益建议，NRC也提供了许多关于该主题的指导文件；OSHA的高危险化学品的过程安全管理条例（29CFR1910.119，Process Safety Management of Highly Hazardous Chemicals）要求对某些类型的化学品操作进行危险分析，能源部（Department of Energy，DOE）则规定对某些类型的设施进行风险评估。另一方面，化工领域的重大事故促进了风险评价工作的推动，英国的弗里克堡事故和意大利的塞韦索事故推动欧盟于1982年推出了塞韦索指令；1985年印度的博帕尔事故推动美国化学工程师协会成立了化工过程安全中心（CCPS），系统地开展了化工行业的风险评价。

自20世纪80年代初期，我国引入安全检查表、预先危险分析、故障模式及影响分析、危险与可操作性研究等系统安全分析方法以及火灾、爆炸指数法、蒙德法等风险评价方法，这些方法被用于机械、化工、石化、冶金等行业，促进了我国企业安全管理的科学化。日本从20世纪70年代开始引进风险管理，风险评价工作则始于20世纪末。但是，日本人有时避讳“风险”这个词，所以有的日本安全工程学学者建议在安全工作中把风险评价改称为安全评价。在这一背景下，事故的风险评价在我国也常常被称为安全评价。本章所介绍的是在系统安全工程中基于风险的概念并在实践中加以扩展的几种常用方法。

# 第一节 关于作业条件危险性评价法的说明

## 一、背景说明

针对安全管理方案，西蒙兹（Simonds）、格里马迪（Grimaldi）在1956年出版的《安全管理：事故损失与控制》一书和海因里希在1959年的《工业事故预防》（第4版）一书中不约而同提出相似的观点：安全方案的制定应依据所记录的事实信息，根据信息而不是主观直觉进行决策判定；同样地，针对危险控制所提出的各项建议措施本质上应该是定量的，这样便于决策者评估风险情形、确定备选方案或确定安全的优先事项。在此背景下，20世纪70年代出现了基于价值工程与安全决策相结合的研究，主要包括1971年费恩（Fine）的《危险控制的数学评价》、1974年高升（Gausch）的《价值工程与决策》以及1976年金尼（Kinney）和维鲁斯（Wiruth）的《安全管理的实用风险分析》等，这些方法是目前我国安全评价中常用的作业条件危险性评价法的基础，为使读者更好了解作业条件危险性评价法，本节简要介绍费恩和金尼、维鲁斯的研究工作。

## 二、危险控制的数学评价法

费恩为美国海军军械实验室主任，他认为若要有效地控制危险以预防事故的发生，有两个重要问题需要解决：首先是如何计算所面临危险情境的风险大小；其次是如何衡量危险控制措施的投入成本是否合理。基于此，费恩给出了两个公式，一是采用数值化的评估方式用于“计算”危险情境的“风险”；二是权衡各项预期控制措施的估计成本和有效性，并对成本的合理性进行定量评估；最后基于以上二者确定危险控制措施投入成本的合理性。

在费恩危险控制的数学评价中涉及3个基本概念，即危险（Hazard）、危险事件（Hazard-Event）和事故序列（Accident Sequence），尽管这些概念在不同的教科书中存在不同的定义，但为了更好地帮助读者理解该方法的内涵，表10-1给出费恩方法3个概念的定义及示例。

**表 10-1 费恩方法 3 个概念的定义及示例**

| 基本概念 | 定 义 | 示 例 |
|---|---|---|
| 危险 | 导致事故的任何不安全条件或可能的来源 | 地面上有未设防护的孔洞 |
| 危险事件 | 危险与可能触发事故的人或活动的组合 | 某人正走在有未设防护孔洞的地面上 |
| 事故序列 | 从危险事件开始到事故结果结束所发生的系列情形 | —① |

① 原文中未给出实例，读者可参照“危险控制的数学评价法示例”中的事故序列。

1. 数值化的风险计算

数值化的风险计算用于表征在未采取适当的危险控制措施的情形下工作中的风险情形，风险与潜在的事故结果（Consequences of An Accidnet）、暴露因素（Exposure Factor）和概率因素（Probability Factor）相关，其中：事故结果指潜在事故最可能导致的结果，包括人员伤亡和财产损失；暴露指危险事件（危险与触发事故序列的人员或活动的组合）发生的频率；概率则指一旦危险事件发生，整个事故序列将基于必要的时间和巧合而导致事故和后果发生的可能性。风险值可按照式（10-1）计算，三个因素的内涵、分级及赋值见表 10-2。

$$R=CEP \tag{10-1}$$

式中，$R$ 为风险；$C$ 为事故结果；$E$ 为暴露因素；$P$ 为概率因素。

**表 10-2 风险因素的内涵、分级及赋值**

| 因素 | 定义 | 分级 | 赋值 |
|---|---|---|---|
| 结果 | 潜在事故最可能呈现的结果 | 灾难；大量的致死；损失超 100 万美元；活动受严重干扰 | 100 |
| | | 多人致死；损失在 40 万～100 万美元之间 | 50 |
| | | 致死；损失在 10 万～50 万美元之间 | 25 |
| | | 重伤（截肢，永久失能）；损失在 1000～10 万美元之间 | 15 |
| | | 失能伤害；损失达 1000 美元 | 5 |
| | | 轻微的割伤、擦伤、磕碰；轻微损坏 | 1 |
| 暴露 | 危险事件的发生频率 | 危险事件连续发生（或每日多次） | 10 |
| | | 危险事件经常发生（约每日 1 次） | 6 |
| | | 危险事件偶尔发生（每周或每月 1 次） | 3 |
| | | 危险事件不常发生（每年 1 次到每月 1 次之间） | 2 |
| | | 危险事件很少发生（据悉曾经发生过） | 1 |
| | | 危险事件很不可能发生（不知道发生过） | 0.5 |
| 概率 | 事故序列完成的可能性 | 如果危险事件发生，完整的事故序列及其预期结果极其可能 | 10 |
| | | 完整的事故序列是完全可能的，并不罕见，有 50％的可能 | 6 |
| | | 完整的事故序列将是一个不寻常的序列或巧合 | 3 |
| | | 完整的事故序列将是一个极有可能的巧合 | 1 |
| | | 经过多年的暴露，完整的事故序列从未发生过，但可以想象是可能的 | 0.5 |
| | | 完整的事故序列实际上是不可能发生的（从未发生过） | 0.1 |
| 控制措施投入成本 | 控制措施拟投入的成本 | 大于 50000 美元 | 10 |
| | | 25000～50000 美元 | 6 |
| | | 10000～25000 美元 | 4 |
| | | 1000～10000 美元 | 3 |
| | | 100～1000 美元 | 2 |
| | | 25～100 美元 | 1 |
| | | 低于 25 美元 | 0.5 |
| 控制措施纠正程度 | 危险减少的程度 | 危险被完全消除，100％ | 1 |
| | | 危险被减少了至少 75％ | 2 |
| | | 危险被减少了 50％～75％ | 3 |
| | | 危险被减少了 25％～50％ | 4 |
| | | 对危险有轻微的影响，少于 25％ | 6 |

注：表中内容完全参照原文，“结果”中各情形之间为“或”的关系，用“；”隔开；其中第二级和第三级“损失”数值在原文中存在交叉现象。另外，各要素对分级指标中的分界值未进行特别说明，如当控制措施投入成本正好为 25000 美元时归为哪一级不详。

2. 控制措施投入成本的合理性

危险一旦被辨识出来，就应考虑其控制措施并估算控制措施的成本。费恩引入了危险控制措施投入成本合理性（Cost Justification）的概念，并将确定风险值的式（10-1）稍加扩展，建立了衡量投入成本合理性的公式，投入成本合理性与投入成本因素（Cost Factor）和控制措施修正程度（Degree of Correction）有关。其中，投入成本因素用于衡量在采取控制措施时预计投入的成本；控制措施修正程度用于衡量在采取控制措施时，该措施在消除或减缓危险、阻止危险事件发生，以及中断事故序列等方面的有效性程度。这两个因素的分级及赋值见表 10-2，投入成本合理性指数具体计算如式（10-2）。

$$J=\frac{R}{\mathrm{CF}\times\mathrm{DC}}=\frac{CEP}{\mathrm{CF}\times\mathrm{DC}} \tag{10-2}$$

式中，$J$ 为投入成本合理性指数；CF 为投入成本因素；DC 为控制措施的修正程度；$R$、$C$、$E$、$P$ 的意义同式（10-1）。

将相关数据代入式（10-2），如果 $J$ 值大于或等于 10，则危险控制措施投入成本合理；反之，如果 $J$ 值小于 10，则危险控制措施投入成本不合理。

3. 危险控制的数学评价法示例

某机械车间使用 50 根装有压缩空气的软管进行一般的清洁工作。这些软管在各种压力下使用，空气压力有的高达 90lbf/in$^2$（1lbf/in$^2$＝6894.76Pa），它们没有安装适当的减压喷嘴。虽然大多数工人都佩戴护目镜，但仍有可能导致眼睛受伤。这项工作危险最可能导致的结果是严重的眼部伤害。事故序列如下。

（1）许多机器操作员使用压缩空气吹走作业中产生的金属屑。

（2）大多数员工在危险区域工作时偶尔会摘下安全眼镜（危险事件）。

（3）一名没有戴护目镜的员工走过一台正在使用压缩空气软管进行工作的机器。

（4）金属碎片飞入该员工的眼睛。

（5）眼睛严重受伤。

鉴于这些情况，后果是眼睛受伤致残，因此 $C=5$。暴露是可以直接观察到的，员工在对眼睛有害的区域工作时摘下护目镜这一危险事件每天都会发生很多次，因而 $E=10$。整个事故序列的概率被判定为“非常可能”，则 $P=6$。

该例中的危险是指车间在使用压缩空气时没有安装适当的减压喷嘴；建议的危险控制措施则是在 50 根空气软管上安装适当的减压喷嘴，每根成本为 8 美元，危险控制措施的投入成本共计 400 美元；该危险控制措施可将危险至少减少 50%。依据表 10-2，可确定 CF＝2，DC＝3。将各数值代入式（10-2），可确定危险控制措施投入成本的合理指数 $J$。

$$J=\frac{CEP}{\mathrm{CF}\times\mathrm{DC}}=\frac{5\times10\times6}{2\times3}=50$$

$J$ 值大于 10，说明危险控制措施成本具有合理性。

## 三、安全管理的实用风险分析方法

在炸药及其应用的研究中，安全问题至关重要。金尼和维鲁斯从炸药爆炸效应的安全角度考虑，在完成美国海军中心《安全管理的实用风险分析》的研究报告中，于 1976 年提出了安全管理的实用风险分析方法，该方法基于费恩的危险控制的数学评价法，认为生产中的安全管理应基于如下的安全准则。

(1) 风险永远不可能被完全消除。

(2) 谨慎和努力可以降低危险带来的风险。

(3) 在降低风险的努力中应尽可能实现收益最大化。

安全管理的实用风险分析方法结合分析对象对式（10-2）中的参数分级进行了修正，并增加了该方法的计算图形（Nomographs）表达方式。方法所涉及的参数及相应的分级标准如下。

1. 危险事件的可能性（Likelihood）

危险事件发生的可能性与其实际发生的概率相关，可能性的范围从完全出乎意料到可以预料的事件，具体分级标准见表 10-3。

**表 10-3 可能性分级标准**

| 可 能 性 | 赋 值 |
| --- | --- |
| 很有可能 | 10 |
| 相当有可能 | 6 |
| 不常见，但有可能 | 3 |
| 几乎不可能 | 1 |
| 可以想象，但可能性很小 | 0.5 |
| 实际上不可能 | 0.2 |
| 几乎不可能 | 0.1 |

2. 暴露因素（Exposure Factor）

暴露于潜在危险情况的程度越高，相关风险就越大。对于比较罕见的暴露情况取值为 1，连续暴露的情况取值为 10，暴露因素的具体分级标准见表 10-4。

**表 10-4 暴露因素分级标准**

| 暴 露 因 素 | 赋 值 |
| --- | --- |
| 连续 | 10 |
| 频繁（每天） | 6 |
| 偶尔（每周一次） | 3 |
| 不寻常（每月几次） | 2 |
| 罕见（每年几次） | 1 |
| 非常罕见（每年一次） | 0.5 |

3. 可能的后果（Consequence）

危险事件造成的伤害或资产损失范围可以从轻微的伤害或几乎不明显的损失到灾难性的损失，后果因素的具体分级标准见表 10-5。

**表 10-5 后果因素分级标准**

| 后 果 因 素 | 赋值 |
| --- | --- |
| 灾难（多人死亡，或 损失 $>10^7$ 美元） | 100 |
| 灾害（少数人死亡，或损失 $>10^6$ 美元） | 40 |
| 非常严重（死亡，或损失 $>10^5$ 美元） | 15 |
| 严重（重伤，或损失 $>10^4$ 美元） | 7 |
| 重要（失能，或损失 $>10^3$ 美元） | 3 |
| 值得注意（轻微急救事故，或损失 $>100$ 美元） | 1 |

4. 风险值（Risk Score）

潜在危险情境的风险值是危险事件可能性（$L$）、暴露（$E$）和可能的后果（$C$）三者分值的乘积，风险值的具体分级标准见表 10-6。风险值的图形计算见图 10-1。图中自左第一列为危险事件可能性，暴露因素排在第二列，可能的后果排在第四列。如果采用风险值的图形计算法确定风险分值，则需要对照表 10-3～表 10-5 确定 $L$、$E$、$C$ 各因素的值并标在图 10-1 各因素相对应的位置；然后，从可能性因素 点通过暴露因素点画一条线并延伸到中心的连接线；另一点是从连接线上的这一点出发，穿过后果因素的点并延伸到风险分值的标尺。

**表 10-6　风险值分级标准**

| 风险值 | 风险情形 |
|---|---|
| ＞400 | 极高的风险；考虑停止运行 |
| 200～400 | 高风险；需要立即纠正 |
| 70～200 | 较高风险；需要校正 |
| 20～70 | 基本有风险；注意指示 |
| ＜20 | 可接受风险；也许可以接受 |

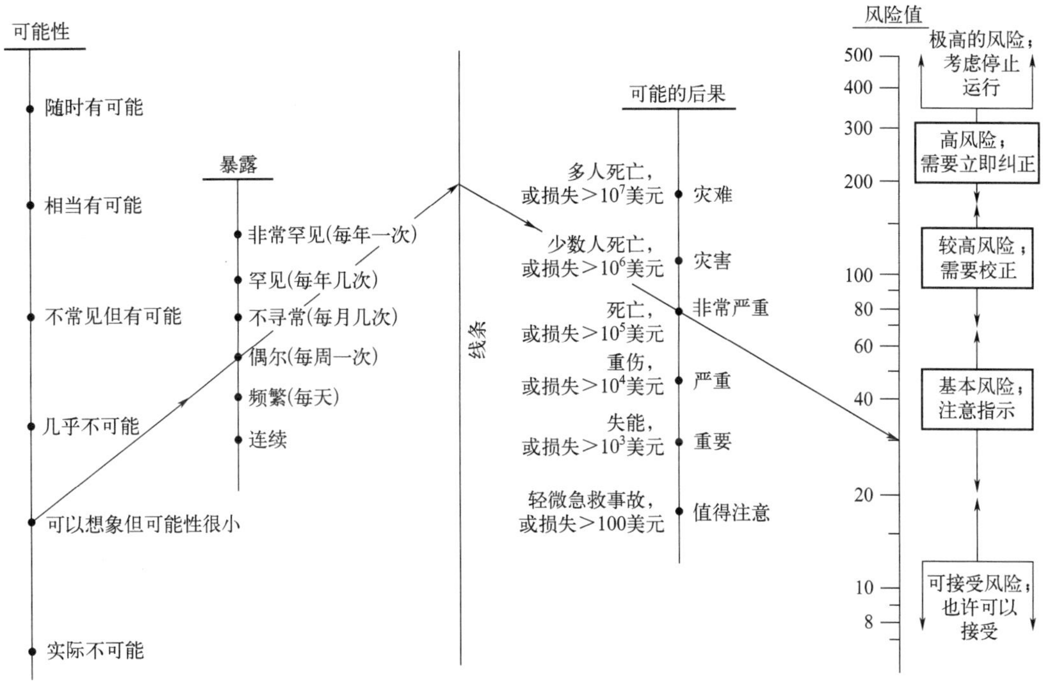


图 10-1　风险分析各因子分级图谱

5. 危险控制措施的有效性系数

针对危险事件所拟采取的控制措施（金尼和维鲁斯称为风险减少行动）并非都完全有效，如果所采取控制措施能将危险完全消除，则效果值计为 1；如果控制措施无效，则效果值计为 0，中间值根据其有效性赋值。

6. 危险控制措施的成本系数

危险控制措施的成本与投入的合理性成反比，金尼和维鲁斯根据当时的情况确定成本系数的计算公式如式（10-3），该式现在仅供参考。

$$D=\sqrt[3]{\frac{C}{100}} \tag{10-3}$$

式中，$D$ 为成本系统；$C$ 为控制措施的投入成本。

7. 危险控制措施投入合理性系数（Justification Factor）

将特定情形下的风险值乘以控制措施有效性系数，再除以其成本系数则得到投入合理性系数。该系数与经验有关，分级标准见表 10-7。如同风险值一样，合理性系数也可以采用图形计算法求得。该系数与风险值和控制措施的有效性和成本系数相关，通过图 10-2 各行上的点之间的连线则可确定合理性系数。

**表 10-7 投入合理性系数分级标准**

| 投入合理性系数值 | 投入合理性系数的内涵 |
|---|---|
| ＜10 | 危险控制措施值得怀疑 |
| 10～20 | 危险控制措施合理 |
| ＞20 | 危险控制措施非常值得 |

注：小的风险降低并不能证明花费时间、精力和金钱是合理的，这样的努力在其他情况下可能会更有效。

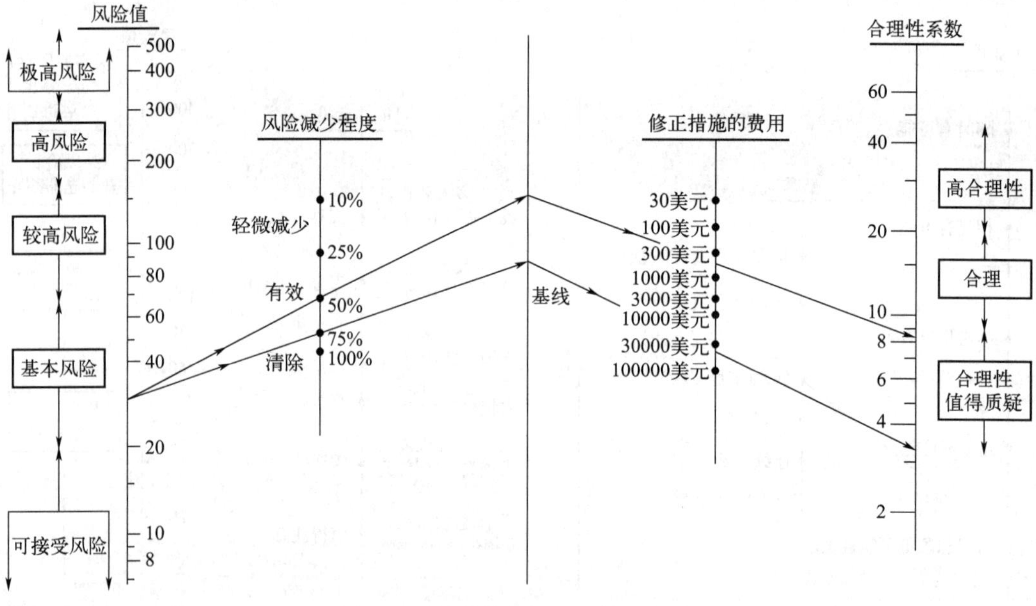


图 10-2 控制措施投入有效性图谱

与代数方法相比，图形计算方法有以下几个优点。

（1）在使用示意图时，无须参考单独的数值表，因为可以直接通过图表的描述项进行输入。

（2）用图表进行算术计算比较简单，虽然精度有限，但对此处的目的来说是非常令人满意的。

（3）图形解决方案可自动为风险分析和合理性计算提供文档。

8. 安全管理的实用风险分析方法示例

进入某化工厂入口通道的车辆偶尔会经过一个装有丙烷的储罐。在这条通道上行驶的满载卡车可能会在靠近丙烷储罐的地方意外转向，撞上储罐。在这种情况下，罐体可能会发生故障，并泄漏出极易燃烧的内装物质。如果这些内装物着火，损失可能会很大。油罐及其内装物的损失以及对工厂邻近部分造成的损害可能高达 25 万美元。这种情况的风险分值是多少？

（1）上述事件链所描述的情形“想象中可以发生，但可能性很小”，所以可能性的赋值为 0.5。

（2）上述情形只是偶尔暴露（每周一次），暴露的赋值为 3。

（3）至于可能的后果，预计不会造成严重的人身伤害。对于约 250000 美元的物质损失，后果系数（通过内插法）的值为 25。

（4）风险值为 $0.5\times3\times25\approx30$。

这个 30 分左右的风险值属于基本可能的风险范围内，需要引起一定的注意。

这部分计算也可按照图 10-1 通过图形计算法完成。首先，输入点是指定的可能性和暴露程度。通过这些点的直线延伸到连接线，然后通过可能后果点画到风险分数线上。这里显示的风险分值约为 30 分，被描述为可能的风险，需要引起注意。

针对上述的危险情境，建议将丙烷储罐移到一个更偏远的地方，距离入口约 30m。这样可以消除 75％的与假定事故有关的风险。据估计，搬迁和必要的重新铺设管道将花费约 3 万美元。这一建议控制措施的合理性和成本效益如何？

（1）风险值如上为 30。

（2）减少 75％的风险值为 0.75。

（3）成本系数为 $\sqrt[3]{\dfrac{30000}{100}}=6.7$。

（4）成本合理性系数为 $30\times0.75\div6.7=3.3<10$。

成本效益仅为 3.3，表明该建议的价值值得怀疑。但是，由于 30 分的风险分值表明可能存在某种风险，因此似乎应该研究其他的风险控制方法。

有人建议，在道路两旁适当设置坚固的护栏，可以大大降低这里的损坏风险，也许可以降低 50％。每米护栏的造价应为 400 美元左右。这一建议的安全措施的合理性和成本效益如何？

（1）风险值如上为 30。

（2）减少 50％的风险值为 0.5。

（3）成本系数为 $\sqrt[3]{\dfrac{400}{100}}=1.6$。

（4）成本合理性系数为 $30\times0.5\div1.6=9.3<10$。

成本效益表明为 9.3，该项控制措施较移动丙烷储罐的措施而言更合理些，但鉴于成本合理性系数仍小于 10，也许还应该研究其他的控制。例如，严格执行车速限制是否是一种可行的措施？或者，是否应该推迟针对这一具体风险采取的行动，转而针对其他风险情况采取更合理的行动？

## 第二节　作业条件危险性评价法

### 一、方法概述

作业条件危险性评价法又称 LEC 法，是我国学者在《危险控制的数学评价法》和《安全管理的实用风险分析方法》的基础上，结合我国当时的生产状况及风险评价需求，加以改进而确定的风险评价方法。该方法针对有危险的作业环境，认为事故的发生概率既与该作业环境本身发生事故的概率有关，还与人员暴露于该环境的状况有关，因而影响危险作业条件的因素可由以下三个方面确定。

（1）危险作业条件（或环境）发生事故的概率，通常用 $L$ 表示。

（2）人员暴露于危险作业条件（或环境）的概率，通常用 $E$ 表示。

（3）事故一旦发生可能产生的后果，通常用 $C$ 表示。

如果作业危险性评价结果用 $D$ 表示，则作业危险性评价公式如式（10-4）：

$$D=LEC \tag{10-4}$$

作业危险性评价法依据格雷厄姆和金尼确定的各值分级标准，代入公式计算后，从而可以确定评价结果。$D$ 值大，说明该系统危险性大，需要增加安全措施，或改变发生事故的可能性，或降低人体暴露于危险环境中的频繁程度，或减轻事故损失，直至调整到允许范围。

$L$ 是指发生事故的可能性大小。事故或危险事件发生的可能性大小，当用概率来表示时，绝对不可能的事件发生的概率为 0，而必然发生的事件的概率为 1。然而，在做系统安全考虑时，绝不发生事故是不可能的，所以人为地将“发生事故可能性极小”的分数定为 0.1，而必然要发生的事件的分数定为 10，介于这两种情况之间的情况指定了若干个中间值，$L$ 值分级标准如图 10-3 所示。

$E$ 是指暴露于危险环境的频繁程度。人员出现在危险环境中的时间越长，则危险性越大。规定连续暴露在危险环境的情况定为 10，而非常罕见地出现在危险环境中定为 0.5。同样，将介于两者之间的各种情况规定若干个中间值，$E$ 值分级标准如图 10-3 所示。

$C$ 是指发生事故产生的后果。事故造成的人身伤害变化范围很大，对伤亡事故来说，可从极小的轻伤直到多人死亡的严重结果。由于范围广阔，所以规定分数值为 1～100，把需要救护的轻微伤害规定分数为 1，把造成多人死亡的可能性分数规定为 100。其他情况的数值均在 1～100 之间，$C$ 值分级标准如图 10-3 所示。

$D$ 是指危险性分值。值得说明的是，根据本章第一节的内容，由“$LEC$”表征的 $D$ 值确切的内涵是指作业的风险值，但由于该方法最初翻译的原因，$D$ 值被定义为危险性分值并一直被沿用至今；鉴于这一概念在生产实践中的广泛应用，本教材则沿用已经约定俗成的称谓。根据公式就可以计算作业的危险程度，但关键是如何确定各个分值和总分的评价。根据经验，总分在 20 以下是被认为低危险的，这样的危险比日常生活中骑自行车去上班还要安全些；如果危险分值达到 70～160 之间，那就有显著的危险性，需要及时整改；如果危险分值在 160～320 之间，那么这是一种必须立即采取措施进行整改的高度危险环境；分值在 320 以上的高分值表示环境非常危险，应立即停止生产直到环境得到改善为止。危险等级的划分是凭经验判断，难免带有局限性，不能认为是普遍适用的，应用时需要根据实际情况予以修正。风险各要素等级划分如图 10-3 所示。

## 二、适用条件

作业危险性评价方法是评价人们在某种具有潜在危险的作业条件（或环境）中进行作业的危险程度，该法简单易行，危险程度的级别划分比较清楚。但是，由于该方法主要是根据经验来确定 3 个因素的分数值，随系统的变化，其应用具有局限性，因而应用时可根据行业

D=LEC

| 分数值 | 事故发生的可能性(L) | 分数值 | 人员暴露于危险环境的频繁程度(E) |
| --- | --- | --- | --- |
| 10 | 完全可以预料到 | 10 | 连续暴露 |
| 6 | 相当可能 | 6 | 每天工作时间暴露 |
| 3 | 可能，但不经常 | 3 | 每周一次，或偶然暴露 |
| 1 | 可能性小，完全意外 | 2 | 每月一次暴露 |
| 0.5 | 很不可能，可以设想 | 1 | 每年几次暴露 |
| 0.2 | 极不可能 | 0.5 | 非常罕见的暴露 |
| 0.1 | 实际不可能 | | |

| 分数值 | 事故严重度/万元 | 发生事故可能造成的后果(C) |
| --- | --- | --- |
| 100 | ＞500 | 大灾难，许多人死亡，或造成重大财产损失 |
| 40 | 100 | 灾难，数人死亡，或造成很大财产损失 |
| 15 | 30 | 非常严重，1人死亡，或造成一定的财产损失 |
| 7 | 20 | 严重，重伤，或较小的财产损失 |
| 3 | 10 | 重大，致残，或很小的财产损失 |
| 1 | 1 | 引人注目，不利于基本的安全卫生要求 |

LEC法危险性分级依据

| 危险源级别 | D 值 | 危险程度 |
| --- | --- | --- |
| 一级 | ＞320 | 极其危险，不能继续作业 |
| 二级 | 160～320 | 高度危险，需要立即整改 |
| 三级 | 70～160 | 显著危险，需要整改 |
| 四级 | 20～70 | 一般危险，需要注意 |
| 五级 | ＜20 | 稍有危险，可以接受 |

图 10-3　LEC 风险分级法

特点或系统特点对其进行修正。

## 三、评价实例

某涤纶化纤厂在生产短丝过程中有一道组件清洗工序，为了评价这一操作条件的危险度，确定每种因素的分数值如下所述。

（1）事故发生的可能性（$L$）：组件清洗所使用的三甘醇，属四级可燃液体，如加热至沸点时，其蒸气爆炸极限范围为 0.9%～9.2%，属一级可燃蒸气。而组件清洗时，需将三甘醇加热后使用，致使三甘醇蒸气容易扩散到空间，如室内通风设备不良，具有一定的潜在危险，属“可能，但不经常”，其分数值 $L=3$。

（2）暴露于危险环境的频繁程度（$E$）：清洗人员每天在此环境中工作，取 $E=6$。

（3）发生事故产生的后果（$C$）：如果发生燃烧爆炸事故，后果将是非常严重的，可能造成人员的伤亡，取 $C=15$。则有：

$$D=LEC=3\times6\times15=270$$

评价结论：270 处于 160～320 之间。危险等级属“高度危险，需立即整改”的范畴。

## 第三节 美国道化学公司火灾、爆炸指数评价法

### 一、方法概述

美国道化学公司自 1964 年开发《火灾、爆炸危险指数评价法》（第一版）以来，历经 29 年，不断修改完善，在 1993 年推出了第七版。道化学公司火灾、爆炸危险性指数评价法（以下简称道七版）是以工艺过程中物料的火灾、爆炸潜在危险性为基础，结合工艺条件、物料量等因素求取火灾、爆炸指数，以已往的事故统计资料及物质的潜在能量和现行安全措施为依据，以可能造成的经济损失来评估生产装置的安全性。

### 二、评价步骤

道化学火灾、爆炸指数评价法基本步骤如图 10-4 所示。

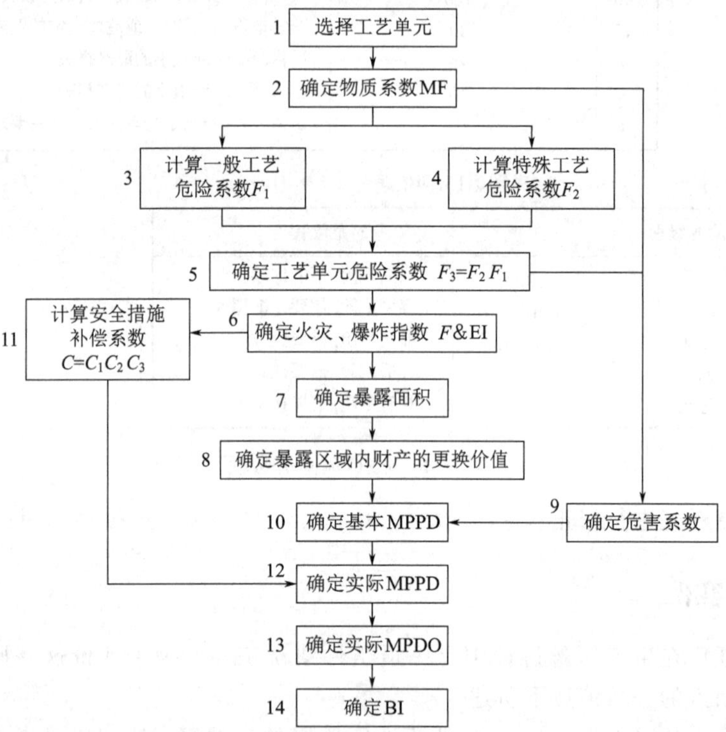


图 10-4 道化学火灾、爆炸指数评价法基本步骤（国家安全生产监督管理局，2005，有修改）

1. 选择工艺（评价）单元

一套生产装置包括许多工艺单元，但计算火灾、爆炸指数时，只评价那些从损失预防角度来看影响比较大的工艺单元，这些单元可称为评价单元。工艺单元的划分要根据设备间的逻辑关系，如在氯乙烯单体或二氯乙烷工厂的加热炉或急冷区中可以划分为二氯乙烷预热器、二氯乙烷蒸发器、加热炉、冷却塔、二氯乙烷吸热器和脱焦槽等单元。仓库的整个储存区不设防火墙，可作为一个单元。选择评价单元时应注重潜在化学能（物质系数），工艺单

元中危险物质的数量，资金密度（每平方米美元数），操作压力和操作温度，导致火灾、爆炸事故的历史资料，以及对装置操作起关键作用的单元（如热氧化器）等几个重要参数。一般情况下，这些方面的数值越大，该工艺单元越需要评价。评价单元确定后将其填写在表10-8中“工艺单元”后的空格中。

**表 10-8　火灾、爆炸指数 *F*&EI 计算表**

| 地区/国家： | 部门： | 场所： | 日期： |
|---|---|---|---|
| 位置： | 生产单元： | 工艺单元： | |
| 评价人： | 审定人(负责人)： | | 建筑物： |
| 检查人(管理部)： | 检查人(技术中心)： | | 检查人(安全和损失预防)： |
| 工艺设备中的物料： | | | 确定 MF 的物质： |
| 操作状态：设计—开车—正常操作—停车 | | | 温度： |

| 物质系数 | 危险系数范围 | 采用危险系数 |
|---|---|---|
| 1. 一般工艺危险 | | |
| 基本系数 | 1.00 | 1.00 |
| A. 放热化学反应 | 0.30～1.25 | |
| B. 吸热反应 | 0.20～0.40 | |
| C. 物料处理与输送 | 0.25～1.05 | |
| D. 密封式或室内工艺单元 | 0.25～0.90 | |
| E. 通道 | 0.20～0.35 | |
| F. 排放或泄漏控制 | 0.25～0.50 | |
| 一般工艺危险系数($F_1$) | | |
| 2. 特殊工艺危险 | | |
| 基本系数 | 1.00 | 1.00 |
| A. 毒性物质 | 0.20～0.80 | |
| B. 负压(＜66.5kPa) | 0.50 | |
| C. 易燃范围内及接近易燃范围的操作<br>惰性化<br>未惰性化 | | |
| a. 罐装易燃液体 | 0.50 | |
| b. 过程失常或吹扫故障 | 0.30 | |
| c. 一直在燃烧范围内 | 0.80 | |
| D. 粉尘爆炸(由道七版技术资料查得) | 0.25～2.00 | |
| E. 压力(由道七版技术资料查得)<br>操作压力(绝对压力)/kPa<br>释放压力/kPa | | |
| F. 低温 | 0.20～0.30 | |
| G. 易燃及不稳定物质的能量<br>物质质量/kg<br>物质燃烧热 $H_c$/(J/kg) | | |
| a. 工艺过程中的液体及气体(依据道化学公司技术手册) | | |
| b. 储存中的液体及气体(依据道化学公司技术手册) | | |

续表

| 物质系数 | 危险系数范围 | 采用危险系数 |
|---|---|---|
| 2. 特殊工艺危险 | | |
| c. 储存中的可燃固体及工艺过程中的粉尘(依据道化学公司技术手册) | | |
| H. 腐蚀与磨蚀 | 0.10～0.75 | |
| I. 泄漏—接头和填料处 | 0.10～1.50 | |
| J. 使用明火设备(依据道化学公司技术手册) | | |
| K. 热油热交换系统 | 0.15～1.15 | |
| L. 转动设备 | 0.50 | |
| 特殊工艺危险系数($F_2$) | | |
| 工艺单元危险系数($F_3=F_1F_2$) | | |
| 火灾、爆炸指数($F\&EI=F_3\times MF$) | | |

注：各项无危险时系数则计为 0.00。

2. 确定物质系数（MF）

在火灾、爆炸指数的计算和其他危险性评价时，物质系数（Material Factor，MF）是最基础的数值，它是描述物质在火灾或爆炸过程中，因燃烧或其他化学反应而释放能量大小的内在特性。

物质系数根据由美国消防协会（National Fire Protection Association，NFPA）规定的物质可燃性 $N_f$ 和化学活性（或不稳定性）$N_r$，从表 10-9 中查取；对可燃性粉尘而言，确定其物质系数时用粉尘危险分级值 $S_t$ 而不是 $N_f$，$S_t$ 亦从表 10-9 中查取。查得后将所得结果填入表 10-8 的“确定 MF 的物质”后的空格中。

表 10-9 物质系数确定表

| 挥发性固体、液体、气体的易燃性或可燃性 | NFPA 325M 或 NFPA 49 | 反应性或不稳定性 | | | | |
|---|---|---|---|---|---|---|
| | | $N_r=0$ | $N_r=1$ | $N_r=2$ | $N_r=3$ | $N_r=4$ |
| 不燃物 | $N_f=0$ | 1 | 14 | 24 | 29 | 40 |
| F. P. >93.3℃ | $N_f=1$ | 4 | 14 | 24 | 29 | 40 |
| 37.8℃<F. P.≤93.3℃ | $N_f=2$ | 10 | 14 | 24 | 29 | 40 |
| 22.8℃≤F. P.≤37.8℃，或 F. P.<22.8℃并且 B. P.≥37.8℃ | $N_f=3$ | 16 | 16 | 24 | 29 | 40 |
| F. P.<22.8℃并且 B. P.≥37.8℃ | $N_f=4$ | 21 | 21 | 24 | 29 | 40 |
| 可燃性粉尘或烟雾 | | | | | | |
| $S_t-1(K_{S_t}\leq 20MPa)$ | | 16 | 16 | 24 | 29 | 40 |
| $S_t-2(K_{S_t}=20\sim 30MPa)$ | | 21 | 21 | 24 | 29 | 40 |
| $S_t-3(K_{S_t}>30MPa)$ | | 24 | 24 | 24 | 29 | 40 |
| 可燃性固体 | | | | | | |
| 厚度>40mm，紧密的 | $N_f=1$ | 4 | 14 | 24 | 29 | 40 |
| 厚度<40mm，疏松的 | $N_f=2$ | 10 | 14 | 24 | 29 | 40 |
| 泡沫材料、纤维、粉状物等 | $N_f=3$ | 16 | 16 | 24 | 29 | 40 |

注：1. 表中 F. P. 为闭杯闪点；B. P. 为标准温度和压力下的沸点。

2. 表中 $N_r$ 值可按下述原则确定：$N_r=0$，燃烧条件下仍能保持稳定的物质；$N_r=1$，加温加压条件下稳定性较差的物质；$N_r=2$，在加温加压条件下发生剧烈化学变化的物质；$N_r=3$，本身能发生爆炸分解或爆炸反应，但需强调引发源或引发前必须在密闭条件下加热的物质；$N_r=4$，在常温常压条件下自身易于引发爆炸分解或爆炸反应的物质。

3. 计算一般工艺危险系数（$F_1$）

一般工艺危险性是确定事故损害大小的主要因素，共包括六项内容，见表 10-8 的“一般工艺危险”下的 A～F 内容，具体为放热化学反应、吸热反应、物料处理与输送、密封式或室内工艺单元、通道、排放或泄漏控制，每项内容后都有危险系数范围，根据生产情况确定具体采用的危险系数，将其填入后面对应的空格。最后将这些危险系数相加，得到单元一般工艺危险系数，填入表 10-8“一般工艺危险性（$F_1$）”后的空格。当然一个评价单元不一定每项都包括，要根据具体情况选取恰当的系数。

4. 计算特殊工艺危险系数（$F_2$）

特殊工艺危险性是影响事故发生概率的另一主要因素，共包括十二项内容，见表 10-8 的“特殊工艺危险”下的 A～L 内容，具体为毒性物质、负压、易燃范围内及接近易燃范围的操作、粉尘爆炸、压力、低温、易燃及不稳定物质的能量、腐蚀与磨蚀、泄漏、使用明火设备、热油热交换系统、转动设备。每项内容后都有危险系数范围，根据生产情况并结合道化学公司技术手册确定具体采用的危险系数，将其填入后面对应的空格。最后将这些危险系数相加，得到单元特殊工艺危险系数，填入表 10-8“特殊工艺危险性（$F_2$）”后的空格。当然一个评价单元不一定每项都包括，要根据具体情况选取恰当的系数。

5. 确定单元危险系数（$F_3$）

单元危险系数（$F_3$）等于一般工艺危险系数（$F_1$）和特殊工艺危险系数（$F_2$）的乘积，所得结果填入表 10-8 的“工艺单元危险系数（$F_3=F_1F_2$）”后的空格。

$$F_3 = F_1F_2$$

6. 计算火灾、爆炸指数（$F\&EI$）

火灾、爆炸指数用来估算生产过程中事故可能造成的破坏情况，它等于物质系数（MF）和单元危险系数（$F_3$）的乘积，所得结果填入表 10-1 的“火灾、爆炸指数（$F\&EI=F_3\times MF$）”后的空格。道七版还将火灾、爆炸指数划分成 5 个危险程度（表 10-10），以便了解单元火灾、爆炸的严重度。

$$F\&EI=F_3\times MF$$

**表 10-10 F&EI 系数及危险程度等级划分**

| F&EI 值 | 1～60 | 61～96 | 97～127 | 128～158 | >159 |
|---|---|---|---|---|---|
| 危险程度 | 轻度 | 中度 | 较高 | 高度 | 特别严重 |

7. 确定暴露区域

用火灾、爆炸指数乘以 0.84，即可求出暴露半径 $R$（英尺或米），该半径表明生产单元危险区域的平面分布，即以工艺设备的关键部位为中心，以暴露半径为半径的圆。再根据暴露半径计算出暴露区域面积（$S=\pi R^2$），该面积表明其内的设备将暴露在本单元发生的火灾或爆炸环境中。

$$R=0.84\times F\&EI$$

为了评价设备在火灾、爆炸中的损失，要考虑实际影响的体积，该体积是一个围绕着工艺单元的圆柱体体积。具体情况可查阅《道化学火灾、爆炸指数危险分类指南》。

8. 确定暴露区域内财产的更换价值

暴露区域内财产价值由区域内含有的财产的更换价值来确定。

$$更换价值=原来成本\times 0.82\times 价格增长系数$$

式中系数 0.82 是考虑事故时有些成本不会被破坏或无须更换，如场地平整、道路、地下管线和地基、工程费等。如果更换价值有更精确的计算，这个系数可以改变。

9. 确定危害系数

危害系数（Damage Factor，DF）由单元危险系数（$F_3$）和物质系数（MF）按图 10-5 来确定。如果 $F_3$ 数值超过 8.0，以 8.0 来确定危害系数。

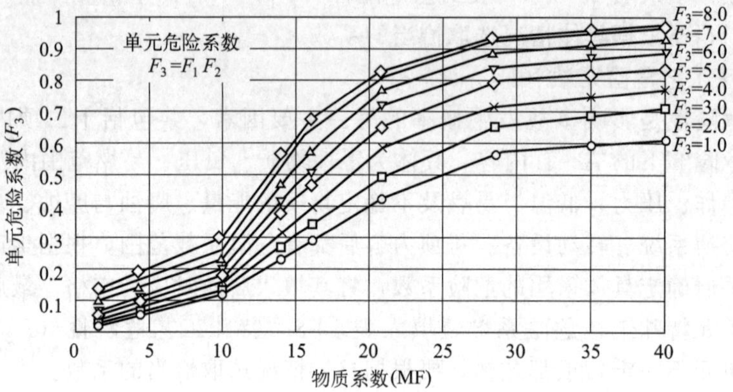


图 10-5 单元危害系数计算图

10. 计算最大可能财产损失（基本 MPPD）

确定了暴露区域面积（实际为体积）和危害系数后，就可以计算事故造成的最大可能财产损失（Maximum Probable Property Damage，MPPD）。

基本 MPPD＝暴露区域内财产的更换价值×危害系数

11. 安全措施补偿系数（CF）的计算

道七版考虑的安全措施分成三类：工艺控制（$C_1$）、物质隔离（$C_2$）、防火措施（$C_3$）。每一类的具体内容及相应补偿系数见表 10-11，如某“项目”无安全补偿系数时，则其对应后的空格填写“1.0”，各项控制措施的补偿系数值等于其下各项目所选取补偿系数值的乘积，单元安全措施补偿系数（Credit Factor，CF）等于 $C_1$、$C_2$、$C_3$ 所采用安全补偿系数的乘积，将计算结果填入表 10-11 中。

$$CF = C_1C_2C_3$$

**表 10-11 安全措施补偿系数表**

| 1. 工艺控制安全补偿系数($C_1$) | | | | | |
|---|---|---|---|---|---|
| 项 目 | 补偿系数范围 | 采用系数 | 项 目 | 补偿系数范围 | 采用系数 |
| (1)应急电源 | 0.98 | | (6)惰性气体保护 | 0.94～0.96 | |
| (2)冷却装置 | 0.97～0.99 | | (7)操作规程/程序 | 0.91～0.99 | |
| (3)抑爆装置 | 0.84～0.98 | | (8)化学活泼性物质检查 | 0.91～0.98 | |
| (4)紧急切断装置 | 0.96～0.99 | | | | |
| (5)计算机控制 | 0.93～0.99 | | 其他工艺危险检查 | 0.91～0.98 | |
| $C_1$ 值＝ | | | | | |

续表

| 2. 物质隔离安全补偿系数($C_2$) | | | | | |
|---|---|---|---|---|---|
| 项　目 | 补偿系数范围 | 采用系数 | 项　目 | 补偿系数范围 | 采用系数 |
| (1)遥控阀 | 0.96～0.98 | | (3)排放系统 | 0.91～0.97 | |
| (2)卸料/排空装置 | 0.96～0.98 | | (4)连锁系统 | 0.98 | |
| $C_2$ 值＝ | | | | | |
| 3. 防火措施安全补偿系数($C_3$) | | | | | |
| 项　目 | 补偿系数范围 | 采用系数 | 项　目 | 补偿系数范围 | 采用系数 |
| (1)泄漏检测装置 | 0.94～0.98 | | (6)水幕 | 0.97～0.98 | |
| (2)结构钢 | 0.95～0.98 | | (7)泡沫灭火装置 | 0.92～0.97 | |
| (3)消防水供应系统 | 0.94～0.97 | | (8)手提式灭火器/喷水枪 | 0.93～0.98 | |
| (4)特殊灭火系统 | 0.91 | | | | |
| (5)洒水灭火系统 | 0.74～0.97 | | (9)防护电缆 | 0.94～0.98 | |
| $C_3$ 值＝ | | | | | |
| 安全措施补偿系数 CF＝$C_1C_2C_3$＝ | | | | | |

注：无安全补偿系数时，填入 1.00。

12. 确定实际最大可能财产损失（实际 MPPD）

基本最大可能财产损失（Maximum Probable Property Damage，MPPD）与安全措施补偿系数的乘积就是实际最大可能财产损失。它表示采取适当的（但不完全理想）防护措施后事故造成的财产损失。

$$实际\ MPPD=CF\times基本\ MPPD$$

13. 最大可能工作日损失（MPDO）

估算最大可能工作日的损失（Maximum Probable Days Outage，MPDO）是为了评价停产损失（BI）。MPDO 可由图 10-6 根据实际 MPPD 查出，需要说明的是该图实际 MPPD 是以 1980 年为基准的，要更新到 1993 年数据，需乘以化学工程工厂成本指数（Chemical

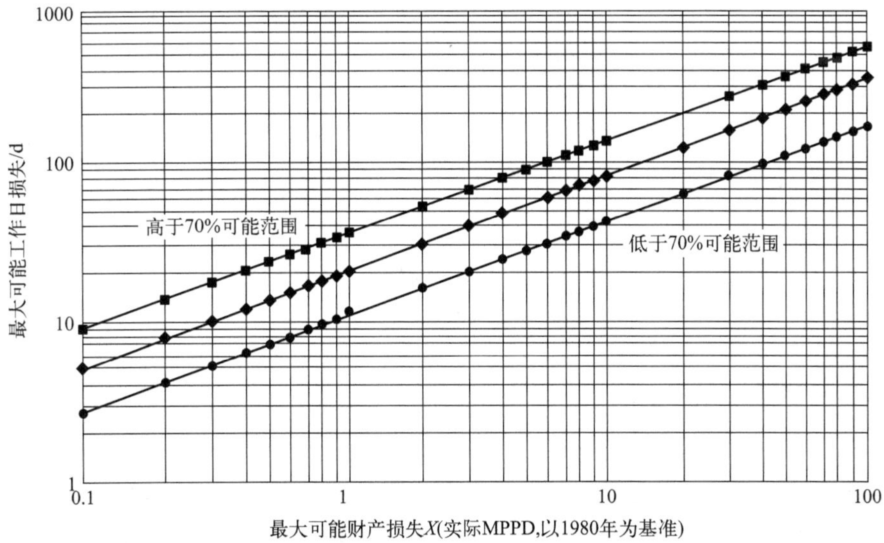


图 10-6　最大可能工作日损失图

Engineering Plant Cost Index）1.130。图中 MPPD($X$）与 MPDO($Y$）关系自上至下 3 条线的方程式分别为：

曲线 1　　$\lg Y=1.550233+0.598416\times \lg X$

曲线 2　　$\lg Y=1.325132+0.592476\times \lg X$

曲线 3　　$\lg Y=1.045515+0.610426\times \lg X$

14. 停产损失（BI）估算

$$BI=0.7\times \frac{MPDO}{30}\times VPM \tag{10-5}$$

式中，VPM 为月产值；0.7 为固定成本和利润。

单元分析之后，最后根据造成损失的大小确定其安全程度，各单元分析结果汇总于表 10-12。

**表 10-12　生产单元危险分析汇总表**

| 国家/地区： | | | | 部门： | | 场所： | |
|---|---|---|---|---|---|---|---|
| 位置： | | | | 生产单元： | | 操作类型： | |
| 评价人： | | | | 生产单元总替换价值： | | 日期： | |
| 工艺单元主要物质 | 物质系数 | 火灾、爆炸指数 $F\&EI$ | 影响区内财产价值 | 基本 MPPD | 实际 MPPD | 停工天数 MPDO | 停产损失 BI |
| | | | | | | | |

## 三、应用说明

本书所介绍的道化学火灾、爆炸指数评价法的评价步骤中，“一般工艺”“特殊工艺”“控制措施”等参数的系数确定对评价结果有很大的影响，因而评价过程中一定要熟悉系统中，系数值的选取很大程度上依据专家的经验。在进行“暴露区域内财产价值”“基本最大可能财产损失”“实际最大可能财产损失”和“最大可能工作日损失”等步骤时，一定在参照道化学公司火灾、爆炸指数评价法资料的基础上结合我国的生产和经济发展状况。

国际劳工组织在《重大危险控制实用手册》中推荐荷兰劳动总管理局的单元危险性快速排序法（A Rapid Ranking Method for the Classification of Unitd/Plant Elements）。该法是道化学公司的火灾、爆炸指数法的简化方法，使用起来简捷方便。该法主要用于评价生产装置火灾、爆炸潜在危险性大小，找出危险设备、危险部位。

# 第四节　英国帝国化学公司蒙德法

## 一、方法概述

1979 年，英国帝国化学公司（ICI）蒙德（Mond）工厂，在美国道化学公司安全评价法（1973 版）的基础上，提出了一个更加全面、更加系统的安全评价法，即英国帝国化学公司蒙德火灾、爆炸和毒性指数法（The Mond Fire，Explosion and Toxicity Index），简称蒙德法（ICI/Mond）。

该方法与道化学公司的方法原理相同，都是基于物质系数法。在肯定道化学公司的火灾、爆炸危险指数评价法的同时，增加了毒性的概念和计算，增加了几个特殊工程类型的危险性并发展了某些补偿系数。该方法在考虑对系统安全的影响因素方面更加全面，更注意系统性，而且注意到在采取措施、改进工艺后根据反馈的信息修正危险性指数，能对较广范围内的工程及储存设备进行研究，突出了该方法的动态特性。

## 二、评价步骤

蒙德火灾、爆炸、毒性指标评价方法的步骤如图 10-7 所示。

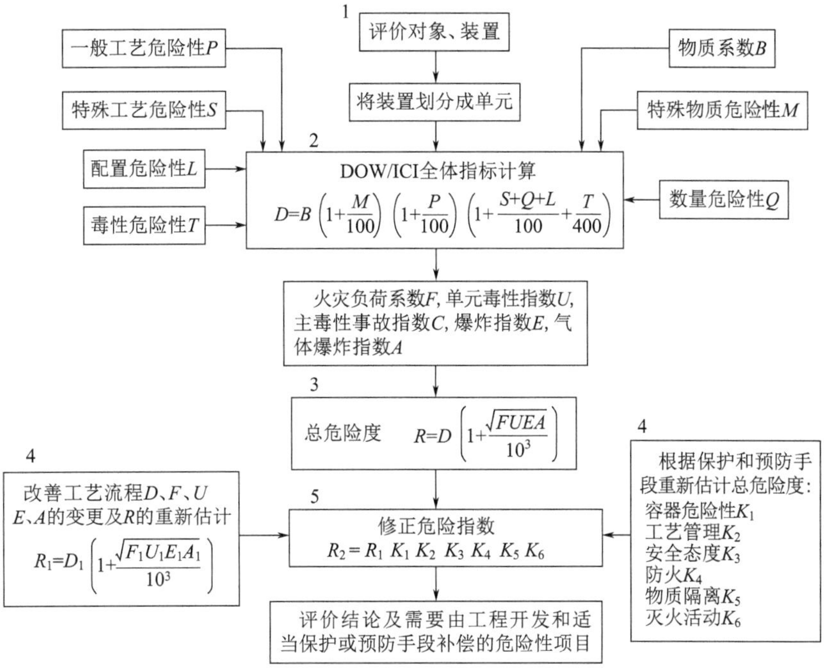


图 10-7 DOW/ICI Mond 安全评价图

1. 确定需要评价的单元

根据工厂的实际情况，选择危险性比较大的工艺生产线、车间或工段为需要评价的单元或子系统。

2. 计算道氏综合指数（$D$）

道式综合指数 $D$（Overall Index $D$）的确定与物质系数（$B$）、特殊物质危险性（$M$）、一般工艺危险性（$P$）、特殊工艺危险性（$S$）、数量危险性（$Q$）、配置危险性（$L$）以及毒性危险性（$T$）有关，综合指数 $D$ 按式（10-6）求出。

$$D=B\left(1+\frac{M}{100}\right)\left(1+\frac{P}{100}\right)\left(1+\frac{S+Q+L}{100}+\frac{T}{400}\right) \tag{10-6}$$

式中，$B$ 为物质系数（Material Factor，MF），一般是由物质的燃烧热值计算得来的；$M$ 为特殊物质危险性（Special Material Hazards，SMH）；$P$ 为一般工艺危险性（General Process Hazards，GPH）；$S$ 为特殊工艺危险性（Special Process Hazards，SPH）；$Q$ 为数量危险性（Quality Hazards，QH）；$L$ 为配置危险性（Layout Hazards，LH）；$T$ 为毒性危险性（Toxicity Hazards，TH）。

表10-13中给出了各个指标所涉及的影响因素及取值，其中，物质系数$B$的确定同上一

**表10-13　火灾、爆炸、毒性指标**

| 项目 | 建议系数/% | 采用系数/% |
|---|---|---|
| 场所 | | |
| 装置 | | |
| 单元 | | |
| 物质 | | |
| 反应 | | |
| 1. 物质系数 | | |
| 由燃烧/分解/反应/爆炸压决定的系数 | | |
| 物质系数$B$ | | |
| 2. 特殊物质危险性 | 建议系数/% | 采用系数/% |
| (1)氧化性物质 | 0～20 | |
| (2)与水反应生成可燃气体 | 0～30 | |
| (3)混合及扩散特性 | −60～60 | |
| (4)自然发热性 | 30～250 | |
| (5)自然聚合性 | 25～75 | |
| (6)着火敏感度 | −75～150 | |
| (7)爆炸的分解性 | 125 | |
| (8)气体的爆炸性 | 150 | |
| (9)凝集层爆炸性 | 200～1500 | |
| (10)其他性质 | 0～150 | |
| 特殊物质危险性合计$M$/% | | |
| 3. 一般工艺危险性 | 建议系数/% | 采用系数/% |
| (1)使用仅物理变化 | 10～50 | |
| (2)单一连续反应 | 0～50 | |
| (3)单一间断反应 | 10～60 | |
| (4)同一装置内的重复反应 | 0～75 | |
| (5)物质移动 | 0～75 | |
| (6)可能输送的容器 | 10～100 | |
| 一般工艺危险性合计$P$/% | | |
| 4. 特殊工艺危险性 | 建议系数/% | 采用系数/% |
| (1)低压(＜103.4kPa绝对压力) | 0～100 | |
| (2)高压 | 0～150 | |
| (3)低温 | | |
| 碳钢−10～10℃ | 15 | |
| 碳钢−10℃以下 | 30～100 | |
| 其他物质 | 0～100 | |
| (4)高温 | | |
| 可燃性 | 0～40 | |
| 建筑材料 | 0～25 | |
| (5)腐蚀与浸蚀 | 0～150 | |
| (6)接头与垫圈泄漏 | 0～60 | |
| (7)振动、载荷循环等 | 0～50 | |
| (8)难控制的工程或反应 | 20～300 | |
| (9)在燃烧范围或其附件条件下操作 | 0～150 | |
| (10)平均爆炸危险以下 | 40～100 | |
| (11)粉尘或烟雾的危险性 | 30～70 | |
| (12)强氧化剂 | 0～300 | |
| (13)工程着火敏感度 | 0～70 | |
| (14)静电危险性 | 0～200 | |
| 特殊工艺危险性合计$S$/% | | |
| 5. 数量危险性 | 建议系数/% | 采用系数/% |
| 物质合计/$m^3$<br>密度/($t/m^3$) | | |
| 数量危险性$Q$/% | 1～1000 | |
| 6. 配置危险性 | 建议系数/% | 采用系数/% |
| 单元详细配置<br>高度$H$/m<br>通常作业区域/$m^2$ | | |
| (1)构造设计 | 0～200 | |
| (2)多米诺效应 | 0～250 | |
| (3)地下 | 0～150 | |
| (4)地面排水沟 | 0～100 | |
| (5)其他 | 0～250 | |
| 配置危险性合计$L$/% | | |
| 7. 毒性危险性 | 建议系数/% | 采用系数/% |
| (1)TLV值 | 0～300 | |
| (2)物质类型 | 25～200 | |
| (3)短期爆炸危险性 | −100～150 | |
| (4)皮肤吸收 | 0～300 | |
| (5)物理性因素 | 0～50 | |
| 毒性危险性合计$T$/% | | |

节道化学火灾、爆炸指数评价法物质系数的确定，由表10-9查取；特殊物质危险性$M$由“氧化性物质”“与水反应生成可燃气体”等10项因素确定，表10-13中给出了各因素的建议系数范围，根据生产具体情况结合蒙德法更详尽的技术资料确定相应的系数值，将10项的和填入“特殊物质危险性合计$M/\%$”后的空格。“一般工艺危险”和“特殊工艺危险”求法同道化学火灾、爆炸指数评价法，表10-13给出了蒙德法各因素的建议系数，将实际确定的系数值填入其后对应的空格，并将各系数值的和填入“一般工艺危险性合计$P/\%$”和“特殊工艺危险性合计$S/\%$”后的空格。配置危险性$L$与毒性危险性$T$确定的方法相同，也分别将各系数实际值的和填入“配置危险性合计$L/\%$”和“毒性危险性合计$T/\%$”对应的空格。数量危险性$Q$的确定可根据单元中物质质量直接计算，也可根据体积和密度计算，还可查阅蒙德法的技术手册获取，并将其填入“数量危险性$Q/\%$”相应的空格。

应说明的是，蒙德法对特殊物质危险性也有明确规定；对一般工艺危险性除道氏法规定的几种外，还应考虑物质输送方式、可移动的容器等的影响；对特殊工艺危险性除包括道氏法中的几项指标外，又增加腐蚀、接头和垫圈造成的泄漏、振动、使用强氧化剂、泄漏易燃物的着火点、静电危险等影响因素。

数量危险性是生产过程中与物质状态无关的、单元中关键材料的量，以质量表示，这个数值与物质系数中单位质量物质产生的燃烧热或反应热是一致的。数量危险性可以从蒙德法更详尽的技术资料查出。

配置危险性是指当设备发生事故时，对其邻近设备所造成的影响。这种影响有火灾、爆炸、设备倒塌、倾覆以及设备喷出的有害物等。其影响大小与设备形状、高度以及支承情况有关。配置危险性还受结构设计、通风情况、多米诺效应、地下结构、下水道收集溅出的污染物，以及厂房与主控制室、办公室的距离等因素的影响。

对毒性危险性的考虑是蒙德法对道化学方法最大的改进。在生产过程中，维修活动、工艺失控、火灾以及各种泄漏等情况可能导致有毒物质的外泄。毒性的大小用毒物的阈限值（TLV）表示。毒性危险性可根据关键阈限值、暴露时间、暴露方式、物理因素确定。尽管由毒性引发的事故相对较少，但在具有爆炸危险的生产过程中，降低有毒物质的量是必要的安全措施。

当根据式（10-6）、按照表10-13确定了各参数值后，就可求出道氏综合指数$D$值，再根据表10-14确定危险程度等级。

**表10-14　道氏综合指数$D$值与危险程度判断**

| 道氏综合指数($D$)范围 | 危险程度 | 道氏综合指数($D$)范围 | 危险程度 |
|---|---|---|---|
| 0～20 | 缓和 | 90～115 | 极端 |
| 20～40 | 轻微 | 115～150 | 非常严重 |
| 40～60 | 中等 | 150～200 | 可能是灾难性的 |
| 60～75 | 中等偏大 | 200以上 | 高度灾难性的 |
| 75～90 | 大 | | |

3. 计算综合风险性指数（$R$）

综合风险性指数$R$（Overall Risk Factor $R$）与道氏综合指数$D$、火灾荷载系数$F$、单元毒性指数$U$、爆炸指数$E$及空气爆炸指数$A$有关，其算法见式（10-7），毒性指数分为单元毒性指数$U$和主毒性指数$C$。$U$表示对毒性的影响和有关设备控制监督需要考虑的问题。$C$由单元

毒性指数 $U$ 乘以数量危险性 $Q$ 得到。各参数值的选取分别依据表 10-15～表 10-17 确定。

$$R=D+\left(1+\frac{\sqrt{FUEA}}{10^3}\right) \tag{10-7}$$

式中，$R$ 为综合危险性指数；$F$ 为火灾荷载系数；$U$ 为单元毒性指数；$E$ 为爆炸指数；$A$ 为空气爆炸指数（易爆物从设备内泄漏到本车间内与空气混合引起爆炸）。

**表 10-15 火灾荷载与火灾类别判断**

| 正常工作区的火灾荷载/($10^3$Btu/$ft^2$) | 预期火灾持续时间/h | 危险性分类 | 备注 |
|---|---|---|---|
| 0～50 | 0.25～0.5 | 轻微 | |
| 50～100 | 0.5～1 | 低 | 住宅 |
| 100～200 | 1～2 | 中等 | 工厂 |
| 200～400 | 2～4 | 高 | 工厂 |
| 400～1000 | 4～10 | 很高 | 占建筑物比例大 |
| 1000～2000 | 10～20 | 强烈 | |
| 2000～5000 | 20～50 | 极端 | |
| 5000～10000 | 50～100 | 极端严重 | |

注：1. 1Btu=1055.06J。

2. $1ft^2=0.092903m^2$。

**表 10-16 爆炸指数与危险性分类**

| 设备内爆炸指数 | 空气爆炸指数 | 危险性分类 | 设备内爆炸指数 | 空气爆炸指数 | 危险性分类 |
|---|---|---|---|---|---|
| 0～1 | 0～10 | 轻微 | 4～6 | 100～500 | 高 |
| 1～2.5 | 10～30 | 低 | 6 以上 | 500 以上 | 很高 |
| 2.5～4 | 30～100 | 中等 | | | |

**表 10-17 毒性指数与危险性分类**

| 单元毒性指数 $U$ | 主毒性事故指数 $C$ | 危险性分类 | 单元毒性指数 $U$ | 主毒性事故指数 $C$ | 危险性分类 |
|---|---|---|---|---|---|
| 0～1 | 0～20 | 轻微 | 6～10 | 200～500 | 高 |
| 1～3 | 20～50 | 低 | 10 以上 | 500 以上 | 很高 |
| 3～6 | 50～200 | 中等 | | | |

综合风险指数与风险分类见表 10-18。在 $R$ 值的计算中，如 $F$、$U$、$E$、$A$ 中任一影响因素为零时，则计算时以 1 计。

**表 10-18 综合风险指数 $R$ 与风险分类**

| 综合风险指数 $R$ | 综合风险分类 | 综合风险指数 $R$ | 综合风险分类 |
|---|---|---|---|
| 1～20 | 缓和 | 1100～2500 | 高(第一类) |
| 20～100 | 低 | 2500～12500 | 很高 |
| 100～500 | 中等 | 12500～65000 | 极端危险 |
| 500～1100 | 高(第二类) | 65000 以上 | 极端严重 |

4. 采取安全措施后对综合危险性重新进行评价

在设计中采取的安全措施分为降低事故率和降低严重度两种。后者是指一旦发生事故，可以减轻造成的后果和损失，因此对应于各项安全措施分别给出了抵消系数，使综合危险性指数下降。

采取的措施主要有改进容器设计（$K_1$）、加强工艺过程的控制（$K_2$）、安全态度教育（$K_3$）、防火措施（$K_4$）、隔离危险的装置（$K_5$）、消防（$K_6$）等。每项都包括数项安全措施，根据其降低危险所起的作用给予小于 1 的补偿系数。各类安全措施补偿系数等于该类各项取值之积。安全措施补偿系数见表 10-19，其求法同道化学火灾、爆炸指数评价法，分别求出各类控制影响因素的控制措施补偿系数值，填入对应的空格，某类控制的影响因素等于各因素的乘积。

**表 10-19　安全措施补偿系数**

| 安全措施补偿类别 | 选用系数 | 安全措施补偿类别 | 选用系数 |
|---|---|---|---|
| 1. 容器危险性 | | (2)安全训练 | |
| (1)压力容器 | | (3)维修及安全程序 | |
| (2)非压力容器 | | 安全态度系数积的合计 $K_3$= | |
| (3)输送配管<br>①设计应变<br>②接头和垫圈 | | 4. 防火<br>(1)检测结构的防火 | |
| (4)附加的容器及防护堤 | | (2)防火墙、障碍等 | |
| (5)泄漏检查与响应 | | (3)装置火灾的预防 | |
| (6)排放物质的废弃 | | 防火系数积的合计 $K_4$= | |
| 容器系数积的合计 $K_1$= | | 5. 物质隔离 | |
| 2. 工艺管理 | | (1)阀门系统 | |
| (1)报警系统 | | (2)通风 | |
| (2)紧急供电系统 | | 物质隔离系数积的合计 $K_5$= | |
| (3)工程冷却系统 | | 6. 灭火活动 | |
| (4)惰性气体系统 | | (1)火灾报警 | |
| (5)危险性研究活动 | | (2)手提式灭火器 | |
| (6)紧急停车系统 | | (3)消防用水 | |
| (7)计算机管理 | | (4)洒水器及水枪系统 | |
| (8)爆炸及不正常反应的预防 | | (5)泡沫灭火器及惰性气体灭火设备 | |
| (9)操作指南 | | (6)消防队 | |
| (10)装置监督 | | (7)灭火活动的地域合作 | |
| 工业管理系数积的合计 $K_2$= | | (8)排烟换气装置 | |
| 3. 安全态度 | | 灭火活动系数积的合计 $K_6$= | |
| (1)管理者参加 | | | |

计算抵消后的危险性等级 $R_2$ 的公式为：

$$R_2=R_1K_1K_2K_3K_4K_4K_6 \tag{10-8}$$

式中，$R_2$ 为抵消后的综合危险性指数；$R_1$ 为通过工艺改进，$D$、$F$、$U$、$E$、$A$ 的值发生变化后重新计算的综合危险性指数，$R_1=D_1\left(1+\frac{\sqrt{F_1U_1E_1A_1}}{10^3}\right)$；$K_1$ 为容器抵消系数（改

进压力容器和管道设计标准等）；$K_2$ 为工艺控制抵消系数；$K_3$ 为安全态度抵消系数（安全法规、安全操作规范的教育等）；$K_4$ 为防火措施抵消系数；$K_5$ 为隔离危险性抵消系数；$K_6$ 为消防协作活动抵消系数。

其中，容器抵消系数包括设备设计、解决泄漏、检测系统、废料处理等因素造成的影响；工艺过程控制措施包括采用报警系统、备用施工电源、紧急冷却系统、情报系统、水蒸气灭火系统、抑爆装置、计算机控制等；安全态度包括企业领导人的态度、维修和安全规程、事故报告制度等；防火措施包括建筑防火、设备防火等；隔离措施包括隔离阀、安全水池、单向阀等；消防活动包括与友邻单位协作，以及消防器材、灭火系统、排烟装置等。

以上每项在 ICI/Mond 工厂的火灾爆炸毒性指数技术手册中都列出具体的抵消系数。

通过反复评价，确定经补偿后的危险性降到可接受的水平，则可以建设或运转装置，否则必须更改设计或增加安全措施，然后重新进行评价，直至达到安全为止。

### 三、应用说明

本书所介绍的蒙德火灾、爆炸、毒性指数评价法的评价步骤，各参数系数确定对评价结果有很大的影响，因而评价过程中一定要熟悉系统，系数值的选取既要参照 ICI/Mond 法更详尽的技术资料，很大程度上又要依据专家的经验。

## 复习思考题

1. 了解作业条件危险性评价法的评价过程及适用条件。
2. 试说明道化学火灾、爆炸指数评价法的评价步骤，以及评价过程中需要的基础资料。
3. 试说明蒙德法的评价步骤，以及评价过程中需要的基础资料。
4. 试理解本章的三种评价法与第一章风险评价之间的关系。

## 参考文献

[1] Rausand M, Stein H. Risk Assessment: Theory, Methods, and Applications [M]. 2nd ed. Hoboken: John Wiley & Sons, 2020.

[2] Fleming K N. Reliability Model for Common Mode Failures in Redundant Safety Systems [R]. San Diego: General Atomics, 1974.

[3] U. S. NRC. Fault Tree Handbook: NUREG-0492 [R]. Washington, DC: U. S. Nuclear Regulatory Commission, 1981.

[4] U. S. NRC. PRA PROCEDURES GUIDE—A Guide to the Performance of Probabilistic Risk Assessments for Nuclear Power Plants: NUREG/CR-2300 [R]. Washington, DC: U. S. Nuclear Regulatory Commission, 1983.

[5] National Aeronautics and Space Administration. NASA Systems Engineering Handbook: NASA/SP-2007-6105 [R]. Washington, DC: NASA, 2007.

[6] U. S. NRC. Guidance on the Treatment of Uncertainties Associated with PRAs in Risk-Informed Decision Making: NUREG-1855 [R]. Washington, DC: Office of Nuclear Regulatory Research, 2009.

[7] OSHA. 1910. 119: Process Safety Management of Highly Hazardous Chemicals [EB/OL]. (2019-02-

19）[2025-07-23]. https://www.osha.gov/laws-regs/regulations/standardnumber/1910/1910.119.]

[8] U. S. DOE. Guidelines for Risk-Based Prioritization of DOE Activities: DOE-DP-STD-3023-98 [R]. Washington, DC: U. S. Department of Energy, 1998.

[9] Commission of the European Communities. Council Directive 82/501/EEC on the Major-accident Hazards of Certain Industrial Activities (Seveso Directive) [Z]. Luxembourg: Office for Official Publications of the European Communities, 1982: L 230/1-18.

[10] Council of the European Union. Council Directive 96/82/EC on the Control of Major-Accident Hazards Involving Dangerous Substances (Seveso II Directive) [Z]. Luxembourg: Office for Official Publications of the European Communities, 1996.

[11] European Parliament, Council of the European Union. Directive 2012/18/EU on the Control of Major-Accident Hazards Involving Dangerous Substances (Seveso III Directive) [Z]. Luxembourg: Publications Office of the European Union, 2012.

[12] CCPS. Guidelines for Hazard Evaluation Procedures [M]. 3th ed. Hoboken, NJ: John Wiley & Sons, 2008.

[13] 吴宗之，等. 危险评价方法及其应用 [M]. 北京：冶金工业出版社，2001.

[14] 国家安全生产监督管理总局. 安全评价 [M]. 3 版. 北京：煤炭工业出版社，2005.

[15] Simonds R H, Grimaldi J V. Safety Management: Accident Cost and Control [M]. Homewood: Richard D. Irwin, Inc., 1956.

[16] Heinrich H W. Industrial Accident Prevention: A Scientific Approach [M]. 4th ed. New York: McGraw-Hill, 1959.

[17] Fine W T, Kinney W D. Mathematical Evaluations for Controlling Hazards [M]. White Oak: Naval Ordnance Laboratory, 1971.

[18] Gausch J P. Value engineering and decision making [J]. ASSE Journal, 1974, 19: 14-16.

[19] Kinney G F, Wiruth A D. Practical Risk Analysis for Safety Management [M]. China Lake: Naval Weapons Center, 1976.

[20] American Institute of Chemical Engineers (AIChE). Dow Fire & Explosion Index Hazard Classification Guide [M]. 7th ed. New York: AIChE, 1994.

[21] Mannan S. Lees' Loss Prevention in the Process Industries [M]. 4th ed. Oxford: Butterworth-Heinemann, 2012.

[22] Fisher R. Major Hazard Control: A Practical Manual An ILO Contribution to the International Programme on Chemical Safety of UNEP, ILO, WHO (IPCS). [M]. Geneva: International Labour Office, 1988.

# ·第十一章·

# 系统安全工程模拟实践

系统安全工程课程学习的最终目的是“学以致用”，但在校学生很少有机会全面了解某一系统，更难以了解系统的生命周期各阶段的危险辨识、危险分析、风险评估及危险控制的过程，因而本章选用了氯乙烯单体（VCM）生产的系统安全工程模拟实践，主要介绍如何使用危险性分析方法对实际的化工过程进行分析。该模拟实践涵盖了时间跨度达 33 年的 VCM 生产项目生命周期全过程，包括从研发、设计、装置安装、投产、运行直至装置拆除各阶段所面临的安全问题及所开展的危险分析。本章对假定的工艺过程进行说明，并以此工艺过程为例，用各种危险性分析方法进行分析。我们试图针对生产系统生命周期不同生产阶段进行危险分析，通过其生产背景状况选择危险分析方法并进行分析。虽然我们无法参与到分析的过程中，但分析过程中的讨论都被记录下来了，读者可以身临其境，体会各种危险分析方法在实践中的应用。

## 第一节　TMC 公司 VCM 生产项目概述

本项目选择氯乙烯单体（VCM）的生产过程为例进行危险性分析有几个方面的原因。首先它是一个普通的化工过程，而且已有一些公司在进行生产；其次是因为该工艺过程有几个固有的危险情况需要用危险分析方法来识别，例如，该工艺过程所使用的物料有毒、易燃、有较高的反应活性；另外是因为该工艺过程涉及间隙和连续操作。所有这些使得 VCM 生产过程非常适合作为危险分析的例子。

虽然所举的例子尽量接近实际情况，但是读者不能把分析过程中所使用的物化数据、设计资料以及装置的操作特点等用于实际的工艺过程（本书仅是举例说明危险性分析方法的使用）。所设计的“安全问题”涉及人员和工艺过程，使得各种危险分析方法能更好地发现工艺过程的安全问题。此外，本例所描述的公司、人员、工艺过程纯粹是因为举例的需要而杜撰的。例中所用人名，为便于读者知道他（或她）们的专业背景，例中所用名字作了处理，如李安全，表示此人来自安全部门，负责安全方面的工作；又如张工艺，表示此人负责装置的工艺等。

下面简要介绍假设的化工公司、人员及 VCM 生产过程等有关情况。

## 一、公司及人员情况

TMC 公司是一家大型化学工业公司，生产氯气、烧碱、硫酸以及盐酸。TMC 公司有 50 余年的良好安全记录，并作为经验得到推广。经过认真分析，TMC 公司决定进一步拓展 VCM 市场，计划再建成一套世界上最大、最先进的 VCM 生产装置。为此，公司组成项目部对该项目进行管理，该项目拟用三年建成。按照公司和有关安全管理的要求，TMC 公司将在项目发展的各个阶段进行危险性分析。

## 二、工艺过程简述

TMC 公司项目部查阅了大量的有关 VCM 生产技术的文献和专利，他们初步决定采用高温下二氯乙烯（EDC）气相脱除氯化氢生产 VCM 的工艺路线。中间物 EDC 由乙烯和氯气直接催化反应而得到，TMC 公司还打算在后期用该装置生产聚氯乙烯（PVC）。表 11-1 列出了该工艺过程的原料、中间物和产品，以及它们的危险特点。

TMC 公司无 VCM 生产经验，关于工艺过程中的物料的经验也很有限。因此，他们打算对 VCM 装置采用先进的控制手段和安全系统。图 11-1 是 VCM 工艺流程简图。在危险分析实例中，则选取其中的一部分来说明危险分析方法，在每一次分析时将提供需要的安全资料、图纸及数据。

**表 11-1　VCM 过程化学物质及危险**

| 物　质 | 危　险　性 | 物　质 | 危　险　性 |
|---|---|---|---|
| 氯气 | 有毒，易反应 | 氯化氢 | 有毒，易反应 |
| 乙烯 | 易燃，易反应 | 氯乙烯单体 | 易燃，有毒，易反应 |
| 二氯乙烯 | 易燃，有毒 | | |

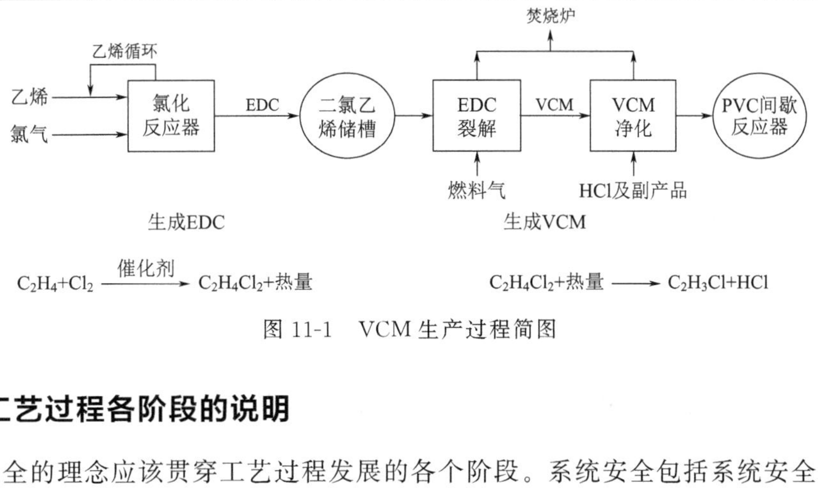


图 11-1　VCM 生产过程简图

## 三、工艺过程各阶段的说明

系统安全的理念应该贯穿工艺过程发展的各个阶段。系统安全包括系统安全工程和系统安全管理（危险性分析和安全管理）。管理者和危险分析人员面临着这样的挑战，即如何找到一种有效和高质量的危险分析方法，为过程的安全管理提供决策依据。

分析人员在进行危险性分析时面临许多因素的影响。一个重要的因素就是什么时候需要进行危险性分析，本模拟实践的主要目的是说明在项目生命周期的各个阶段会出现什么问题，如何选择合理的危险分析方法并进行危险性分析。危险性分析贯穿系统的整个生命循环周期。

本部分内容以虚拟的 TMC 化学工业公司为例，选择 VCM 工艺过程中 9 个特殊的点作为危险分析应该完成的内容，这些危险性分析的主要目的是确定设计或操作的薄弱环节，找到提高过程安全性的途径，不同阶段危险性分析的侧重点不同。

表 11-2 列出了工艺过程中的 9 个特殊阶段，并以此为例进行分析。有些是任何工业装置都会遇到的阶段（如概念设计阶段、详细工程设计阶段、开车阶段等），有些是为了说明危险分析方法而专门设置的（如装置的扩建、事故调查、装置的拆除等），因此列出的各点时间是对应于分析的时间（开车是在 0 年）以及分析的目的。

**表 11-2 VCM 过程发展的各个阶段**

| 阶段 | 时间点 | 分析目的/动机 |
|---|---|---|
| 研发阶段 | －3 年 | 检查安全可行性，支持工艺和物料的初步选择 |
| 概念设计阶段 | －2.5 年 | 为厂址选择和初步工艺流程的布置提供依据 |
| 中试装置运行阶段 | －2 年 | 满足安全要求，包括中试操作，为安全系统设计提供依据 |
| 详细工程设计阶段 | －1.5 年 | 在确定设备之前把安全设计最终确定下来 |
| 装置安装与开车阶段 | 0 年 | 确保过程按设计要求进行，建筑安装，安全措施项目得到落实 |
| 装置正常运行阶段 | ＋2 年 | 按公司过程安全管理要求完成危险性分析，分析自开车后因工艺改变可能出现的安全问题（要完成其他的定期检查，但未列入本表中） |
| 装置扩建阶段 | ＋5 年 | 分析安装聚乙烯间隙反应系统后的安全问题 |
| 事故调查阶段 | ＋20 年 | 分析有毒物质发生严重排放事故的可能原因 |
| 装置拆除阶段 | ＋30 年 | 识别拆除一台 VCM 裂解炉并把其管束用到另一设备的所有安全问题 |

注：若以“建筑安装/开车”（即正式投入生产）为一个时间点的话，则“－3 年”表示 3 年前，“＋2 年”表示 2 年后。

实际上不一定对工艺过程发展的各个阶段都进行危险性分析。事实上，可能在新的工艺过程开车或建设阶段才进行危险性分析。因此，当必须进行过程的危险性分析时，例中所进行的各个阶段的危险性分析并不能作为标准来看待。公司可以根据需要在装置的操作过程中对其化学过程进行多次的危险性检查，这种检查是系统安全的重要组成部分，是化工过程操作风险管理的必要内容。

下一节将要说明与 VCM 过程有关的危险，接下来的其他各节将讨论用各种危险分析方法对这些危险进行分析。

## 第二节 工艺过程的危险性识别

在进行危险性分析之前，分析人员必须知道对过程中哪些固有的危险或活动进行分析。

本章简述虚拟的VCM过程的危险分析结果，这些结果将用于VCM工艺过程各种危险分析方法的举例说明。

## 一、物质性质的分析

VCM的生产过程需要许多不同的化学物质。表11-3列出了VCM工艺过程需要的物料。在进行危险分析之前，TMC公司通过查阅文献，如物性数据手册等，获得了这些物质的性质及危险特性。

表11-3　VCM工艺过程使用的化学物质

| | | | |
|---|---|---|---|
| • 催化剂 | • 乙烯 | • 氯化氢 | • 氧 |
| • 碱 | • 二氯乙烯(EDC) | • 天然气 | • 氯乙烯单体(VCM) |
| • 氯 | • 氢 | • 丙烯 | • 水 |

此外，TMC公司还与化工设计院、物性数据中心、相关的研究所、原料供应商取得了联系，这些部门提供了另外一些危险物质的数据。表11-4汇总了所有化学物质的危险数据。

表11-4　VCM过程化学物质的危险特性

| 过程物质 | 危险 | | | | | | | |
|---|---|---|---|---|---|---|---|---|
| | 窒息 | 急性中毒 | 慢性中毒 | 腐蚀 | 燃烧/爆炸 | 反应 | 刺激皮肤 | 氧化剂 |
| 催化剂 | | | √ | | | | | |
| 碱 | | | | √ | | | √ | |
| 氯 | | √ | | √ | | √ | √ | √ |
| 乙烯 | √ | | | | √ | √ | | |
| EDC | | √ | √ | | √ | | √ | |
| 氢 | √ | | | | √ | | | |
| 氯化氢 | | √ | | √ | | | √ | |
| 天然气 | √ | | | | | | | |
| 丙烯 | √ | | | | √ | √ | | |
| 氧 | | | | | | | | √ |
| VCM | √ | √ | √ | | √ | √ | √ | |
| 水 | √ | | | | | | | |

注：√表示有此项。

## 二、分析经验的获取

对TMC化学工业公司来说，VCM装置的技术复杂，许多化学物质和反应过程是第一次遇到，特别是TMC公司几乎没有加工处理烃类物质（如乙烯），以及化学物质EDC和VCM的经验。因此，他们主要根据文献综述、供货商信息、物性分析以及专业咨询来分析这些物质的危险性。他们还打算首先进行实验研究（研究开发）并最终建立一套中试装置，以便进一步掌握VCM工艺过程以及弄清与这些物质有关的危险性。

此外，TMC公司对氯碱装置的化学物质如氯、烧碱、氯化氢、水以及某些烃类具有丰富的经验。作为危险分析过程的一部分，TMC 的工程师们审查了氯碱装置的事故报告，通过该审查知道了氯具有较高的反应活性（比他们设想的要高得多），而且他们特别注意到氯将与下列物质反应。

（1）大多数的烃类（因此，必须保证工艺系统和仪表所用的流体和润滑剂不与氯反应）。

（2）少量的水。

（3）高温下的碳钢（高温，氯存在下碳钢将被腐蚀）。

## 三、相容性矩阵

相容性矩阵用来表示两种不同的化学物质或同一化学物质在一定条件下不能配装（相容）的问题。TMC 公司的工程部建立了 VCM 装置的化学物质相容性矩阵，该矩阵的建立是在横轴和纵轴列出所有的化学物质，此外，工程师们考虑到的其他一些参数列在纵轴上，这就是矩阵的框架。框架建立起来后，TMC 公司的工程师和化学专业的人员一起审查可能发生相容的物质，并对不能相容（不能配装）的在相容性矩阵中进行标识。图 11-2 是 VCM 装置化学物质的相容性矩阵。“×”表示存在与物质或工艺条件不能相容的问题；在表后注释中对某些问题作了进一步的说明。“?”表示其相容性未知，对这些项目以及分析组提出的其他一些问题（表 11-5）将要作进一步的分析研究。

| | 催化剂 | 碱 | 氯 | 乙烯 | EDC | 氢 | HCl | 天然气 | 丙烯 | 氧 | VCM | 水 |
|---|---|---|---|---|---|---|---|---|---|---|---|---|
| 催化剂 | | | | | | | | | | | | |
| 碱 | | | | | | | | | | | | |
| 氯 | | × | | | | | | | | | | |
| 乙烯 | | | × | ? | | | | | | | | |
| EDC | | × | | | | | | | | | | |
| 氢 | | | × | | | | | | | | | |
| HCl | ? | × | | | | | | | | | | |
| 天然气 | | | × | | | | | | | | | |
| 丙烯 | | | × | | | | | | ? | | | |
| 氧 | × | | ? | × | × | × | | × | × | | | |
| VCM | | ? | | | | | | | | × | × | |
| 水 | × | ×① | × | | | | ×①⑤ | | | | | |
| 高压 | | | | ×③ | | ×④ | | | | | × | |
| 高温 | | | ×② | × | | | | | | | × | |
| 污染物(尘、油) | × | | × | | | | | | | | × | |
| 环境(管理影响) | | × | × | | × | | × | | | | × | |

① 放出稀释热。

② 高温、有氯存在下碳钢被腐蚀。

③ 高压下乙烯分解。

④ 焦耳-汤姆逊作用。

⑤ 干的 HCl 无腐蚀作用，但在有水存在下则有腐蚀作用。

图 11-2　VCM 工艺过程化学物料的相容性矩阵

表 11-5 由相容性矩阵提出的问题举例

| | |
|---|---|
| • HCl 将与过程中所使用的催化剂反应吗？ | • 乙烯自身反应的活性如何？丙烯呢？ |
| • VCM 将与碱反应吗？ | • 在过程的操作温度下，碳钢将会被氯腐蚀吗？ |
| • 氯氧的反应动力学是什么？ | • 过程的波动会使温度超过要求的温度吗？ |

分析组发现某些三元物系的相容性也很重要，然而在相容性矩阵中只表示了二元物系的不相容问题，TMC 公司的化学专家将对这一问题进行分析调查。

### 四、危险性分析方法

TMC 公司的分析人员将使用各种分析方法对 VCM 的各个发展阶段进行分析。在项目的研发阶段和概念设计阶段，将首先使用危险分析方法找出危险，在这个阶段使用故障假设分析（What-If）和预先危险性分析（PHA）这两种分析方法对 VCM 的“想法”进行分析，详见本章第三节和第四节，如第四节所见，在厂址选择阶段，采用相容性矩阵、分析装置操作经验及物料性质等方法未能识别的一些问题，可通过危险分析方法予以识别。

## 第三节 研发阶段——故障假设分析方法

### 一、背景

TMC 公司已有 50 年生产氯、碱、硫酸、盐酸以及其他化学品的历史。该公司的安全记录非常出色，并且拥有一批得到世界公认的化学物质安全处理专家。

过去 5 年来，由于其他公司相继进入市场，氯（TMC 公司的主导产品）市场的竞争越来越激烈。由于对环保的要求越来越高，使得氯的生产成本上扬，再加上由于使用氯的替代物使得对氯的需求萎缩，因此 TMC 公司的利润下滑。为此，TMC 公司开始着手改造生产线，期望能生产出具有强劲市场竞争力并能带来较好效益的产品。市场调查显示，氯乙烯单体（VCM）的市场需求正在迅速上升，并可能带来丰厚利润，这引起了 TMC 公司的注意。

根据市场调查，TMC 管理层考虑在氯装置的基础上建一条 VCM 生产线。在最终决定之前，首先需要对该装置的操作和费用等问题进行调查。按计划，该装置 3 年后开车试运行。

为此，TMC 公司成立了 VCM 项目部，首先探讨 VCM 生产技术的可行性。项目部组织 VCM 生产过程的实验研究、生产能力评估以及安全审查。项目部完成了一些基础性工作，包括收集 VCM 生产化学原理、工艺路线、生产过程的危险性、事故报告等。此时，项目部负责人决定应进一步对 VCM 生产过程的危险性进行分析，分析结果将作为项目部和 TMC 管理决策层决定是否生产 VCM 的依据。

项目部首先进行 VCM 风险调查，此时工程设计尚未完成。TMC 公司的化学专家确定了生产 VCM 的基本化学过程如图 11-3 所示。

项目组首先广泛收集 $C_2H_4$、$Cl_2$、$C_2H_4Cl_2$、HCl、$C_2H_3Cl$ 的有关资料，此外项目组还查阅了有关专利文献及相关物质的安全数据。表 11-6 列出这些化学物质的主要特性。

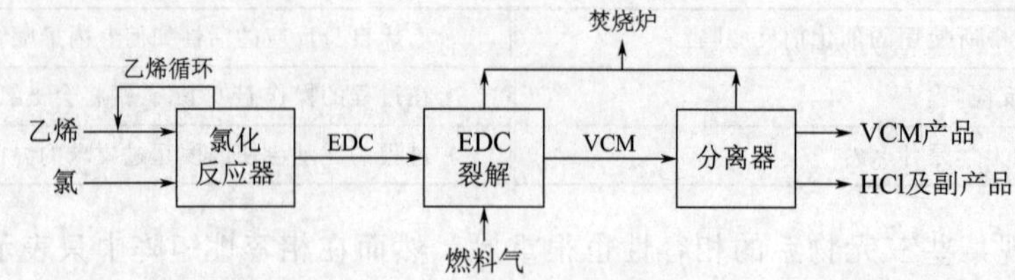


生成EDC　　　　　　　　　　生成VCM

$C_2H_4+Cl_2 \xrightarrow{催化剂} C_2H_4Cl_2+热量$　　　$C_2H_4Cl_2+热量 \longrightarrow C_2H_3Cl+HCl$

图 11-3　VCM 生产过程方框图

**表 11-6　VCM 生产过程中有关化学物质的特性①**

| 性质 | 氯 | 乙烯 | 二氯乙烯 | 氯化氢 | 氯乙烯单体 |
|---|---|---|---|---|---|
| 沸点（101325Pa，即 1atm） | −29.4℉，−34.1℃ | −154.7℉，−103.7℃ | 182.3℉，−83.5℃ | −121℉，−85℃ | 7.2℉，−13.8℃ |
| 闪点 | 不易燃 | −213℉，C. C② | 60℉，O. C.② | 不易燃 | −110℉，O. C.② |
| 阈限值 | 1μL/L | 简单窒息剂 | 10μL/L | 5μL/L | 5μL/L |
| 短时接触剂量限制 | 3μL/L，5min | 无此项内容 | 200μL/L，5min，在任意 3h 内 | 5μL/L，5min | 500μL/L，5min |
| 燃烧（DOT）等级 | 不易燃气体 | 易燃气体 | 易燃液体 | 不易燃气体 | 易燃气体 |
| 标态下在空气中的燃烧极限（体积分数）/% | 不易燃 | 2.75～28.6 | 6.2～15.6 | 不易燃 | 4～26 |
| 致死或中毒最低浓度③ | 873μL/L，30min（$LC_{LO}$-人） | 950000μL/L，5min（$LC_{LO}$-动物） | 无 | 1300μL/L，30min（$LC_{LO}$-人） | 550μL/L，4h（$LC_{LO}$-人） |
| 安全预防措施 | （1）避免与液体或蒸气接触<br>（2）佩戴护目镜、SCBA、橡胶衣<br>（3）用水喷洒控制蒸气<br>（4）如果吸入将中度中毒<br>（5）燃烧时产生有毒气体 | （1）避免与液体或蒸气接触<br>（2）佩戴 SCBA<br>（3）用水喷洒控制蒸气<br>（4）沿蒸气尾可能发生逆燃 | （1）避免与液体或蒸气接触<br>（2）佩戴护目镜、SCBA、橡胶衣<br>（3）用水喷洒控制蒸气<br>（4）用泡沫、化学物质或 $CO_2$ 灭火<br>（5）燃烧时产生有毒气体 | （1）避免与液体或蒸气接触<br>（2）佩戴防化学物质的 SCBA<br>（3）用水喷洒控制蒸气<br>（4）如果吸入或吞入将中度中毒 | （1）避免与液体或蒸气接触<br>（2）用水喷洒控制蒸气<br>（3）沿蒸气管道可能发生逆燃<br>（4）让其自己烧掉<br>（5）如果吸入将中毒 |

① 除致死或中毒浓度数据外，其余资料来自 United States Coas Guard. CHRIS Hazardous Chemical Data. Washington，DC：United States Government Printing Office，1984。

② C. C. 为密闭容器，O. C. 为敞开容器。

③ 致死或中毒浓度数据来自 Irving Sax N，Richard J Lewis. Dangerous Properties of Industrial Materials. 7th Edition. New York，NY：Van Nostrand Reinhold，1990。

注：LC 为致死浓度；LO 为无毒界量；SCBA 为防毒面具。

项目部还从 TMC 公司内部找到了几位熟知 VCM 过程中所使用的一些化学物质的安全问题的专家，特别是 TMC 公司有 $Cl_2$ 和 HCl 方面的专家、装置安全专家以及环保专家，但他们对 $C_2H_4$、EDC 和 VCM 则几乎没有什么经验。

## 二、方法选择

VCM 项目部认为需要进行危险性分析，但是应该采用何种分析方法没有实际经验。项目部要求 TMC 公司的过程危险分析组推荐危险分析方法。因为 VCM 的生产过程和工艺还不是很清楚，因此过程危险分析组很快确定不能使用那些需要首先知道详细工艺过程的分析方法，很显然如 HAZOP、FMEA、事件树与事故树、原因结果分析、人的可靠性分析都不能采用，而如安全审查这样的分析方法通常用于已投入运行的系统，也不予考虑。

TMC 公司的过程危险分析组对分析方法的选择集中在安全检查表分析、危险等级分析、预先危险性分析、故障假设分析这些分析方法上。因为在这个阶段对装置的布置、设备的型号和大小、使用的化学物质知之甚少，因此不宜采用危险等级分析及预先危险性分析这两种分析方法。似乎可以采用安全检查表分析，但分析组并没有采用这种方法，原因是他们无法拿出一份符合该项目的检查表。因此，推荐使用故障假设分析方法，因为该方法不必知道 VCM 装置设计的详细情况，在分析过程中具有较大的灵活性。

## 三、分析准备

项目部决定由张化学来组织对 VCM 的故障假设分析。因为他从未进行过故障假设分析，因此张化学请 TMC 公司的安全和紧急事务协调员刘安全负责故障假设分析。刘安全多次领导并参与了氯装置的危险性分析，包括故障假设分析。刘安全选择以下专业人员进行 VCM 过程的故障假设分析。

(1) 化学专家　熟悉氯、盐酸、EDC、VCM 等，帮助确定这些化学物质可能发生的危险。张化学可以胜任这一工作（同时有助于与项目部的联系）。

(2) 氯专家　识别处理大量氯时的危险性。王工程有 10 余年氯装置的工作经验，可以胜任这一工作。

(3) 乙烯专家　识别处理大量乙烯时的危险性。TMC 公司没有这方面的专家，但在石油化工厂有这方面的专家，为此刘安全经与几家公司联系后聘请了烃加工公司的周石油帮助进行 VCM 过程的故障假设分析。

(4) 安全专家　安全专家帮助了解和识别与新项目有关的特殊安全需要，希望安全专家（包括其他人员）了解 VCM 过去发生的事故及有关安全考虑，刘安全满足这一要求。

故障假设分析在刘安全的领导下进行。根据项目部提供的资料以及该项目正处在初始阶段的实际情况，刘安全认为该分析需要一至两天。他首先拟定了分析会议的时间和地点，在分析会议开始两周前，刘安全将有关资料送达到每个分析人员手中，这些资料包括 VCM 生产过程以及项目部收集到的其他资料。

刘安全的最后一项工作就是列出欲进行分析的假设故障。故障假设分析方法就是让分析人员充分考虑可能出现的安全问题，刘安全根据图 11-3 和表 11-6，用了近一个小时列出了假设故障，见表 11-7。

表 11-7 VCM 研发阶段故障假设问题举例

| 如果……将产生什么样的后果？ | |
|---|---|
| • 乙烯进料中含有其他杂质<br>• 氯气进料中含有其他杂质<br>• 氯化反应速率太快<br>• 反应炉发生爆炸<br>• 乙烯随 HCl 副产品一起排出 | • 所用材质(设备等)不符合要求<br>• 管道破裂<br>• 大量氯气与 EDC 带到下一工序<br>• 无 EDC 送入裂解炉<br>• VCM 进入副产品中<br>• 副产品被送入 VCM 储槽 |

## 四、分析过程

两个星期后，危险分析组来到培训楼开始故障假设分析会议。首先刘安全让各成员做自我介绍，张化学同意做会议的记录，刘安全对会议日程和其他事项做了说明；然后，刘安全简要介绍了 VCM 项目的背景、化学过程以及为什么要进行故障假设分析。在举行正式分析会议之前，刘安全提出了分析组应当遵守的几个原则。

（1）所有分析人员有同等的发言权。

（2）所有的考虑，无论是否有实际的意义，都尽可能提出来。

（3）所有分析人员都应为该分析发表意见。

（4）在进行下一问题分析之前，对前一问题所演绎出的问题应分析完毕。

（5）无须对问题进行详细分析和判断。

（6）重要的是发现危险，而不是找出解决问题的方法。

分析结果由张化学和刘安全负责整理成分析文件，并提交分析组审查，然后作为正式报告交项目部。

以下为故障假设分析会议的记录摘要。

**刘安全** 首先我们来看看 VCM 生产过程简图，请提出故障假设问题（暂停），那么请看第一项：假定乙烯进料中含有其他杂质将产生什么样的后果？

**王工程** 可能含有什么杂质？

**周石油** 乙烯中最主要的杂质是轻油，也不排除水。

**张化学** 根据我们原来做的实验和有关文献，油和氯很容易反应。至于乙烯和油也可能发生反应，通常情况下乙烯中油的含量是多少？

**周石油** 这很难说，主要取决于供货商。若由管道输送，则乙烯中的油分很少，如果需要可进行分析检测。

**刘安全** 我认为需要对乙烯中的油分进行分析。我们还需要知道含有杂质（如油）的乙烯，发生反应的剧烈程度。张化学，你能对这个问题发表意见吗？

**张化学** 可以。如果油的含量较少，我认为反应器中大量的氯、乙烯、EDC 有可能抑制油和氯的反应，但需进一步确认。

**刘安全** 还有别的问题吗？（暂停）

**张化学** 如果氯进料中含有杂质呢？

**王工程** 氯中的主要杂质是水分。我们首先要确定氯在送入本系统前是否带有水分，大量带水将因为产生次氯酸而引起设备和管道的腐蚀。

**刘安全** ……是的。但是我们没有考虑到乙烯中也可能带水，这样次氯酸也将被带入VCM系统中。我想我们是不是主要考虑乙烯中的杂质。

**张化学** 我同意。我认为少量的水分不会引起什么大的问题，但需要进一步核实。

**王工程** 如果某根管道断裂呢？

**周石油** 如果是乙烯管道，将引起大火或产生易燃蒸气云；如果是氯管道，将是毒气释放问题。

**刘安全** 我想我们能够处理氯管道的问题，因为我们有相应的设备，而且人员训练有素；乙烯则不同了。顺便问一下，输送的氯是液体还是气体？

**张化学** 目前我们考虑液体输送。我想你的意思是，在管道破裂时气体输送的释放量少，我将让研究组探讨一下气体输送的可能性。乙烯管道破裂会怎么样？

**周石油** 我认为这正是你们公司应该慎重考虑的问题。虽然有很多企业能够很安全地处理乙烯，但在减少或避免乙烯释放方面，你们公司还是有大量的工作要做，如安装可靠的远距离隔离阀；而且，你们公司还需加强这方面的学习了解，尽可能增加防火设备。

**刘安全** 张化学，请记下这个意见。管理层必须落实这件事，你记下来了吗？

**张化学** 没记下来，请重复一下最后一点好吗？

**刘安全** 好的。TMC公司必须增加安全处理乙烯的设备并进行必要的训练（暂停）。还有什么问题吗？

**王工程** 如果进料速率不平衡会怎样？反应会不会失控而使反应器爆炸？

**张化学** 现在我还不能回答你这个问题。当然，我们会进行必要的研究并提请在设计中加以注意。

**王工程** 如果EDC裂解炉的温度过高会怎样？

**张化学** 同样，这个问题我们还未考虑。从掌握的有关资料来看，温度高将得到更多的VCM和副产品。

**刘安全** 裂解炉的温度有多高？

**张化学** 现在还不知道。

**刘安全** 大家知道，超过一定温度钢材将被氯腐蚀，会超过这个温度吗？（无人回答）有谁知道这个温度吗？（沉默）

**张化学** 我将记下这些内容。目前情况下我们暂时放下这个问题，留待工程设计时再考虑。

**刘安全** 好的。但是我的观点是，能否在氯化阶段消耗掉所有的氯气，从而避免上述问题。

**张化学** 从理论上讲是可行的，但实际上做不到，我们将进一步进行研究。

会议继续进行，逐个分析所提出的问题。所有分析组成员提出或分析问题，直到所有的故障假设问题都进行了分析。

## 五、结果讨论

将故障假设问题的分析结果以表格形式汇总。一般应包括所提出的问题、对问题的回答、采取何种措施、分析组的建议，TMC公司根据自己的需要设计了表格形式。当然，其他的公司也可根据自己的情况决定。每栏内容按照讨论过程进行的顺序来填写。

提出的许多问题在分析会议上可很快得出结论，对那些不能很快做出结论的问题，应当安排参加会议的人员做进一步的调查研究，接受任务的人员应尽快将他们收集到的有关资料或调查研究情况提交给分析组负责人，接下来对有关问题进行分析并做出结论。

**表 11-8 研发阶段故障假设分析工作表**

故障假设分析工作表　　日期：1996-01-16

过程和阶段：VCM 装置，概念分析　　内容：危险与安全

分析组成员：刘安全（组织和负责人）、张化学（TMC 公司研究与发展部成员）、王工程（TMC 公司的工程师）、周石油（外聘顾问）

设备/任务内容：氯化反应器进料

| 如果……将会发生什么情况？ | 结果/危险 | 建议 | 负责人 | 完成起止日期 |
|---|---|---|---|---|
| 1. 乙烯进料中含有杂质 | 乙烯中的主要杂质是油，油将与氯剧烈反应；然而，乙烯中的氯通常很少，反应器中大量的 EDC 将抑制氯和油反应；水的量也很少 | a. 确保乙烯纯度高且供应可靠<br>b. 测定油/氯的反应动力学，分析氯/水的反应动力学 | a. 乙烯专家<br>b. 化学专家 | |
| 2. 氯进料被污染 | 氯中的主要杂质是水，氯中存在大量水将导致设备损坏，而且会导致停车；少量的水不会有问题 | 确保氯中水含量很低 | 氯专家 | |
| 3. 进料管断裂 | 大量液态氯释放出来，产生大量的氯气云，大量液态乙烯释放出来，产生大量的乙烯气云，可能导致火灾或爆炸 | a. 考虑以气态输送氯<br>b. 分析 TMC 公司应对大量易燃物质的能力，考虑增加消防设备并加强训练<br>c. 考虑安装远距离进料控制装置 | a. 化学专家<br>b. 装置的防火负责人，公司的培训办公室<br>c. 工程师 | |
| 4. 进料不平衡 | 可能发生失控反应，目前还不知道操作范围 | 考查各种乙烯/氯进料比下的反应速率 | 化学专家（与研究人员联系） | |

在分析过程中，张化学记录了讨论中提出的有关问题及建议。然后将该记录整理成正式报告提交给项目部，这份报告中还包括分析人员对某些尚未做出结论的问题的建议意见。表 11-8 是故障假设分析正式报告，表中内容按照实际讨论过程填写，此表由张化学在会议过程中记录和整理，并经参加会议的所有人员审查和认可，然后提交给 VCM 项目部。

张化学还对分析会议进行了总结，写出了一个简短的总结报告。这个总结报告包括什么时间、什么地点举行的故障假设分析会议，由哪些人员参加，主要分析了哪些问题，这份总结报告也经过全体人员的审查。

## 六、结论与启示

故障假设分析非常成功，这是因为以下原因。

（1）分析组负责人刘安全具有丰富的经验，整个分析过程按预先拟定的问题进行，当某个问题的讨论无法深入时能按计划进行下一问题的讨论。

（2）参加分析的人员选择恰当，而且富有经验。

（3）分析组并不致力于立即解决他们发现的所有问题。

分析组向 VCM 项目组提出了应该考虑的安全问题，只提供事实依据，而不对项目的风险进行评估。

故障假设分析组所发现的问题各种各样，从进料是否含油到是否产生严重的后果，并且还考虑到了高温下钢材受氯的腐蚀，故障假设分析为 VCM 项目部找出了许多他们应该发现而又难以发现的问题。故障假设分析弥补了 TMC 公司对 VCM 经验的不足，特别是分析组还考虑到了以下问题。

(1) TMC 公司是否知道 VCM、EDC 以及与生产 VCM 有关的其他化学物质的环保规定？是否需增加人员以保证 VCM 的安全操作？

(2) TMC 公司从未使用过乙烯，如何对员工进行训练以能安全操作？此外，如果 TMC 公司开始使用乙烯，应进行消防训练并增加相应的设备。

(3) VCM 单体对于 TMC 公司来说也是新产品，在这方面也应加强训练，同时还应考虑聘用具有 VCM 操作经验的操作人员。

(4) 所有放空系统必须能处理有毒和易燃物质。

总之，管理层根据故障假设分析的结果认为 VCM 生产过程不存在不可驾驭的危险。所提出的建议为项目部的进一步研究指明了方向，对 TMC 公司制造 VCM 的能力进行了估计，确定了需要进一步进行哪些危险分析。

# 第四节 概念设计阶段——预先危险分析方法

## 一、背景

TMC 公司决定继续进行 VCM 项目。在研究开发阶段所完成的故障假设分析没有发现任何不可驾驭的危险；根据该分析提出的建议，TMC 公司可以聘用对 VCM 过程有经验的员工来处理所识别出的危险。根据这些资料，加上良好的市场前景，TMC 公司管理层认为 VCM 项目是可以继续进行的。

TMC 公司选择 K 地的氯装置旁边作为 VCM 装置的厂址，该厂址与故障假设分析时所提出的厂址不同，选择该厂址基于以下三个原因。

(1) 最近的居住区人口数量小（与其他厂址相比）。

(2) 离乙烯的输送管线相对较近。

(3) 运输方便。

图 11-4 是 VCM 装置的布置图，将 VCM 装置布置在氯装置的东面是因为以下原因。

(1) 有足够的空间使装置分开，而且有管理办公室。

(2) 该处属于 TMC 公司的财产。

(3) 乙烯输送方便。

根据这些新的资料，项目部决定需要进行危险分析。项目部想知道该工艺过程是否还存在其他危险，而且危险分析的重点是 VCM 装置的厂址。项目部推荐由刘安全再次负责分析工作，因为他已熟悉该项目，而且非常出色地完成了 VCM 项目的故障假设分析。然而，张化学向项目部提出此次分析需要新的观察点，于是决定让伍芸负责此次的分析，她来自公司的过程危险分析组。

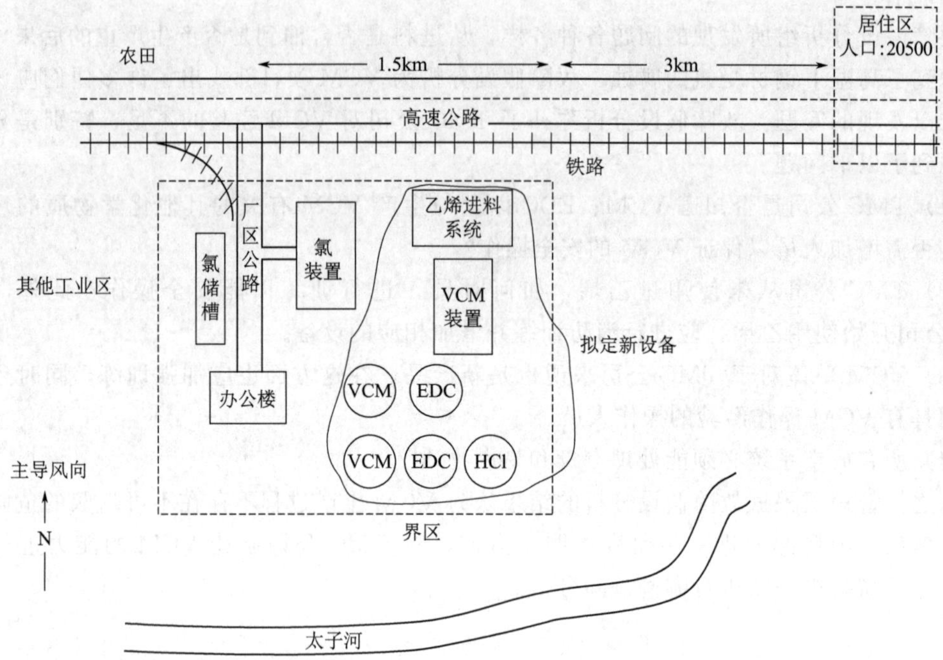


图 11-4 VCM 装置布置图

## 二、已有资料

此时尚未进行 VCM 装置的设计。然而，工程部将装置的初步布置图（图 11-4）提供给了伍芸，工程部和研究开发部还提供了下列资料。

(1) 初步拟定的原料、中间产品、最终产品清单（表 11-9）。

(2) 初步拟定的装置的主要容器清单（表 11-10）。

(3) VCM 项目的研究开发报告。

(4) 以前收集到的关于 EDC 和 VCM 的文献资料。

(5) 故障假设分析结果报告。

(6) 与氯装置有关的系统的初步清单。

**表 11-9 VCM 装置的部分物料清单**

| | | |
|---|---|---|
| •乙烯<br>•氯<br>•二氯乙烯 | •氯乙烯单体<br>•氯化氢<br>•乙烯 | •轻烃<br>•重烃<br>•天然气 |

**表 11-10 VCM 装置的主要设备**

| 设备 | 数量 | 化学物质 | 容积 |
|---|---|---|---|
| 直接氯化反应器 | 1 | 氯、乙烯 | 大(液体) |
| 压缩机 | 1 | 乙烯 | 中(气体) |
| 球形储罐 | 4 | EDC、VCM | 大(液体) |
| 储槽 | 1 | 盐酸 | 大(液体) |

续表

| 设备 | 数量 | 化学物质 | 容积 |
| --- | --- | --- | --- |
| 精馏塔 | 4 | EDC、VCM、HCl、轻烃、重烃 | 大(液体/气体) |
| 缓冲罐 | 尚未确定 | EDC、VCM、HCl | 中(液体) |
| 裂解炉 | 1 | EDC、VCM | 中(液体) |
| 焚烧炉 | 1 | 混合物 | 中(液体) |

伍芸还需要氯装置的资料，特别是应急预案、安全设备、紧急停车连锁的资料，这些资料由氯装置的工程师负责收集。

## 三、方法选择

项目部让伍芸决定选择何种分析方法，他们只要求不要再使用故障假设分析方法，除非它是唯一可选用的方法，因为故障假设分析方法在前面已使用过了。

伍芸对大多数常用的分析方法都比较熟悉。因为该工艺过程还未完全确定下来，因此她很快就决定不能采用 HAZOP 分析及人的可靠性分析这两种分析方法；她也不打算使用安全检查表分析，因为没有很好的检查表可供使用；故障假设分析是可以的，但因为前面已使用过了，所以她也没有选择这种方法。因此只有预先危险分析（PHA）和风险等级（RR）两种方法可供选择，这两种方法都可以使用，难以确定。然而，PHA 比 RR 更适合危险识别，而且伍芸对 PHA 更熟悉，所以选择了 PHA。

## 四、分析准备

伍芸选择了 TMC 公司的另外两位雇员来帮助进行 PHA 分析。一位是蒋大卫，他是过程危险分析员，在公司的工程部工作。伍芸选择他是因为他有一些关于 VCM 和乙烯的经验（蒋大卫一年前受聘于 TMC 公司，部分原因就是 VCM 项目），蒋大卫和伍芸在 TMC 公司的同一部门工作。

伍芸选择的另一位雇员是罗明，他是氯装置富有经验的工艺工程师。罗明在氯装置的大部分工段都工作过，因此对氯装置的雇员、操作、安全、应急情况的处理以及设备布置非常熟悉。

因为没有项目部的人员参加 PHA 分析，为了保证理解项目的意图，保证 PHA 分析满足他们的要求，伍芸与张化学在一起进行了讨论，并解释了 PHA 分析将完成哪些分析内容。

PHA 分析准备的另一项工作是伍芸将有关资料提供给了蒋大卫和罗明，这些资料包括以下各项。

（1）PHA 分析日期、时间（预计需要 1 天）、地点。

（2）PHA 分析目的的说明。

（3）以前的危险分析报告、研究开发报告、初步工程分析复印件。

分析会议地点在所选厂址旁边的会议室，因为项目部特别关心的是厂址的选择，而伍芸和罗明都没有到过那个地方。

在 PHA 分析会议前，伍芸用了一天的时间研读 VCM 项目的有关资料，并在此基础上准备了一些将在 PHA 会议上进行讨论的问题（表 11-11），而且还要准备 PHA 分析会议记录用的表格。

表 11-11 VCM 概念设计阶段 PHA 分析问题

| | |
|---|---|
| • VCM 装置离最近的居民区、最近的工厂有多远？ | • 太子河如果发洪水会对装置造成威胁吗？ |
| • 为何装置在东面？如果在西面、北面或南面呢？ | • 该位置的风玫瑰图是什么样的？ |
| • 如果大量的氯释放，应采取何种应急措施？ | • 装置内和装置外有何防火措施？ |

## 五、分析过程

PHA 分析包括下列任务。

（1）现场查看氯装置和拟定的 VCM 装置的位置。

（2）召开 VCM 装置的 PHA 分析会议。

（3）PHA 分析结果审查。

一般来说，PHA 分析不包括现场查看，但因为伍芸和蒋大卫对装置的位置不熟悉，因此决定进行简短的现场查看。在查看过程中（由罗明带领），分析组记下了氯装置的设备和人员的位置，以及待建的 VCM 装置的位置，他们还注意到了有哪些用于处理紧急情况的设备（如报警器、火灾监视器、消防栓）以及这些设备的位置。

现场查看结束后，PHA 分析组集中在会议室开始进行分析。伍芸对 PHA 分析方法作了简要说明，传阅 PHA 分析表，解释危险分析内容，提请分析组考虑因为危险情况导致相邻设备和系统的损坏（例如，起重机倒塌砸断管道，化学物质放出并导致化学物质的储槽爆炸）。为了保证 PHA 分析的正常进行，伍芸还决定由她提出问题，然后从头至尾对工艺过程进行分析，找出原因、后果、改进措施。最后伍芸还对 VCM 的生产过程作了简单的说明，然后开始分析。

以下是 PHA 分析过程的部分内容。

**伍　芸**　首先从有毒物质的释放危险开始。从乙烯进料开始，有哪些可能的原因？

**蒋大卫**　乙烯本身是无毒的，它是窒息剂且有易燃危险。

**伍　芸**　是的，首先考虑其他有毒物质，然后再考虑这些危险。连接 VCM 装置的氯管道如何？

**罗　明**　据我所知，氯是以液态送入 VCM 装置的（研究开发部已确认用液氯的氯化产率高）。法兰和垫圈泄漏将释放出氯气，但其量可能很小。至于管道断裂，如起重机倾倒事故，将放出大量的氯。管道内热膨胀也可能从垫圈或阀门密封处泄漏，或者引起管道破裂。

**蒋大卫**　也许我们应该考虑管道将埋入地下，这样就可解决因为起重机倾倒可能导致的事故。

**伍　芸**　请稍等一下，在建议进行修改之前，让我们来分析一下这种情况的后果如何，已有哪些保护措施。

**罗　明**　……好的。后果是部分操作人员或办公楼的人员将处在高浓度氯气环境中，这取决于风向。然而，我们已有的安全保护包括：①附近有防毒面具；②有安全避难室；③所有管道的焊缝经 X 射线检测；④管道上装有膨胀节；⑤在该区域装有氯气检测和报警装置；⑥装置的员工已受过氯气释放应对训练。还需要什么？

**伍　芸**　那么暴露在氯气中的公众呢？

**罗　明**　最近的居住区离装置大约有 3.5km 远。我们的应急预案中已考虑到了这个问题。

**伍　芸**　你认为对氯气输送管线还应采取哪些特殊保护措施呢?

**罗　明**　如果 VCM 装置长期停车，则应保证管道中无残留氯气。

**蒋大卫**　如果管道断裂，如何进行隔离?

**罗　明**　我们需要单向关闭阀，或者是管道破裂连锁装置。顺便说一句，VCM 装置的人员还必须学习氯气释放应急预案，并且有保护设备。如果 VCM 系统紧急停车，我们还需要保证氯系统能应对由此带来的冲击。

**蒋大卫**　将氯气输送管道埋入地下如何?

**罗　明**　不，那样不好。少量的氯气泄漏很快就会变成大的泄漏，因为我们看不到管道，所以无法尽早发现泄漏。

**伍　芸**　在 PHA 表中我已注明了这些情况。管道泄漏和管道破裂如何分级?

**罗　明**　少量的氯气泄漏是存在的，但不会有什么麻烦，我把它定为Ⅳ级；而破裂则很严重，我把它定为Ⅰ级。

**蒋大卫**　有道理。

**伍　芸**　好的，如果没有其他问题，我们继续往下进行分析。(暂停)下一个主要设备是直接氯化反应器。

**罗　明**　让我说明一下，液态氯和乙烯在该反应器中混合并生成二氯乙烯，反应是放热的。

**伍　芸**　是的。

**罗　明**　会爆炸吗?

**伍　芸**　我不知道。我相信设计人员将针对最坏的情况设计压力释放系统。我们假设应该如此，不过我们将提请设计人员注意。

**罗　明**　反应器中有多少氯?温度是多少?

**伍　芸**　现在还无法回答这个问题。我想可能超过 10t，但我不知道温度是多少。

**罗　明**　如果反应器发生爆炸，装置区域将被高浓度的氯气包围。15 年前 TMC 公司把储槽移到公路的东面就是担心发生大量氯气释放，按危险等级为Ⅰ级。我想环境研究部门对此已采取了措施。

**伍　芸**　有哪些安全措施?

**蒋大卫**　我们还不知道反应器的型号，我相信我们会考虑合适的连锁装置避免失控反应。但是一旦不能阻止失控反应，将有大量的氯气和乙烯释放出来，氯气检测器如何?

**罗　明**　检测器安装在装置内的某一个确定位置。如果风向是向居住区，检测器则检测不到氯气，如果反应器上的爆破片爆破或安全阀打开，我们会听到的。

**伍　芸**　那么，你是不是认为应该把 VCM 装置移到道路的西边?

**蒋大卫**　我认为我们应该建立大量氯气释放的模型并估计其后果，如果后果很严重，我同意将装置移到西边。

**罗　明**　我认为我们还是应该考虑将装置移到西边。因为已经有液氯管道，因此管道破裂的风险不会增加；另外还增加了居住区保护间距。但是，装置附近的工厂则需要加强防氯气措施。

**伍　芸**　如果这样的话，我们将要买更多的土地。我将记下你们这两种观点，由项目部决定。下一个问题是EDC储罐，它们会释放出有毒气体吗？

……

这种讨论一直进行下去，分析组将对所有主要设备的有毒气体释放原因加以分析。然后伍芸再引导分析组从头开始分析易燃物质释放的原因。分析组从头至尾对装置进行多次分析，每一次分析一种危险（如失控反应、有毒气体释放、低温作用）以及处理这些危险的建议措施（有些分析组的分析方式可能是，对某个设备或工段存在的所有危险进行分析后，再进行下一设备或工段的分析，直至所有的设备或工段都进行了分析，PHA分析结束）。

PHA分析结束时，伍芸宣布由她整理PHA分析表并发给大家进行审查，请大家在两个星期内完成，然后根据所提意见和建议最终写出分析报告，并提交给VCM项目部。

## 六、结果讨论

表11-12是PHA分析结果举例。表中包括所考虑的危险、这些危险的原因、提请TMC公司考虑改正或采取预防措施的建议。根据前面已进行过的故障假设分析，在进行分析时考虑到了已有的安全保护措施，但未记录在表格中。对建议的改正措施未作具体安排（如由谁负责实施），因为分析组无权或不知道应将任务分配给谁，伍芸将这一工作交给项目部去完成。

**表11-12 VCM装置概念设计阶段PHA工作表**

区域：VCM装置——概念设计

图纸：见图11-4

会议日期：1999-06-20

分析人员：伍芸（负责人，TMC过程危险），蒋大卫（TMC过程危险），罗明（TMC装置）

| 危险 | 原因 | 主要后果 | 危险等级① | 改正措施/预防方法 |
|---|---|---|---|---|
| 有毒物质释放 | 氯管道法兰、密封泄漏 | 装置内少量氯气释放 | Ⅳ | 无 |
| | 氯管道破裂（如交通事故、管道堵塞） | 大量氯气释放，对装置内和装置外有很大影响 | Ⅰ | （1）若VCM装置停车较长时间应确保管道中无氯<br>（2）安装阀门或连锁，以便管道破裂时能有效隔离<br>（3）对VCM装置的员工进行氯气释放应对训练<br>（4）为VCM装置员工安装防氯气设备<br>（5）不要将液氯管道埋入地下 |
| | 直接氯化反应器放热 | 大量氯气、EDC、乙烯释放，与反应器的大小、操作条件有关，对装置外有影响 | Ⅰ | （1）考虑将VCM装置移至厂区公路的西面<br>（2）建立氯气扩散模型，估计因放热及氯气、EDC释放对装置外的影响<br>（3）确认反应器的压力释放系统能否处理这种释放 |
| | 直接氯化反应器破裂 | 大量氯气、EDC、乙烯释放，与反应器的大小、操作条件有关，对装置外有影响 | Ⅰ | 让进入反应器的氯气、EDC的量最少 |

续表

| 危险 | 原因 | 主要后果 | 危险等级[①] | 改正措施/预防方法 |
|---|---|---|---|---|
| 有毒物质释放 | 直接氯化反应器安全阀打开 | 大量EDC、氯气、乙烯可能释放出来 | Ⅱ | 确认反应器的压力释放系统以及焚烧炉和洗涤器能处理这种释放 |
| | EDC储罐破裂 | 大量EDC释放，对装置外有影响，可能污染太子河 | Ⅰ | 考虑将EDC储罐远离太子河 |
| | 洪水破坏EDC储罐 | 大量EDC释放，对装置外有影响，可能污染太子河 | Ⅰ | (1)考虑将EDC储罐远离太子河<br>(2)确认EDC(和其他储槽)的支撑结构能经受洪水冲击 |

① 危险等级：见第三章危险的严重度等级划分。

除这张PHA表外，伍芸还将对此次PHA分析作一简要的总结，列出参加分析的人员、对哪些项目进行了分析、有哪些主要的发现。PHA分析结果对VCM装置的设计人员非常有用，在项目的早期就能对不当之处进行修改。

## 七、结果讨论

PHA分析组对拟建的VCM装置存在的危险进行了分析并提出了相应的建议措施，一些主要的建议措施如下。

(1) 考虑将装置移到道路的西面（取决于氯气扩散分析结果）。

(2) 让EDC、VCM、HCl储槽远离太子河（分析组考虑到洪水的袭击及释放物有可能污染太子河）。

(3) 让EDC、VCM、HCl在装置内的储存量最小，这需要对一些设备进行修改使操作紧凑。

(4) 修改装置的应急预案并确定易燃物质的释放（装置内的运输工具可能点燃这些易燃物质）。

(5) 确认装置的消防系统有足够的供水能力，并有防爆保护。

根据PHA分析结果可得出以下结论。

(1) 未发现其他危险（有毒物质、易燃物质等），然而，如果改变拟建的VCM装置位置，可能会带来新的危险，这是因为拟建装置和已有装置之间存在相互影响。

(2) 许多危险性的原因或后果与设备的位置有关，因此，所作出的建议需要重新考虑设备的位置。

(3) 发现了用故障假设方法没能发现的一些危险情况（如洪水），这是因为在用故障假设分析方法进行分析时缺乏一些资料（如厂址、装置布置图）。

(4) PHA分析组的经验是分析成功的关键，特别指出的是，罗明想到了大量有毒物质（氯）储存在厂区公路的西侧，这一洞察避免了一些不必要的厂址选择工作。

因为VCM项目尚处于早期设计阶段，所以PHA分析所用时间较少。

总之，PHA分析组找出了VCM装置设计人员在设备布置设计时应当考虑的危险情况。找出这些危险是为了装置更加安全，而且能够避免在将来进行大的修改，从而节约费用。

# 第五节　中试装置运行阶段——危险与可操作性研究方法

## 一、背景

VCM 项目的开发经过了一年的时间，工程部已设计出了一套中试装置。这套小装置（图 11-5）将生产 EDC 和 VCM。按照 TMC 公司的计划，小装置每次运行几天。在运行过程中，装置的工程师们将调整工艺参数，并对 EDC 和 VCM 取样分析，确定最佳工艺条件，发现生产过程中可能存在的问题。生产出的产品和副产品将在焚烧炉中立即进行燃烧处理。

TMC 公司将在 K 地建成这套中试装置。之所以选择建在 K 地，是因为将在 K 地建成工业规模的 VCM 装置，TMC 公司希望在 K 地建立中试装置将有助于社区和公司雇员了解这个新的项目。而且，中试装置的运行主要由 TMC 公司工程开发中心的工程师和化学专家进行操作，K 地的操作人员将协助中试装置的操作，因此中试装置还将为未来的工业规模装置培训操作人员。

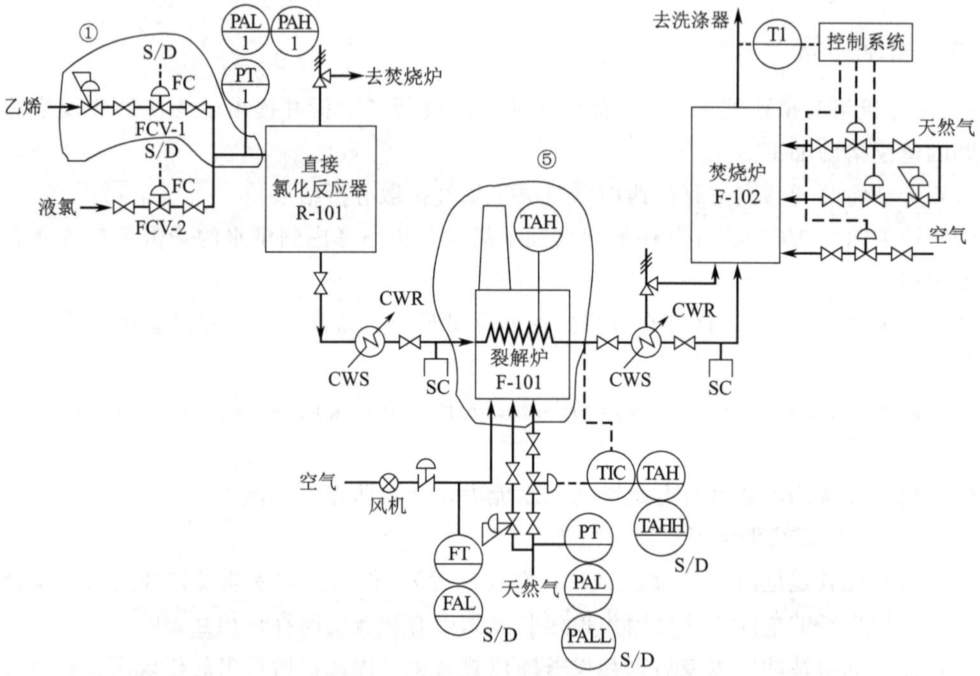


R-101
直接氯化反应器
尺寸：10in I.DX 30in T-T
设计(表压)：120psi/300°F
材料：不锈钢

F-101
EDC裂解炉
设计：200×10^6Btu/h
列管压力(表压)：150psi/1000°F
列管材料：蒙乃尔铜-镍合金

F-102
焚烧炉
设计：300×10^6Btu/h
材料：难熔碳钢

| 图号 E-105 | 中试装置 PID图 | TMC公司 VCM装置 | 制图 | 日期 | 1998-02-20 |
|---|---|---|---|---|---|
| | | | 审核 | 日期 | 1998-03-05 |
| 比例：无 | | | | | |

图 11-5　VCM 中试装置 PID 图

［1in＝25.4mm；1Btu＝1055.06J；1psi＝6894.76Pa；$T/℃=\frac{5}{9}$（$T/℉-32$）］

公司要求化学和工程部在中试装置开车前进行危险性分析，以前所进行的危险性分析为保证或提高 VCM 的安全性提供了许多有用的资料，工程部相信进一步的分析将是十分有益的，而且工程部想确信采用有效的安全手段能将事故发生的可能性减少到最小。

## 二、已有资料

在过去的一年里，TMC 公司获得了许多 VCM 的知识和实验室经验，负责该项目开发的几位工程师和化学专家已经熟知 VCM 生产过程中的危险，而且还积累了许多 VCM 工艺过程的资料。可为中试装置的危险分析提供下列资料。

（1）中试装置的 PFD 图。

（2）中试装置的 PID 图。

（3）实验研究报告和经验。

（4）故障假设及 PHA 分析报告（以及这些分析所使用的资料——物质的安全数据表、实验报告、文献等）。

（5）操作规程（裂解炉及焚烧炉的开车操作规程）。

（6）主要设备的设计说明书。

上述资料将用于危险分析，在这些资料中，PID 图是最主要的资料。

## 三、方法选择

TMC 公司决定由项目部的张化学组织该中试装置的危险性分析。张化学委托 TMC 公司过程危险分析组的伍芸具体负责这项工作，并由她选择分析方法。

中试装置是一个已经完全确定的系统，有足够的资料供危险分析时使用，因此可选择的分析方法较多。对中试装置进行危险性分析的目的是识别过程存在的危险，因此伍芸不考虑采用事故树分析、事件树分析、原因结果分析、人的可靠性分析这些分析方法，虽然这些方法也可使用，但这些方法更适合对某一特定事故情况进行分析；此外，由于中试装置规模小，而且需要检查所有主要的设备，因此没有选用危险等级这种分析方法；同样也没有选择 PHA 这种分析方法，这是因为在前面的过程危险性分析中已使用该方法，而且伍芸认为 PHA 更适合分析如“厂址选择”这样的分析对象；因为缺乏完整、全面的 VCM 过程安全检查表，因此也不选用安全检查表分析方法。

因此，伍芸将分析方法的选择集中在故障假设、故障模式及影响、HAZOP 分析这三种分析方法上，伍芸具有丰富的 HAZOP 分析经验，因此决定将 HAZOP 分析方法作为该中试装置的危险分析方法。

## 四、分析准备

伍芸首先选择有关人员组成 HAZOP 分析组，她决定由下列专业人员组成 HAZOP 分析组。

（1）负责人　应具有组织 HAZOP 分析的经验。伍芸将作为负责人。

（2）记录员　能快速准确地进行记录。高助理担任过 HAZOP 分析的记录员工作（伍芸坚持记录员应具有 HAZOP 分析经验），因此由高助理担任记录员负责记录。

（3）工艺设计人员　具备中试装置设计（包括设计说明书的依据）的专业知识，知道如何对过程的波动作出反应。唐设计是该中试装置的主要设计者，符合这一要求。

(4) 化学专家　应当知道 VCM 过程中的原料、中间产品、产品以及设备材质之间将发生哪些化学反应。张化学将负责该中试装置的操作，满足这一要求。另外他还负责与项目部的联络。

(5) 操作人员　能解释操作人员如何发现工艺过程的波动并采取措施，有一定的实际操作经验。TMC 公司没有有经验的 VCM 操作人员，因此由氯装置的叶操作来担任这一角色，他有 10 年的操作经验。

(6) 仪表及控制工程师　熟悉装置的控制及停车连锁系统，帮助 HAZOP 分析人员懂得中试装置对过程偏差作何反应。夏控制来自公司工程办公室，满足这一要求。

(7) 安全专家　熟悉 K 地装置的安全及应急预案。罗明参加了 VCM 项目的 PHA 分析，满足这一要求。

在进行 HAZOP 分析之前，伍芸和唐设计一起分析确定中试装置的分析节点（单元），在 PID 图上用不同的颜色将这些节点表示出来，并分发给分析组的每个成员。在分析节点的选择过程中，伍芸和唐设计主要考虑工艺条件、流体组成及设备的功能，他们确定了以下分析节点。

(1) 乙烯进料管道。

(2) VCM 到焚烧炉的输送管道。

(3) 液氯进料管道。

(4) 焚烧炉。

(5) 直接氯化反应器。

(6) 空气到焚烧炉的输送管道。

(7) 裂解炉。

(8) 天然气输送到焚烧炉。

(9) 空气到裂解炉的输送管道。

(10) 天然气输送到裂解炉。

(11) 工艺气体到裂解炉的输送管道。

(12) 工艺气体输送到焚烧炉。

伍芸根据她以往的经验估计每个节点的 HAZOP 分析需两个小时，因此整个装置的 HAZOP 分析需要 3 天。

接下来，伍芸发给每个 HAZOP 分析组成员一份备忘录，该备忘录说明了在什么时间、什么地点开始 HAZOP 分析会议，同时包括装置的 PID 图；因为有些成员从未参加过 HAZOP 分析，因此在备忘录中还对 HAZOP 分析方法进行了简要说明；备忘录中还包括分析节点，以及每个节点的设计工艺参数；最后，伍芸提请每个分析组成员在开会时带来所有的资料。

伍芸还与高助理一起准备了 HAZOP 分析记录用的空白表，表中已注明了节点名称；因为她打算使用 TMC 公司的 HAZOP 分析软件，因此这些表格已存入计算机中，这些准备工作将加快 HAZOP 分析会议的进程。在分析过程中，还可能修改或增加分析节点。

## 五、分析过程

分析会议开始时，伍芸让每个成员做自我介绍，主要是他们各自的专业特长；然后，她把未来3天的会议日程作了简要说明，包括吃饭和休息的安排；她还提请各位分析组成员注意休息，因为3天的分析会议将会很疲劳，为了按计划完成HAZOP分析，必须保持旺盛的精力（通常每天的会议只进行4至5个小时，但是有几位成员参加会议的时间不能超过3天；虽然该中试装置尚未建成，但通常应对装置进行现场察看）。最后伍芸再次强调了本次HAZOP分析的目的——识别该中试装置的任何安全或操作问题，并规定了以下三条基本原则。

（1）自由平等地发表意见。

（2）主要是找出问题而不是这些问题的解决方法。

（3）任何偏差都是重要的，都应进行分析。

接下来进行HAZOP分析。伍芸用了30分钟与分析组成员一起重温HAZOP分析方法，她还指出她将在图板上记下分析组的建议（记录人员还把所有建议存入HAZOP分析软件中）以保证所有建议都准确地向上级报告。然后她让唐设计介绍装置的流程和操作，分析组简短提问后，他们开始第一个节点的分析："乙烯至直接氯化反应器的进料管道"（伍芸和唐设计是按物流顺序划分节点的）。以下是讨论过程节选。

**伍　芸**　乙烯进料管道设计压力为100psi（表压，1psi＝6894.76Pa），温度为环境温度，物料状态为气态（根据研究结果，液态的乙烯与液态氯的反应很难控制，其产率比预计的低得多；而且前面进行的危险分析结果表明气相反应的安全性比液相反应的安全性好，因此采用气相反应）。进料速率由流量控制阀FCV-1控制，设计流量（标态）为1100scfm（$ft^3$/min，约合31.15$m^3$/min）。我们用HAZOP分析的引导词与该工艺参数组成需要进行分析的偏差，引导词是"空白""过量""减量""部分""伴随""相逆""异常"，那么有哪些偏差呢？

**唐设计**　将这些引导词与工艺参数组合就得到：无流量（空白）、流量低（减量）、流量高（过量）、压力高（过量）或低（减量）、温度高（过量）或低（减量），而且"无乙烯"也是一个偏差。

**伍　芸**　是的，那么引导词"相逆""异常""伴随"及"部分"呢？

叶操作"逆流"是可能的，我们是否分析"异常＋乙烯"这个偏差？

**伍　芸**　当然要考虑！请记住我们的基本原则——任何偏差都是重要的。还有其他偏差吗？（暂停较长时间）譬如"相逆＋压力"即"真空"？

**唐设计**　只要有乙烯存在，这种情况就不会发生，因为乙烯在环境温度下的饱和蒸气压很高，所以不会出现真空；但是，我觉得这也是一个偏差。

**伍　芸**　"伴随"和"部分"呢？（较长时间暂停）

**夏控制**　"伴随＋杂质"应该是一个偏差，即乙烯中含有其他杂质，但我不知道可能是什么杂质进入乙烯中。

**伍　芸**　当我们分析到这一偏差时再来确定是什么物质。还有其他偏差吗？（无）好的，下面我们从第一个偏差开始分析，"空白＋乙烯（即无乙烯送入）"会产生什么后果？

**张化学**　工艺设计要求在直接氯化反应器中氯全部反应，如果没有乙烯，那么纯氯就会进入裂解炉。然后到焚烧炉。最后进入氯装置的洗涤器中。

**伍　芸**　那么结果呢？

**张化学**　一开始洗涤器还能把氯洗涤下来，但不久因为碱耗尽而无法将氯洗涤下来，氯将直接排入大气中；而且大量的氯将破坏裂解炉中的炉管，我不知道炉管材料是否能经受得住氯的腐蚀。

**伍　芸**　因此“无乙烯”的后果可能是氯气释放出来，而且可能破坏裂解炉炉管；如果炉管破裂，氯气也将释放出来，是这样吗？（大家点头表示赞同）那么，导致“无乙烯”的原因是什么呢？

**夏控制**　我们来看PID图，如果压力控制阀和流量控制阀因故障而关闭将导致“无乙烯”。

**唐设计**　如果没有乙烯送来也会出现上述问题。

**伍　芸**　还有其他原因吗？（无人发表意见）已有哪些安全装置？

**叶操作**　从PID图上看有低压报警器（PAL-1）和进料管道到反应器的连锁装置。另外在洗涤器出口安装了氯气检测报警器，但在图上未表示出来。

**伍　芸**　高助理，请在措施栏上记下“确认有报警器并能正常工作”。

**高助理**　好的，是否建议在纯氯气存在下检查裂解炉炉管材质？

**伍　芸**　是的。还有其他安全装置吗？

**唐设计**　我们计划在装置的运行过程中，每30分钟取样一次并分析样品中的氯含量。

**张化学**　如果是纯氯，操作人员在取样时有危险吗？

**唐设计**　不会有危险。按要求取样时应穿防护服和面罩。

**罗　明**　请等一下，我们现在使用的面罩可能在较高的氯气浓度下不是很好，我想应该建议在取样时使用新鲜空气，还应该对操作人员在取样时高浓度氯气的检测和反应进行训练。

**伍　芸**　还有其他安全装置吗？

**唐设计**　就低压报警器（PAL-1）谈谈我的意见，我认为低压报警器可能对“无流量”不起作用，因为如果保持适当的氯气压力，即使没有乙烯，压力也不会低到引起报警的程度（PAL-1位于进料阀门之后），因此我建议检查一下并对报警器的位置进一步确认，以在适当位置设置报警器（换句话说报警器的位置不当）。

**伍　芸**　叶控制，你认为如何？

**叶控制**　我认为是这样，我们将检查报警器的位置，唐设计的观点可能是对的。

**伍　芸**　还有其他意见吗？

**夏控制**　我们应该考虑在裂解炉的烟囱上安装氯气检测器或者是气相色谱仪检测氯气的浓度。

**伍　芸**　这个建议很好。我们不用去设计特殊的方法，我们应当分析在进入焚烧炉的管道中检测高浓度氯气的方法，还有其他意见吗？（无）好的，刚才讨论的是乙烯“无流量”这个偏差，在这条进料管道上还有其他的偏差吗？

**唐设计**　请稍等一下，我还有一个建议，我们还应当分析高浓度的氯是否破坏洗涤器。

**高助理**　请让我记一下。你的建议是分析高浓度的氯气对洗涤器的影响，你认为高浓度的氯气与碱反应造成氯气逸出和洗涤器的破坏？

**唐设计**　两者都有，但主要是后者。

**伍　芸**　还有什么偏差？

**叶操作**　根据我们列出的偏差表，下一个偏差是乙烯的“流量低”。

**伍　芸**　会导致哪些后果？

**唐设计**　与乙烯“无流量”的后果基本相同，可能从洗涤器放出氯气，以及可能破坏裂解炉炉管。

**伍　芸**　原因呢？

**叶操作**　乙烯压力调节器因故障部分关闭，或者流量控制阀因故障部分关闭，或者进料的压力降低。另外，电源系统故障也可能引起乙烯“无流量”，因为无电源阀门将关闭。

**伍　芸**　有哪些安全保护装置或措施？

**唐设计**　与前面一样。（唐设计又重复了一遍前面提到的安全保护装置）

**伍　芸**　有新的建议吗？（无）下一个偏差是乙烯的“流量高”，会导致什么后果？

**张化学**　直接氯化反应器将在富乙烯下运行。不会产生破坏，只是会损失一部分乙烯。

**伍　芸**　焚烧炉能处理这些过量的乙烯吗？

**唐设计**　我看了焚烧炉的设计说明书，应该没有问题，在最大可能的乙烯流量下焚烧炉都能处理。

**伍　芸**　下一个偏差是“逆流”，有什么后果？

**唐设计**　氯气和 EDC 将进入这条管道，因为这条管道同时向其他用户输送乙烯，这肯定会引起安全问题。例如，其他用户使用的乙烯中将含有氯，可能引起爆炸；另外氯气与水混合，将腐蚀管道，对此我们要进行仔细分析。

**伍　芸**　原因？

**叶操作**　乙烯的输送压力低以及反应器的压力过高。

**伍　芸**　还有其他原因吗？（无）有何安全保护措施？

**唐设计**　回过头来看进料管道上的压力报警器和连锁，如果乙烯的进料压力较高则可避免逆流的发生。事实上，如果反应器的压力过高，安全释放阀将打开，反应物将不会进入乙烯进料管道中。此外，如果乙烯的进料压力过低或进料量过小，系统将发生波动，操作人员很容易发现这种情况，并在逆流发生前关闭乙烯进料阀。

**夏控制**　压力报警器并不指示逆流，换句话说，它不是安全装置。但是，由操作人员进行干预看来是可行的。

**伍　芸**　我同意。还有其他安全保护装置吗？（暂停）可采取什么措施？（暂停）夏控制，你有什么建议吗？

**夏控制**　我们应当在乙烯进料管道上安装单向阀。

**伍　芸**　是的。

**高助理**　这是建议吗？

**伍　芸**　是，还有其他建议吗？

这种讨论持续进行了一天。根据这种讨论，伍芸决定首先分析所有的“高（过量）”偏差，然后是“低（减量）”偏差，等等。她发现分析组对同一偏差类型进行分析更为全面和协调，下面是第二天的分析讨论过程节选。

**伍　芸**　下面是第五个节点——裂解炉。唐设计，你能简要介绍一下裂解炉的操作吗？

**唐设计**　按设计要求在裂解炉中将 EDC 加热到 900 ℉（482.2℃）左右，EDC 裂解生成 VCM。裂解炉温度越高，裂解越完全，副产品也越多。我们将改变温度以寻找最佳工艺条件。裂解炉通过天然气燃烧进行加热，天然气的流量由裂解炉产品出口的 TIC 阀门控制，出口温度高将使 TIC 阀门和直接氯化反应器的进料阀门连锁而关闭；天然气的压力低或空气流量低也将以这种方式将装置连锁，我们在裂解炉的炉管上安装了带高温报警的热电偶，但没有停车连锁。

**伍　芸**　我们要分析的第一个偏差是 EDC 的“流量高”，有哪些原因？

**叶操作** 正如我前面所说的那样，乙烯或氯的进料量大将增加通过系统的流量，氯或乙烯的流量控制阀因故障而打开是一个原因。

**伍 芸** 这与我们前面讨论的直接氯化反应器的高压力相似，即上游的高压力导致进入裂解炉的EDC流量升高，高助理，你记下来了吗？（高助理点头表示已记下）还有其他原因吗？（无）那么会产生什么后果呢？

**张化学** 正如我们昨天所说的那样，通过裂解炉的EDC流量高，如果TIC保持不变，则裂解率就低，结果是大量的EDC被带入焚烧炉，即有可能放出EDC；而且，如果TIC保持不变，工艺物料将被冷却下来。

**伍 芸** 有何安全保护装置？（无）有何措施？

**刘安全** 我认为我们应该分析焚烧炉是否能处理大流量的EDC，我们还应考虑在焚烧炉的烟囱上安装EDC监测器。

**夏控制** 在焚烧炉上安装监视器没有必要，因为装置的运行时间短。TIC报警器将告诉我们问题所在，此外，焚烧炉能够处理大流量的EDC。

**伍 芸** 对不起，我提醒大家我们不要去设计解决办法，把它留给工程部去考虑吧，如果这真是一个问题，就让他们去解决好了。还有其他措施吗？下一个偏差是天然气的“流量高”。

**叶操作** 天然气的连锁阀门全开将导致流量升高，可能是TIC或热电偶输出错误信号。

**罗 明** 天然气的输送压力高也将引起过程温度升高。

**唐设计** 这不可能发生。当过程温度升高，TIC将减少天然气的进料量；而且，如果流量控制阀开得太大，安装在炉管上的TAH将报警。

**伍 芸** 等一下，我们还是来找原因，对于这些安全保护装置我们假定它们不能工作。还有其他原因吗？（无）那么，天然气进料阀因故障全开会导致什么后果？

**唐设计** 假如不能及时发现，炉管将被熔化，而且裂解炉将着火；即使炉管不被熔化，也会被副产品堵塞并在某个地方冲开安全释放阀；我认为还可能吹灭火焰，引起爆炸。

**伍 芸** 如果TIC或热电偶发生故障，导致TAH和连锁失效，从而会使流量增加吗？

**夏控制** 会的，如果TIC偏低就会这样。我们应当考虑在裂解炉的出口安装独立的温度高-高报警器和停车连锁装置。

**伍 芸** 高助理，请你记下这条建议。还有什么安全保护装置吗？

**唐设计** 在裂解炉出口装有TAH和TAHH以及在炉管壁上装有TAH，而且设计的炉管能经受很高的温度，只要有流体通过，要熔化它需要很长时间。

**伍 芸** 高助理，请记下这些高温下的安全装置，因为它们直接用于对付偏差并与天然气的高流量相互对应。

**罗 明** 在装置区域我们还有防火监视器，以及训练有素的紧急事件快速反应队伍，而且在控制室可关闭乙烯和液氯进料阀。

**叶操作** 安装在天然气输送管道上的TIC是安全保护装置吗？

**唐设计** 如果输送的气体压力高，它就是；但如果热电偶发生故障，它就不是。

**罗 明** 我认为应该在天然气进料管道上安装与停车连锁相连接的高压报警器和单向关闭阀。

HAZOP会议按照这种方式一直进行下去，直到裂解炉所有可能的偏差都进行了分析。然后伍芸指示分析组分析裂解炉的开车操作模式。在分析之前，她让唐设计简要介绍了裂解炉开车程序（表11-13）。然后分析组假定开车过程可能出现的偏差，并用HAZOP分析方法进行分析：偏差原因、后果、安全保护装置、建议措施。下面是裂解炉开车程序的HAZOP分析过程节选。

表 11-13　裂解炉开车程序

| 步骤 | 说　明 | 步骤 | 说　明 |
|---|---|---|---|
| 1 | 启动裂解炉风机，置换燃烧室 10min | 4 | 乙烯流经裂解炉后进入焚烧炉 |
| 2 | 确认裂解炉的点火点已点火（观察） | 5 | 天然气开始送入裂解炉燃烧室（缓慢改变TIC 的设定点） |
| 3 | 确认焚烧炉已工作 | 6 | 确认主燃烧室已点火（工艺温度逐渐升高） |

**伍　芸**　首先分析步骤 1 的偏差，假定偏差为“置换时间过长”，有何后果？

**罗　明**　“置换时间过长”不会出现安全问题，只是浪费时间而已。（其他人表示同意）

**伍　芸**　如果是“置换时间短”或“无置换”呢？

**罗　明**　那就有问题了。如果在裂解炉中有气体积累，则可能发生爆炸。我还是建议安装单向关闭阀以免燃料气漏入裂解炉中。

**伍　芸**　前面我们已记下了这个意见，而在这里又再次遇到。回过来看看是什么原因吧。

**唐设计**　可能是风机发生故障，或者是空气室因故障而关闭，或者是风机的电源故障。

**罗　明**　操作人员可能不按要求而跳过这一步。

**伍　芸**　还有其他原因吗？（无）有何安全保护？

**唐设计**　在空气管道上我们安装了低流量报警器及机械停止装置，而且如果无电源，所有的阀门都将处于安全位置。

**罗　明**　我认为还应有更多的安全保护，如气体流量与空气流量的连锁、气体管道上安装单向关闭阀、用空气连续吹扫裂解炉。

**伍　芸**　这个建议不错。我们应建议工程部考虑对裂解炉设计一个置换检验系统。还有其他建议吗？（无反应）对第 1 步用引导词“异常”会有什么后果呢？

**夏控制**　与“无置换”的问题一样。（其他人表示赞同）

**伍　芸**　对第 1 步而言，偏差“部分”也与“无置换”一样吗？（大家表示是的）我们在分析步骤 2 时再来分析偏差“相逆”。在进行步骤 1 时“伴随”同时进行其他步骤会有什么后果？

**夏控制**　在进行步骤 1 时“伴随”同时进行步骤 2、3 或 4，没有什么问题；在进行步骤 1 时“伴随”同时进行步骤 5，与“无置换”的后果相同。

**伍　芸**　什么原因？

**夏控制**　操作人员失误。

**伍　芸**　还有吗？（无）安全保护装置呢？（无）有何措施？

**夏控制**　可与天然气的输送连锁，即必须有进行 10 分钟的置换后才能输入天然气。

**伍　芸**　好的，请记下来。下一步是确认裂解炉的点火点已点火，如果点火后持续较长时间或多次进行确认会有什么后果？

**夏控制**　我们的设计是让点火点一直是点着的，因此不会有问题；至于多次进行确认，那最好不过了。

**罗　明**　如果点火点一直是点着的，那没什么问题；如果不是，一旦有火源将发生爆炸。

**伍　芸**　原因？

**叶操作**　是因为气体的压力低、点火管道的PVC（压力控制阀）因故障关闭、操作人员因疏忽堵塞管道、气体压力高将火吹灭。

**伍　芸**　操作人员忘记对点火点进行检查将导致重大事故——可能发生爆炸。安全保护装置呢？

**唐设计**　在气体输送管道上装有高压和低压报警器以及停车连锁装置。

**罗　明**　我建议将火焰扫描器与连锁相连。

**王助理**　我已记下来了。

**伍　芸**　还有其他措施吗？

**夏控制**　我们还应考虑在点火管道上安装高压和低压报警器。

**伍　芸**　这个建议很好。还有其他建议吗？（无）我们来分析第2步的偏差“相逆”，即不按操作顺序。

**叶操作**　如果首先检查点火点，然后空气置换将把它吹灭，同样因为气体（天然气）累积会导致上述问题（爆炸）；如果操作人员检查得太迟，而且试图重新点燃，他（或她）将受到严重伤害甚至死亡。

**伍　芸**　安全保护装置？

**罗　明**　我认为应加强对操作人员的培训，强调按操作规程进行操作的重要性。将要求在点火之前必须进行置换作为培训的内容之一，我们最好制定裂解炉开车的检查表。

HAZOP分析一直进行下去，直到所有的节点都进行了分析，同时还对焚烧炉的正常操作程序及紧急停车方案进行了分析。每天的分析会议结束后，伍芸（HAZOP分析的组织者）将记录在图板上的所有意见和建议都再浏览一遍，以确保准确和没有遗漏。全部分析会议结束时，伍芸对大家的工作表示感谢，并请参加分析会议的各位成员对即将提交的HAZOP分析报告进行审查。

## 六、结果讨论

表11-14和表11-15列出了部分HAZOP分析结果。表11-13列出了裂解炉正常操作情况下的偏差分析，内容包括偏差的原因、后果、安全保护装置。表格按照偏差到偏差的方式填写，即每个偏差的原因、后果、安全保护装置、建议措施放在一起，它们之间不需要一一对应。

**表11-14　VCM中试装置HAZOP工作表**

图纸：VCM中试装置

分析组成员：伍芸（负责人，TMC公司过程危险分析人员），高助理（TMC公司K地装置雇员），唐设计（TMC公司工程部），张化学（TMC公司研究与开发部），叶操作（TMC公司K地装置雇员），夏控制（TMC公司工程部），罗明（TMC公司K地装置雇员）

版本号：0

会议日期：1998-04-29

页号：第56页，共124页

| 项目号 | 偏差 | 原因[①] | 后果[②] | 安全保护 | 建议措施 |
|---|---|---|---|---|---|
| 5.0VCM裂解炉（正常操作，将EDC加热到900 ℉、160psi（表压），生成VCM；流量1200lb/h） | | | | | |
| 5.1 | EDC流量高 | 直接氯化反应器中压力高（项目号3.5） | （1）EDC转化为VCM的转化率低；大量EDC带到焚烧炉中，EDC可能释放到环境中 | | 1 |

续表

| 项目号 | 偏差 | 原因[①] | 后果[②] | 安全保护 | 建议措施 |
| --- | --- | --- | --- | --- | --- |
| 5.1 | EDC流量高 | 直接氯化反应器中压力高(项目号3.5) | (2)VCM裂解炉中温度低(项目号5.8) | | 1 |
| 5.2 | 天然气流量高 | (1)气体FCV因故障全开<br>(2)天然气输送压力高<br>(3)TIC故障——信号弱 | (1)火焰可能被熄灭,可能发生爆炸<br>(2)VCM裂解炉中的温度升高(项目号5.7)<br>(3)炉管可能被损坏,如果炉管破裂还可能着火;产品流中有大量的副产品(项目号5.12) | (1)过去15年来天然气的供应商非常可靠<br>(2)TIC控制气体的输送 | 2<br>3<br>4 |
| 5.3 | 空气流量高 | (1)空气室调节阀门因故障全开<br>(2)裂解炉壁泄漏 | (1)裂解炉中燃烧不好;EDC转化为VCM的转化率低;大量EDC带入焚烧炉,EDC可能释放到环境中<br>(2)VCM裂解炉中温度低(项目号5.8) | TIC控制气体输送,风机送风量固定 | 1 |
| 5.4 | EDC的流量低 | (1)直接氯化反应器中压力低(项目号3.6)<br>(2)EDC取样连接未关闭<br>(3)EDC冷却器堵塞 | (1)VCM裂解炉中温度高(项目号5.7)<br>(2)EDC裂解过程中产生大量的副产品;炉管可能被破坏,如果炉管破裂还可能引起火灾,EDC释放到环境中(项目号5.12) | 使用EDC取样连接时,操作人员在场 | 5 |
| 5.5 | 天然气流量低 | (1)气体FCV因故障关闭<br>(2)天然气的输送压力低<br>(3)TIC故障——信号强 | (1)EDC转化为VCM的转化率低;大量EDC带入焚烧炉中,EDC可能释放到环境中<br>(2)VCM裂解炉中温度低(项目号5.8) | (1)过去15年来天然气的供应商非常可靠<br>(2)在天然气的输送管道上装有PAL<br>(3)TIC控制气体的输送 | 1 |
| 5.6 | 空气流量低 | (1)空气流量调节阀因故障关闭<br>(2)空气过滤器堵塞<br>(3)空气风机故障 | (1)VCM裂解炉中温度低(项目号5.8)<br>(2)裂解炉燃烧不完全;EDC转化为VCM的转化率低,炉中火焰可能熄灭或发生爆炸(炉中气体累积)<br>(3)大量EDC带入焚烧炉中,EDC可能释放到环境中 | (1)空气流量调节阀的最小设置<br>(2)TIC控制气体输送<br>(3)空气的FAL强制停车 | 1 |
| 5.7 | 温度高 | (1)天然气流量高(项目号5.2)<br>(2)EDC流量低(项目号5.4) | (1)VCM裂解炉炉管压力高(项目号5.9)<br>(2)EDC裂解过程中产生大量副产品;炉管损坏,炉管破裂可能引起火灾<br>(3)裂解炉损坏(项目号5.12) | (1)炉管表面装置有TAH<br>(2)产品出口装有TAH和TAHH并与停车连锁相连<br>(3)设计的炉管耐高温 | 3 |

续表

| 项目号 | 偏差 | 原因[①] | 后果[②] | 安全保护 | 建议措施 |
|---|---|---|---|---|---|
| 5.8 | 温度低 | (1)EDC流量高(项目号5.1)<br>(2)空气流量高(项目号5.3)<br>(3)天然气流量低(项目号5.5)<br>(4)空气流量低(项目号5.6) | EDC转化为VCM的转化率低;大量的EDC被带入焚烧炉,EDC可能释放到环境中 | | 1 |
| 5.9 | 压力高 | | 未发现明显的安全问题;参看温度高(项目号5.7) | | |
| 5.10 | 压力低 | | 未发现明显的安全问题 | | |
| 5.11 | 污染物 | | 未发现明显的安全问题 | | |
| 5.12 | 炉管泄漏/破裂 | (1)堵塞<br>(2)腐蚀<br>(3)焊接质量差<br>(4)天然气流量高(项目号5.2)<br>(5)EDC流量低(项目号5.4)<br>(6)温度高(项目号5.7) | 裂解炉着火,EDC释放到环境中可能导致设备严重破坏 | (1)在裂解炉区域安装炉火监视器<br>(2)训练应急反应队灭火<br>(3)乙烯和氯的输送可以远距离关闭<br>(4)运行前对炉管及焊缝进行X射线检查<br>(5)裂解炉在未来几年只运行较短的时间;发生堵塞的可能性小<br>(6)炉管材质适合EDC、氯、乙烯 | 6 |
| 5.13 | 炉壁泄漏/破裂 | | 未发现明显的安全问题 | | |

① 所有原因并不一定导致所有后果的发生。

② 列出的安全保护不能避免或减轻所有偏差的原因或后果。

注：$T/℃=\frac{5}{9}(T/℉-32)$；1psi＝6894.76Pa；1lb＝0.45359237kg。

**表 11-15　VCM中试装置HAZOP分析建议措施举例**

| 表11-14中数字 | 建议措施 | 负责人 | 备注 | 表11-14中数字 | 建议措施 | 负责人 | 备注 |
|---|---|---|---|---|---|---|---|
| 1 | 当EDC转化为VCM的转化率降低时分析焚烧炉的处理能力,考虑在烟囱上安装EDC监视器(项目号5.1、5.3、5.5、5.6、5.8) | | | 3 | 考虑安装独立的TAHH和连锁,当裂解炉出口温度高时关闭裂解炉(项目号5.2、5.7) | | |
| | | | | 4 | 考虑安装火焰扫描仪和连锁,当裂解炉无火焰时关闭裂解炉 | | |
| 2 | 在天然气输送管道上使用单向隔离阀与PAH和高压力停车连锁(项目号5.2) | | | 5 | 考虑在直接氯化反应器上安装PAL(项目号5.4) | | |
| | | | | 6 | 确认建立适当的炉管质量保证程序(项目号5.12) | | |

下面是HAZOP分析的一些重要发现。

(1) 危险性分析应当包括中试装置各单元的开车程序(分析组发现了裂解炉开车程序中潜在的重大事故隐患)。

(2) 应当确认焚化炉处理高流量EDC的能力。

(3) 裂解炉的控制和停车连锁应具有很高的自动化程度。

(4) 对中试装置应当考虑建立独立的洗涤系统(因为中试装置与氯装置共用洗涤器,中试装置的波动可能将氯装置的洗涤器连锁,最终将氯装置也连锁)。

(5) 需要建立中试装置的取样分析程序。

(6) 操作人员从中试装置取样时应使用防护设备。

HAZOP分析报告由伍芸负责,该报告列出了分析组成员名单、专业技术职务、参加了哪些分析会议(需要时,在分析过程中可请相关人员参加)、会议中使用的图纸、操作程序、建议措施汇总、详细的HAZOP分析表。该报告在送达工程部之前由分析组再进行复核。

## 七、后续工作

在HAZOP分析过程中,有些问题不能马上回答,这些问题通常与设备的结构强度(如设备的抗真空强度)、安全阀尺寸的设计以及仪表的检测范围有关。如果可能,在分析会议期间HAZOP分析组将与有关人员接触以回答某些具体的问题。在向工程部提交分析报告之前,分析组负责人伍芸力求能够回答分析会议上没有回答的问题(也可将这些问题作为报告的建议措施内容)。

VCM工程部对HAZOP分析组的建议及依据进行认真分析,大部分的建议将被采纳。工程部将把这些建议分成两类,一类是在中试装置开车前必须解决的问题,另一类则是需尽快解决的问题。工程部对拒绝采纳的建议说明理由,这些理由连同HAZOP分析报告一起作为VCM项目的文件。

由张化学负责各项建议的实施。他把每一项建议的实施落实到具体的负责人,并定期向他报告进展情况,若条件许可,可建立计算机档案,对实施进展情况进行监督。建议的实施完成后要提交实施报告,与HAZOP报告一样作为VCM项目文件存档。

## 八、结论与启示

该HAZOP分析完成得非常好,主要是因为组织者伍芸具有良好的组织领导才能、丰富的HAZOP分析经验及相关知识。当会议走入歧途(如讨论不相干的问题或去设计解决方法)时,她能及时引导到正确轨道上来,而且能调动大家的积极性。

HAZOP分析能识别安全、操作及环境方面的问题,缩小HAZOP分析的分析范围(如只分析安全问题),则分析时间将减少。然而,TMC公司的项目部和工程部认为在项目的早期阶段对操作及环境问题进行分析将节约大量的费用。此外,对操作性问题进行分析也包含了安全问题,因此HAZOP分析能使装置更安全、运行更平稳。

HAZOP分析软件常用于生成分析文件,这并不是必需的,但使用这些软件能加快分析文件的生成。在分析过程中,记录人员将讨论情况(原因、后果、安全保护装置、建议措施）等输入电脑，会议结束后经简单的校核整理就可拿出 HAZOP 分析报告，而且在每天的分析会议结束后，负责人可立即得到完整的、清楚的记录，可将该记录发给分析组成员进行审核或进一步对某些偏差阐述新的意见。

# 第六节　详细工程设计阶段——事故树和事件树分析方法

## 一、背景

中试装置的试验已经结束，TMC 公司准备建设工业规模的 VCM 装置。TMC 的工程设计公司完成了装置设计的第一稿（版本号：0）。在对装置图纸进行修改之前，TMC 公司完成了 HAZOP 分析，确定了本阶段遗留的有关安全和操作性问题。

HAZOP 分析发现的一个问题是焚烧炉的爆炸问题——装置的几个部分都有可能因发生波动而导致焚烧炉爆炸。虽然分析组已注意到焚烧炉已有几个安全连锁装置来避免这一事件的发生，但他们不能确信这些安全装置就一定能避免这一事件的发生。因此，他们建议用事故树和事件树分析方法进一步分析焚烧炉的潜在事故。

项目部接受了 HAZOP 分析组的建议，但是项目部担心在设计过程进行修改太迟了，因为焚烧炉是成套设备，如果需要，TMC 公司在两年前就要订货，因此项目部要求 TMC 公司过程危险分析组尽快完成有关分析，以免延误。但是：①过程危险分析组抽不出人员来完成这一分析；②分析人员缺乏事故树和事件树分析经验。因此，他们建议委托有危险分析和焚烧炉经验的公司来完成焚烧炉的危险分析。

## 二、已有资料

现在有关 VCM 装置的资料有很多，但对事故树和事件树分析只需要某些资料就足够了，主要是以下资料：

（1）焚烧炉的管道和仪表图（图 11-6）。

（2）以前的危险分析报告（包括最近完成的 HAZOP 分析）。

（3）焚烧炉的结构及操作程序说明书（由供货商提供）。

（4）焚烧炉的连锁系统说明书（由供货商提供，见表 11-16）。

（5）焚烧炉、急冷槽、洗涤器的设计说明书。

表 11-16　VCM 装置焚烧炉停车连锁

| 连　锁 | 仪表位号 | 连　锁 | 仪表位号 |
|---|---|---|---|
| 空气风机出口压力低-低 | PSLL-1 | 焚烧炉温度低（4 个传感器中有 3 个指示低） | TAL-2A/B/C/D |
| 未检测到火焰 | UVL-1 | 急冷槽液位低 | LAL-3 |
| 燃料气压力低-低 | PSLL-2 | 洗涤器 pH 值低 | XA-2 |
| 焚烧炉温度高（4 个传感器中有 3 个指示高） | TAH-2A/B/C/D | 洗涤器烟囱温度高 | TAH-3 |

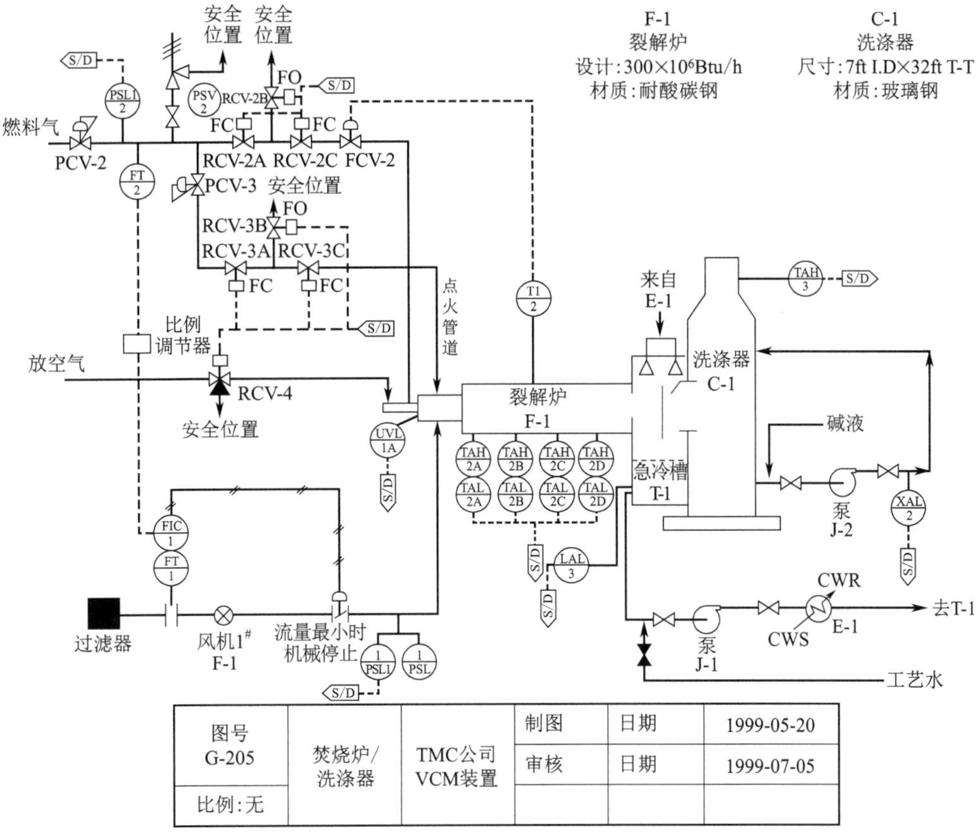


图 11-6 VCM 装置焚烧炉的 PID 图

(1Btu=1055.06J；1ft=0.3048m)

## 三、方法选择

到目前为止，VCM 项目已进行了两次危险性分析：装置设计版本号 0 时和焚烧炉爆炸的危险分析。HAZOP 分析方法能准确识别装置的危险与操作性问题，该方法在许多工艺过程中被广泛采用。TMC 公司对 VCM 装置设计版本 0 进行了 HAZOP 分析，来自工程设计部门的工程师参加了此次分析。

HAZOP 分析组建议对焚烧炉可能发生爆炸用事故树分析方法进行分析，虽然 TMC 公司过程危险分析组认为可采用其他方法进行分析，但他们认为事故树分析更合适，它特别适合对复杂系统的某一特定问题（事件）进行分析，TMC 公司聘请某公司的谢顾问来完成焚烧炉爆炸的事故树分析。

## 四、分析准备

谢顾问为事故树分析作了精心准备，所有准备工作包括以下内容：①弄清楚系统的设计和操作；②确定分析问题；③确定分析范围。在准备过程中，谢顾问阅读了焚烧炉系统的有关资料（PID 图、系统说明、停车连锁、供货商提供的操作手册等），以及前面所述的 VCM 装置危险分析报告。因为该装置还处于设计阶段，谢顾问只能通过阅读设计模型和图纸来掌据 VCM 装置的设备布置情况；他还考查了装置的拟定布置位置，并与操作人员讨论焚烧炉事故是如何发生的，以及如何避免焚烧炉发生事故；最后他还与设计人员一起讨论焚烧炉成套设备的设计依据。

谢顾问在对装置的位置考查之后，还与 TMC 公司的一位过程危险分析人员进行了讨论，进一步确定了分析的问题和范围。TMC 公司最初只要求考虑因为装置波动引起焚烧炉爆炸的问题，但谢顾问指出，焚烧炉发生火灾、有毒气体释放以及停车疏忽也应该考虑。他还注意到，连锁装置避免发生爆炸（或其他事故）所采取的动作与引起焚烧炉波动的原因有关。在类似的分析中，谢顾问发现事件树分析方法在确定导致不利后果的保护系统故障组合方面很有效。

经过进一步讨论，谢顾问和过程危险分析组同意对焚烧炉系统的所有安全事故建立事故树和事件树模型。但对操作性问题（如停车不当）及外部事件（如洪水、飞机坠毁、地震等）不考虑，对公用系统的故障不进行详细分析。而且假定装置和焚烧炉的操作一开始是正常的。谢顾问和 TMC 公司危险分析组认为开车和停车操作也非常重要，但是因为此阶段尚在设计阶段，资料有限，因此不予考虑。

## 五、分析过程

谢顾问在本分析中所经过的分析步骤见表 11-17。第一步是确定分析问题，这一步在分析准备阶段已经完成。第二步，在建立基本事件树之前，谢顾问查阅了焚烧炉系统的设计和操作情况，他发现焚烧炉由燃烧室、急冷室、洗涤器三个主要部分组成，设计的燃烧室功能是燃烧 VCM 装置释放的所有易燃物质，燃烧后的热气体用水冷却，然后在洗涤器中洗涤，除去有毒物质。

**表 11-17 事故树和事件树分析步骤**

| | | |
|---|---|---|
| • 确定分析问题<br>• 建立事件树模型<br>• 分析和修改事件树模型 | • 建立事故树模型<br>• 分析和修改事故树模型<br>• 识别导致严重后果的事故情况 | • 确定事故的最小割集<br>• 分析结果、提出建议 |

对 VCM 装置的 HAZOP 分析发现了一些设备由于过程波动将导致大量物质释放到焚烧炉中。分析组假定可能超过焚烧炉的处理能力，而且可能熄灭焚烧的火焰，从而引起爆炸，事件树中也必须包括这个因素。

为了建立事件树，谢顾问首先列出了焚烧炉安全系统将遇到的初始事件，他是通过查阅 HAZOP 分析结果报告，并结合自身经验，来拟定这些事件的；然后对每个初始事件，分析焚烧炉安全系统对波动的保护作用；根据这些资料，他用事件树描述了导致事故后果的条件、安全保护系统的成功或失败。注意，如果只考虑一种后果，则同一安全保护系统面临所有的故障初始事件，只用事故树就能建立焚烧炉的风险模型。

图 11-7 是谢顾问建立的事件树模型。初始事件为某一工艺波动，事件树各中间事件包括下列安全保护系统功能及工艺条件。

（1）装置的某部分发生严重波动。

（2）波动将熄灭（或不熄灭）燃烧室火焰。

（3）焚烧炉停车连锁系统工作并关闭焚烧炉（注意：HAZOP 分析组未识别出任何将使

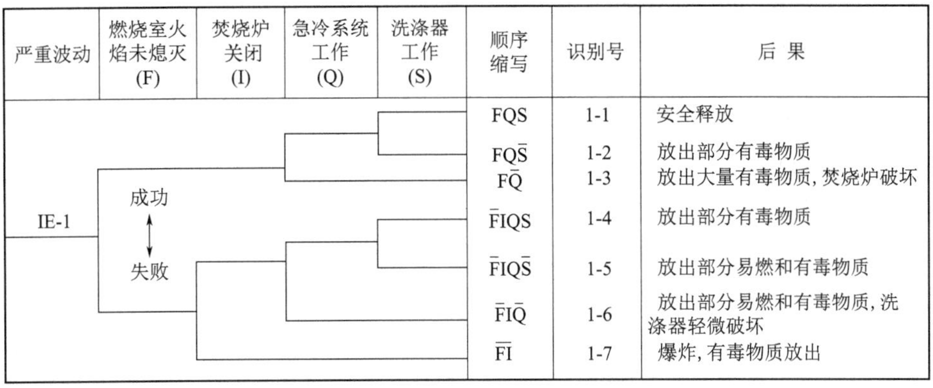


图 11-7　VCM 装置事件树（初始事件过程波动）

（$\bar{F}$ 表示事件 F 失败；F 表示事件 F 成功）

焚烧炉过热的过程波动）。

（4）急冷系统冷却来自焚烧炉的气体。

（5）洗涤器有效地除去废气中的有毒物质。

并不是所有的行动、条件都要用于每个事故情境。例如，事件情况（1）～（3）（即发生波动后没有熄灭燃烧室火焰）表明如果急冷系统发生故障，洗涤器就不能有效地除去废气中的有毒物质；同样，如果燃烧室的火焰未熄灭，焚烧炉关闭系统就不会有问题。

图 11-8 表示焚烧炉系统的另一事件树，该事件树的初始事件是“燃料气压力低”。最初谢顾问认为该事件树的结构与图 11-7 的事件树结构一样，只是初始事件不同而已；但是在分析过程中，经与 TMC 的设计工程师和焚烧炉的供货商讨论后得出“燃料压力低”极有可能导致燃烧室火焰熄灭，因此，他删除了安全保护措施中“火焰不熄灭”这一项。

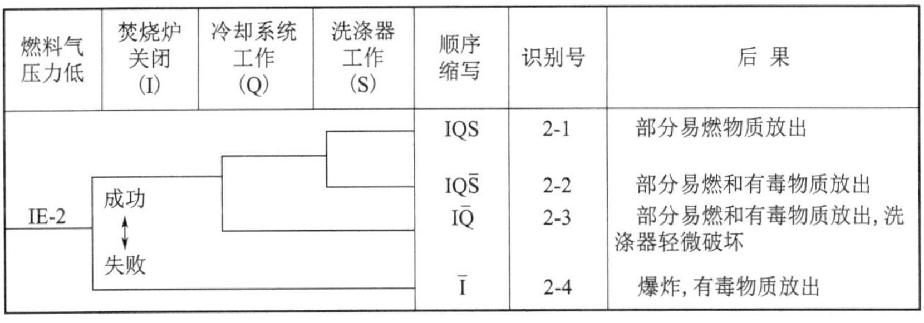


图 11-8　VCM 装置事件树（初始事件燃料气压力低）

（$\bar{I}$ 表示事件 I 失败；I 表示事件 I 成功）

事件树构建完成之后，谢顾问与 TMC 公司过程危险分析人员及设计人员对事件树进行了分析和修改。在分析过程中，谢顾问与工程师们讨论了事件树的逻辑问题，特别是每一个事件树的每一个事故顺序；确定哪一个波动是初始事件，哪一个安全保护系统成功或失败，焚烧炉火焰处于哪种情况，根据这些资料，分析组对事件树中的每个事故情况的后果进行了定性说明。

事件树模型建立起来后，谢顾问与 TMC 公司的过程危险分析人员和设计组进行了分析和讨论，以便建立事故树模型。在分析讨论过程中，谢顾问和 TMC 公司的工程师讨论了事件树的逻辑过程，特别是每个事件树的事故顺序，确定最初哪个波动导致问题的发生，哪个安全功能成功或失败，以及焚烧炉火焰条件。根据这些资料，分析组对事件树中的每一种事故情况进行定性说明。

接下来，谢顾问对每个事故由事件树构建事故树。因为初始事件及它们的原因已全部弄清，因此事故树不构建这些事件。然而，对下列系统的事故应建立模型：①焚烧炉停车系统因故障不能将焚烧炉连锁掉（有易燃物质存在）；②急冷系统因故障不能充分冷却废气；③洗涤系统因故障不能完全除去废气中的有毒物质。

在构建事故树过程中，谢顾问假定每个系统在正常操作条件下能够完成设计任务。因此，事故树用图形表示系统无法正常操作的设备故障及人为失误。图 11-9 是谢顾问初步构建的焚烧炉停车系统事故树，事故树从顶事件开始直至基本事件。将顶事件分解为设备故障、人为失误以及子系统故障这些不可再分的基本事件，因为它们已包含识别系统缺陷的详细信息，或者进一步分析已超出分析的边界条件。表 11-18 是事故树分析步骤。

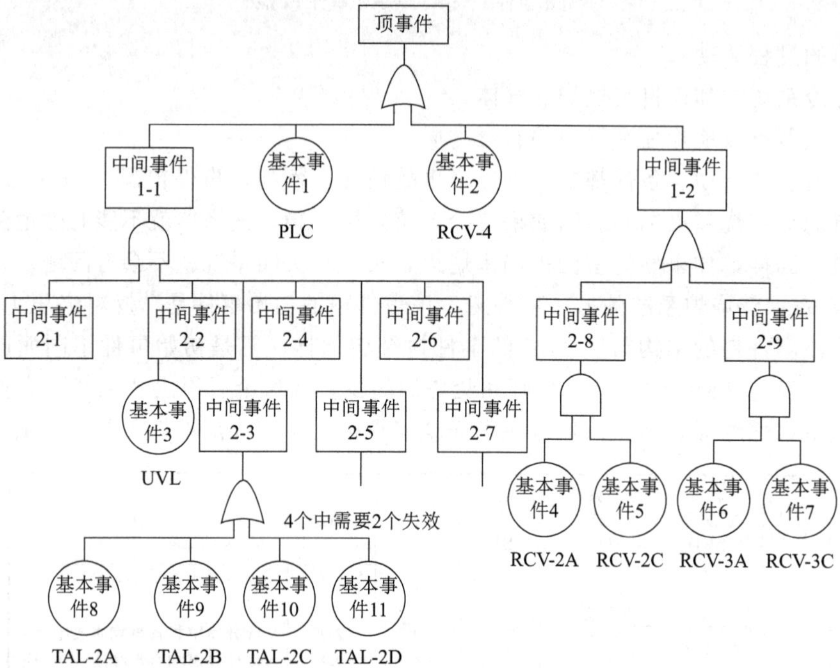


图 11-9 初步构建的焚烧炉停车系统事故树

（中间事件和基本事件的名称见表 11-18）

**表 11-18 事故树分析步骤**

| |
|---|
| • 确定顶事件（感兴趣的系统故障） |
| • 构建事故树的顶层结构 |
| • 根据初始事件条件和其他安全保护系统故障修改事故树顶事件 |
| • 找出基本事件 |

谢顾问已根据事件树确定了事故树分析的顶事件。为了构建焚烧炉停车系统的事故树，他首先根据输入系统的停车信号确定要使停车系统工作，则应当：①传感器发现波动情况；②发出正确的连锁停车信号；③关闭燃料气及放空气阀门。任何一步发生故障都将导致停车系统失败。因此，构建的事故树的第一个逻辑连接为“或门”（图 11-9）。在继续构建过程中，谢顾问注意到所有的传感器（TAH-2A/D 除外）必须全部失效才会导致“无停车信

号”；因此，“无停车信号输入”与所有的传感器“无停车信号”的逻辑连接为“与门”。然而，在点火气体管道、气体输入管道、放空管道上的关闭阀门打开都将使阀门的关闭功能失败。

在事故树构建的这一步，谢顾问根据初始事件条件对事故树进行分析和改正。本事故树中，初始事件是“过程波动导致焚烧炉火焰熄灭”；通过分析与停车系统相连的传感器，谢顾问确信焚烧炉高温开关、燃料气输送压力低开关、急冷槽液位低开关、洗涤器 pH 值传感器即使正常工作也不能检测到焚烧炉的问题，即它们与焚烧炉无关，因此谢顾问从已建立的事故树中去除了这些事件，即中间事件 2-1、2-4、2-5、2-6 和 2-7，然后对剩下的故障事件找出其基本事件。

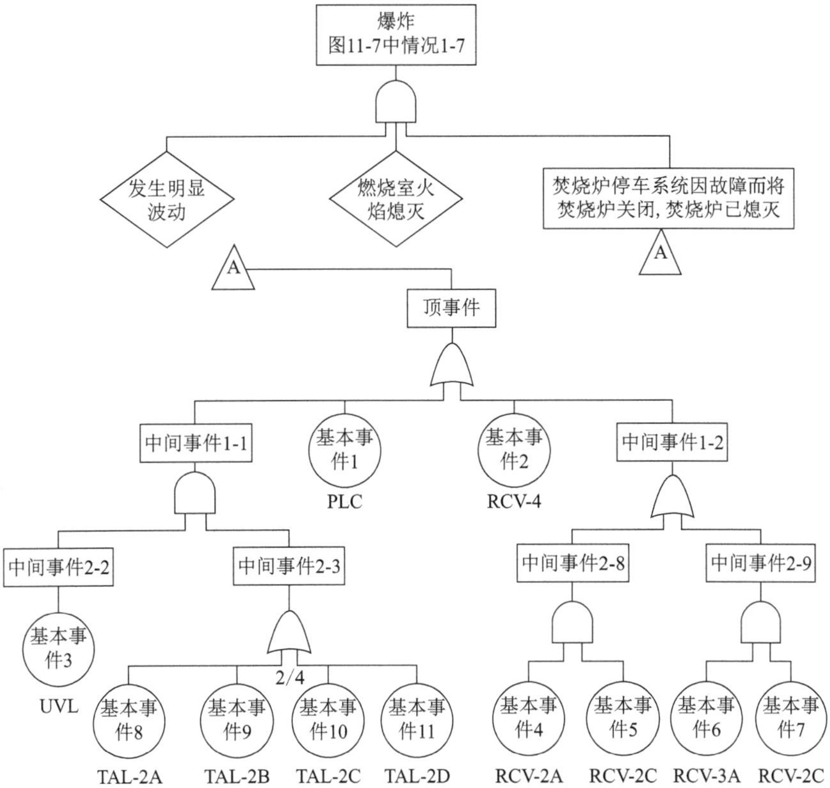


图 11-10　事故情况 1～7（爆炸）的最终事故树图

（中间事件和基本事件的名称见表 11-18）

接下来，谢顾问现场察看了 TMC 公司在 K 地的装置，并与工程师们一起对建立的事故树进行审查。审查中，工程师们确认事故树反映了焚烧炉系统操作过程中可能遇到的问题，他们也分析了事故树构建过程中谢顾问所作假定的合理性，工程师们指出了最初的事故树中有一个错误，即当过程波动使焚烧炉火焰熄灭后，空气风机压力低-低开关（PSLL-1）不能作为安全保护，谢顾问对此作了改正，最终的事故树如图 11-10 所示。

同样建立了急冷槽和洗涤器的事故树模型，这些模型也要经 TMC 公司审查，更正其逻辑错误、不一致性以及不恰当的假设。

使用事故树和事件树能找出导致不希望后果的设备故障与人为失误的组合。例如，图 11-10 说明了导致焚烧炉爆炸的条件与故障的组合，它是图 11-7 中的故障情况 1～7，求解该事故树得到爆炸事故顺序的割集，获得的这些信息，连同事故树和事件树构建过程中获得的信息，将用于提出提高系统安全性的建议。

图 11-9、图 11-10 中中间事件和基本事件名称列于表 11-19。

**表 11-19 图 11-9、图 11-10 中中间事件和基本事件名称**

| 事件代号 | 名 称 | 事件代号 | 名 称 |
|---|---|---|---|
| 中间事件 1-1 | 无停车信号输入焚烧炉 S/D 控制器 | 基本事件 1 | 焚烧炉 S/D 控制器故障，无连锁信号输出 |
| 中间事件 1-2 | 发出指令后燃料关闭阀因故障未关闭 | 基本事件 2 | RCV-4 因故障处于开 |
| 中间事件 2-1 | 从空气的 PSLL-1 无停车信号 | 基本事件 3 | UVL-1 故障，火焰检测失败 |
| 中间事件 2-2 | 从焚烧炉的 UVL-1 无停车信号 | 基本事件 4 | RCV-2A 因故障处于开 |
| 中间事件 2-3 | 从焚烧炉的 TAL-2A/D 无停车信号 | 基本事件 5 | RCV-2C 因故障处于开 |
| 中间事件 2-4 | 从急冷槽的 LAL-3 无停车信号 | 基本事件 6 | RCV-3A 因故障处于开 |
| 中间事件 2-5 | 从洗涤器的 XAL-2 无停车信号 | 基本事件 7 | RCV-3C 因故障处于开 |
| 中间事件 2-6 | 从 TAH-2A/D 无停车信号 | 基本事件 8 | TAL-2A 故障，错误显示高 |
| 中间事件 2-7 | 从燃料气体的 PSLL-2 无停车信号 | 基本事件 9 | TAL-2B 故障，错误显示高 |
| 中间事件 2-8 | RCV-2A、RCV-2C 因故障处于开 | 基本事件 10 | TAL-2C 故障，错误显示高 |
| 中间事件 2-9 | RCV-3A、RCV-3C 因故障处于开 | 基本事件 11 | TAL-2D 故障，错误显示高 |

## 六、结果讨论

通过事故树和事件树分析得到了一系列的故障逻辑模型、每个重要安全问题的事故顺序的割集、提高系统安全性的建议。表 11-20 列出了发生爆炸事故的割集（使用事故树中基本事件的名称），由表可见，焚烧炉发生爆炸需要三个或三个以上的基本事件发生。进一步分析发现以下几点。

（1）如果 PLC 或者放空隔离阀 RCV-4 单独出现故障，而且过程的波动（IE-1）严重到足以使燃烧室的火焰熄灭（FFE），将导致爆炸。

（2）如果热电偶（TAH/L-2A/B/C/D）不能快速测知火焰已熄灭（对应温度低），那么火焰扫描仪（UVL-1）是保护焚烧炉的唯一有效传感器。

表 11-21 是谢顾问提出的建议，这些建议都依据对事故顺序的割集的分析。

谢顾问将事故树和事件树分析报告交给了 TMC 公司的危险分析人员，报告中包括所分析问题的范围、使用的分析方法、结论和建议，以及事故树和事件树模型。TMC 公司的分析人员（伍芸）对该报告作了简要总结。

## 七、结论和启示

事故树和事件树分析有助于 TMC 公司发现焚烧炉的设计缺陷。然而，事故树与事件树分析方法只考虑某个具体的问题，而且非常熟练的分析人员才能很好地使用它们，因此 TMC 公司并不经常使用这两种方法，并且在使用这些方法时委托有关专家进行。还有一个不经常使用这些方法的原因是，使用范围更广的方法如 HAZOP、FMEA、检查表分析等是对 TMC 公司的各装置系统进行危险分析的有效方法。

表 11-20　焚烧炉爆炸的事故顺序的最小割集

| 最小割集 | 最小割集 |
|---|---|
| 最小割集 1<br>• 过程严重波动<br>• 燃烧室火焰熄灭<br>• 焚烧炉停车控制器故障，无连锁输出 | 最小割集 6<br>• 过程严重波动<br>• 燃烧室火焰熄灭<br>• UVL-1 故障，错误显示高<br>• TAH/L-2A 故障，错误显示高<br>• TAH/L-2D 故障，错误显示高 |
| 最小割集 2<br>• 过程严重波动<br>• 燃烧室火焰熄灭<br>• RCV-2A 因故障处于开<br>• RCV-2C 因故障处于开 | 最小割集 7<br>• 过程严重波动<br>• 燃烧室火焰熄灭<br>• UVL-1 故障，错误显示高<br>• TAH/L-2B 故障，错误显示高<br>• TAH/L-2C 故障，错误显示高 |
| 最小割集 3<br>• 过程严重波动<br>• 燃烧室火焰熄灭<br>• RCV-3A 因故障处于开<br>• RCV-3C 因故障处于开 | 最小割集 8<br>• 过程严重波动<br>• 燃烧室火焰熄灭<br>• UVL-1 故障，错误显示高<br>• TAH/L-2B 故障，错误显示高<br>• TAH/L-2D 故障，错误显示高 |
| 最小割集 4<br>• 过程严重波动<br>• 燃烧室火焰熄灭<br>• UVL-1 故障，错误显示高<br>• TAH/L-2A 故障，错误显示高<br>• TAH/L-2B 故障，错误显示高 | 最小割集 9<br>• 过程严重波动<br>• 燃烧室火焰熄灭<br>• UVL-1 故障，错误显示高<br>• TAH/L-2C 故障，错误显示高<br>• TAH/L-2D 故障，错误显示高 |
| 最小割集 5<br>• 过程严重波动<br>• 燃烧室火焰熄灭<br>• UVL-1 故障，错误显示高<br>• TAH/L-2A 故障，错误显示高<br>• TAH/L-2C 故障，错误显示高 | 最小割集 10<br>• 过程严重波动<br>• 燃烧室火焰熄灭<br>• RCV-4 因故障处于开 |

表 11-21　提高焚烧炉安全性的建议措施

| 建议措施 | 建议措施 |
|---|---|
| • 在停车系统中考虑采用有自检能力的 PLC<br>• 考虑再安装一套火焰扫描仪<br>• 对同一管道上多个相同的阀门或仪表进行一般原因故障分析（即 CCFA） | • 确认焚烧炉热电偶是否能在爆炸性气体形成之前快速检测到火焰熄灭并及时停车<br>• 考虑当发出停车信号后用连锁将燃料气流量控制阀关闭<br>• 考虑在放空气体管道上安装双截止阀和放气阀 |

本例中值得注意的是，用一种危险分析方法的结果得到使用另一种分析方法的建议。HAZOP 分析组对 VCM 装置的详细设计进行了分析，他们认为焚烧炉的设计比较复杂，而且采用多重控制系统设计，HAZOP 分析能识别单个故障所导致的后果，但无法对多个故障导致严重事故的情况进行分析。HAZOP 分析组能很快辨别出焚烧炉可能发生严重后果的故障情况。然而，因为焚烧炉采用多重安全保护系统，于是 HAZOP 分析组建议采用更恰当的方法——事故树和事件树进行详细分析。

最后，对焚烧炉系统进行了详细的分析，部分原因是它不是由 TMC 公司设计的，TMC 公司想弄清楚供货商提供的成套焚烧炉，并且希望有很高的安全水平。然而，TMC 公司还应对他们自己设计的有关设备进行严格的分析审查。

# 第七节　装置安装与开车阶段——检查表分析及安全审查方法

## 一、背景

VCM 项目的实施已进入第三个年头，TMC 公司正在 K 地安装 VCM 的工业装置，大部分的主要设备已安装就位。按照工作进度，TMC 公司的承包商对厂址和设备的安装进行检查，以保证所有工作完全按合同的要求完成，离装置的预定开车时间只有几个月了。

TMC 公司希望装置能按期并安全开车，为了做到这一点，TMC 公司项目部要求公司的过程危险分析组对装置的安装进行 HAZOP 分析，但罗明认为对装置的安装进行 HAZOP 分析是不恰当的，但是他认为对设备进行分析或检查的主意很好，这是因为：①保证按设计进行安装；②发现以前危险分析没有发现的问题。因此，他建议由工程部的人员用检查表分析和安全审查分析方法进行危险性分析，此人必须有装置安装和开车的经验才能完成这项分析检查。

于是项目部与工程部进行联系，以选择对开车有经验的工程师来完成 VCM 装置的检查表分析和安全审查。经过分析比较，选择具有 15 年丰富经验的赵安装来负责这一分析工作，赵安装参加了三个装置的开车（其中两个是 TMC 公司）工作，对 TMC 公司的设计规范也非常熟悉。他将使用检查表对可能的安全问题进行分析，以确认设备安装符合 TMC 公司的标准；作为安全审查的一部分，他还将对整个装置进行现场察看，以发现存在的安全问题。

## 二、已有资料

已有大量的资料可供使用，这些资料包括以下几种。

（1）PFD 和 PID 图。

（2）中试计划。

（3）安装图。

（4）设备说明书。

（5）操作程序（规程）。

（6）管道布置图。

（7）研究开发报告。

（8）以前的危险分析报告。

赵安装简单浏览了这些资料，以确定最有用的资料。他阅读了 PFD 图、中试计划、工艺说明以掌握 VCM 装置的技术；他还查阅了物质的安全数据和以前的危险分析报告，以了解物质的危险性、危险分析组发现的过程危险项目及建议改正措施的落实情况。然而，最有用的资料是 PID 图、安装图、设备说明书。赵安装认为，在分析过程中应充分利用这些资料。

在他的初步分析过程中，赵安装注意到 VCM 生产过程中要用到乙烯，虽然他对处理乙烯的设备非常熟悉，但对乙烯的物理化学性质不熟悉，因此他建议由其他人对有乙烯进料的地方进行分析。

## 三、方法选择

本阶段危险分析的目的是确认装置是否按设计要求和安装规范进行安装，有没有忽略任何安全问题。VCM 装置的设计已用各种危险分析方法进行了多次分析，按照罗明的说法，这套装置应该是安全的。然而，TMC 公司想确保由危险分析组提出的建议在设计中得到落实并不会产生新的危险。

根据罗明的建议，赵安装将使用检查表分析方法来完成此次危险分析。TMC 公司建成了许多装置，通过这些装置的安装积累了大量的经验，又依据公司的设计规范、经验、事故报告、以前完成的危险分析，形成了设备分析检查的检查表。

此外，赵安装还要完成厂址和设备位置的安全审查，他将依靠他的安装和开车经验帮助他发现不安全的安装过程，并确定该过程是否具备开车条件。

## 四、分析准备

检查表分析与安全审查主要由赵安装完成。在准备过程中，赵安装收集了 TMC 公司安装和开车的危险性分析检查表。检查表内容包括常规检查，如消火栓、泵、风机、管道、容器、塔、阀门等，所有检查表（实际上是表格）都可从 TMC 公司的工程部得到。

接下来赵安装用了几天时间阅读 VCM 装置的安装图。在阅读过程中，他用检查表帮助他准备需要考虑的问题，这些问题涉及安装材料、设备安装及设备调试，并将这些问题注明在安装图上以便现场察看时使用。

最后，赵安装约定了与 TMC 公司安装管理者一起察看现场的时间，他将要察看的区域和时间安排交给了管理者，他要求 TMC 公司有关人员和合同商届时都要在场，以便回答他提出的问题，特别是下列人员。

（1）安装工程师　负责设备的安装，是合同方工程师。

（2）电气技师　负责电气设备和线路，是合同方监理。

（3）检查员　合同方或 TMC 公司的雇员，负责检查设备是否正确安装。

他预计每个设备的分析检查将不超过一个小时，他表示希望能与上述人员一起讨论。

## 五、分析过程

赵安装于星期一开始了他的检查。他与 VCM 项目的管理者郭管理一起讨论了他进行现场察看的目的和作用。赵安装指出，VCM 装置受到公司的高度重视，特别是它的安全性。正如郭管理知道的那样，VCM 装置已进行了多次的危险性分析，从各方面提高了装置的安全性设计，赵安装进行现场察看的目的就是保证安装过程是否按设计要求进行。为了更好地完成这项工作，他将与负责主要设备的人员见面并向他们提出一些问题（这些问题来自他准备的检查表），他还计划对设备的主要部分进行检查，通过与各设备的负责人讨论进一步确定分析用检查表。

讨论过程中，赵安装对装置进行现场察看，在察看过程中他记下了发现的任何不安全问题并立即提请有关人员注意。

现在赵安装准备开始检查表分析，第一个分析项目是 HCl 储槽（图 11-11），参加分析

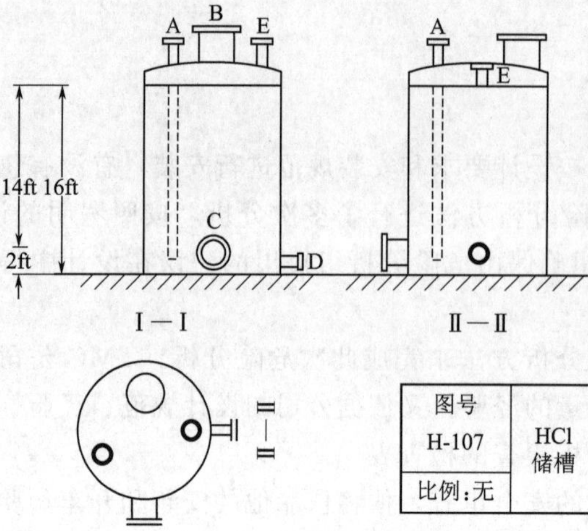


| 管口表 | | | | 设计日期 |
|---|---|---|---|---|
| 符号 | 尺寸 | 型号 | 说明 | 尺寸：8ft DIA×16ft STR<br>容积：13500gal<br>设计压力：壳层，50psi（表压）<br>操作压力：壳层，常压<br>设计温度：壳层，250°F<br>操作温度：壳层，120°F<br>测试压力：壳层，100psi（表压）<br>壁厚：5/16in<br>制造材料：碳钢<br>备注：玻璃纤维衬里 |
| A | 2in | $150^{\#}$ | 进口 | |
| B | 20in | $150^{\#}$ | 人孔 | |
| C | 16in | $150^{\#}$ | 人孔 | |
| D | 2in | $150^{\#}$ | 出口 | |
| E | 2in | $150^{\#}$ | 放空 | |

| 图号 | HCl储槽 | TMC公司VCM装置 | 制图 | 日期 | 审核 | 日期 | 说明 |
|---|---|---|---|---|---|---|---|
| H-107 | | | | | | | |
| 比例：无 | | | 检查 | 日期 | | | |

图 11-11 HCl 储槽简图

$$[1\text{ft}=0.3048\text{m}；1\text{UK gal}=4.54609\text{dm}^3；1\text{psi}=6894.76\text{Pa}；T/℃=\frac{5}{9}(T/℉-32)]$$

的人员有王五一（合同方工程师）和李国庆（合同方检查员），按照赵安装对储槽准备的检查表开始进行分析。

**赵安装** 我们开始吧，对 HCl 储槽进行了无损探伤检查吗？

**王五一** 在两个星期前就进行了。

**赵安装** 是如何作的？

**王五一** 由泄漏检测公司完成的无损探伤，用 X 射线检查了所有的焊缝，我个人也对射线图进行了分析并亲自检查了所有焊缝。

**赵安装** 泄漏检测公司是否有相应的资质证书？是否使用标准检测方法？

**王五一** 是的。在聘请他们之前我看过他们的资质证书。

**赵安装** 你们有无损探伤检查结果吗？

**王五一** 当然有，它们与 HCl 的工程档案放在一起。需要给你看看吗？

**赵安装** 稍后给我吧。我们继续，你对焊缝进行过热试验吗？

**王五一** 是的，按规范进行。我们还对使用的钢材进行了 Brinell 硬度试验。

**赵安装** 结果也放入了档案中？

**王五一** 是的，与无损探伤结果放在一起，我会一起给你。

**赵安装** 好的。李国庆，你检查过储槽的安装基础和支架吗？

**李国庆** 是的。在储槽的安装前后都进行了检查。

**赵安装** 使用什么样的安装材料？储槽材料、焊缝材料以及垫圈与设备的规格一致吗？

**王五一** 是的。按设备表和安装图的要求用玻璃纤维对碳钢衬里。注意储槽的铭牌上是碳钢。

**赵安装** 顺便说一句，储槽围堰所围地面外高内低，是不是应该反过来？

**李国庆** 你是对的。我们将改过来。

**赵安装** 因为我没有梯度图，请问堰的体积多大？

**李国庆** 储槽体积的 1.5 倍。

**赵安装** 好的，请等一下。（赵安装估算了堰的体积，满足要求。开始分析下一个项目）你们说都经过检测，垂直连接处的毛刺如何？已消除了吗？

**李国庆** 我们已经全部去除了，表面已经平滑。我想王五一也已对此进行了检查。

**赵安装** 好的，我认为储槽的安装很好很准确，进行了水压试验吗？

**王五一** 已进行了，试验结果一并放入储槽档案中。

**赵安装** 你们发现有沉降吗？

**李国庆** 没有。试验结束后我们进行的检查表明它在规定的范围内。

**赵安装** 你们对储槽的物理尺寸进行了检查吗？高度、直径、圆形度？

**李国庆** 全都进行了检查。

**赵安装** 管口的标高和方位？与储槽垂直并处于中心线上吗？

**李国庆** 是的，我亲自检查过。

**赵安装** 我们检查一下顶部到底部孔的距离（李国庆测量了它们之间的距离，结果正确）。地脚螺栓上紧了吗？

**李国庆** 上紧了，是按安装图的要求进行的。

**赵安装** 再检查一下吧！向那位管道工借个扳手好吗？

**李国庆** 不用，让他来检查吧。小张，你能尽快把这个地脚螺栓检查一下吗？（小张很快过来对地脚螺栓进行了检查并确认已上紧了）

**赵安装** 我的检查表上第 11 项是楼梯和平台，看起来没什么问题；第 12 项是塔盘的位置和水平度，无法直接看见，内部管道的安装正确吗？（李国庆点头表示是的）我们上去从人孔看看。

**王五一** 好的，但是只有一个楼梯，每次只能有一人在楼梯上。（赵安装爬上楼梯并从人孔往里看）

**赵安装** 根据我的观察，料腿是对的。李国庆，该储槽有什么连接吗？

**李国庆** 当然有，它是 HCl 储槽。

**赵安装** 我想你最好也来看一看。（赵安装下来，李国庆上去）

**李国庆** 哎呀不好，他们没有将 $3^{\#}$ 管道和 $6^{\#}$ 管道连接起来！

**王五一** 那可是个重要项目，我马上检查是怎么回事。

**赵安装** 好的。到目前为止我们只进行了几个项目，我们要加快速度尽快完成这个储槽的分析检查。储槽用什么型号的密封圈？

**李国庆** 我们按图纸上设备要求作的，该储槽是在常压下操作。

**赵安装** 内部塔盘人孔已关闭，我们无法看见；装的填料也无法看见。该储槽是隔离的吗？

**李国庆** 没有按规定。

**赵安装** 下面我们将检查仪表的保险装置以及储槽的放空。（他们一起察看了保险装置和放空点）

对 HCl 储槽的检查完成后，赵安装来到 HCl 的输送泵，它与 HCl 储槽在同一区域，同样使用检查表对输送泵进行分析检查。类似这样对设备的分析检查持续了一个星期，有时到现场，有时对照图纸和设备的安装记录进行分析。每天的分析检查结束后都写出报告（主要是那些与设计要求不同之处）交给郭管理，由他负责处理。

## 六、结果讨论

赵安装在检查过程中同时完成了检查表分析和安全检查报告（表 11-22 是完成检查表的

一部分）。需要进一步查明的检查表项目已在表格中注明，并且在另一份表格中作了进一步说明（表 11-23）。

检查表分析的重要发现是：①储槽管道的连接有遗漏；②储槽围堰地面应是内高外低。此外，赵安装在现场察看时还发现存在以下问题，包括：①某些加热工作区域存在易燃物质；②使用起重设备工作的重型设备并不总能得到恰当的监督；③完整的检查工作并不总是按要求进行（有些地方未检查到）。

赵安装将检查表分析结果报告提交给郭管理。

**表 11-22　HCl 储槽检查表分析结果**

| 检查项目 | 签名，日期 |
|---|---|
| 1. 完成无损探伤检查 | |
| ① 无损探伤检查者有资质证书 | XPL，1999-06-09 |
| ② 使用规定的无损探伤检查方法 | XPL，1999-06-09 |
| ③ 无损探伤检查结果放入工程档案 | XPL，1999-06-09 |
| 2. 完成焊缝热试验和硬度试验 | |
| ① 焊缝热试验按国家标准进行 | XPL，1999-06-09 |
| ② 完成 Brinell 硬度试验 | XPL，1999-06-09 |
| ③ 结果放入工程档案 | XPL，1999-06-09 |
| 3. 容器基础标高和倾斜检查 | 需进行 |
| 4. 容器材质和安装材料符合要求 | XPL，1999-06-09 |
| 5. 所有焊缝进行了检查和测试 | XPL，1999-06-09 |
| 6. 垂直连接处焊缝毛刺已去除 | XPL，1999-06-09 |
| 7. 容器壁处于良好状态（如有损坏已修复）并有相关资料 | XPL，1999-06-09 |

| 检查项目 | 签名，日期 |
|---|---|
| 8. 容器水压试验 | XPL，1999-06-09 |
| 9. 容器的尺寸检查 | XPL，1999-06-09 |
| 10. 孔的标高和水平度检查，容器在中心线上、水平，基础牢固 | XPL，1999-06-09 |
| 11. 楼梯和平台按每张图纸的要求安装 | XPL，1999-06-09 |
| 12. 塔盘的位置和水平度，冲洗堰、溢流堰高、排污孔、密封圈、螺栓等，按说明安装 | 不适用 |
| 13. 内部管道使用正确的螺钉和密封圈安装 | XPL，1999-06-09 |
| 14. 内部连接完整 | 需进行 |
| 15. 内部塔盘人孔关闭 | 不适用 |
| 16. 填料安装 | 不适用 |

**表 11-23　HCl 储槽检查表分析后需要进一步完成的项目**

| 序号 | 内　容 | 负责人 | 完成日期 |
|---|---|---|---|
| 3 | 确认 HCl 储槽围堰所围地面内高外低 | | |
| 14 | 确认 HCl 储槽中的管道已连接 | | |

## 七、结论和启示

检查表分析和安全检查对发现安装过程中存在的问题非常有效，这主要是因为赵安装具有检查表分析和装置安装方面的经验。此外，赵安装亲自检查每个设备以确保符合要求，而不是仅仅依靠装置安装人员的经验。通过该检查表分析还可得到以下重要启示。

（1）检查表分析可作为找出危险的分析工具，以及检验设计和安装的检查工具。在本例中，已用其他危险分析方法对设计进行了全面的分析，因此检查表分析主要用于检查。

（2）检查表分析和安全检查不可能包罗万象，还需要分析（检查）人员进一步完善。赵安装并没有把自己限制在检查表范围内，而是根据他的思考提出新的问题。

(3) 赵安装的检查方式较为灵活，一旦能从设备的记录或有关资料获得满意的回答，对设备就不再进行具体的检查。

(4) 检查表分析需要有经验的人来完成，特别是当它作为检查工具使用的时候。对大量设备的分析检查，检查表分析和安全检查进行得很快。

# 第八节　装置正常运行阶段——危险与可操作性研究方法用于定期检查

## 一、背景

TMC公司在K地的VCM装置已正常运行两年，在这两年中没有出现事故，TMC公司的管理层认为正是在VCM装置的设计和安装阶段进行的危险分析保证了VCM装置的安全运行。为了保证安全操作得以延续，TMC公司要求对VCM装置的所有操作单元进行定期的危险性分析（事实上，TMC公司对公司所属的所有装置都定期进行危险性分析）。

VCM装置的管理者决定在未来三年中分阶段对VCM装置各单元进行危险性分析。第一个阶段是对焚烧炉重新进行分析，因为对这个单元在过去两年试运行过程发现的问题进行了局部技改，特别是以下技改。

(1) 工艺改变A：增加了备用风机，当空气流量低（FIC-1）时自动启动。

(2) 工艺改变B：停车系统增加了一台火焰扫描器（UVL-1B）。

(3) 工艺改变C：增加了第二个焚烧炉温度指示器（TI-3），以及温度控制器，由它对TI-2和TI-3取平均值来调节燃料气流量。

(4) 工艺改变D：对急冷槽增加了碱液输送和低pH值报警，控制pH值。

所进行的修改是为了解决两年试运行中发现的操作问题，在每个修改实施之前都经过装置工程和安全人员的审查和认可，符合装置技改管理程序。

## 二、已有资料

现在TMC公司已掌握了大量的有关VCM装置焚烧炉的资料，而且已有两年的实际操作经验，下列资料可提供给危险分析组使用。

(1) 管道和仪表图（图11-12）。

(2) 工艺流程图。

(3) 以前的VCM装置危险分析报告（包括原设计焚烧炉的HAZOP分析报告）。

(4) 操作及紧急情况应对规程。

(5) 维修规程。

(6) 供货商的设计说明，包括安全放空阀的设计依据。

(7) 焚烧炉的事故报告。

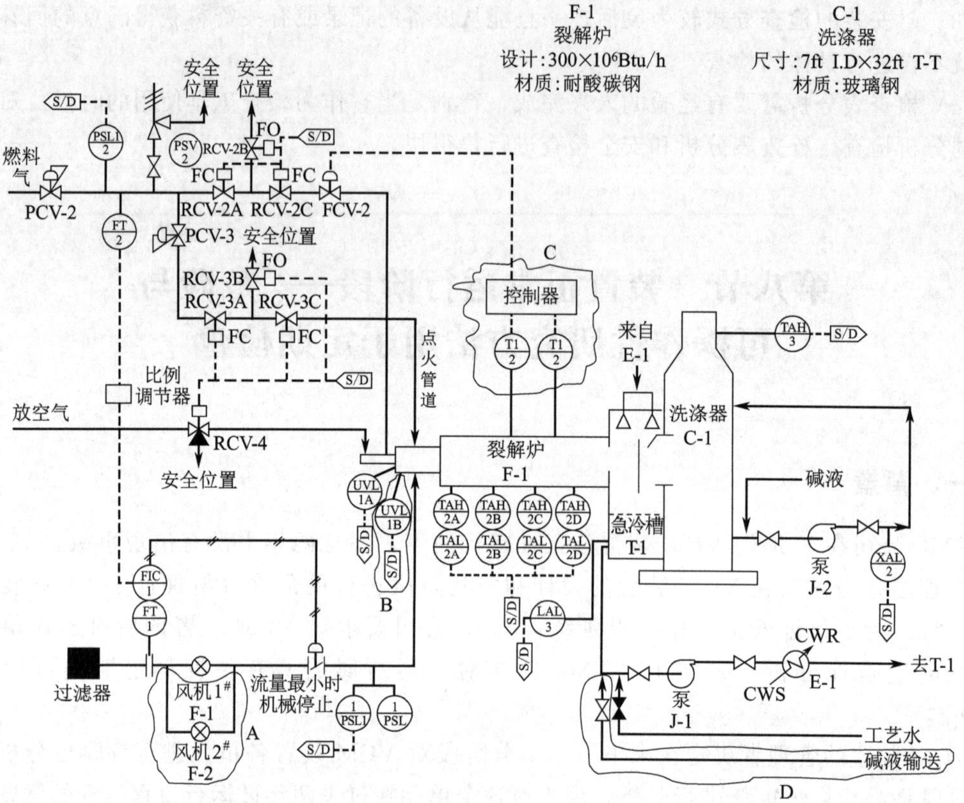


| 图号 G-167 | 焚烧炉/洗涤器 | TMC公司 VCM装置 | 制图: | 日期: | 审核 | 日 期 | 说 明 |
|---|---|---|---|---|---|---|---|
| | | | | | A | 2001-01-07 | 第二台风机 |
| | | | | | B | 2001-07-08 | 第二台火焰扫描器 |
| 比例 无 | | | 校核: | 日期: | C | 2001-07-09 | 焚烧炉第二个TI |
| | | | | | D | 2001-09-09 | 低PH值报警和碱液管道 |

图 11-12　修改后的焚烧炉 PID 图

（1Btu＝1055.06J；1ft＝0.3048m）

## 三、方法选择

VCM 装置的管理者指定由郑天完成焚烧炉的危险性分析。郑天是负责 EDC 生产的工艺工程师，焚烧炉工段的安装、开车以及最初运行的 6 个月，一直在那里工作。此外，他还参加了氯装置的几次危险性分析（HAZOP 分析和故障假设分析）。

焚烧炉系统有详细的资料，几乎所有的危险方法都适用。然而，郑天的目的是发现技改后可能出现的新的危险。根据这个目的，他很快否定了对某一具体问题进行分析的方法（如事故树分析、事件树分析、原因后果分析、人的可靠性分析等方法）。他也不选用基于经验的分析方法，即检查表分析和安全检查，因为技改结束后已经进行了检查。因此，他的选择范围就限制在故障假设、故障假设/检查表分析、FMEA、HAZOP、PHA 以及危险等级这几种分析方法上。因为 PHA 和危险等级分析在此阶段不适用，因此不选用。剩下的几种方法中，因为郑天对 HAZOP 最熟悉且有经验，因此他决定采用 HAZOP 分析方法。

## 四、分析准备

郑天必须挑选经验丰富、技术熟练的人员来参加 HAZOP 分析。因为焚烧炉的技改方案将在装置上实施，因此郑天从该装置选择有关人员参加 HAZOP 分析，包括以下人员。

（1）负责人　具有组织 HAZOP 分析的经验。郑天可担任这一角色。

（2）记录员　熟悉相关技术术语，能快速准确记录会议内容。高助理曾经担任过 VCM 装置 HAZOP 分析的记录员，适合担任本次分析的记录人员。

（3）工艺工程师　具备焚烧炉设计和操作方面的知识。已负责该设备一年半的化学工程师李琳是合适的人选。

（4）操作工　富有操作经验的操作工，他知道当焚烧炉波动时，操作工该如何发现并做出反应。关强自开车以来一直是焚烧炉的操作工，符合上述要求。

（5）仪表及控制专家　熟悉焚烧炉的控制和停车系统的原理。焚烧炉的控制系统设计及修改是黄达完成的，因此他符合上述要求。

在准备 HAZOP 分析会议过程中，郑天将焚烧炉分成几个单元。因为在安装前已用 HAZOP 对焚烧炉进行了全面的分析，为了加快分析进程，郑天决定只对修改部分进行分析，因此他选择的分析节点只是有修改的地方，这样分析节点如下。

（1）焚烧炉的空气输送管道（因为在该管道增加了第二台风机）。

（2）焚烧炉的燃料气输送管道（因为改变了 FCV-2 的控制方式）。

（3）急冷槽冷却水循环管道（因为碱液输送与该管道相连）。

UVL-1B 和 XAL-3 分别是焚烧炉和急冷槽新增加的安全保护，因此郑天决定查阅以前的焚烧炉系统 HAZOP 分析报告，并在适当位置加上这个保护装置，但即使这样，在本次 HAZOP 分析中他并不打算分析它们是如何发生故障的，因为前面已进行了相同的分析。

接下来，郑天向各位分析组成员发出了会议备忘录，告知他们 HAZOP 分析会议的时间和地点；郑天计划本次 HAZOP 分析只进行一天，备忘录中包括修改后的焚烧炉图纸、需分析的节点、每个节点的选择原因、HAZOP 分析的简要说明；郑天要求每个成员将焚烧炉的有关资料都带来（如操作规程、事故报告、连锁示意图等）。

作为准备工作的最后一步，郑天还准备了 HAZOP 的空白表供分析时使用，同时还初步拟定待分析的偏差，当然在分析过程中还会补充一些偏差。

## 五、分析过程

HAZOP 分析首先是现场察看，然后集中在会议室开始分析会议。郑天首先对公司决定定期进行危险分析的有关规定作了说明；他还解释了选择焚烧炉作为第一个分析对象不是因为它有什么特别的安全考虑，而是因为它在过去两年中进行了几次修改。郑天对一天的会议安排作了说明并申明了 HAZOP 分析的几条基本原则；然后他简要说明了如何使用 HAZOP 分析方法以及高助理如何记录分析结果；郑天还对选择的节点进行了说明，包括每个节点的设计目的、每个节点的分析顺序等。

开始分析时，郑天首先请关强说明：①焚烧炉空气输送管道的操作；②为什么要增加第二台风机。接下来，郑天从偏差“无空气流量”开始 HAZOP 分析。

**郑　天**　我们开始 HAZOP 分析。第一个偏差是焚烧炉“无空气流量”，这个偏差有什么后果？

**关　强**　除非电力系统发生故障，否则不会出现“无空气流量”的情况，因为一台风机出现故障，另一台会立即自动启动供给空气。

**郑　天**　不！不！不！我知道你的意思，但是，请记住我们在分析后果的时候首先是假设安全设施不能工作，接下来才是安全保护装置。关强，如果没有空气送入焚烧炉将导致何种后果？

**关　强**　焚烧炉中的温度会降低，燃烧不充分，焚烧炉很快会因为温度太低或者无火焰而停车。

**郑　天**　会损坏设备或者是放出有毒和易燃物质吗？

**李　琳**　因为焚烧炉中的温度还足够高，如果继续送入燃料气，则可能发生爆炸；如果没有送入燃料气，则将从烟囱放出易燃物质。

**郑　天**　是的，那么“无空气流量”的可能后果是放出易燃物质或者是发生爆炸。高助理，你记下来了吗？（高助理点头表示已记录）导致空气流量低的原因是什么？

**李　琳**　一个明显的原因是空气风机故障，以及空气流量控制阀（FCV-1）因故障关闭。

**黄　达**　燃料气流量显示器（FT-2）的信号弱或空气流量变送器（FT-1）的信号强也将关闭空气流量控制阀（FCV-1）。

**关　强**　空气过滤器也可能阻塞，从而使空气流量降低。

**郑　天**　高助理，你都记下来了吗？（高助理说没有）归纳起来有这么一些原因：空气过滤器堵塞、空气风机故障、FT-1 的信号假强、FT-2 的信号假弱、空气流量控制阀 FCV-1 因故障关闭。还有其他原因吗？（没有人发言）如果电力系统出现故障呢？

**关　强**　风机将停止运转，但是电力系统出现故障后焚烧炉将停车，因为燃料管道上的 RCV-2A/B 和 RCV-3A/B 将关闭，同时焚烧炉因为掉电将被连锁；如果仅仅是某台风机掉电，另一台风机会自动启动送风。

**郑　天**　是的，那是安全保护。还有其他原因吗？（沉默）好，对“无空气流量”有哪些安全保护呢？

**李　琳**　空气流量控制阀（FCV-1）有一机械装置避免全关；另外还有一台自动启动的备用风机；空气过滤器每周都进行清洗；还有空气压力低-低（PSLL-1）停车连锁；焚烧炉会有多个连锁装置；如果掉电，焚烧炉会自动停车。

**郑　天**　自动启动风机多长时间测试一次？

**李　琳**　过去 18 个月来我们实际使用备用风机三次，我不知道何时进行测试。

**郑　天**　有什么建议吗？

**黄　达**　有，我们应该对风机的自动启动进行定期测试。

**郑　天**　燃料/空气比例控制器和燃料/空气流量变送器是如何安排的？

**李　琳**　我认为我们现有的安全保护已足够了。

**郑　天**　下一个偏差是“空气流量低”，什么后果？

**关　强**　低到何种程度？

**郑　天**　在正常操作极限以下，如空气流量控制阀（FCV-1）完全关闭。

**关　强**　与前面“无空气流量”有相似的后果，可能严重程度低一些。

**李　琳**　我认为是这样。安全保护和原因也一样。

**郑　天**　高助理，请你把前面的记录念一下好吗？（高助理将记录念了一遍）是这样吗？

**关　强**　除掉电和风机因故障停止外都是导致偏差的原因，安全保护是一样的。

**郑　天**　大家同意吗？（同意）有何建议？（无）下一个偏差是“空气流量高”，有什么后果？

**李　琳**　如果燃料/空气的比例不对，燃烧也不好。因为空气的流量高，可能把未燃烧的易燃气体从烟囱排出；如果空气流量太高，有可能将火焰吹灭，使焚烧炉关闭。

**郑　天**　还有其他破坏吗？

**关　强**　我们希望是将燃料气从烟囱吹出，但我最担心的是焚烧炉中火焰熄灭后发生爆炸。

**郑　天**　那么导致“空气流量高”的原因是什么呢？

**李　琳**　与“空气流量低”的原因相反，一是空气流量控制阀 FCV-1 因故障全开；二是燃料流量变送器 FT-2 输出假的强信号，或者是空气流量变送器 FT-1 输出假的弱信号。

**郑　天**　如果两台风机一起全速运转会引起什么问题？

**李　琳**　两台风机不可能同时运转，除非第一台风机切断供电；而且，空气流量变送器将关闭空气室。

**黄　达**　我认为是这样。按照仪表控制回路，当从 FT-1 来的信号弱时 $2^{\#}$ 风机自动启动；而且当 $1^{\#}$ 风机运转时操作人员可从控制板上启动 $2^{\#}$ 风机。

**郑　天**　这就意味着，空气流量变送器 FT-1 输出假的弱信号时将启动 $2^{\#}$ 风机，并且打开空气流量控制阀 FCV-1？

**黄　达**　是的，我认为是这样。我建议我们用低压力开关 PSL-1 来触发自动启动。在低-低连锁之前我们需要确认第二台风机已全速运转。

**郑　天**　高助理，记下了吗？（高助理请示等一下）我们先提出了建议，现在回过头来讨论安全保护。

**关　强**　风机的转速是固定的，而且与焚烧炉的全部连锁装置相连。

**郑　天**　还有其他的吗？

**关　强**　我们把监视空气流量作为常规检查的一部分，负责的操作工将发现空气流量读数不对并采取相应的纠正措施。

**郑　天**　在焚烧炉关闭之前会发现吗？

**关　强**　有可能，取决于焚烧炉连锁前需要多长时间。

**李　琳**　如果吹灭了焚烧炉的火焰，只需 1 秒钟。

**郑　天**　有什么建议吗？

**李　琳**　我同意黄达的观点，即用压力开关 PSL-1 触发备用风机的启动；我们还应考虑安装高流量报警器，告诉操作工 FT-1 或 FCV-1 发生故障，对于该报警器考虑使用独立的变送器。

**郑　天**　好的，但不要去设计解决方案，我们只是提出建议，把设计工作留给工程、仪表、控制部门的人员去完成吧。还有其他建议吗？（暂停）下一个偏差是“空气温度低”，什么后果？

**李　琳**　我们使用的是大气，即使在最冷的天，对焚烧炉也不会有什么影响，它与燃料稍微过量不同。

**郑　天**　那么不会产生严重后果。下一个偏差是“空气温度高”。

**李　琳**　同样也不会有什么危险。

会议继续进行，直到3个节点的偏差都全部进行了分析。此时，郑天打算把提出的建议审查一遍后就结束会议，但李琳提出了另一个问题。

**李　琳**　在结束之前，我认为我们应该分析新增加的火焰检测器，除这一项外，我们对所有设备和仪表的修改都进行了讨论。

**郑　天**　我没有把这项修改作为分析的一个项目，是因为它仅仅是增加了一个安全设施，我认为这项修改不会对安全造成威胁。

**李　琳**　我明白你的意思，但是在分析了第二台风机之后我不这样认为。

**郑　天**　你是对的。但是，对整个焚烧炉或停车系统而言，故障模式及影响分析方法比HAZOP分析更适合。（郑天简要介绍了这种FMEA分析方法，大家表示赞同）那么，UVL检测器会发生什么故障？

**黄　达**　它没有检测到火焰已熄灭，或者是本来没有问题而发出停车信号。

**郑　天**　还有其他故障模式吗？（无回答）如果UVL没有检测到火焰已熄灭，有什么后果？

**李　琳**　如果焚烧炉处于正常操作，没关系；如果焚烧炉已熄灭，就只有一台检测器起保护作用了，有可能在焚烧炉中形成爆炸气体混合物。

**郑　天**　安全保护？

**李　琳**　我们有第二个火焰检测器；而且在焚烧炉上还有温度连锁。

**郑　天**　有何建议？（无）如果发出假火焰熄灭信号，有何后果？

**黄　达**　任何一个UVL发出假信号都将使焚烧炉停车，只要切断燃料供应就没有危险。

**郑　天**　如果没有切断燃料，不就可能发生爆炸吗？

**李　琳**　是的！焚烧炉中在一定时间内将出现富燃料情况，但操作工最终会切断燃料的输送。然后，空气漏入焚烧炉形成燃料和空气的易燃混合物。

**郑　天**　有何安全保护？

**关　强**　至今为止UVL还没有出现过问题，我想安装第二个UVL将使我们更有信心。

**郑　天**　好，我们将记下UVL是可靠的。（无人发表意见）有何建议？

**黄　达**　我想对UVL应该考虑采用表决系统，就像焚烧炉的热电偶一样。

**郑　天**　我想在决定采用表决系统之前应对UVL的可靠性进行分析，对吗？（其他人表示同意）

到这里郑天对一天的分析会议提出的建议进行了审查，然后结束了会议。他还要求分析组成员对他即将完成的分析报告进行审查，最后对全体分析组成员的合作表示感谢。

## 六、结果讨论

HAZOP分析和FMEA分析结果都填入郑天准备的空白表中。会议结束后，郑天和高助理将会议记录变成正式的打印表格。在表格中，从原因到原因对分析结果进行说明。表11-24～表11-26是分析结果的一部分。

此次HAZOP分析有以下重要发现。

（1）保证备用风机的启动不会被FT-1假信号触发。

（2）检验 UVL 的可靠性，如果 UVL 的可靠性不能令人满意，则考虑采用表决系统。

（3）将与 TI-2 和 TI-3 相连的控制器编程，以忽略温度范围以外的信号。

（4）检查循环泵和热交换器的设计以及制造材料，确保其能够经受高 pH 值的工作环境。

**表 11-24　正常运行阶段 HAZOP 分析工作表**

PID 图号：E-250
版本号：D
会议日期：2001-10-12
分析组：郑天、高助理、李琳、关强、黄达（全部来自 TMC 公司的 VCM 装置）

| 项目号 | 偏差 | 原因① | 后果 | 安全保护 | 措施 |
|---|---|---|---|---|---|
| 1. 管道到焚烧炉的空气输送管道[设计工艺指标：环境温度下将 15000ft$^3$（标态）的空气送入焚烧炉] | | | | | |
| 1.1 | 无流量 | 1—1# 风机因故障停车<br>2—FCV-1 因故障关闭<br>3—FT-1 故障，信号假强<br>4—FT-2 故障，信号假弱<br>5—无电力输入（掉电）<br>6—空气过滤器堵塞 | A—焚烧炉停车；可能从洗涤器烟囱放出；如果停车连锁出现故障，焚烧炉可能爆炸 | 1—自动启动的备用风机<br>A—空气压力低-低（PSLL-1）停车连锁<br>1，2，3，4，6—焚烧炉多重停车连锁（温度、火焰）<br>1，5—如果掉电，自动停车<br>6—每周清洁空气过滤器<br>5—FCV-1 在掉电时关闭<br>2，3，4—FCV-1 上有机械停止 | 1，2 |
| 1.2 | 流量低 | 1—FCV-1 因故障部分关闭<br>2—FT-1 故障，信号强<br>3—FT-2 故障，信号弱<br>4—空气过滤器堵塞 | A——焚烧炉停车；可能从洗涤器烟囱放出；如果停车连锁出现故障，焚烧炉可能爆炸 | 1，2，3—FCV-1 上有机械停止<br>4—每周清洁空气过滤器<br>A—压力低-低（PSLL-1）停车连锁<br>A—焚烧炉多重停车连锁（温度、火焰） | |
| 1.3 | 流量高 | 1—FCV-1 因故障开启<br>2—FT-2 故障，信号强<br>3—FT-1 故障，信号弱<br>4—操作工在 1# 风机运转时启动 2# 风机 | A—燃烧不好，可能从洗涤器烟囱放出易燃气体，大量空气进入可能熄灭火焰，导致焚烧炉停车 | A—焚烧炉多重停车连锁（温度、火焰）<br>4—FT-1 关闭，减少空气流量 | 2，3 |
| 1.4 | 温度低 | | 无不良后果 | | |
| 1.5 | 温度高 | | 无不良后果 | | |

①“后果”及“安全保护”的序号与“原因”的序号对应，字母“A”表示“后果”与“安全保护”适用于列出的所有“原因”。

注：1ft$^3$＝28.3168dm$^3$。

**表 11-25　正常运行阶段安全措施项目**

| 序号 | 拟定措施 | 负责人 | 完成日期 |
|---|---|---|---|
| 1 | 建立自动启动风机的测试规程（项目号 1.1） | 李琳 | 50 天内完成 |
| 2 | 考虑用 PSL-1 启动备用风机（项目号 1.1 和 1.2） | 黄达 | 60 天内 |
| 3 | 考虑在空气输送管道上安装高流量报警器（独立于 FT-1，项目号 1.3） | 黄达 | 30 天内 |

表 11-26 正常运行阶段 FMEA 工作表

| 项目号 | 部件 | 故障模式 | 影响(后果) | 安全保护 | 措施 |
|---|---|---|---|---|---|
| 1 | 火焰扫描器 UVL-1B | (1)无信号改变<br>(2)假火焰熄灭信号 | (1)火焰熄灭后无法让焚烧炉停车；如果火焰熄灭，焚烧炉可能着火或爆炸<br>(2)焚烧炉停车；如果未切断焚烧炉燃料，可能发生爆炸 | (1)双重 UVL<br>(2)焚烧炉多重连锁(温度、燃料、空气)<br>(3)停车报警，操作工确认停车行动<br>(4)燃料管道上有双向止逆阀<br>(5)放空管道上有三向关闭阀 | 确认 UVL 的可靠性 |

接下来，郑天准备了 HAZOP 分析和 FMEA 报告。报告中包括分析组成员、使用的资料、分析组的建议汇总、详细的 HAZOP 和 FMEA 表格；报告中还包括对审查范围的说明以及最新的用于分析的 PID 图。分析组对该报告审查后，郑天将提交给装置的管理机构。

## 七、结论和启示

HAZOP 分析（以及 FMEA）进行得非常顺利，完成得很好。主要是因为郑天准备充分，人员安排得当，调度有方。HAZOP 分析只用了 6h 就完成了；为了让分析顺利进行，郑天在询问原因和安全保护之前首先对偏差的后果进行分析；这样，如果没有什么不良后果，很快就分析下一个偏差；郑天还善于集中分析组的注意力，能快速地纠正无谓的讨论，避免把时间花在设计解决方案上。

郑天加速分析进程的另一个方法是不局限在某个危险分析方法上。在认识到必须对火焰扫描器进行分析时，他选择了 FMEA 这种分析方法对这个问题进行分析，FMEA 方法非常适合对硬件故障的分析。

郑天没有把以前的 HAZOP 分析作为此次 HAZOP 分析的依据，此次 HAZOP 分析用到了以前 HAZOP 分析的结果，但是没有把它作为此次 HAZOP 分析的“清单”。虽然使用以前的分析结果可能更为有效，但根据郑天对氯装置的分析经验，证明这是一种错误，分析组重点是分析修改部分可能引起的过程波动，而不是考虑这些波动以其他方式发生。

最终的启示是对所作的修改进行分析后提出的建议意见。TMC 公司针对过去两年来焚烧炉的一些操作问题作了少量修改，这些修改的目的是提高焚烧炉的可靠性和安全性，但 HAZOP 分析结果表明，某些修改产生了新的安全问题，即使这些修改已经通过装置工程部的审查。

# 第九节 装置扩建阶段——间歇过程的危险与可操作性研究方法

## 一、背景

VCM 装置证明是非常成功的装置。该装置已运行五年，TMC 公司市场调查部建议扩建一条生产线，用氯乙烯单体（VCM）生产聚氯乙烯（PVC）。TMC 公司项目部经过对该建议进行分析后，决定实施该建议。为了加快扩建进程，TMC公司决定从PMD公司购买PVC生产技术，PMD公司是PVC生产技术的专利所有者，而且具有生产PVC的资质，同时在安全方面也是领先的。TMC公司在对PVC反应器进行初步分析后认为，PMD公司的设计和安全标准与TMC公司一样，甚至更好。

因为PVC单元是整个VCM装置的一部分，因此TMC公司项目部和公司管理层要求对PVC单元同样进行危险性分析。TMC公司之所以对PVC产品特别重视，是因为它是一个间歇过程，而TMC公司的大多数工艺过程是连续的。有证据表明，间歇过程比连续过程易于引发生产事故，因此TMC公司项目部要求过程危险分析组对PVC过程进行危险性分析。

TMC公司考虑将PVC反应器放在两个不同的位置（图11-13）。1#位置靠近VCM储槽，倾向于选择这个位置，因为在这个位置VCM的输送距离短，可以较大幅度地减少输入管道和泵输送的费用。不利的方面是，1#位置离高速公路太近，PVC反应器一旦发生灾难性的事故将危及过往车辆；而且由于PVC反应器是露天放置的，可能发生冷冻和堵塞问题，因为PVC过程用水作载体。

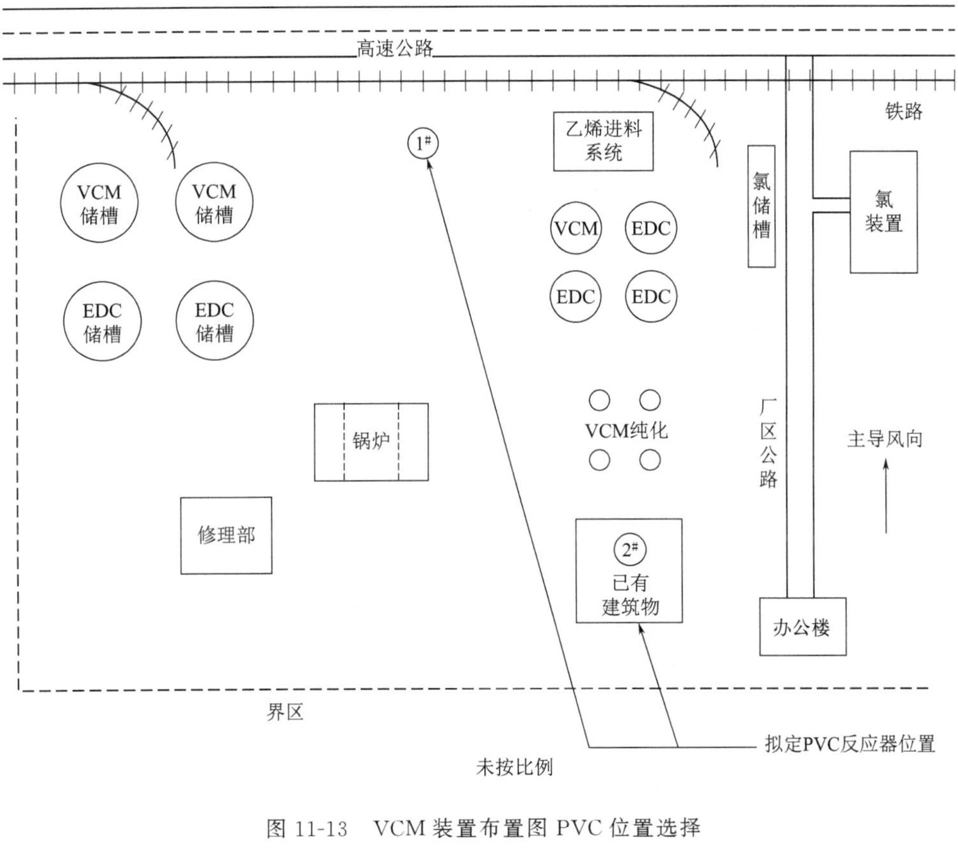


图11-13　VCM装置布置图PVC位置选择

考虑的2#位置是靠近VCM纯化区域，这个位置与社区有足够远的距离，而且反应器位于已有的带加热的建筑物内，因此可减少发生冷冻和堵塞问题的可能性。但是，PVC反应器一旦发生事故，将对装置管理办公楼内的人员构成威胁。

除这两个位置的选择外，TMC公司还打算使用已拆除的容器，虽然该容器的设计压力是150psi（表压），但作为PVC反应器已足够了（反应器的操作压力是75psi）。不过，

PMD 公司建议 PVC 反应器的设计压力应提升至 250psi。

## 二、已有资料

虽然 TMC 公司具有生产 VCM 的经验，但对 PVC 的生产无任何经验。但 PMD 公司在该领域有丰富的经验，可为 TMC 公司的危险分析提供下列资料。

(1) PID 图（图 11-14）。

(2) 设计说明书。

(3) PFD 图。

(4) PVC 过程所有物料的危险数据。

(5) 操作经验。

(6) 操作规程。

(7) 报警点设置和连锁说明。

(8) 紧急情况应对计划。

(9) PVC 技术的危险分析。

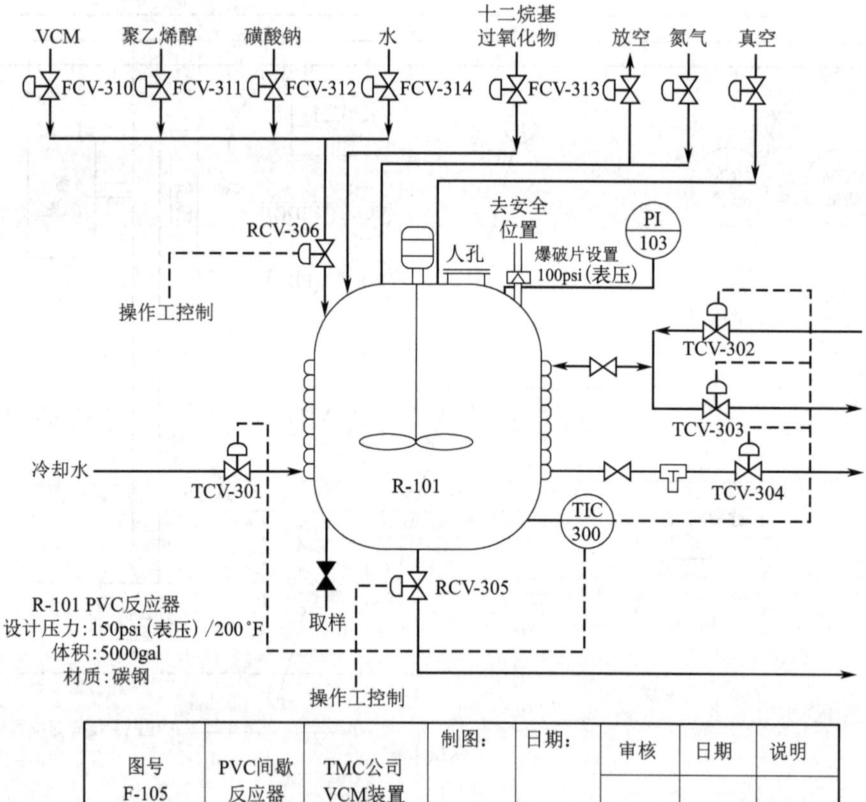


图 11-14 PVC 间歇反应器 PID 图

[1psi=6894.76Pa；$T/℃=\frac{5}{9}(T/℉-32)$；1UK gal=4.54609dm$^3$]

此外，PMD 公司还指派了一位 PVC 工艺设计人员协助 TMC 公司进行危险性分析。

## 三、方法选择

指定由TMC公司过程危险分析组的蒋大卫负责PVC生产过程的危险性分析。在初步浏览了PVC反应器的设计后，蒋大卫认为需要两种分析方法：一种方法是分析PVC反应器的位置；另一种方法是分析与PVC反应器有关的过程中的危险。只有PVC反应器需要考虑它的位置，因为VCM的投料量很大。当VCM转化为PVC后，物料的危险性很小。

对于位置的选择，蒋大卫很快将他的选择集中在PHA和危险等级这两种方法上，这两种方法主要是针对待分析设备和相关设备以及区域内的建筑物。对于位置的选择，PHA通常只提供定性的范围，而蒋大卫需要更为详细的结果，基于这种考虑，他选择了危险等级这种方法，因为它能对每个备选位置给出“安全评价”（这里对这部分内容不讨论，读者可参考第十章第二节道化学公司火灾、爆炸指数评价法）。

PVC单元的详细分析应该覆盖较大范围的危险，因此蒋大卫认为故障假设分析、FMEA分析、HAZOP分析以及检查表分析都可选用。因为对该新技术缺乏检查表，因此不选用检查表分析（蒋大卫有一些通用工艺过程的检查表，但他对用于不熟悉的技术感到不方便）。在剩余的方法中，蒋大卫相信HAZOP分析方法是最好的方法，因为它的引导词能方便地用于间歇过程，因此他选择了HAZOP分析方法。

## 四、分析准备

与其他HAZOP分析一样，蒋大卫首先选择合适的、熟练的人员参加HAZOP分析。因为几乎所有将参加分析的人员都没有PVC的生产经验，蒋大卫重点考虑选择有相近经验的人员（如聚合物生产、间歇操作等）。他还决定请PMD公司有相应经验的雇员参加分析，下列人员将组成分析组。

（1）负责人　具有组织HAZOP分析经验的人。蒋大卫可担任这一角色。

（2）记录员　熟悉相关技术术语、能快速准确记录会议内容。周红适合担任本次分析的记录人员。

（3）工艺工程师　熟悉过程的设计并知道过程发生偏差时会出现何种情况及应对措施。王自立是PMD公司PVC装置的设计人员之一，符合这一要求。

（4）操作工　富有操作经验的操作工，他知道当反应器波动时，操作工该如何发现并做出反应。TMC公司没有有经验的反应器系统操作工。史开来作为VCM装置的操作工已工作4年，而且曾在PMD公司的间歇反应器上工作了一段时间，基本符合上述要求。

（5）安全专家　熟悉VCM装置的安全特点。刘东方是化学工程师，在氯装置和VCM装置上已工作了15年，满足上述要求。

在准备HAZOP分析会议过程中，蒋大卫与王自立一起把PVC单元划分成分析节点。对每个节点，他确定了设计参数：节点完成的功能以及正常操作参数。因为它是一个间歇过程，在整个间歇过程中设计参数可能发生变化，为了能对此进行分析，蒋大卫将领导HAZOP分析组对间歇操作程序和工艺设备进行分析。

接下来，蒋大卫通知每个成员HAZOP会议的日期和地点。蒋大卫把会议地点选在VCM装置附近，以便分析组能进行现场察看（蒋大卫计划在HAZOP分析之前完成危险等级分析，HAZOP分析时对现场再次察看有助于对危险等级分析时所使用的有关资料进行检查）。同时，PMD公司提供的有关资料（PID图、操作规程）、确定的分析节点、设计参数等资料也随会议通知发到分析组成员手中。

最后，蒋大卫请周红准备 HAZOP 分析记录用的空白表，她将用铅笔将讨论内容记录在空白表上。

## 五、分析过程

会议开始时，蒋大卫介绍了各位分析组成员及他们各自的专业或专长，然后对会议的时间安排作了说明。按惯例，蒋大卫应与分析组一起重温 HAZOP 分析方法，但因为所有的分析组成员，包括 PMD 公司的王自力都曾经参加过 HAZOP 分析，在讨论了本次 HAZOP 分析的目的后，蒋大卫请王自力讲解 PVC 的生产过程。

**王自力** PVC 的生产过程相对来说比较简单（图 11-15）。首先是向 PVC 反应器进料，进料完毕后加入工艺水、分散剂、单体以及引发剂，加热到 50℃时开始反应；PVC 生产开始时的压力是 75psi（表压），但当反应结束时压力降到 7psi（表压）；然后加热让多余的单体逸出，接下来将反应产物送入离心机，在离心机中脱去 PVC 中的水分；粒状的 PVC 用空气输送到热空气干燥器；从干燥器出来后进行筛分。除去大颗粒后，得产品送去包装。

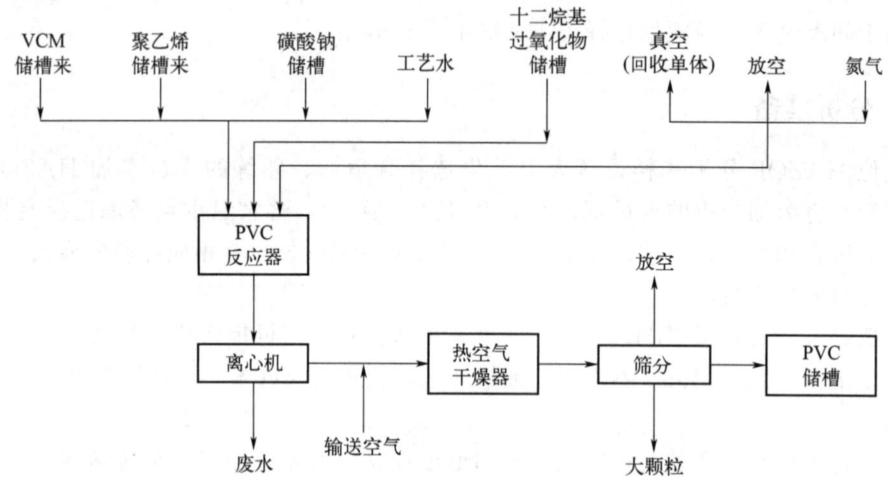


图 11-15 PVC 单元方框图

**蒋大卫** 谢谢。我们将用 HAZOP 分析方法对间歇过程操作步骤进行分析。王自力，请你给我们详细介绍一下操作程序好吗？

**王自力** 好的。在座的各位都有一份操作程序的复印件（见表 11-27），因此我在这里只解释每一步操作的原因。首先，我们要确认所有的进料阀门都已关闭以保证开始时反应器是空的；接着是反应器抽真空以让反应器中氧气的浓度最小，从而减少气相中产生易燃物质的可能性；然后是向反应器中加入工艺水，加入量约为反应器容积的一半，水是作为聚合的连续相；然后启动搅拌器，加入分散剂；最后我们加入引发剂——十二烷基过氧化物，然后加入单体。加入所有组分后，我们用蒸汽夹套加热将反应器的温度升至 50℃［反应器中的压力最初为 75psi（表压）］；保持这个温度直到达到约 90%的转化率，约需 8 个小时；这时反应器中压力约为 7.5psi（表压）；抽真空让多余的单体逸出并回收，一般情况下这一步需要 5 分钟时间，但是为安全起见，我们推荐采用 15 分钟；单体回收结束后，将反应器冷却；然后反应器充氮置换；将 PVC 和水的混合物送入离心机分离，然后开始干燥过程。

表 11-27　PVC 间歇反应器操作程序

| 步骤 | 说　　明 | 步骤 | 说　　明 |
| --- | --- | --- | --- |
| 1 | 检查确认 PVC 反应器的所有进料阀门都已关闭,且反应器是空的 | 8 | 打开 VCM 管道阀门,加入 1700gal 单体 |
|  |  | 9 | 设置反应器温度控制器为 50℃,反应器加热,约需 8h;在 50℃下保温 8h |
| 2 | 打开真空管道阀门,将反应器中压力降到 10psi | 10 | 当反应器中压力降至 7.5psi(表压)时,打开真空管道阀门约 15min |
| 3 | 打开工艺水管道阀门,加入 2250gal 的水到反应器(设置水流量计量器) | 11 | 将反应器冷却至 16℃ |
| 4 | 开动搅拌器 | 12 | 打开氮气输送管道阀门,充氮置换,在大气压力下排空 |
| 5 | 关闭真空管道阀门 |  |  |
| 6 | 打开乙烯醇管道阀门,加入 7gal,打开磺酸钠管道阀门,加入 1gal | 13 | 打开反应器排出阀门,将反应产物送入离心机 |
| 7 | 打开十二烷基储槽管道阀门,加入 7gal |  |  |

注：1psi＝6.89476kPa；1UK gal＝4.54609$dm^3$。

**蒋大卫**　谢谢！第一个引导词是“空白”，将此引导词与间歇操作的第一步组合就得到偏差“空白＋检查（未检查）”，即没有对进料阀门是否关闭进行检查，有何后果？

**史开来**　如果前面的操作都正确，我认为不会有什么问题。但是如果在这之前反应器卸料不完全，那么在加水时就会导致溢流。反应器中因为 PVC 和水将产生固体，从而返回到进料管道、真空管道或者是氮气管道，虽然不会引起什么危险后果，但这些管道的清理非常麻烦。

**王自力**　我认为是这样。然而，这种失误可能迫使你花时间清理离心机和间歇反应器；另外，如果某个化学品的进料管道是打开的，要么加入了过量的分散剂，这样将降低产品的质量；要么加入过量的单体，将有发生火灾的危险，即使你前面的操作步骤都是对的，这些问题依然存在。

**周　红**　我不太明白。在什么地方发生火灾危险？

**王自力**　如果单体过量，在回收那一步就会有单体从反应器逸出，当这些单体进入热空气干燥器时就会出现问题。

**蒋大卫**　忽略第一步的原因是什么？

**史开来**　我想是因为操作人员忘记了这一步。

**蒋大卫**　还有其他原因吗？（无）安全保护呢？

**刘东方**　我们应该为操作工建立检查表。在 PID 图上我没有发现有液位指示器或装填显示，我认为应增加：①液位指示器，操作工能根据液位发现阀门是否关闭；②高液位报警器。

**蒋大卫**　周红，你同意这个意见吗？（点头表示同意）

**王自力**　水和单体是联结反应器的两条大管道，液位指示器能发现这两条管道的问题，但对其他进料是否有效，我表示怀疑。

**蒋大卫**　请等一下，我们这是在设计解决方法。我们只需提请操作工注意检查阀门是否关闭，而且反应器是空的，如果没有其他意见，我们继续往下吧。

**刘东方**　从进料管道上的流量计可以发现阀门是否打开。

**蒋大卫**　引导词“过量”和“减量”对第一步适用吗？（分析组表示不适用）那么“相

逆”呢？“异常”以及“部分”呢？

**王自力** 这一步“相逆”意味着首先检查反应器，然后检查阀门，这没什么。问题在第一步只完成“部分”或“异常”就等于没有作这一步；结果可能是分散剂、引发剂或单体过量，导致产品质量下降或者干燥器发生火灾危险。

**蒋大卫** 原因呢？

**王自力** 原因、安全保护、措施与前面的一样。（其他人同意）

**周 红** 我读给大家听听。（她读了一遍，分析组同意）

**蒋大卫** 我计划在分析完下一步后再回过头来分析偏差“伴随”。下一步是将反应器的压力降到10psi，在第一步和第二步之间有遗漏吗？（分析组说无）如果跳过这一步会发生什么情况？

**王自力** 反应器上部有空气，有火灾和爆炸危险。

**蒋大卫** 原因？

**史开来** 操作工失误。

**蒋大卫** 还有吗？（沉默了几分钟）如果是真空系统发生故障或真空管道上的阀门卡住了呢？

**刘东方** 虽然出现这种情况时会报警，但有这种可能。

**王自力** 真空系统发生故障将触发报警器，阀门的位置在控制室显示，这些都应是安全保护。另一个可能原因是反应器的压力测量仪表出现故障。

**蒋大卫** 安全保护？

**王自力** 我刚才已提到了报警器的指示器，你还在前面提到对操作工进行培训。

**蒋大卫** 其他呢？（无）有何措施？（无建议）那么下一个偏差是“过量”，如果真空度过高有何后果？

**王自力** 真空系统不可能使反应器的压力在4psi以下。

**蒋大卫** 那么，存在反应器被破坏的可能性。周红，请记下：建议对真空系统的最大能力进行检测。

**王自力** 请等一下，若反应器的设计压力是250psi（表压），这已足够大了，而且其壁厚能抵抗绝对真空；但是对设计压力为150psi（表压）的反应器我就不敢保证了。

**刘东方** 应该是可以的，但最好检查一下。请问，10psi是表压还是绝压？

**王自力** 是绝压。你的意思是担心操作工搞错，我建议在对操作规程修订时进一步明确它。

**蒋大卫** 不要急，慢慢来，是什么原因使真空度过高呢？

**史开来** 操作工失误。

**蒋大卫** 但不能总是操作工失误吧。老史，还有其他原因吗？

**史开来** 有，反应器上的压力表损坏也可能误导操作工；而且堵塞也是经常出现的故障。

**蒋大卫** 还有其他原因吗？（无）安全保护？

**刘东方** 对操作工的培训。一旦反应器投入运行，操作工应该知道反应器达到10psi（绝压）的压力所需时间。

**蒋大卫** 有何建议？

**史开来** 除刚才所说的外，应该再增加一块压力表，因为在这个过程中压力是一个很重要的工艺参数，通过第二块表可以发现堵塞问题。

**周　红**　请慢一点，让我记下来。

**蒋大卫**　好，还有其他建议吗？（沉默）如果“真空度太小”呢？

**刘东方**　如果是这样，相当于跳过这一步。

**蒋大卫**　大家同意吗？（其他人表示先赞同）如果第一步和第二步的顺序倒过来会有什么后果？

**王自力**　如果上一次的间歇反应过程完全正常，就没有什么问题；否则，如果在反应器中有残留物、阀门打开或泄漏或者搅拌器密封圈泄漏，就达不到10psi（绝压）的压力，而且物料会从真空管道排出。因为我们以相同的方式移走过量的单体，所以我认为最多是带来一些经济上的损失。

**刘东方**　如何从反应器中脱除空气呢？是不是与“无真空”有相同的后果？

**王自力**　可能是。我不知道是否应该脱除一定量的空气，我们应该再作深入的调查分析。

**蒋大卫**　这个偏差除了因为操作工失误外还有其他原因吗？（无）安全保护措施是对操作工进行培训和反应器上的压力表，还有其他的吗？（无人发言）有何建议？

**刘东方**　为什么该反应器不用自动程序控制呢？

**王自力**　实现程序控制是没有问题的，我想TMC公司可能主要考虑到投资问题。

**刘东方**　我们应该建议采用程序控制，根据我们的分析，操作工太容易出差错了。

**蒋大卫**　还有其他建议吗？（无）周红，你记下来了吗？（周红点头）“部分”与“真空度低”的结果一样，操作工会因为做其他的事而没有打开真空管道阀门吗？

**周　红**　按规定是不允许操作工做其他的事，也没有其他的反应器同时运行而让操作工出错。

**蒋大卫**　我们再来看“伴随（又）”，如果在进行第二步操作时又进行下一步的操作会发生什么情况？

**王自力**　反应器在抽真空时又给反应器进料将无法按计划脱除反应器中的空气，从而可能发生火灾危险。如果真空管道是打开的，将损失大量的单体，而且单体回收冷凝器的放空阀打开，压力将降低。

**蒋大卫**　除操作工失误外还有什么原因？（无）安全保护？

**王自力**　对操作工的培训以及反应器的压力表。应该说，操作工不应该出现这种失误。

**蒋大卫**　有何建议？

**刘东方**　我还是建议采用程序控制。

## 六、结果讨论

表11-28是本次HAZOP分析的部分结果。周红把记录结果整理成表格。因为以前未对PVC反应器的设计进行分析，而且也未按TMC公司的标准设计，HAZOP分析组提出了许多改进意见，表11-29列出了一些重要建议。

**表11-28　PVC反应器部分分析结果**

| PID图号：E-101<br>操作程序拟定时间：2004-6-3<br>会议日期：2004-6-5<br>版本号：5<br>分析组：蒋大卫（负责人，过程危险分析员），周红（K地VCM装置雇员），史开来（K地VCM装置雇员），刘东方（K地VCM装置雇员），王自力（PMD公司） |
|---|

续表

| 项目号 | 偏差 | 原因 | 后果 | 安全保护 | 措施 |
|---|---|---|---|---|---|
| 1.0 | PVC 间歇反应器步骤 1：检查确认所有进料管道阀门已关闭，而且反应器是空的 | | | | |
| 1.1 | 空白＋检查 | 操作工失误，跳过这步 | 当有空气存在时物料可能漏进反应器，有火灾危险（单体和空气） | (1)操作工培训<br>(2)将操作程序写出来 | (1)建立间歇操作检查表<br>(2)用仪表检查阀门位置和反应器状态<br>(3)增加反应器液位指示和高液位报警 |
| 1.2 | 部分＋检查 | 操作工失误，跳过这一步 | 当有空气存在时物料可能漏进反应器，有火灾危险（单体和空气） | (1)操作工培训<br>(2)将操作程序写出来 | (1)建立间歇操作检查表<br>(2)用仪表检查阀门位置和反应器状态<br>(3)增加反应器液位指示和高液位报警 |
| 2.0 | PVC 间歇反应器步骤 2：打开真空管道阀门，让反应器压力降到 10psi | | | | |
| 2.1 | 空白＋抽真空 | (1)操作工失误，跳过这一步<br>(2)真空系统故障<br>(3)真空阀卡住而关闭<br>(4)反应器压力表故障，错误显示低 | 反应器上部形成易燃物质或有毒物质混合物 | (1)操作工培训<br>(2)将操作程序写出来<br>(3)真空系统报警<br>(4)在控制室设有真空阀门位置显示 | |
| 2.2 | 过量＋抽真空（真空度高） | (1)操作工失误<br>(2)反应器压力表故障，错误显示高 | 可能破坏反应器（假定使用低压反应器） | (1)操作工培训<br>(2)在控制室设有反应器压力显示 | (1)分析真空系统的能力<br>(2)颠倒操作程序使反应器清洁<br>(3)在反应器上安装第二块压力表 |
| 2.3 | 减量＋抽真空（真空度低） | (1)操作工失误，跳过这一步<br>(2)真空系统故障<br>(3)真空系统阀门卡住关闭<br>(4)反应器压力表故障，错误显示低 | 反应器上部形成易燃物质或有毒物质混合物 | (1)操作工培训<br>(2)将操作程序写出来<br>(3)真空系统报警<br>(4)控制室压力显示<br>(5)在控制室设有真空阀门位置显示 | |
| 2.4 | 相逆＋步骤 1 和步骤 2（步骤 1 和步骤 2 操作顺序相反） | 操作工失误 | 反应器上部形成易燃物质或有毒物质混合物 | (1)操作工培训<br>(2)将操作程序写出来 | 考虑对间歇反应器使用程序控制 |
| 2.5 | 步骤 2＋伴随＋其他步骤（同时进行） | 操作工失误 | 大量热的单体从冷凝器放空阀排入大气中，有火灾危险 | (1)操作工培训<br>(2)将操作程序写出来 | 考虑对间歇反应器使用程序控制 |

表 11-29　根据 PVC 间歇反应器 HAZOP 分析结果提出的建议

| | |
|---|---|
| • 间歇反应器的操作采用程序控制，由控制程序中在一步操作前确认反应器是否处于正常状态<br>• 在反应器上再安装一块压力表和温度指示器<br>• 在操作程序上明确每一步阀门的位置状态和工艺条件<br>• 为操作工建立检查表<br>• 规定进入反应器清理排出管道堵塞的安全规程 | • 在离心机上再安装一套振动检测器和停车连锁<br>• 将离心机安装在无人的房间，以免碎片飞出伤人<br>• 检测是否有其他 VCM 的反应物进入反应器<br>• 估计真空系统破坏反应器的能力<br>• 增加反应器液位指示器和报警器<br>• 用仪表检查阀门的位置和反应器的状态 |

### 七、结论与启示

实践证明，HAZOP 分析是危险分析的重要组成部分，因为对于以前 TMC 公司没有设计或分析过的新技术用 HAZOP 分析发现了不少的安全问题；在采用新的技术时，项目部将充分考虑分析组所提出的建议。

本次 HAZOP 分析进行得很顺利，这是因为蒋大卫具有丰富的 HAZOP 分析经验，分析组成员也具有 HAZOP 分析经验且通力合作。王自力在整个分析过程中起了关键性的作用，如果没有他对 PVC 的经验，分析组对整个设计可能都难以理解。

## 第十节　事故调查阶段——故障模式及影响分析方法

### 一、背景

VCM 装置已运行了 20 年。总的说来，VCM 装置的安全操作记录良好，只有几次小的事故引起暂时停车，没有发生引起设备严重破坏和人员伤亡的重大事故。

但不幸的是，最近 VCM 装置发生了 HCl 从 HCl 精馏塔减压阀放出的事故，结果造成精馏塔停车且尚未恢复（HCl 是副产品，必须从 VCM 产品物流中除去）。TMC 公司向有关部门报告了此次事故并承诺将采取措施避免类似事件再次发生；TMC 公司的安全与卫生管理人员也要求尽快解决这个问题，以维护公司的形象（事实上他已向有关部门表示在 VCM 装置重新开车之前，这个问题一定会得到纠正）。

VCM 装置的管理者决定由伍芸负责这次事故调查，她的主要目的是找出本次事故中 HCl 释放原因及改正措施，同时也要求她能找出还可能导致释放的其他原因及改进措施。

### 二、已有资料

经过 20 年的操作，TMC 公司积累了大量的 HCl 精馏塔的资料，这些资料包括工艺流程图、PID 图、操作程序、操作记录、维修记录、事故记录、以前的危险分析报告。当然，装置恢复是越快越好，但在短期内还看不完这些资料，为了加快调查进程，伍芸收集了以下资料。

（1）HCl 精馏塔 PID 图（图 11-16）。

（2）HCl 精馏塔的操作程序。

（3）事故发生当天的操作记录。

（4）事故发生当天的记录（塔的温度和再沸器流量）。

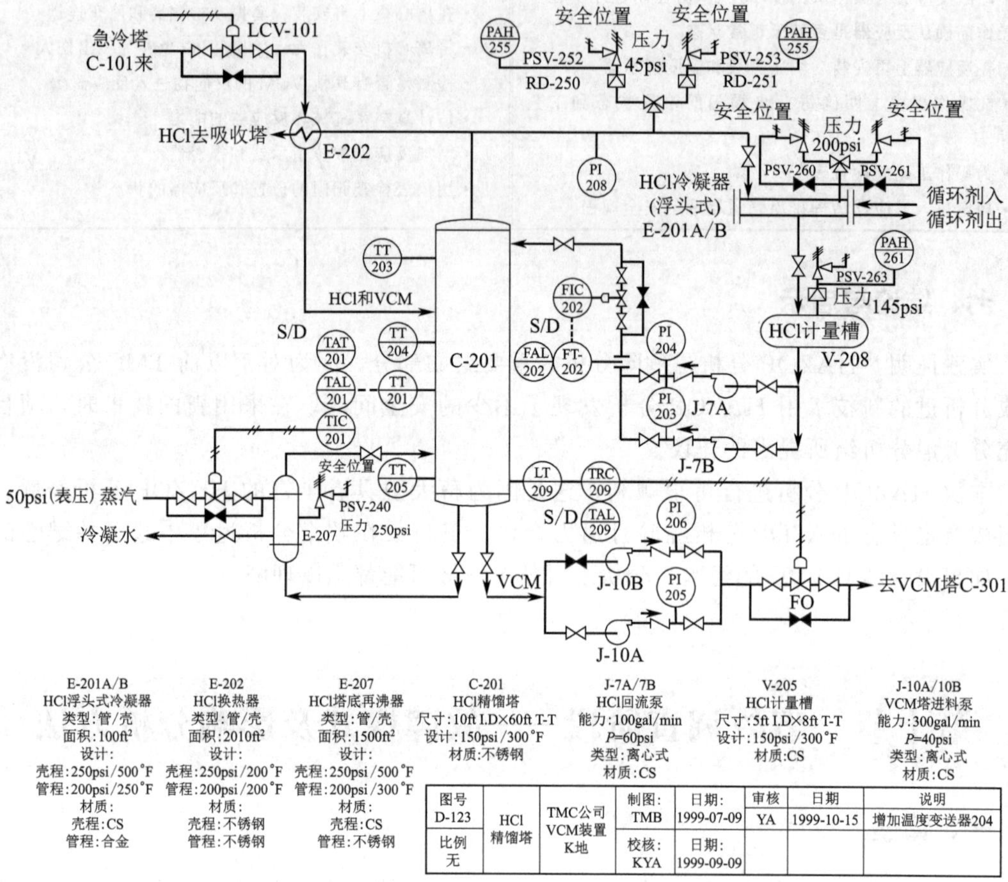


图 11-16　HCl 精馏塔 PID 图

[1psi=6894.76Pa；$T/℃=\frac{5}{9}(T/℉-32)$；1ft=0.3048m；1UK gal=4.54609$dm^3$]

## 三、方法选择

伍芸不是专业的过程危险分析人员，但她在 VCM 装置上作为化学工程师已工作了 20 年，自从她在 TMC 公司工作以来，她先后参加和组织了多次危险分析（这些分析包括 HAZOP 分析、故障假设分析以及 FMEA 分析）。

为了选择适用于事故调查的分析方法，伍芸首先征求 TMC 公司过程危险分析组的意见和建议。因为伍芸只是分析 HCl 从 HCl 精馏塔释放，危险分析组很快就否定了更为通用和广泛的分析方法如 PHA、危险等级、安全审查这些方法；也否定了事故树分析、事件树分析、原因后果分析、HRA 分析方法，因为伍芸对这些方法缺乏经验；对于检查表分析，虽然它在保证系统安全方面很有效，但对事故调查不适用（因为清单所提的问题都是一些普通的问题）。

因此他们建议伍芸使用故障假设分析、HAZOP 分析或 FMEA 分析作为事故调查的分析方法，因为她只考虑一种结果，因此 FMEA 分析或许是她的最佳选择，而且伍芸以前也使用过 FMEA 分析，所以伍芸将用 FMEA 分析方法进行事故调查。

## 四、分析准备

对 HCl 释放事故的调查要求要快，伍芸从 K 地的装置选择了参加调查的人员，这些人员如下所述。

(1) 负责人　具有组织领导危险分析的经验。伍芸符合这一要求。

(2) 记录员　能快速、准确地进行记录。何莉是 VCM 储存工段的工程师，可担任记录员（在上次伍芸组织进行的 HAZOP 分析中，她担任记录员）。

(3) 工艺工程师　具备 HCl 精馏塔设计和操作的知识。郑工艺两年前被安排到精馏塔工段当工程师，符合这一要求。

(4) 操作工 1　HCl 释放时在控制室内的值班操作工。李操作就是。

(5) 操作工 2　HCl 释放时在控制室外的操作工。王操作就是。

(6) 罗兰　熟悉 K 地 VCM 装置的安全和应急预案。罗兰是 VCM 装置的安全管理员，符合这一要求（罗兰已在 K 地工作了 30 年）。

(7) 安全与卫生管理员　熟知与 VCM 装置 HCl 精馏过程有关的危险。周国庆来自 TMC 公司卫生安全环境科，符合这一要求。

两天后将召开 HCl 释放事故调查会议，伍芸准备有关材料并发给分析组的时间十分紧张。鉴于此，她只是将会议的时间和地点通知了分析组成员，在通知中只列出了她将带到会议上的资料目录（参看本节已有资料），要求各成员将他们认为有用的资料也带来。

在准备过程中，伍芸将 HCl 精馏塔的所有设备都编了号；她还准备了一些 FMEA 的空白表，并存在计算机中；她还对 HCl 塔的各个部分拟定了故障模式，准备在会议上讨论；为了拟定故障模式，她还查阅了以前的 FMEA 分析报告。

最后，伍芸还对 HCl 精馏塔进行了现场察看。察看时，她到控制室了解它的布置；涉及操作工对设备进行干预的问题上，她将用她现场察看掌握的资料进行提问。

## 五、分析过程

分析会议按时举行。伍芸首先请周国庆就此次 TMC 公司危险分析目的做一简单介绍（因为所有的分析组成员彼此都很熟悉，就不用再介绍分析组成员）。周国庆指出，TMC 公司过去相当长一段时间具有非常好的安全记录，但也发生过 3 次释放事故，虽然都不严重，但安全部门要求 TMC 公司进行详细检查，TMC 公司主管生产的副经理已承诺要采取可能的步骤避免类似事件的发生，因此 VCM 装置的所有员工必须尽最大努力避免释放事故的再次发生。

伍芸接下来介绍了本次 FMEA 分析计划。FMEA 只对 HCl 精馏塔进行分析，而且只是导致 HCl 释放的故障。为了完成 FMEA 分析，她将对该系统的每一个部件假定故障模式，对每一个故障模式，分析组将分析它的影响（即后果）；如果后果对安全带来危险，分析组将分析已有的安全保护装置并提出相应的改进措施，否则分析下一个故障模式。伍芸也可能要求分析组提出另外的故障模式。

伍芸引导分析组分析最近发生的释放事故的原因，以及其他可能引起 HCl 释放的原因；她还告诉分析组要分析可以减少或阻止释放事故发生的安全保护装置；伍芸进一步强调事故调查不是追查某人的责任，而是从事故中学到如何避免事故再次发生的方法。开始讨论时，伍芸请李操作介绍事故发生前后的情况。

**李操作** 事故发生前一周，该系统的运行一直都很正常。但是在下午约3时45分，我发现塔底温度（TI-205）略有上升，因为塔的其他点的温度都正常，我想再对它检查几次；几分钟后，焚烧炉报警，急冷塔低pH值报警；因为该传感器发生过误报警，我就关闭了该报警器并且请王操作（控制室外的操作）去检查pH值；当我再次检查精馏塔的温度时，塔底温度已上升了好几度，而且塔的其他点的温度也上升，但TIC-201的读数降低。

此时，我关闭了TCV-201停止蒸汽加热，而且关闭了LCV-101停止向塔进料；我通知王操作启动另一台HCl浮头式冷凝器，但是塔内压力已超过145psi（表压），减压阀打开，15秒钟后减压阀复位。

（郑工艺带来了事故发生前后精馏塔操作的记录图以及工程部对记录图的分析结果）

**伍　芸** 我想我们首先分析最近这一次释放事故的原因，然后再分析其他可能发生释放的原因。根据李操作所说的情况，似乎是输入塔的热量过大。我们首先分析再沸器蒸汽控制阀，该阀门的故障模式是什么？

**郑工艺** 控制阀（TCV-201）的位置可能发生故障，故障打开、故障关闭或者向外泄漏。

**王操作** 控制阀门（TCV-201）也可能内部泄漏，即不需要时蒸汽也可能进入再沸器。

**伍　芸** 好，我们来分析这些故障。那么TCV-201因故障打开的后果是什么？

**李操作** 增加了再沸器的加热能力，使塔的温度和压力升高，如果停车系统和操作工不干预的话，最终将冲开减压阀（PSV-252或PSV-253）。

**伍　芸** 结果就是HCl放出。有何安全保护？

**李操作** 从PID图上可以看出，在塔上有多个温度指示器，而且我们连续进行监视；有高温报警器（TAH-201），它能使塔停车；有低回流报警器（FAL-202）；有塔低液位报警器（LAL-209），而且如果制冷压缩机出现故障，塔将停车；当然在塔上还有爆破片和减压阀，以及备用的HCl浮头式冷凝器和换热器。

**伍　芸** 听起来好像有不少的安全保护装置嘛！但是到底是哪一个能实际上帮助你当TCV-201因故障打开后避免HCl放出？

**李操作** 温度指示和TAH-201确能帮助我们发现问题，打开备用冷凝器能提供额外的冷凝面积避免HCl从减压阀逸出；如果塔的流量是正常的，则其他报警就没什么作用。

**伍　芸** 大家认为TCV-201因故障打开是导致这个事故的原因吗？

**李操作** 不是，因为当我发现温度太高时我关闭了这个阀门，而且这个阀门处于正常工作状态。

**伍　芸** 你如何知道阀门处于正常工作状态？

**李操作** 在阀门上有限制开关指示阀门完全关闭，而且很快塔的温度就开始下降了。

**伍　芸** 好，有什么建议？

**郑工艺** 我认为应该在塔上安装压力报警器。而目前操作工只能凭借温度报警器来发现这个问题；而且我们还应有应急方案，指导操作工当塔的温度较高时启动备用冷凝器。

**罗　兰** 还应加上打开LCV-101，因为它是塔的冷却剂。

**伍　芸** 另外一个故障就是TCV-201关闭，这个故障有什么后果？

**李操作** 将停止向再沸器输入蒸汽，塔将冷却下来，结果是HCl随VCM一起进入冷凝器，但不会使 HCl 放出。

**伍　芸**　我们继续吧！阀门向外泄漏有何后果？

**李操作**　只要泄漏量不大，塔的操作正常，只是损失了蒸汽；如果泄漏量大，塔的温度将降低，与关闭阀门的结果一样，但不至于放出 HCl。

**伍　芸**　如果阀门是内部泄漏呢？

**郑工艺**　这个故障只有当塔已停车才会有实际意义。如果是加热，该泄漏将使塔的温度慢慢升高并最终引起 HCl 的放出。

**伍　芸**　安全保护？

**郑工艺**　与 TCV-201 故障打开一样。但是加上操作工有足够的时间诊断这个问题并采取纠正措施。

**伍　芸**　有何建议？（无）我们来分析控制 TCV-201、温度变送器（TT-201）、控制器（TIC-201）的仪表。该设备的故障模式是：①输出假的温度高信号；②输出假的温度低信号；③即使塔的温度发生变化，输出信号也不变化。还有其他故障模式吗？（无回答）那么，如果 TT-201 或 TIC-201 输出假的温度高信号，有何后果？

**李操作**　因为切断了输入再沸器的蒸汽，HCl 塔将被冷下来，将使 HCl 与 VCM 一起从塔底排出，从而降低产品的质量。

**伍　芸**　会引起 HCl 放出吗？

**李操作**　不会。

**伍　芸**　我们继续。输出假的温度低信号，有何后果？

**李操作**　我认为那正是导致事故的原因。假的温度低信号将使 TCV-201 打开，从而使塔的温度升高而且没有报警声；如果我们不能及时发现它，减压阀就将打开；而且一旦变送器或 TIC 发生故障，塔的温度连锁将失效。

**伍　芸**　那肯定就是设计的缺陷，即用同一个变送器实现塔的控制、报警和连锁，应该把报警和连锁放在另一个变送器上。你们对 TT-201 和 TIC-201 进行过测试吗？

**郑工艺**　我们进行过测试。

**伍　芸**　那么，温度变送器和控制器故障应该是 HCl 放出的原因。有何安全保护？它们出现故障了吗？

**郑工艺**　安全保护与李操作前面讲的相同，即塔的温度指示和 TAH-201，但我认为温度报警不能算是安全保护。

**伍　芸**　还有其他安全保护吗？

**罗　兰**　冷凝器和换热器可以当作安全保护，因为它们能避免超压；我前面已讲过，停止 HCl 和 VCM 经过换热器进料将降低冷凝器的能力，可能导致 HCl 放出。

**伍　芸**　同意这个意见吗？（点头表示同意）那么，假设这也是导致 HCl 放出的一个原因，有什么建议？

**郑工艺**　我再次提出我前面的建议。我们应该在塔上安装高压报警器，为操作工建立紧急情况应对方案，当塔的温度升高时，操作工能按照这个方案采取相应的措施；我也同意大家关于对塔的温度报警和连锁采用不同的变送器的意见。

**李操作**　在方案中加上“增加回流量”，它可以为我们启动备用冷凝器赢得时间。

**伍　芸**　这些建议都很好，但是不要去设计详细的解决方案，那不是分析组的事。何莉，你都记下来了吗？（点头）还有其他建议吗？（无反应）该仪表的最后一个故障模式是输出信号不变化，有什么后果？

**李操作** 如果各点流量稳定，不会发生什么事。如果流量有变化，塔的温度可能升高或降低一点，取决于流量变化的大小；我认为塔的压力有可能升得比较高，但速度比较缓慢。

**伍 芸** 安全保护？

**罗 兰** 与输出假的低信号的安全保护一样。但是，我们可以告诉操作工有足够的时间发现问题并采取措施，而且操作工可手动控制蒸汽流量。

**伍 芸** 有什么建议？

**李操作** 与我们前面提出的一样。在塔上增加高压报警，建立紧急情况应对方案，报警和连锁采用不同的温度变送器。

**伍 芸** 下一个分析项目是浮头式冷凝器。我想到的故障模式是壳体泄漏、管束泄漏、失去冷却能力，还有其他的吗？（无）壳体泄漏有什么后果？

**王操作** 被冷凝物料是在壳程，壳体泄漏将放出 HCl。

**伍 芸** 安全保护？

**王操作** 壳体的设计压力是 250psi（表压），高于塔的减压阀额定值；该换热器的密封压力是 600psi（表压），而且每年都要进行测试；我们还从未发现壳体泄漏的情况。

**伍 芸** 有何建议？（无）管束泄漏会有什么后果？

**郑工艺** 制冷剂将进入过程中。因为它的沸点低，它在塔中将成为不凝物质，使塔的压力升高。如果泄漏量很大，将打开塔的减压阀。曾经发生过因为管束泄漏使塔的压力升高这样的事故，我们就使用备用冷凝器，修复发生泄漏的管束，从减压阀将不凝气体排出。

**伍 芸** 安全保护？

**王操作** 管束采用蒙乃尔合金钢，其设计温度和压力能承受最坏的操作情况，设计压力是 200psi（表压），每年进行检查；除了有少量泄漏外还没有出现过大的问题，因为我们通过分析产品中制冷剂的含量或者是观察浮头处的压力指示 PI（稍微升高）可以较早发现泄漏问题。

**伍 芸** 有什么建议吗？（无）如果制冷剂系统停车会产生什么后果？

**李操作** 塔很快就超压，减压阀打开。但是，制冷剂停车与精馏塔停车连锁。

**伍 芸** 还有其他的安全保护吗？

**罗 兰** 还有另一个安全保护装置高温连锁、压力报警以及紧急情况应对方案。

**伍 芸** 请等一下。压力报警和紧急情况应对方案还只是建议措施，现在还不能算作是安全保护装置，但高温连锁可以算。还有其他安全保护吗？（无）有何建议？（无）好像 HCl 塔的压力对冷凝器的操作很敏感，除压缩机停车外还有其他可能造成无制冷剂的情况发生吗？

**王操作** 当然有，比如储槽中制冷剂用完了，但是这样压缩机的打气量不足，会自动将精馏塔连锁，制冷剂储槽上装有液位报警；另一种可能是制冷剂的输送管道破裂，但是这种机会很小，因为这些管道都在地面上并贴上了标签，每年都要进行检查。

**伍 芸** 冷凝器中可能发生堵塞吗？

**王操作** 不太可能。我们完全按操作程序进行操作。

**伍 芸** 就安全保护装置而言，除已有的操作程序外，还有其他报警告诉你冷凝器工作不正常吗？

**王操作** 当然有，减压阀打开了！

**伍 芸** 我建议在制冷剂输送管道上安装低流量报警器。

**郑工艺**　等等，在那个地方不止一台冷凝器，可能要安装十几个仪表和报警器，这样操作工将很累；我认为我们应该首先分析发生这种情况的可能性，然后再作决定。

**伍　芸**　我懂了。我们应该建议计算机过程危险分析组对冷凝器的操作进行人的可靠性分析（HRA），然后决定是否需要增加仪表和报警。

**郑工艺**　我同意。（其他人也赞同）

**伍　芸**　下一个设备是 HCl 计量槽，它有哪些失效模式？

**王操作**　计量槽可能发生泄漏，放出 HCl。

**伍　芸**　嗯，还有吗？

**郑工艺**　计量槽有可能溢出。

**伍　芸**　实际上是因为回流泵发生故障、回流阀因故障关闭等引起的。休息后，我们将分析这些设备的故障及它们的后果。

FMEA 分析继续进行，直至围绕 HCl 精馏塔的所有设备都进行了分析。为了加快分析进程，伍芸分析某一工艺管道上的所有设备，从塔开始至塔结束（如沿回流管道的设备）或其他单元（如沿 HCl 塔底排出管道）。完成 FMEA 分析后，伍芸很快浏览了分析组所提的建议，并且将打印好的 FMEA 表格发给分析组的各位成员；她将在一两天内根据分析结果写出分析报告。伍芸在 FMEA 分析中发现该方法在事故调查过程中不总是有效的，当她认识到操作工失误对浮头式冷凝器的影响非常严重时，她建议进一步采用人因可靠性分析（HRA）对冷凝器进行分析。

## 六、结果讨论

FMEA 的分析结果由何莉用 FMEA 软件记录，打印出的 FMEA 结果在会议即将结束时由分析组进行审查。表 11-30 列出了部分分析结果。

危险分析组根据 FMEA 的结果，提出以下建议。

（1）在塔上考虑安装高压报警。

（2）建立紧急情况应对方案，高温或高压时让操作工按方案进行操作。

（3）在回流管道上安装另外的流量变送器和低流量报警器。

（4）对备用的 HCl 回流泵考虑安装自动启动回路。

（5）对塔的高低温度报警和连锁考虑使用不同的温度变送器。

会议结束几天后伍芸准备了一份报告，报告中说明了分析组发现的问题；报告列出了分析组成员和使用的资料；说明了最近发生的 HCl 释放事故的可能原因（仪表技术员的检测报告证实了分析组的结论，即 TT-201 故障是事故的直接原因）；根据分析结果提出的建议措施；FMEA 表格和 HRA 事件树也作为报告内容的一部分；还包括罗明完成的 HRA 分析复印件，在罗明的简短报告中说明了 HRA、分析结论、HRA 结论事件树。这份事故报告经分析组审查后交给了装置的管理者和 TMC 公司安全卫生办公室。

**表 11-30　FMEA 事件调查工作表**

工段：HCl 精馏塔
图号：E-708
会议日期：2019-10-11
版本号：F
分析组：伍芸（负责人，K 地 VCM 装置雇员），李操作，王操作，郑工艺，罗兰，周国庆（TMC 公司卫生安全环境科）

续表

| 项目号 | 偏差 | 故障模式 | 后果 | 安全保护 | 措　施 |
|---|---|---|---|---|---|
| 1 | 温度控制阀 TCV-201 | (1)因故障打开<br>(2)因故障全关<br>(3)向外泄漏<br>(4)内部泄漏 | (1)增加了 HCl 塔的加热量，塔可能超压，放出 HCl<br>(2) HCl 塔冷却下来，无严重后果<br>(3)无加热蒸汽，无严重后果<br>(4)增加了 HCl 塔的加热量，但速度慢 | (1)塔上有多个温度指示器<br>(2)塔的高温报警和连锁<br>(3)冷凝器能力富裕(备用冷凝器)<br>(4)操作工有足够时间发现问题并手动隔离 TCV-201 | (1)增加高压报警<br>(2)建立紧急情况应对方案，高温时让操作工按方案进行操作 |
| 2 | 温度变送器(TT-201)和温度控制器(TIC-201) | (1)输出假的高信号<br>(2)输出假的低信号<br>(3)无信号变化 | (1) HCl 塔冷却下来，无严重后果<br>(2)增加了 HCl 塔的加热量，可能使塔超压，放出 HCl<br>(3)过程微小波动可能引起温度升高，超压和放出 HCl 的可能性不大 | (1)塔上有多个温度指示器<br>(2)冷凝器能力富裕(备用冷凝器)<br>(3)操作工有足够时间发现问题并手动控制塔的温度<br>注意：温度报警和连锁在这种情况下不起作用 | (1)增加高压报警<br>(2)建立紧急情况应对方案，高温时让操作工按方案进行操作<br>(3)高温和低温报警器使用另外的变送器 |

## 七、结论和启示

FMEA 对 HCl 精馏塔的分析证明是非常有效的方法。此外，伍芸将分析限制在 HCl 的释放上，对与该后果无关的情况不作分析。

FMEA 成功的另一原因是因为伍芸是非常熟练的调查员。她不是单单只依靠 FMEA 工具去发现问题，而是把 FMEA 作为系统地分析问题的一个工具。例如，伍芸很快就从分析组得到了与无制冷剂有关的后果和安全保护的回答，但是她怀疑可能存在与冷凝器有关的其他问题，她分析了无冷却的其他原因（而不是把它当作一个“黑箱”），从而提出了避免发生冷凝器无冷却作用的建议。

伍芸的不足之处是没有让周国庆参与到讨论过程中来。除了他站在 TMC 公司的立场上讲了几句话外，对分析会议没有什么贡献。伍芸应该向周国庆提出一些简单的、直接的问题让他参与讨论。

# 第十一节　装置拆除阶段——故障假设和检查表分析方法

## 一、背景

TMC 公司已进行了 30 年的 VCM 生产，他们所生产的 VCM 占领了市场并获得了巨大的经济利益；除原有的旧装置外，TMC 公司还建成了三套新的装置。然而，因为旧装置的服役期已较长，其效率逐渐降低，生产成本相应加大，TMC公司决定减少旧装置的产量，而由新装置来增加VCM的产量。

为了减少旧装置的生产能力，TMC公司决定拆除其中一套装置的四台裂解炉，这四台裂解炉是将EDC裂解生产VCM（按计划将对裂解炉管束进行检测）。在拆除前，按装置的管理要求需对待拆除装置进行危险性分析。

没有人参加过装置拆除的危险性分析，因此TMC公司的管理者请TMC公司的过程危险分析组提供帮助，该组的负责人罗明指定牛新具体负责该项目。牛新完成了好几个过程的危险性分析，包括对拆除设备的危险性分析。根据他和过程危险分析组分析人员的经验，建立了分析待拆除设备的分析检查表（表11-31），牛新计划用这份检查表对待拆除的裂解炉进行分析。

表11-31 待拆除设备分析检查表

| 停车与隔离 |
| --- |
| 1. 有停车操作程序吗？操作工熟悉该程序吗？以前停过车吗？操作工知道待拆除设备吗？<br>2. 有拆除程序吗？经过技术审查吗？<br>3. 在有关文件中是否反映了设备的修改情况？这些修改对设备的危险有何影响？<br>4. 是否切断了与公用系统的连接？有恰当的操作程序吗？断开是永久性的？这种断开对其他工段有影响吗？<br>5. 安全或控制装置是暂时失效还是永久失效？对其他正在运行的设备有何影响？会触发停车吗？<br>6. 紧急情况时总有熟悉拆除计划的人在吗？有应急预案吗？<br>7. 在拆除过程中需要特殊的医疗措施吗？<br>8. 作为拆除的一部分，灭火系统会失效吗？<br>9. 设备是否可靠接地？<br>10. 连接的管道如何与其他系统隔离？有人检查这些隔离吗？<br>11. 所有隔离的容器都有安全保护（如减压阀）吗？安全放空路径畅通并在拆除过程中可操作吗？<br>12. 拆除过程中某些设备是否需要真空保护？拆除过程中阀门需要冷却吗？ |
| 排污 |
| 1. 有工艺物料从设备排出的操作程序吗？<br>2. 在排污操作中需要特殊的保护措施吗？<br>3. 排污时需要切断管道吗？如何保证管道中无高温、低温或高压物料？如何保证不放出易燃或有毒物质？需要动火许可吗？<br>4. 如何处理排出的物料？容器中有不能配装的物料吗？<br>5. 有无适当的通风措施？有适当的排污管道吗？有防火措施吗？<br>6. 在排污过程中进入现场有限制吗？<br>7. 现场清除了火源吗？清除了易燃物质吗？<br>8. 用于排污的设备与工艺物料相容吗？<br>9. 需要进入设备排污时有足够的空间吗？需要得到许可吗？<br>10. 排污管道会发生逆流吗？ |

## 二、已有资料

TMC公司被认为是VCM生产的权威，具有丰富的实践经验，有VCM装置的设计操作资料，包括裂解炉的PID图和设计说明书等，还有下列资料供危险分析时使用。

（1）裂解炉管道及仪表图。

（2）以前进行的危险分析报告。

（3）裂解炉设计说明书。

续表

| 清洗 |
| --- |
| 1. 设备排污后将进行清洗吗？<br>2. 清洗剂会与工艺物料反应吗？能使用危险程度小的清洗剂吗？<br>3. 清洗剂需要特殊操作吗？需要人员保护设备吗？<br>4. 可以使用不同的清洗剂吗？<br>5. 如何喷洒清洗剂？<br>6. 清洗剂是可燃的吗？有适当的防火保护措施吗？<br>7. 对清洗后的残留物有什么考虑？ |
| 拆除 |
| 1. 需要起重设备来拆除吗？有适当的措施来监视起重设备吗？需要严格的检查吗？照明情况好吗？<br>2. 发生事故时有危险或易燃物质放出吗？有适当的保护措施吗？<br>3. 这些设备还要使用吗？满足新设计的要求吗？<br>4. 设备贴上标签了吗？<br>5. 设备放在什么地方？是否需要特殊保存？<br>6. 是否需要采取特殊的操作程序以符合环保要求？<br>7. 拆除用的起重设备会碰到其他设备、管道等吗？ |

（4）VCM 装置所有工艺物料的危险性数据。

（5）工艺流程图（图 11-17）。

（6）布置图。

（7）操作程序和操作记录。

（8）环保法规。

（9）维修程序和维修记录。

（10）事故记录。

此外，有关人员对裂解炉的拆除提出了一个初步计划。所有这些资料，包括有关人员的经验将在待拆除裂解炉的分析时使用。

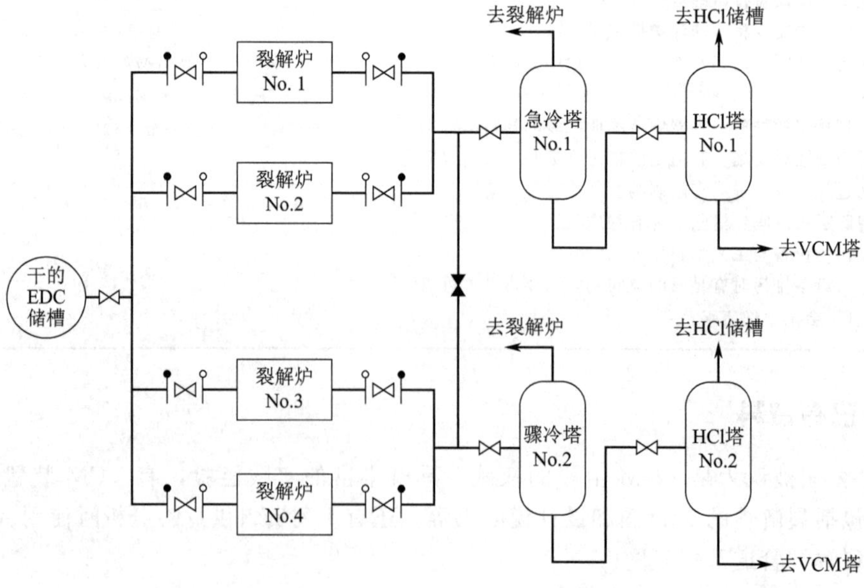


图 11-17　VCM 裂解炉工段工艺流程图

## 三、方法选择

裂解炉的拆除可能会遇到许多不同的危险。为此，牛新决定采用能广泛地分析并发现危险的方法。因此，他很快确定应在 PHA、故障假设、检查表分析、HAZOP 分析及 FMEA 这几种方法中选择；因为裂解炉在拆除过程中不运行，HAZOP 和 FMEA 就不适用了；在剩下的三种方法中，牛新选择了检查表分析方法，这是因为以下几点。

（1）检查表分析能在较大的范围内发生危险。

（2）他有待拆除设备的危险分析检查表，而且已成功地使用过。

（3）该方法使用快速、方便。

然而，牛新从未对 VCM 装置的待拆除设备进行过检查表分析，因为这个原因，他决定用故障假设分析方法来对检查表分析方法进行补充。为此，牛新鼓励分析组在使用检查表进行分析的过程中提出故障假设问题。牛新在过去同时使用故障假设和检查表分析时采用两种不同的方式：一种是分析检查表上的每个项目，然后提出故障假设问题；另一种是根据检查表上的项目提出故障假设问题。他喜欢后一种方式，因此在本次分析中决定采用。牛新希望检查表上所列项目能促进分析组提出问题并发现可能的危险。

## 四、分析准备

为了完成故障假设/检查表分析，牛新需要那些熟悉待拆除设备的人员。因为政府对 EDC 和 VCM 提出了更为严格的环保规定和要求，牛新决定环保人员也参加分析，分析组由下列人员组成。

（1）负责人　能熟练领导故障假设/检查表分析。牛新将担任本次分析的负责人。

（2）工艺工程师　熟悉 VCM 装置的操作特别是裂解炉工段的操作。陈化工是裂解炉工段的工艺工程师，而且是拆除计划的起草人，符合这一要求。

（3）维修工程师　熟悉裂解炉工段的维修。李维修是裂解炉工段的维修工程师，协助起草了裂解炉的拆除计划，符合这一要求。

（4）环保专家　熟悉 EDC 和 VCM 的环保规定。凯丽是 TMC 公司的环境工程师，符合这一要求。

在分析准备过程中，牛新阅读了裂解炉的有关资料，特别是拆除计划、设备的布置（因为需要起重设备来拆除裂解炉）、PID 图（显示裂解炉与其他设备的连接）。然而他把有关资料整理后发给每一位分析组成员，这些资料包括裂解炉工段的有关图纸、拆除计划以及牛新的检查表，同时还包括牛新对故障假设/检查表分析方法的说明。

计划故障假设/检查表分析进行一天。牛新计划首先到裂解炉的现场进行察看，让分析组成员知道设备位置，并收集其他的资料。

最后，牛新请分析组成员准备故障假设问题。虽然随着分析过程的进行，在相互启发下可以提出一些问题，但事先做些准备效果会更好。

## 五、分析过程

故障假设/检查表分析从上午九点开始。分析组首先来到裂解炉工段进行现场察看。在察看过程中，陈化工和李维修对裂解炉如何与其他设备隔离、排空、拆除进行了讲解。现场察看结束后，分析组来到培训会议室开始进行分析讨论。在开始前，牛新规定了几条基本原则。

(1) 每个成员有权利和以负责任的态度提出有关问题。

(2) 所提出的问题无重要与次要之分。

(3) 分析的目的是发现问题而不是去解决它。

(4) 不允许成员之间相互批评。

(5) 所有成员一律平等。

这几条基本原则宣布后，正式开始讨论。

**牛　新**　正如我发给每位的通知上所说的，我们这次将对第4号裂解炉的拆除进行故障假设/检查表分析。我们将讨论大家手上拿到的检查表上的所有项目（表11-31，已发给每位分析组成员）；但是讨论并不局限在检查表所列的项目，我希望检查表有助大家提出故障假设问题；我在图板上已注明了那些重要的项目，陈化工也同意这样做，有什么问题吗？

**凯　丽**　我们没来得及阅读拆除计划。我们能否在开始前简单地看一下？

**陈化工**　让我来给大家讲一遍。作为减少装置生产能力的一部分，我们将拆除4号裂解炉。为了拆除它，我们首先关闭裂解炉，有三个步骤：第一步，控制室内的操作工关闭裂解炉的燃料气体，然后现场操作工切断裂解炉燃料气体输送管道，最后由现场操作工切断裂解炉工艺输送管道，我们按这种方法已对裂解炉停车多次。然后我们用氮气对管束进行置换并切断裂解炉出口管道。当裂解炉冷下来之后，我们将打开它并将管束取出来，当然我们要用起重机。管束将送到维修车间进行清洗，然后用船运到M地重新使用，剩余部分将封存。

**凯　丽**　（点头）谢谢！

**牛　新**　我们来看检查表。你们有裂解炉的停车操作程序吗？操作工熟悉吗？

**李维修**　有，有。正如刚才陈化工所说的那样，操作工过去已对裂解炉停车多次。

**牛　新**　检查表上的下一个项目已作了回答，关于拆除计划，操作工对拆除计划进行了讨论吗？

**陈化工**　李维修和我就拆除计划与操作工一起进行了讨论，并作了相应的修改，但是他们还没有仔细看。

**凯　丽**　有人对该计划进行审查吗？

**李维修**　那就是今天在座的各位。

**牛　新**　我建议将这个计划交装置的监理员、维修管理员以及安全协调员审查。（牛新将这个建议写在图板上）

**李维修**　好的。

**牛　新**　下一个项目是设备的修改。你们对设备进行过修改吗？这些修改是否需要改变停车程序或拆除计划？

**陈化工**　过去10年来未对裂解炉进行修改，我们的几次停车都没有遇到什么困难。

**牛　新**　很好。下一个项目是裂解炉的公用系统，它们将永久断开吗？会影响其他设备吗？

**李维修**　对电力系统，我们将切断向裂解炉送电；对于仪表空气，只有一个气动调节阀，我们将让它继续连接；天然气输送管道将切断并用堵头堵起来。

**牛　新**　断开后对其他设备有影响吗？

**李维修**　我认为没什么问题，过去裂解炉停车后对其他设备没有影响。陈化工是这样的